人民交通出版社“十二五”
高职高专土建类专业规划教材

建筑材料与检测

（第二版）

主　编　宋岩丽　周仲景
副主编　陈立东　谭　平
主　审　王秀花

人民交通出版社
China Communications Press

内 容 提 要

全书共包括11章,包括:绪论、建筑材料的基本性质、气硬性胶凝材料、水泥、混凝土、建筑砂浆、墙体材料、建筑钢材、防水材料、合成高分子材料、建筑功能材料、木材及其制品、建筑材料试验。每章设学习指导栏、小知识、本章小结、练习题,每节设工程实例分析。

本书可作为建筑工程技术专业、工程监理等相关专业的教科用书,还可作为建筑工程设计、施工、监理、管理等人员的参考用书。

图书在版编目(CIP)数据

建筑材料与检测/宋岩丽,周仲景主编.--2版 北京:人民交通出版社,2013.8

ISBN 978-7-114-10800-6

Ⅰ.①建… Ⅱ.①宋… ②周… Ⅲ.①建筑材料-检测-高等职业教育-教材 Ⅳ.①TU502

中国版本图书馆CIP数据核字(2013)第170972号

书　　名:建筑材料与检测(第二版)
著 作 者:宋岩丽　周仲景
责任编辑:邵　江　温鹏飞
出版发行:人民交通出版社
地　　址:(100011) 北京市朝阳区安定门外外馆斜街3号
网　　址:http://www.ccpress.com.cn
销售电话:(010) 59757973
总 经 销:人民交通出版社发行部
经　　销:各地新华书店
印　　刷:北京鑫正大印刷有限公司
开　　本:787×1092　1/16
印　　张:22.25
字　　数:570千
版　　次:2007年8月　第1版
　　　　　2013年8月　第2版
印　　次:2014年10月　第2次印刷　累计第14次印刷
书　　号:ISBN 978-7-114-10800-6
定　　价:42.00元

高职高专土建类专业规划教材编审委员会

高职高专土建类专业规划教材出版说明

近年来我国职业教育蓬勃发展，教育教学改革不断深化，国家对职业教育的重视达到前所未有的高度。为了贯彻落实《国务院关于大力发展职业教育的决定》的精神，提高我国工程建设领域的职业教育水平，培养出适应新时期职业要求的高素质人才，人民交通出版社深入调研，周密组织，在全国高职高专教育土建类专业教学指导委员会的热情鼓励和悉心指导下，发起并组织了全国四十余所院校一大批骨干教师，编写出版本系列教材。

本套教材以《高等职业教育土建类专业教育标准和培养方案》为纲，结合专业建设、课程建设和教育教学改革成果，在广泛调查和研讨的基础上进行规划和展开编写工作，重点突出企业参与和实践能力、职业技能的培养，推进教材立体化开发，鼓励教材创新，教材组委会、编审委员会、编写与审稿人员全力以赴，为打造特色鲜明的优质教材做出了不懈努力，希望以此能够推动高职土建类专业的教材建设。

本系列教材先期推出建筑工程技术、工程监理和工程造价三个土建类专业共计四十余种主辅教材，随后在2~3年内全面推出土建大类中7类方向的全部专业教材，最终出版一套体系完整、特色鲜明的优秀高职高专土建类专业教材。

本系列教材适用于高职高专院校、成人高校、继续教育学院和民办高校的土建类各专业使用，也可作为相关从业人员的培训教材。

人民交通出版社

2011年7月

前言

《建筑材料与检测（第二版）》是在第一版的基础上修订完成的。本书在内容和形式上仍沿用第一版的风格，主要介绍了常用建筑材料的组成与构造、性能与应用、技术标准、检测方法、材料贮运保管等知识。

近年来，国家陆续颁布了一系列新的建筑材料标准、设计规范及施工验收规范等，新标准、新规范的推广应用都要在本书中体现。本次修订的重点是针对新规范的应用。本书涉及《混凝土结构设计规范》（GB 50010—2010）、《混凝土结构工程施工质量验收规范》（GB 50204—2002）（2011 年版）、《普通混凝土配合比设计规程》（JGJ 55—2011）、《混凝土质量控制标准》（GB 50164—2011）、《混凝土强度检验评定标准》（GB 50107—2010）、《蒸压加气混凝土砌块》（GB 11968—2006）、《石膏砌块》（JC/T 698—2010）、《碳素结构钢》（GB 700—2006）等二十多个规范和标准。

本书由宋岩丽、周仲景任主编，陈立东、谭平任副主编，全书由宋岩丽统稿。参加编写的有山西建筑职业技术学院宋岩丽（绪论、第一章、第四章的第一、二、三、四、六、九节、试验一、试验三）；霍世金（第六章、第十章、试验六）；黑龙江建筑职业技术学院周仲景（第二章）；陈立东（第五章、第八章、第九章、试验五）；范红岩（第四章的第五、七、八、十节、试验四）；梁冠华（第十一章）；北京京北职业技术学院谭平（第七章、试验七、试验八）；黑龙江建筑职业技术学院张然（第三章第一节、第二节）；黑龙江建筑职业技术学院陆萌（第三章第三节、试验二）。本教材由内蒙古建筑职业技术学院王秀花教授主审。

在教材编写过程中，参考了较多的文献资料，谨向这些文献的作者致以诚挚的谢意。由于编者水平所限，教材中难免有一些不足和疏漏，欢迎广大读者批评指正。

目录

MULU

绪　　论

一 建筑材料的定义与分类

建筑材料可分为狭义建筑材料和广义建筑材料。狭义建筑材料是指构成建筑工程实体的材料，如水泥、混凝土、钢材、墙体与屋面材料、装饰材料、防水材料等。广义建筑材料除包括构成建筑工程实体的材料之外，另外还包括两部分：一是施工过程中所需要的辅助材料，如脚手架、模板等；二是各种建筑器材，如给水、排水设备、采暖通风设备、空调、电气、消防设备等。

本教材所介绍的建筑材料主要指狭义的建筑材料。

建筑材料种类繁多，分类方法多样，通常按材料的化学成分和使用功能进行分类。

1. 按化学成分分类

建筑材料按化学成分可分为无机材料、有机材料和复合材料三大类，每一类又可细分为许多小类，具体分类如表0-1所示。所谓复合材料是由两种或两种以上性质不同的材料通过物理或化学复合，组成具有新性能的材料，该类材料不仅性能优于组成中的任意一个单独的材料，而且还可具有组成材料单独不具有的独特性能。复合化已成为当今材料科学发展的趋势之一。

建筑材料按化学成分分类表　　表0-1

分类		实例
无机材料	金属材料	黑色金属：生铁、碳素钢、合金钢等
		有色金属：铝、铜及其合金等
	非金属材料	天然石材：砂、石及石材制品等 烧土制品：烧结砖、瓦、陶瓷、玻璃等 胶凝材料：石膏、石灰、水玻璃、水泥等 混凝土及硅酸盐制品：混凝土、砂浆及硅酸盐制品
有机材料	植物质材料	木材、竹材、植物纤维及其制品
	沥青材料	石油沥青、煤沥青、改性沥青及其制品
	高分子材料	塑料、有机涂料、胶黏剂、橡胶等
复合材料	金属—非金属复合	钢筋混凝土、钢纤维混凝土等
	非金属—有机复合	沥青混凝土、聚合物混凝土、玻璃纤维增强塑料等
	有机—有机复合	橡胶改性沥青、树脂改性沥青
	非金属—非金属	玻璃纤维增强水泥、玻璃纤维增强石膏

2. 按使用功能分类

按使用功能分类可分为承重结构材料、非承重结构材料及功能材料三大类。

1）承重结构材料

主要指建筑工程中承受荷载作用的材料，如梁、板、柱、基础、墙体和其他受力构件所用的材料，常用有钢材、水泥、混凝土、砖等，对承重结构材料要求的主要技术性能是力学性能。

2）非承重结构材料

主要包括框架结构的填充墙、内隔墙及其他围护材料。

3）功能材料

主要指以材料力学性能以外的功能为特征的材料，赋予建筑物围护、防水、绝热、吸声隔声、装饰等功能的材料。这些功能材料的选择与使用是否合理，往往决定了工程使用的可靠性、适用性及美观效果等。

二 建筑材料与建筑工程的关系

（一）建筑材料是重要的物质基础

建筑业是国民经济的支柱产业之一，而建筑材料是建筑业的重要物质基础。一个优秀的建筑产品就是建筑艺术、建筑技术和以最佳方式选用的建筑材料的合理组合。没有建筑材料作为物质基础，就不会有建筑产品，而工程的质量优劣与所用材料的质量水平及使用的合理与否有直接的关系，具体表现为材料的品种、组成、构造、规格及使用方法都会对建筑工程的结构安全性、坚固耐久性及适用性产生直接的影响。为确保建筑工程的质量，必须从材料的生产、选择、使用和检验评定以及材料的贮存、保管等各个环节确保材料的质量，否则可能会造成工程的质量缺陷，甚至导致重大质量事故。

（二）材料费在建筑工程总造价中占较大的比重

在一般的建筑工程总造价中，与材料直接相关的费用占到60%以上，材料的选择、使用与管理是否合理，对工程成本影响甚大。在工程建设中可选择的材料品种很多，而不同的材料由于其原料、生产工艺等因素的不同，导致材料价格有较大的差异；材料在使用与管理环节的合理与否也会导致材料用量的变化，从而使材料费用发生变化。

为此可以通过正确地选择和合理地使用材料，来降低工程的材料费，这对创造良好的经济效益与社会效益具有十分重要的意义。

（三）建筑材料对设计、施工的影响

材料、设计、施工三者是密切相关的一个系统工程。从根本上说，材料是基础，是决定结构设计形式和施工方法的主要因素。一种新材料的出现必将促使建筑结构形式的变化、施工技术的进步，而新的结构形式和施工技术必然要求提供新的更优良的建筑材料。例如：钢筋和混凝土的出现，使得钢筋混凝土结构形式取代了传统的砖木结构形式，成了现代建筑工程的主要结构形式，而钢筋技术、混凝土技术、模板技术也随之产生；轻质高强结构材料的出现，使大跨径的桥梁和大跨度的工业厂房得以实现；各种新型墙体材料的标准化、大型化和预制化，使得

现场的湿作业和手工作业明显减少，实现了快速施工。可以说没有建筑材料的发展，也就没有建筑业的飞速发展。新型建筑材料的不断出现，已有材料性能的日益改进和完善，共同推动着建筑设计、结构设计、施工工艺等方面的发展。

三 建筑材料的发展现状

建筑材料是随着人类社会的发展而发展的，而材料本身的发展又反过来推动了社会的发展。从上古时代人类的先辈开始，人们使用最简单的工具，凿石成洞，伐木为棚，利用树木、泥土、石头等天然材料，建成最简单的房屋用以抵御大自然和野兽的侵袭。以后，在很长的历史时期内人们都沿用这三种天然材料。传统的吊脚楼和传统的木结构房屋就是其中的代表，如图0-1和图0-2所示。到了人类能够用黏土烧制砖、瓦，用岩石烧制石灰、石膏之后，建筑材料才由天然材料进入到人工生产阶段，与此同时，木材的加工技术和金属的冶炼与应用技术，也有了相应的发展，为较大规模建造建筑工程创造了基本条件。

图0-1　传统吊脚楼

图0-2　木结构房屋

18、19世纪，资本主义兴起，促进了工商业及交通运输业的蓬勃发展，原有的材料已不能与此相适应，在其他科学技术进步的推动下，建筑材料进入了一个新的发展阶段。1824年，在英国首先出现了由几种材料混合加工而成的“波特兰水泥”，继而出现了水泥混凝土，1850年钢筋混凝土在法国出现了，1928年预应力混凝土问世。这些材料的相继出现，使建筑技术水平提高到了一个前所未有的水平。到目前为止，水泥混凝土仍是最重要的建筑材料之一，而水泥的品种则由当初单一的“波特兰水泥”发展到了一百多个品种，由此产生了多种混凝土，如：防水混凝土、耐热混凝土、耐酸混凝土、纤维混凝土、聚合物混凝土等，以满足多种建筑物的特殊要求。

20世纪后，材料科学的形成和发展，使建筑材料的品种增加、性能改善、质量提高。以有机材料为主的化学建材异军突起，一些具有特殊功能的建筑材料如绝热材料、吸声隔热材料、耐火防火材料、防水抗渗材料、防爆防辐射材料应运而生，这些材料为房屋建筑提供了强有力的物质保障。

在现代建筑工程建设中，尽管传统的土、石等材料仍在基础工程中广泛应用，砖瓦、木材等传统材料在工程某方面应用也很普遍，但是这些传统的材料在建筑工程中的主导地位已逐渐

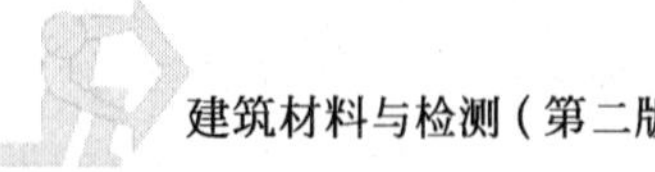

被新型材料所取代。目前新型合金、陶瓷、玻璃、化学有机材料及其他人工合成材料、各种复合材料在建筑工程已占有愈来愈重要的位置。

未来的建筑材料发展有着以下的发展趋势:

(1)在材料性能方面,要求轻质、高强、多功能和耐久。

(2)在产品形式方面,要求大型化、构件化、预制化和单元化。

(3)在生产工艺方面,要求采用新技术和新工艺,改造和淘汰陈旧设备和工艺,提高产品质量。

(4)在资源利用方面,既要研制和开发新材料,又要充分利用工农业废料和地方材料。

(5)在经济效益方面,要降低材料消耗和能源消耗,进一步提高劳动生产率和经济效益。

高性能建筑材料和绿色建筑材料是适应材料发展趋势的两类优秀的建筑材料。高性能建筑材料是指性能质量更加优异的,轻质、高强、多功能和更加耐久、更富装饰效果的材料;绿色建筑材料又称生态建筑材料或无公害建筑材料。它是指生产建筑材料的原料尽可能少用天然资源,大量使用工业废渣、废液,采用低能耗制造工艺和无污染环境的生产技术,原料配制和产品生产过程中不使用有害和有毒物质,产品设计以人为本,以改善生活环境、提高生活质量为宗旨,产品可循环再利用,不产生污染环境的废弃物。

新的世纪,人类环保意识不断加强,无毒、无公害的"绿色建材"将日益推广,人类将用性能更优异的建筑材料来营造自己的"绿色家园"。

四 建筑材料的检测与技术标准

建筑材料的技术标准是材料生产单位和使用单位检验、确定材料质量是否合格的技术文件。生产单位必须严格按技术标准进行设计、生产,以确保生产出合格的产品;使用单位必须按技术标准选择、使用合格的材料,以确保工程质量;供需双方必须按技术标准进行材料的验收,以确保双方的合法权益。与建筑材料的生产和选用有关的标准主要有产品标准和工程建设标准。产品标准是为保证建筑材料产品的适用性,对产品必须达到的要求所制定的标准,包括:产品的规格、分类、技术要求、检验方法、验收规则、标志及运输和储存注意事项等;工程建设标准是对工程建设中的勘察、设计、施工、验收等需要协调统一的事项所制定的标准,其中结构设计规范、施工及验收规范等对材料的选择与使用做了规定。

根据技术标准的发布单位与适用范围,可分为国家标准、行业(或部)标准、地方标准和企业标准。

1. 国家标准

国家标准是由国家标准化行政主管部门编制,由国家技术监督局审批并颁布,在全国范围内通用。国家标准具有指导性和权威性,其他各级标准不得与之相抵触。

2. 行业标准

行业标准是指没有国家标准而又需要在全国某个行业范围内统一技术要求所制定的标准,是对国家标准的补充,是专业性、技术性较强的标准。行业标准的制定不得与国家标准相抵触,国家标准公布实施后,相应的行业标准即行废止。

3. 地方标准

是指没有国家标准和行业标准而又需要在省、自治区、直辖市范围内统一技术要求所制定的标准，地方标准在本行政区域内适用，不得与国家标准和标业标准相抵触。国家标准、行业标准公布实施后，相应的地方标准即行废止。

4. 企业标准

仅限于企业内部适用。在没有国家标准和行业标准时，企业为了控制生产质量而制定的技术标准。

技术标准可分为强制性与推荐性。强制性标准是在全国范围内的所有该类产品的技术性质不得低于此标准规定的技术指标；推荐性标准是指国家鼓励采用的具有指导作用而又不宜强制执行的标准。如《建筑用砂》(GB/T 14684—2011)是推荐性标准。四级标准代号见表0-2。

四级标准代号 表0-2

标准种类		代号		表示方法
1	国家标准	GB GB/T	国家强制性标准 国家推荐性标准	由标准名称、部门代号、标准编号、颁布年份等组成，例如：《通用硅酸盐水泥》(GB 175—2007/XG1—2009)；《建筑用砂》(GB/T 14684—2011)；《普通混凝土配合比设计规程》(JGJ 55—2011)
2	行业标准	JC JGJ YB JT SD	建材行业标准 建设部行业标准 冶金行业标准 交通标准 水电标准	
3	地方标准	DB DB/T	地方强制性标准 地方推荐性标准	
4	企业标准	QB	适用于本企业	

随着我国对外开放和加入世贸组织，常涉及一些与建筑材料关系密切的国际或外国标准，主要有：国际标准，代号为 ISO；美国材料试验学会标准，代号为 ASTM；日本工业标准，代号为 JIS；德国工业标准，代号为 DIN；英国标准，代号为 BS；法国标准，代号为 NF 等。

五 本课程的内容和学习要求

本课程是土建施工员、质量员、监理员等岗位的专业技术基础课，为后续的建筑构造、建筑结构、建筑施工、工程计量与计价等课程的学习提供必要的基础知识；同时该课程又是材料员、试验员岗位的主要专业课，为材料的检测、试验提供专业知识与专业技能。学习该课程之后应具有的能力目标与知识目标及学习要求如下：

1. 能力目标

(1)具有正确选择，合理使用材料的能力。

(2)具有常用材料检测与应用的能力。

(3)具有分析和处理施工中由于建筑材料的质量问题导致工程质量与安全问题的能力。

(4)初步具有分析材料的组成、结构、构造与其性能之间关系的能力。

2. 知识目标

(1)掌握常用材料的主要品种、规格、技术要求、性质、应用、贮存与保管等方面知识。

(2)熟悉常用材料的检测方法。

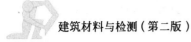

（3）了解某些典型材料的生产原理、原材料、组成、构造等。

3. 学习要求

建筑材料课程内容繁杂、涉及面广、需要学习和研究的内容范围很广，因此对其学习不应面面俱到，不能平均分配力量，而应有重点地进行点、线、面结合的学习，每种材料的学习都贯穿着一条主线，如图0-3所示。

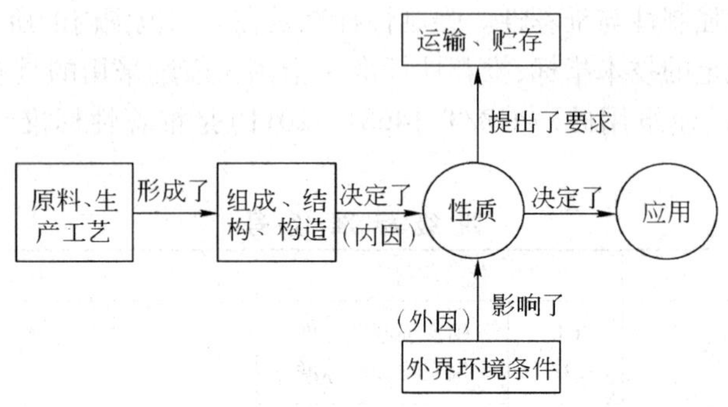

图0-3　建筑材料各内容之间联系框架图

建筑材料的性质与应用是材料学习的核心内容，而学习材料的生产、组成、结构和构造是为了更好地理解材料的性质和应用。例如学习某一种材料的性质时，不能只满足于知道材料具有哪些性质，有哪些表象，更重要的是应当知道该材料为什么会具有这样的性质。同时需明白一切材料的性质都不是固定不变的，在使用过程中，甚至在贮存或运输过程中，它们的性质或多或少、或快或慢会发生变化，因此需注意外界因素对材料结构与性质的影响。

其次对同一类材料进行学习时，注意运用对比的方法，通过对比材料的组成和结构来掌握它们的性质和应用的不同，例如在学习硅酸盐类水泥的性质时，首先对比分析各种水泥组成的相同和不同点，进而分析各种水泥的共性和个性。

密切联系工程实际的试验课是本课程重要的教学内容，通过试验课的学习，可以使学生加深对理论知识的理解，掌握材料基本性能的试验检验和质量评定方法，提高学生实践动手的能力。做实验之前应认真预习，有条件的可观看试验操作录像片。做试验时要严肃认真、一丝不苟地按程序操作，填写试验报告。要了解试验条件对试验结果的影响，并对试验结果做出正确的分析和判断。

第一章
建筑材料的基本性质

【职业能力目标】

通过对建筑材料基本性质的含义、衡量指标、计算式及影响因素的学习，使学生初步具备判断材料的性质和正确应用材料的能力，为后续章节的学习、正确选择与合理使用材料打下扎实的基础。

熟练掌握材料基本物理性质、基本力学性质及耐久性。正确理解材料的组成、结构及构造对材料性质的影响；熟悉耐久性的含义及包括的内容，理解提高材料耐久性的措施；了解材料的制造、使用与环境保护相协调的重要性。

【学习要求】

本章所列的基本性质，是针对建筑材料处在不同使用环境时，通常必须考虑的最基本性质。在学习时要深刻理解各性质的含义、衡量指标、影响该性质的因素；理解材料组成、结构的不同对材料性质的影响；掌握各性质彼此间的联系；在学习时要联系工程实际从而加深对材料性质的理解。

建筑物是由各种建筑材料建造而成的。建筑材料在建筑物中承受不同的作用，如梁、板、柱等承重结构材料主要承受各种荷载作用；防水材料经常受到水的作用；隔热与防火材料会受到不同程度的高温作用；处在特殊环境下的工业建筑会受到酸、碱、盐等化学作用；植物类材料会受到昆虫、细菌等生物作用。另外由于建筑物长期暴露在大气中，还会经常受到风吹、日晒、雨淋、冰冻等引起的热胀冷缩、干湿变化及冻融循环作用等。可见建筑材料在实际工程中所受到的作用是复杂多变的，建筑材料的基本性质就是建筑材料抵抗不同因素作用的表现。

建筑材料的性质是多方面的，而各类材料又各自具有自己的特殊性。本章仅就建筑材料共有的基本性质：物理性质、力学性质、耐久性等进行介绍，至于某种材料的特殊性能，将分别在相关章节进行介绍。

第一节 材料的基本物理性质

材料的基本物理性质包括与质量有关的物理性质、与水有关的物理性质及与热有关的物理性质。

一 材料与质量有关的物理性质

(一)密度

密度是指材料在绝对密实状态下,单位体积的质量。其计算见式(1-1):

$$\rho = \frac{m}{v} \tag{1-1}$$

式中:ρ——密度(g/cm^3);

m——材料在干燥状态下的质量(g);

v——材料在绝对密实状态下的体积(cm^3)。

材料在绝对密实状态下的体积指不包括材料孔隙在内的固体实体积。在建筑材料中,除了钢材、玻璃等极少数材料可认为不含孔隙外,绝大多数材料内部都存在孔隙,如图1-1所示,材料的总体积包括固体物质体积与孔隙体积两部分。孔隙按常温、常压下水能否进入分为开口孔和闭口孔。开口孔是指在常温、常压下水可以进入的孔隙;闭口孔是指在常温、常压下水不能进入的孔隙。含孔材料的体积组成包括材料的实体积 V、闭口孔体积 V_B 和开口孔体积 V_K。

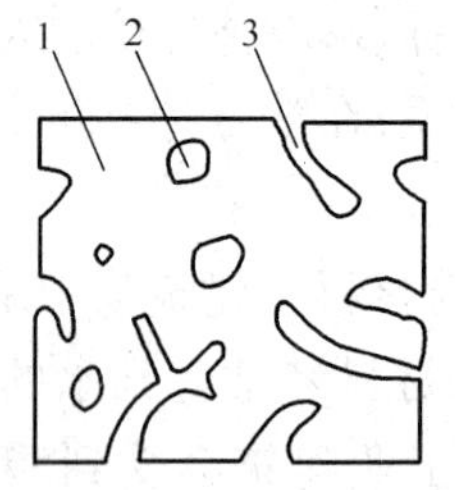

图1-1 固体材料的体积构成

1-固体物质体积 V;2-闭口孔隙体积 V_B;3-开口孔隙体积 V_K

多孔材料的密度测定,关键是测出其密实体积,体积测定时分为以下几种情况:

1. 绝对密实体积:如玻璃、钢、铸铁等

对于外形规则的材料可测量其几何尺寸来计算其绝对密实体积;对于外形不规则的材料可用排水(液)法测定其绝对密实体积。

2. 多孔材料:如砖、砌块等

将材料磨成细粉(粒径小于0.2mm)以便去除其内部孔隙,干燥后用李氏瓶(密度瓶)通过排水(液)体法测定其密实体积。材料磨得越细,细粉体积越接近其密实体积,所得密度值也就越精确。

3. 粉状材料：如水泥、石膏粉等

用李氏瓶测定其绝对密实体积。

4. 近似密实的材料：如砂、石子

对于砂、石等散粒状材料，在测定其密度时，常采用排液体法直接测定其体积，所得体积包括颗粒物质体积和颗粒内部闭口孔体积，并非颗粒绝对密实体积，称其为散粒材料的视密度，用ρ'表示，其值小于材料的密度。

（二）表观密度

表观密度是指多孔固体材料在自然状态下单位体积的质量，亦称体积密度，其计算见式（1-2）：

$$\rho_0 = \frac{m}{v_0} \tag{1-2}$$

式中：ρ_0——表观密度或体积密度（kg/m^3 或 g/cm^3）；

m——材料的质量（kg 或 g）；

v_0——材料在自然状态下的体积（m^3 或 cm^3）。

材料在自然状态下的体积是指构成材料的固体物质体积与全部孔隙体积（包括闭口孔隙体积和开口孔隙体积）之和。对于形状规则的体积可以直接量测计算而得（比如各种砌块、砖）；形状不规则的体积可将其表面蜡封以后用排水（液）法直接测得。

当材料含有水分时，其体积密度会有所变化，因此在测定含水状态材料的体积密度时，须同时注明其含水状态。材料的含水状态有风干（气干）、烘干、饱和面干和湿润状态四种，如未注明其含水率，是指其干表观密度。

（三）堆积密度

堆积密度是指粉状、颗粒状材料在自然堆积状态下单位体积的质量。其计算见式（1-3）：

$$\rho'_0 = \frac{m}{v'_0} \tag{1-3}$$

式中：ρ'_0——堆积密度（kg/m^3）；

m——材料质量（kg）；

v'_0——材料的堆积体积（m^3）。

材料的堆积体积包括颗粒体积（颗粒内有开口孔隙和闭口孔隙）和颗粒间空隙的体积。如图 1-2 所示。砂、石等散粒状材料的堆积体积，可通过在规定条件下填充容量筒容积来求得，材料堆积密度大小取决于散粒材料的表观密度、含水率以及堆积的疏密程度。在自然堆积状态下对应的堆积密度称松散堆积密度，在振实、压实时对应的堆积密度称为紧密堆积密度。

图 1-2 散粒材料的堆积体积示意图
1-颗粒中固体物质体积；2-颗粒中的闭口孔隙；3-颗粒中的开口孔隙；4-颗粒间空隙

（四）密实度与孔隙率

1. 密实度

密实度是指材料体积内，被固体物质所充实的程度，即固体物质体积占总体积的比例，以 D 表示，其计算见式(1-4)：

$$D=\frac{v}{v_0}=\frac{\frac{m}{\rho}}{\frac{m}{\rho_0}}=\frac{\rho_0}{\rho} \tag{1-4}$$

对于绝对密实材料，因 $\rho_0=\rho$，故 $D=1$ 或 100%，对于大多数建筑材料，因 $\rho_0<\rho$，故 $D<1$ 或 $D<100\%$。

2. 孔隙率

孔隙率是指材料体积内，孔隙体积占总体积的百分率，其计算见式(1-5)：

$$P=\frac{v_0-v}{v_0}=1-\frac{v}{v_0}=1-\frac{\rho_0}{\rho}=1-D \tag{1-5}$$

由式(1-4)和(1-5)可得式(1-6)：

$$P+D=1 \tag{1-6}$$

孔隙率由开口孔隙率和闭口孔隙率两部分组成。开口孔隙率指材料内部开口孔隙体积与

材料在自然状态下体积的百分比，即能被水饱和的孔隙体积所占的百分率，其计算见式(1-7)：

$$P_K=\frac{v_K}{v_0}=\frac{m_2-m_1}{v_0}\cdot\frac{1}{\rho_w}\times100\% \tag{1-7}$$

式中：P_K——材料的开口孔隙率(%)；

m_1——干燥状态下材料的质量(g)；

m_2——吸水饱和状态下材料的质量(g)；

ρ_w——水的密度(g/cm^3)。

闭口孔隙率指材料总孔隙率与开口孔隙率之差，用式(1-8)表示：

$$P_B=P-P_K \tag{1-8}$$

材料的密实度和孔隙率是从两个不同侧面反映材料密实程度的指标。

建筑材料的许多性质都与材料的孔隙有关。这些性质除取决于孔隙率的大小外，还与孔隙的特征密切相关，如大小、形状、分布、连通与否等。通常开口孔能提高材料的吸水性、吸声性、透水性，降低抗冻性、抗渗性；而闭口孔能提高材料的保温隔热性、抗渗性、抗冻性及抗侵蚀性。

提高材料的密实度，改变材料孔隙特征可以改善材料的性能。如提高混凝土的密实度可以达到提高混凝土强度的目的；加入引气剂增加一定数量的闭口孔，可改善混凝土的抗渗性能及抗冻性能。

常见建筑材料密度、表观密度和堆积密度数值见表1-1。

常用建筑材料密度、表观密度和堆积密度数值　　表 1-1

材料名称	密度（g/cm^3）	表观密度（kg/m^3）	堆积密度（kg/m^3）
硅酸盐水泥	3.05～3.15	—	1200～1250
普通水泥	3.05～3.15	—	1200～1250
火山灰水泥	2.85～3.0	—	850～1150
矿渣水泥	2.85～3.0	—	110～1300
钢材	7.85	7850	—
花岗岩	2.6～2.9	2500～2850	—
石灰岩	2.4～2.6	2000～2600	—
普通玻璃	2.5～2.6	2500～2600	—
烧结普通砖	2.5～2.7	1500～1800	—
建筑陶瓷	2.5～2.7	1800～2500	—
普通混凝土	2.6～2.8	2300～2500	—
普通砂	2.6～2.8	—	1450～1700
碎石或卵石	2.6～2.9	—	1400～1700
木材	1.55	400～800	—
泡沫塑料	1.0～2.6	20～50	—

（五）填充率与空隙率

1. 填充率

填充率是指散粒材料在其堆积体积中，被其颗粒填充的程度，以 D' 表示，用式（1-9）计算：

$$D' = \frac{v_0}{v'_0} \times 100\% = \frac{\rho'_0}{\rho_0} \tag{1-9}$$

2. 空隙率

是指散粒材料在其堆积体积中，颗粒之间空隙体积占材料堆积体积的百分率，以 P' 表示。用式（1-10）计算：

$$P' = \frac{v'_0 - v_0}{v'_0} \times 100\% = 1 - \frac{\rho'_0}{\rho_0} = 1 - D' \tag{1-10}$$

即

$$D' + P' = 1$$

填充率和空隙率从两个不同侧面反映散粒材料间互相填充的疏密程度。

【例 1-1】 某一块状材料，完全干燥时的质量为 120g，自然状态下的体积为 $50cm^3$，绝对密实状态下的体积为 $30cm^3$，试计算：

（1）材料的密度、表观密度和孔隙率。

（2）若体积受到压缩，其表观密度为 $3.0g/cm^3$，其孔隙率减少多少？

【解】

（1）密度：$$\rho = \frac{m}{v} = \frac{120}{30} = 4.0(g/cm^3)$$

表观密度：$$\rho_0 = \frac{m}{v_0} = \frac{120}{50} = 2.4(g/cm^3)$$

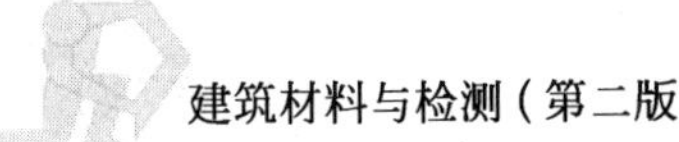

孔隙率：　　　　$P=1-\frac{\rho_0}{\rho}=1-\frac{2.4}{4.0}=40\%$

（2）压缩后孔隙率：　　　　$P=1-\frac{\rho_0}{\rho}=1-\frac{3.0}{4.0}=25\%$

减少：40% －25% ＝15%

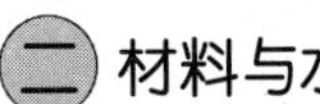

二　材料与水有关的性质

（一）亲水性与憎水性

不同材料遇水后和水的互相作用情况是不一样的，根据表面被水润湿的情况，材料可分为亲水性材料和憎水性材料。

润湿是水在材料表面被吸附的过程。当材料在空气中与水接触时，在材料、水、空气三相交点处，沿水滴表面作切线与材料表面所夹的角，称为润湿角 θ。若材料分子与水分子间相互作用力大于水分子之间作用力时，材料表面就会被水润湿，此时 $\theta \leqslant 90°$（图 1-3a），这种材料称为亲水性材料。反之，若材料分子与水分子之间相互作用力小于水分子间作用力时，则表示材料不能被水润湿，此时 $90° < \theta < 180°$（图 1-3b），这种材料称为憎水性材料。很显然，θ 越小，材料的亲水性越好，$\theta = 0°$时表明材料完全被水润湿。

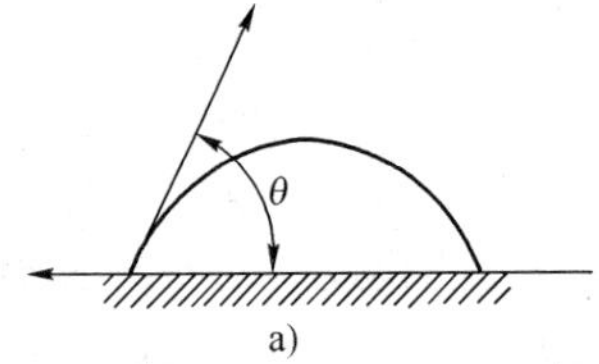

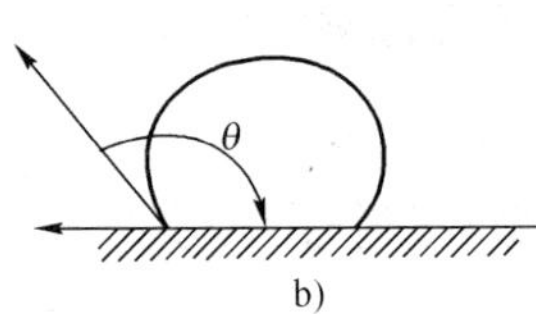

图 1-3　材料的润湿角

a）亲水材料；b）憎水材料

多数建筑材料，如石料、砖、混凝土、木材等都属于亲水性材料。沥青、石蜡、塑料等属于憎水性材料，这类材料能阻止水分渗入材料内部降低材料吸水性。因此，憎水性材料经常作为防水、防潮材料或用作亲水性材料表面的憎水处理。

（二）吸水性

吸水性是指材料在水中吸收水分的性质，吸水性大小用吸水率表示。吸水率有质量吸水率和体积吸水率之分。

（1）质量吸水率：材料在饱和水状态下，吸收水分的质量占材料干燥质量的百分率。计算见式（1-11）：

$$W_m=\frac{m_1-m}{m}\times 100\% \tag{1-11}$$

式中：W_m——材料的质量吸水率（%）；

m_1——材料吸水饱和后的质量（g）；

m——材料在干燥状态下的质量（g）。

（2）体积吸水率：材料吸水饱和后，吸入水的体积占干燥材料自然体积的百分率。计算见式（1-12）：

$$W_v = \frac{m_1 - m}{v_v} \cdot \frac{1}{\rho_w} \times 100\% \tag{1-12}$$

式中：m_1、m，同式（1-11）；

W_v——材料的体积吸水率；

ρ_w——水的密度，（通常情况下 $\rho_w = 1\text{g/cm}^3$）；

v_v——干燥材料在自然状态下的体积（cm^3）。

由式（1-11）和式（1-12）可知，质量吸水率与体积吸水率的关系见式（1-13）：

$$W_v = W_m \cdot \rho_0 \tag{1-13}$$

计算材料吸水率时，一般用 W_m，但对于某些轻质多孔材料比如：加气混凝土、软木等，由于具有很多开口微小的孔隙，其质量吸水率往往超过100%，此时常用体积吸水率来表示其吸水性。如无特别说明，吸水率通常指质量吸水率。

材料吸水率不仅与材料的亲水性、憎水性有关，而且与材料的孔隙率和孔隙构造特征有密切的关系。一般来说，密实材料或具有闭口孔隙的材料是不吸水的；具有粗大孔隙的材料因其水分不易存留，吸水率一般小于孔隙率；孔隙率较大且有细小开口连通孔隙的亲水材料，吸水率较大。

材料吸收水分后，不仅表观密度增大、强度降低，保温、隔热性能降低，且更易受冰冻破坏，因此，材料吸水后对材质是不利的。

（三）吸湿性

吸湿性是指材料在潮湿空气中吸收水分的性质。吸湿性大小可用含水率表示，计算见式（1-14）：

$$W_h = \frac{m_h - m_g}{m_g} \times 100\% \tag{1-14}$$

式中：W_h——材料的含水率（%）；

m_h——材料含水时的质量（g）；

m_g——材料干燥至恒重时质量（g）。

材料含水率的大小，除了与本身的性质，如孔隙大小及构造有关，还与周围空气的湿度有关。当空气湿度在较长时间内稳定时，材料的吸湿和干燥过程处于平衡状态，此时的含水率称为平衡含水率。当材料处于某一湿度稳定的环境中时，材料的含水率只与其本身性质有关，一般亲水性较强的，或含有开口孔较多的材料，其平衡含水率就较高；当材料吸水达到饱和状态时的含水率即为吸水率。

由式（1-14）可得：

$$m_h = m_g \times (1 + W_h) \tag{1-15}$$

$$m_g = \frac{m_h}{1 + W_h} \tag{1-16}$$

式（1-15）是根据干重计算材料湿重的公式，式（1-16）是根据湿重计算材料干重的公式，均为材料用量计算中常用的两个公式。

(四)耐水性

材料长期处于饱和水作用下不破坏,其强度也不显著降低的性质,称为耐水性。材料的耐水性用软化系数来表示。计算见式(1-17):

$$K_{软}=\frac{f_{饱}}{f_{干}} \tag{1-17}$$

式中:$f_{饱}$——材料在饱和水状态下的强度(MPa);

$f_{干}$——材料在干燥状态下的强度(MPa);

$K_{软}$——软化系数。

软化系数反映了材料处于饱和水状态下强度降低的程度。水分浸入材料内部毛细孔,减弱了材料内部的结合力,使强度有所降低;当材料内含有可溶性物质时,如石膏、石灰等,水分会使其组成部分的物质发生溶蚀,造成强度的严重降低。

各种不同建筑材料的耐水性差别很大,软化系数的波动范围为0~1。通常将软化系数大于0.85的材料看作是耐水的。用于严重受水侵蚀或潮湿环境的材料,其软化系数应不低于0.85,用于受潮较轻的或次要结构物材料,则不宜小于0.7。

(五)抗渗性

抗渗性指材料抵抗水或压力液体渗透的性质。当材料两侧存在有一定的水压时,水会从压力较高的一侧通过材料内部的孔隙及缺陷,向压力较低的一侧渗透。材料的抗渗性可以用渗透系数来表示,计算见式(1-18):

$$k=\frac{Qd}{AtH} \tag{1-18}$$

式中:k——渗透系数(cm/h);

Q——渗水量(cm^3);

d——试件厚度(cm);

t——渗水时间(h);

A——渗水面积(cm^2);

H——静水压力水头(cm)。

渗透系数k的物理意义:一定厚度的材料,在一定水压力下,在单位时间内透过单位面积的渗透水量。k值越大,材料的抗渗性越差。

抗渗性的另一种表示方法抗渗等级,用PN来表达。其中N表示试件所能承受的最大水压力的10倍,如P4、P6、P8分别表示材料能承受0.4MPa、0.6MPa、0.8MPa的水压而不透水。混凝土、砂浆等材料的抗渗性常以抗渗等级来表示。

材料的抗渗性与材料的孔隙率及孔隙特征有关。密实的材料及具有闭口微细小孔的材料,实际上是不透水的;具有较大孔隙、且为细微连通的毛细孔的亲水性材料往往抗渗性较差。

对于地下建筑及水工构筑物、压力管道等经常受压力水作用的工程所需的材料及防水材料等都应具有良好的抗渗性。

(六) 抗冻性

抗冻性是指材料在吸水饱和状态下，经过多次冻融循环作用而不被破坏，强度也不显著降低的性质。

材料的抗冻性常用抗冻等级来表示。如混凝土材料用 FN 表示其抗冻等级。其中，F 表示混凝土抗冻等级符号，N 表示试件经受冻融循环试验后，强度损失不超过 25%，质量损失不超过 5% 所对应的最大冻融循环次数，如 F25、F50 等。

材料经受多次冻融循环后，表面将出现裂纹、剥落等现象，造成质量损失，强度降低。这是由于材料孔隙中的饱和水结冰时体积增大约 9%，对孔壁造成较大的冻胀应力，冰融化时压力又骤然消失，反复的冻融循环使材料的冻融交界层产生明显的压力差，致使孔壁遭损。

材料的抗冻性取决于材料的吸水饱和程度、孔隙特征以及材料的强度。一般来说，在相同的冻融条件下，材料含水率越大，材料强度越低及材料中含有开口的毛细孔越多，受到冻融循环的损伤就越大。反之，密实的材料、具有闭口孔隙体积且强度较高的材料，有较强的抗冻能力。我国北方地区一些海港码头潮涨潮落部位的混凝土，每年要受数十次冻融循环，在结构设计和材料选用时，必须考虑材料的抗冻性。

抗冻性虽是衡量抵抗冻融循环作用的能力，但也经常作为无机非金属材料抵抗大气物理作用的一种耐久性指标。抗冻性良好的材料，对于抵抗温度变化、干湿交替等风化作用的能力也较强。所以，对于温暖地区的建筑物，虽无冰冻作用，但为抵抗大气的作用，确保建筑物耐久，对材料往往也提出一定的抗冻性要求。

三 材料的热工性质

在建筑物中，建筑材料除需满足强度、耐久性等要求外，还需使室内维持一定的温度，为人们的工作和生活创造一个舒适的环境，同时降低建筑物的使用能耗。因此在选用围护结构材料时，要求建筑材料具有一定的热工性质。围护结构指建筑物及房间各面的围挡物。按是否同室外空气直接接触及在建筑物中的位置，又可分为外围护结构和内围护结构。与室外空气直接接触的围护结构，如外墙、屋顶、外门、外窗等为外围护结构；不与室外空气直接接触的，如隔墙、楼板、内门、内窗等为内围护结构。

(一) 导热性

当材料两侧存在温度差时，热量从材料的一侧传递至材料另一侧的性质，称为材料的导热性。导热性大小可以用导热系数 λ 表示，如图 1-4 所示，计算见式(1-19)：

$$\lambda = \frac{Qd}{A(T_1 - T_2) \cdot t} \tag{1-19}$$

式中：λ——导热系数(W/m·K)；

Q——传导的热量(J)；

d——材料的厚度(m)；

A——传热面积(m^2)；

$(T_1 - T_2)$——材料两侧的温度差(K)；

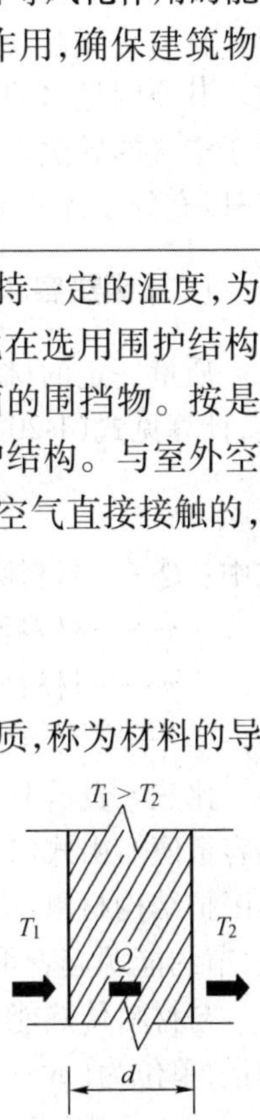

图 1-4　材料导热示意图

t——传热时间(s)。

导热系数 λ 的物理意义:表示单位厚度的材料,当两侧温差为1K时,在单位时间内通过单位面积的热量。导热系数是评定建筑材料保温隔热性能的重要指标,导热系数愈小,材料的保温隔热性能愈好。各种材料的导热系数差别很大,工程中通常把 $\lambda < 0.23W/(m \cdot K)$ 的材料称为绝热材料。

影响材料导热系数的主要因素如下:

1. 材料的化学组成与结构

导热是材料热分子运动的结果,因此,材料的组成与结构是影响导热性的决定因素。通常金属材料、无机材料、晶体材料的导热系数大于非金属材料、有机材料、非晶体材料。

2. 材料的表观密度、孔隙率大小、孔隙特征

绝大多数材料是由固体物质和气体两部分组成。由于密闭空气的导热系数很小(在静态0℃时空气的导热系数为0.023W/m·K)。因此孔隙率大小对材料的导热系数起着非常重要的作用。一般情况下,材料的孔隙率越大,其导热系数就越小(粗大而贯通的孔隙除外)。

孔隙特征对材料的导热性有较大的影响。闭口孔数量增多,材料的导热性降低,即保温隔热性能提高;开口孔数量增多,由于出现空气间的对流传热,材料的导热性增强,保温隔热能力降低。

3. 环境的温湿度

材料受气候、施工等环境因素的影响,容易使材料受潮、受冻,这将会增大材料的导热系数。其原因是水的导热系数($\lambda_{水} = 0.58W/m \cdot K$)及冰的导热系数($\lambda_{冰} = 2.33W/m \cdot K$)都远大于空气的导热系数,因此保温材料在其设计、贮存、运输、施工过程中应特别注意保持干燥状态,以充分发挥其保温效果。

(二)比热容和热容量

质量一定的材料,温度发生变化,则材料吸收(或放出)的热量与质量成正比,与温差成正比,计算见式(1-20):

$$Q = cm(t_2 - t_1) \tag{1-20}$$

式中: Q——材料吸收或放出的热量(J);

c——材料比热容(J/g·K);

m——材料质量(g);

$(t_2 - t_1)$——材料受热或冷却前后的温差(K)。

比热 c 表示1g材料温度升高或降低1K时所需的热量,比热与材料质量的乘积为材料的热容量值。由式(1-20)可看出,热量一定的情况下,热容量值越大,温差越小。作为墙体、屋面等围护结构材料,应采用导热系数小、热容量值大的材料,这对于维护室内温度稳定,减少热损失,节约能源起着重要的作用。几种典型材料的热工性质指标见表1-2。

与材料传热能力大小相关的另一个指标是热阻(R),表示材料阻抗热传导能力大小的物理量,单位为$(m^2 \cdot K)/W$计算式为:

$$R = \frac{d}{\lambda}$$

式中：d——材料的厚度。

几种典型材料的热工性质指标　　表 1-2

材　料	导热系数 W·(m·K)$^{-1}$	比热容 J·(g·K)$^{-1}$	材　料	导热系数 W·(m·K)$^{-1}$	比热容 J·(g·K)$^{-1}$
铜	370	0.38	泡沫塑料	0.03	1.70
钢	58	0.46	水	0.58	4.20
花岗岩	2.90	0.80	冰	2.20	2.05
普通混凝土	1.80	0.88	密闭空气	0.023	1.00
普通黏土砖	0.57	0.84	石膏板	0.30	1.10
松木顺纹	0.35	2.50	绝热纤维板	0.05	1.46
松木横纹	0.17				

R 值越大，材料保温隔热性能越好，热阻值是判断建筑是否节能的重要指标。

材料在受热时吸收热量，冷却时放出热量的性质称为材料的热容量。

（三）材料的温度变形性

材料的温度变形性是指材料在温度升高或降低时材料体积变化的特性。多数材料在温度升高时体积膨胀，温度降低时体积收缩。这种变化表现在单向尺寸时，为线膨胀或线收缩，相应的表征参数为线膨胀系数。

在温度变化时材料的线膨胀量或线收缩量可用式(1-21)计算：

$$\Delta L = (t_2 - t_1)\alpha L \tag{1-21}$$

式中：ΔL——线膨胀量或线收缩量（mm 或 cm）；

$(t_2 - t_1)$——温度变化时的温度差（K）；

α——平均线膨胀系数（1/K）；

L——材料的原始长度（mm 或 cm）。

材料的线膨胀系数与材料的组成和结构有关，在工程中常选择适当的材料来满足工程对温度变形的要求。

【工程实例 1-1】

【现象】 带有 10cm 厚普通保温材料绝热层的冷藏柜，可用容积为 330L，若用聚氨酯泡沫，绝热层厚可减低到 5.5cm，可用容积增加到 450L，增加 35%。

【原因分析】 硬质聚氨泡沫塑料是一种性能良好的保温材料，固相所占体积仅 5% 左右，闭孔中的气体导热系数极小，聚氨酯材料的导热系数低于几乎所有的其他保温材料。与其他保温材料相比，达到同样的保温效果，绝热层厚可减低 30% ~80%，增加容积 20% ~50%。为了便于比较，现将相同环境条件下常用保温材料的导热系数和达到同样保温效果时所需绝热材料厚度比较见表 1-3。

绝热材料厚度比较 表 1-3

序　号	材 料 名 称	导热系数(W/m·k)	保温层厚度(mm)
1	硬质聚氨酯泡沫	0.020	25
2	聚苯乙烯	0.035	40
3	矿岩棉	0.040	45
4	轻软木	0.050	45
5	纤维板	0.050	45
6	膨胀硅酸盐	0.050	45
7	混凝土块	0.050	45
8	软木	0.050	45
9	普通砖	0.050	45

【工程实例 1-2】 木材的干湿变化引起木材的变形

【现象】 有不少住宅的木地板使用一段时间后出现接缝不严，也有一些木地板出现起拱。请分析原因。

【原因分析】 木地板接缝不严的原因是木地板干燥收缩。若铺设时木板的含水率过大，高于平衡含水率，则日后特别是干燥的季节，水分减少、干缩明显，就会出现接缝不严。但若原来木材含水率过低，木材吸水后膨胀，就出现起拱。接缝不严与起拱是问题的两个方面，即木地板的制作需考虑使用环境的湿度，含水率过高或过低都是不利的，应控制适当范围。

【工程实例 1-3】 改善孔的结构提高材料的抗渗性

【现象】 提高混凝土的抗渗性能的措施之一是在混凝土搅拌过程中掺入引气剂。

【原因分析】 通常我们认为材料的孔隙率越大，材料的抗渗性越差。事实上增大孔隙率，改变孔的构造，可提高混凝土的抗渗性。在混凝土搅拌过程中掺入引气剂，可在混凝土中形成大量均匀分布且稳定而封闭的气泡。由于是封闭气泡，气泡可堵塞或隔断混凝土中的毛细管渗水，反而提高了混凝土的抗渗性。

第二节　材料的力学性质

材料的力学性质是指材料在外力作用下抵抗破坏及变形的性质。

一　材料的强度

(一) 材料强度

材料强度是指材料在外力（荷载）作用下抵抗破坏的能力。当材料受到外力作用时，在材料内部相应地产生应力，且应力随外力的增大而增大，当应力超过材料内部质点所能抵抗的极限时，材料就发生破坏，此时的极限应力值即材料强度，也称极限强度。

根据外力作用方式的不同，材料强度可分为抗压强度、抗拉强度、抗剪强度、抗折（抗弯）强度等，均以材料受外力破坏时单位面积上所承受的力的大小来表示，如图 1-5 所示。

材料的抗压、抗拉、抗剪强度的计算见式(1-22)：

$$f=\frac{P}{A} \tag{1-22}$$

式中：f——材料的强度(N/mm^2 或 MPa)；

P——材料破坏时最大荷载(N)；

A——试件的受力面积(mm^2)。

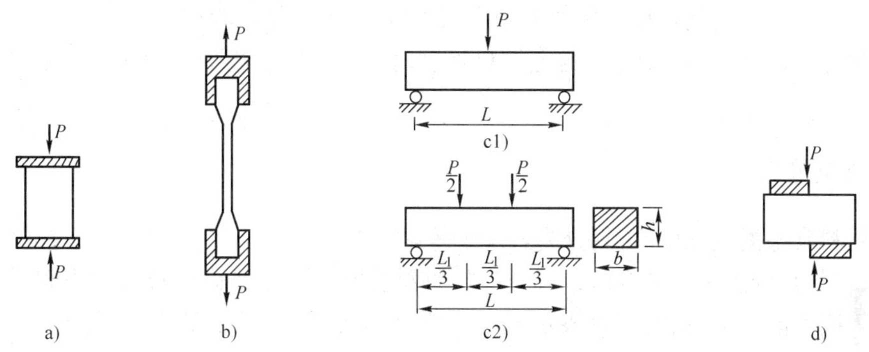

图 1-5 材料所受外力示意图

a)压缩；b)拉伸；c1)、c2)弯曲；d)剪切

材料的抗弯强度(或抗折强度)与试件受力情况、截面形状及支承条件有关，一般试验方法是将矩形截面的条形试件放在两支点上，中间作用一集中荷载(如图 1-5c_1)则抗弯强度计算见式(1-23)：

$$f_{弯}=\frac{3pl}{2bh^2} \tag{1-23}$$

当在三分点上加两个集中荷载(如图 1-5c_2)，则抗弯强度计算见式(1-24)：

$$f_{弯}=\frac{pl}{bh^2} \tag{1-24}$$

式中：$f_{弯}$——抗弯强度(MPa)；

p——弯曲破坏时最大集中荷载(N)；

l——两支点间距离(mm)；

b、h——试件截面的宽与高(mm)。

材料的强度值与材料的组成、结构等内在因素有关，也与试验条件的影响有关。具体表现在：

1. 不同种类的材料由于其组成、结构不同，其强度差异很大

岩石、混凝土、砂浆等都具有较高的抗压强度，因此多用于建筑物的基础和墙体受压部位；木材的抗拉强度高于其抗压强度，多用于承受拉力的部位；钢材同时具有较高的抗压强度和抗拉强度，因此适用于各种受力构件。

同一种材料，其强度随孔隙率、孔隙构造不同有很大差异。一般地说，同种材料的孔隙率越大，强度越低。

2. 试验条件

试验条件不同,材料强度值就不同。如试件的采取或制作方法,试件的形状和尺寸,试件的表面状况,试验时加荷速度,试验环境的温、湿度,以及试验数据的取舍等,均在不同程度上影响所得数据的代表性和准确性。通常试件尺寸越大,测得的强度值越小;试件表面凹凸不平,产生了应力集中,测得的强度值偏低;加荷速度越快,测得的强度值越大等;材料含有水分时,其强度比干燥时低;温度升高时,一般材料的强度将有所降低,沥青混凝土尤为明显。

材料的强度实际上是在特定条件下测定的强度值,为了使试验结果具有可比性,每个试验均有统一规定的标准试验方法,在测定材料强度时,必须严格按照国家规定的标准试验方法进行。

（二）强度等级

建筑材料常根据其强度值,划分为若干个等级,即强度等级。如脆性材料（石材、混凝土、砖等）主要以抗压强度来划分等级;塑性材料（钢材、沥青等）主要以抗拉强度来划分的。强度值与强度等级不能混淆,强度值是表示材料力学性质的指标,强度等级是根据强度值划分的级别。

建筑材料按强度划分为若干个强度等级,对生产者和使用者均有重要的意义,它是生产者在生产中控制产品质量的依据,从而确保产品的质量;对使用者而言,则有利于掌握材料的性能指标,便于合理选用和正确使用材料。

（三）比强度

对于不同强度的材料进行比较,可采用比强度这个指标。比强度等于材料的强度与其表观密度之比(f/ρ_0),是衡量材料轻质高强特性的指标。结构材料在建筑工程中主要承受结构荷载,对多数建筑物来说,相当一部分的承载能力用于抵抗本身或其上部结构材料的自重荷载,只有剩余部分的承载能力才能用于抵抗外荷载。为此,提高材料的承载力,不仅应提高材料的强度,还应设法减轻其本身的自重,即应提高材料的比强度。

比强度越大,则材料的轻质高强性能越好,选择比强度大的材料对增加建筑物的高度、减轻结构自重、降低工程造价具有重大意义。几种主要材料的比强度值见表1-4。

几种主要材料的比强度值 表1-4

材料（受力状态）	表观密度（kg/m^3）	强度（MPa）	比　强　度
普通混凝土（抗压）	2400	40	0.017
低碳钢	7850	420	0.054
松木（顺纹抗拉）	500	100	0.200
烧结普通砖（抗压）	1700	10	0.006
玻璃钢（抗弯）	2000	450	0.225
铝合金	2800	450	0.160
石灰岩（抗压）	2500	140	0.056

二 弹性和塑性

材料在外力作用下产生变形，外力撤掉后变形能完全恢复的性质，称为弹性。相应的变形称为弹性变形（或瞬时变形），如图1-6a）所示。

弹性变形的大小与其所受外力大小成正比，其比例系数在一定范围内为一常数，该常数称为材料的弹性模量，用符号"E"表示，计算见式（1-25）：

$$E=\frac{\sigma}{\varepsilon} \tag{1-25}$$

式中：σ——材料所承受的应力（MPa）；

ε——材料在应力σ作用下的应变。

弹性模量反映材料抵抗变形能力的指标，其值越大，表明材料抵抗变形的能力越强。弹性模量是建筑工程结构设计和变形验算的主要参数之一。

材料在外力作用下产生变形，若除去外力后仍保持变形后的形状和尺寸，并且不产生裂缝的性质称为塑性，相应的变形称为塑性变形（或残余变形），如图1-6b）所示。

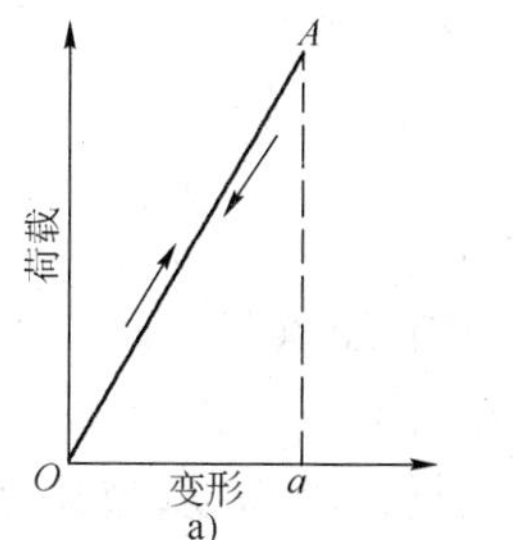

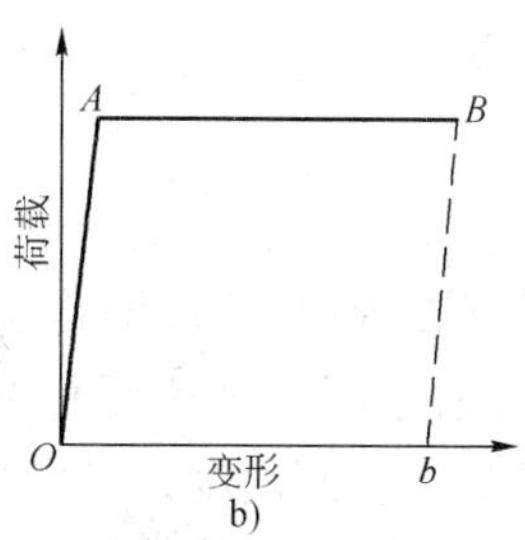

图1-6　材料的弹性变形与塑性变形

a）材料的弹性变形；b）材料的塑性变形

单纯的弹性材料是没有的。有的材料受力不大时产生弹性变形；受力超过一定限度后即产生塑性变形，如建筑钢材，如图1-7所示。有的材料，在受力时弹性变形和塑性变形同时存在。如果取消外力后，弹性变形 ab 可以恢复，而塑性变形 ob 不能恢复，通常将这种材料称为弹塑性材料，如图1-8所示的混凝土。

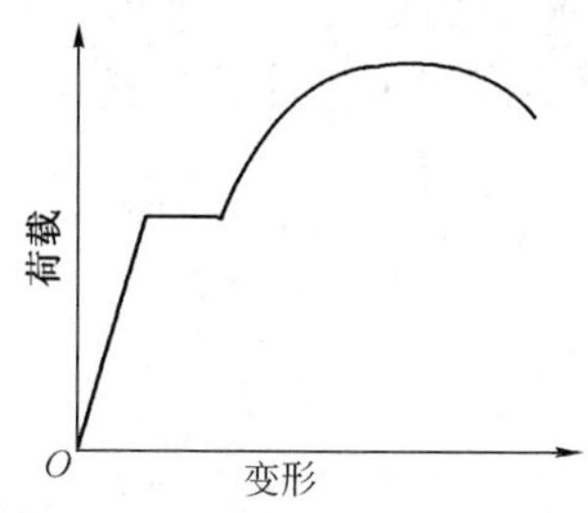

图1-7　弹性塑性材料的变形曲线

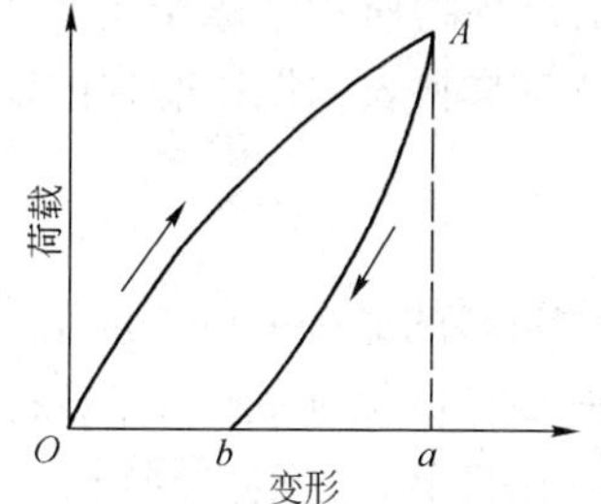

图1-8　混凝土材料的弹、塑性变形曲线

 脆性和韧性

材料在外力达到一定程度时，无明显的变形而突然发生破坏，这种性质称为脆性。多数无

机非金属材料均属脆性材料，如天然石材、烧结普通砖、陶瓷、普通混凝土、砂浆等，脆性材料抗压强度较高，但抗冲击能力、抗振动能力、抗拉及抗折能力很差。所以仅用于承受静压力作用的结构或构件，如基础柱子、墩座等。

材料在冲击或动力荷载作用下，能吸收较大能量并产生较大的变形而不破坏的性质称为韧性，如低碳钢、低合金钢、木材等都属于韧性材料。衡量材料韧性的指标是材料的冲击韧性指标值，以符号“α_k”表示，计算见式(1-26)：

$$\alpha_k = \frac{A_k}{A} \tag{1-26}$$

式中：α_k——材料的冲击韧性指标值(J/mm^2)；

A_k——材料破坏时所吸收的能量(J)；

A——材料受力截面积(mm^2)。

在工程中，对于要求承受冲击和振动荷载作用的结构，如吊车梁、桥梁、路面及有抗震要求的结构均要求所用材料具有较高的抗冲击韧性。

四 硬度和耐磨性

(一)硬度

硬度指材料表面的坚硬程度，是抵抗其他物体刻划、压入其表面的能力。硬度的测定方法有刻划法、回弹法、压入法，不同材料其硬度的测定方法不同。

回弹法用于测定混凝土表面硬度，并间接推算混凝土的强度，也用于测定砖、砂浆等的表面硬度。刻划法用于测定天然矿物的硬度；压入法是用硬物压入材料表面，通过压痕的面积和深度测定材料的硬度。钢材、木材常用钢球压入法测定。

通常，硬度大的材料耐磨性较强，但不易加工。在工程中，常利用材料硬度与强度间关系，间接测定材料强度。

(二)耐磨性

材料受外界物质的摩擦作用而减小质量和体积的现象称为磨损。

耐磨性是材料表面抵抗磨损的能力，材料的耐磨性用磨损率表示。计算见式(1-27)：

$$N = \frac{m_1 - m_2}{A} \tag{1-27}$$

式中：N——材料的磨损率(g/cm^2)；

m_1——试件磨损前的质量(g)；

m_2——试件磨损后的质量(g)；

A——试件受磨面积(cm^2)。

试件的磨损率表示一定尺寸的试件，在一定压力作用下，在磨料上磨一定次数后，试件每单位面积上的质量损失。

材料的耐磨性与材料组成、结构及强度、硬度等有关。建筑中用于地面、踏步、台阶、路面等处的材料，应适当考虑硬度和耐磨性。

【工程实例 1-4】 测试强度与加荷速度

【现象】 我们在测试混凝土等材料的强度时可观察到，同一试件，加荷速度过快，所测值偏高。请分析原因。

【原因分析】 材料的强度除与其组成结构有关外，还与其测试条件有关，包括加荷速度、温度、试件大小和形状等。当加荷速度较快时，荷载的增长速度大于材料变形速度，测出的数值就会偏高。为此，在材料的强度测试中，一般都规定其加荷速度范围。

第三节 材料的耐久性与环境协调性

 材料的耐久性

材料的耐久性是指材料在使用期间，受到各种内在的或外来因素的作用，能经久不变质、不破坏，尚能保持原有性能，不影响使用的性质。

材料在建筑物使用期间，除受到各种荷载作用之外，还受到内在和周围环境各因素的破坏作用。这些破坏因素对材料的作用往往是复杂多变的，它们或单独或相互交叉作用。一般可将其归纳为物理作用、化学作用、力学作用和生物作用。

物理作用包括干湿变化、温度变化、冻融循环、溶蚀、磨损等，这些作用使材料发生体积膨胀、收缩或导致内部裂缝的扩展，长期或反复多次的作用使材料逐渐破坏。例如在潮湿寒冷地区，反复的冻融循环对多孔材料具有显著的破坏作用。

化学作用主要指材料受到有害气体以及酸、碱、盐等液体对材料产生的破坏作用。例如钢材的锈蚀，水泥的腐蚀等。

力学作用指材料受使用荷载的持续作用，交变荷载引起的疲劳，冲击及机械磨损等。

生物作用包括昆虫、菌类的作用，使材料虫蛀、腐朽破坏。例如木材及植物类材料的腐朽等。

材料的耐久性是材料抵抗上述多种作用的一种综合性质，它包括抗冻性、抗腐蚀性、抗渗性、抗风化性、耐热性、耐酸性、耐腐蚀性等各方面的内容。不同材料其耐久性的侧重点有所不同。

一般情况下，矿物质材料如石材、混凝土、砂浆等直接暴露在大气中，受到风霜雨雪的物理作用，主要表现为抗风化性和抗冻性；当材料处于水中或水位变化区，主要受到环境水的化学侵蚀、冻融循环作用。钢材等金属材料在大气或潮湿条件下，易遭受电化学腐蚀。木材、竹材等植物纤维质材料常因腐朽、虫蛀等生物作用而遭受破坏；沥青以及塑料等高分子材料在阳光、空气、水的作用下逐渐老化。

为提高材料的耐久性，根据材料的特点和使用情况采取相应措施，通常可以从以下几方面考虑：

(1)设法减轻大气或其他介质对材料的破坏作用，如降低温度、排除侵蚀性物质等。

(2)提高材料本身的密实度，改变材料的孔隙构造。

(3)适当改变成分，进行憎水处理及防腐处理。

(4)在材料表面设置保护层，如抹灰、做饰面、刷涂料等。

耐久性是材料的一项长期性质，需对其在使用条件下进行长期的观察和测定。近年来已

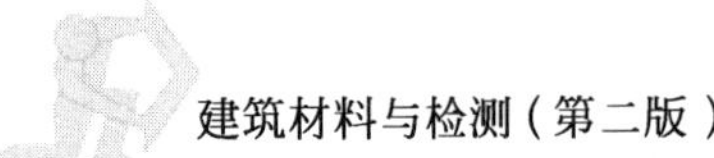

采用快速检验法,即在实验室模拟实际使用条件,进行有关的快速试验,根据试验结果对耐久性做出判定。

提高材料的耐久性,对保证建筑物的正常使用,减少使用期间的维修费用,延长建筑物的使用寿命,起着非常重要的作用。

 材料的环境协调性

材料的环境性能表征了材料与环境之间的交互作用行为,包括环境对材料的影响和材料对环境的影响两方面,前者称为材料的环境适应性,后者称为材料的环境协调性。

环境协调性是指材料在生产、使用、废弃和再生的全过程中,资源、能源消耗少,环境污染小,再生循环利用率高等特性。

材料的环境协调性可用寿命周期评价法(LCA)进行评估。材料的环境协调性评价应全面系统,否则得出的结论就未必科学、可靠。

本章小结

本章重点讨论了建筑材料的基本性质,包括材料基本的物理性质、力学性质及耐久性。其中述及的知识是学习本课程的基础,应深入理解。

材料的基本物理性质包括与质量有关的物理性质、与水有关的物理性质、与热有关的物理性质;材料的力学性质中包括材料的强度、弹性、塑性、脆性、韧性,应熟练掌握其概念、计算方法及影响因素。

材料的耐久性是一综合性质,要理解材料的耐久性好坏对建筑物的重要性。

环境协调性是对资源和能源消耗少,对环境污染小和循环再生利用率高。材料今后发展要求从材料制造、使用、废弃直至再生利用的整个寿命周期中,必须与环境协调共存。

小知识

生态建筑材料

生态建筑材料的科学和权威的定义仍在研究阶段。生态建筑材料来源于生态环境材料,其主要特征首先是节约资源和能源;其次是减少环境污染,避免温室效应与臭氧层的破坏;第三是容易回收和循环利用。作为生态环境材料的重要组成分支,生态建筑材料指在材料的生产、使用、废弃和再生循环过程中应与生态环境相协调,满足最少资源和能源消耗,最小或无污染环境,最佳使用性能,最高循环再利用率等要求。

生态建材与其他新型建材在概念上的主要区别在于生态建材是一个系统工程概念,不能只看生产或使用中的某一个环节。如果没有系统工程的观点,设计生产的建筑材料有可能在一个方面反映出“绿色”而在其他方面则是“黑色”。评价时难免偏颇甚至误导。为全面评价建筑材料的环境协调性能,需要采用生命周期评价法(简称LCA),生命周期评价是对

材料在整个生命周期中的环境污染、能源和资源消耗与资源影响大小评价的一种方法。对建筑材料而言，LCA还是一个正在研究和发展的方法。

从我国的实际情况出发，许多学者提出了生态建筑材料的发展战略。

(1)建立建筑材料生命周期(LCA)的理论和方法，为生态建材的发展战略和建材工业的环境协调性的评价提供科学依据和方法。

(2)以最低资源和能源消耗、最小环境污染低价生产传统建筑材料，如用新型干法工艺技术生产高质量水泥技术。

(3)大力发展减少建筑能耗的建材制品，如具有轻质、高强、防水、保温、隔热、隔音等优异功能的新型复合墙体材料和门窗材料。

(4)开发具有高性能长寿命的建筑材料，大幅度降低建筑工程的材料消耗和提高服务寿命，如高性能的水泥混凝土、保温绝热和装修材料。

(5)发展具有改善居室生态环境和保健功能的建筑材料，如抗菌、除臭、调温、屏蔽有害射线的多功能玻璃、陶瓷、涂料等材料。

(6)发展能替代生产能耗高、对环境污染大、对人体有害的建筑材料，如无石棉纤维水泥制品、无毒的水泥混凝土化学外加剂。

(7)开发工业废弃物再生资源化技术，利用工业废弃物生产优异性能的建筑材料，如利用矿渣、粉煤灰、硅灰、煤矸石、废弃聚苯乙烯等生产建筑材料。

(8)发展能治理工业污染、净化修复环境或能扩大人类生存空间的新型建筑材料，如用于开发海洋、地下、盐碱地、沙漠、沼泽地的特种水泥等建筑材料。

(9)扩大可用原材料和燃料范围，减少对优质、稀少或正在枯竭的重要原材料的依赖。

练 习 题

1. 填空题

(1)材料的抗冻性以材料在吸水饱和状态下所能抵抗的________来表示。

(2)水可以在材料表面展开，即材料表面可以被水浸润，这种性质称为________。

(3)材料的表观密度是指材料在________状态下单位体积的质量。

2. 判断题

(1)某些材料虽然在受力初期表现为弹性，达到一定程度后表现出塑性特征，这类材料称为塑性材料。 (   )

(2)材料吸水饱和状态时水占的体积可视为开口孔隙体积。 (   )

(3)材料在空气中吸收水分的性质称为材料的吸水性。 (   )

(4)材料的软化系数越大，材料的耐水性越好。 (   )

（5）材料的渗透系数越大，其抗渗性能越好。（　）

3. 简答题

（1）简述材料的孔隙率和孔隙特征与材料的表观密度、强度、吸水性、抗渗性、抗冻性及导热性等性质的关系。

（2）材料的孔隙率与空隙率有何区别？

（3）塑性材料和脆性材料在外力作用下，其变形性能有何区别？

（4）何谓材料的抗冻性？材料冻融破坏的原因是什么？饱和水程度与抗冻性有何关系？

（5）何谓材料的抗渗性？如何表示抗渗性的好坏？

4. 计算题

材料的体积吸水率为10%，密度为3.0g/cm^3，干燥时的体积密度为1500kg/m^3。试求该材料的质量吸水率、开口孔隙率、闭口孔隙率，并估计该材料的抗冻性如何？

第二章
气硬性胶凝材料

【职业能力目标】

通过本章的学习使学生具有常用气硬性胶凝材料的应用能力。掌握胶凝材料的定义和分类;熟悉石膏的生产、凝结与硬化、技术要求、性质及应用;熟悉石灰的原料与生产、熟化与硬化、技术要求、性质及应用;了解水玻璃的组成、硬化、性质与应用。

【学习要求】

了解材料的生产过程,掌握气硬性胶凝材料性质及应用的一般规律。学习时不仅要知道各材料具有的性质,更应当知道形成这些性质的内在原因。

第一节　石　　灰

石灰是建筑上使用时间较长、应用较广泛的一种气硬性胶凝材料。由于其原料来源广、生产工艺简单、成本低等优点,至今仍在广泛使用。

一　石灰的生产和品种

(一)石灰的生产

生产石灰的原料是以碳酸钙为主要成分的天然矿石,如石灰石、白垩、白云质石灰石等。将原料在高温下煅烧,即可得到石灰(块状生石灰),其主要成分为氧化钙。在这一反应过程中由于原料中同时含有一定量的碳酸镁,在高温下会分解为氧化镁及二氧化碳,因此生成物中也会有氧化镁存在。

石灰的生产过程就是将石灰石等矿石进行煅烧,使其分解为生石灰和二氧化碳的过程,这一反应可表示为:

$$CaCO_3 \xrightarrow{900-1100℃} CaO + CO_2 \uparrow$$

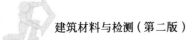

正常温度和煅烧时间所煅烧的石灰具有多孔、颗粒细小、体积密度小与水反应速度快等特点，这种石灰称为正火石灰。而实际生产过程中由于煅烧温度过低或温度过高会产生欠火石灰或过火石灰。

欠火石灰是由于温度过低或时间不足，石灰中含有未分解完的碳酸钙，它会降低石灰的利用率。

过火石灰是由于煅烧温度过高，煅烧后得到的石灰结构致密、孔隙率小、体积密度大，晶粒粗大，易被玻璃物质包裹，因此它与水的化学反应速度极慢。正火石灰已经水化，并且开始凝结硬化，而过火石灰才开始进行水化，且水化后的产物较反应前体积膨胀，导致已硬化后的结构产生裂纹或崩裂、隆起等现象，这对石灰的使用是非常不利的。

（二）石灰的品种

通常情况下，建筑工程中所使用的石灰有生石灰（块状生石灰、粉状生石灰），其主要成分为氧化钙，目前应用最广泛的是将生石灰粉碎、筛选制成灰钙粉用于腻子等材料中。此外还有主要成分为氢氧化钙的熟石灰（消石灰）和含有过量水的熟石灰（石灰膏）。

根据石灰中氧化镁含量的不同，将生石灰分为钙质生石灰（$MgO \leq 5\%$）和镁质生石灰（$MgO > 5\%$）。将消石灰粉分为钙质消石灰粉（$MgO < 4\%$）、镁质消石灰粉（$4\% < MgO < 24\%$）和白云石消石灰粉（$24\% \leq MgO < 30\%$）。

 石灰的熟化和硬化

（一）石灰的熟化

石灰的熟化是指生石灰（氧化钙）与水发生水化反应生成熟石灰（氢氧化钙）的过程。这一过程也叫作石灰的消解或消化。其反应方程式为：

$$CaO + H_2O = Ca(OH)_2 + 64.8KJ$$

通过对反应式的分析，可以得出生石灰熟化具有如下特点：

1. 水化放热量大，放热速度快

这主要是由于生石灰的多孔结构及晶粒细小决定的。其最初一小时放出的热量是硅酸盐水泥水化一天放出热量的9倍。

2. 水化过程中体积膨胀

生石灰在熟化过程中外观体积可增大1～2.5倍。这一性质是引起过火石灰危害的主要原因。

（二）石灰的硬化

石灰的硬化过程主要有结晶硬化和碳化硬化两个过程。

1. 结晶硬化

这一过程也可称为干燥硬化过程，在这一过程中，石灰浆体的水分蒸发，氢氧化钙从饱和

溶液中逐渐结晶出来。干燥和结晶使氢氧化钙产生一定的强度。

2. 碳化硬化

碳化硬化过程实际上是水与空气中的二氧化碳首先生成碳酸，然后再与氢氧化钙反应生成碳酸钙，同时析出多余水分蒸发，这一过程的反应式为：

$$Ca(OH)_2 + CO_2 + nH_2O \rightarrow CaCO_3 + (n+1)H_2O$$

从结晶硬化和碳化硬化的两个过程可以看出，在石灰浆体的内部主要进行结晶硬化过程，而在浆体表面与空气接触的部分进行的是碳化硬化，由于外部碳化硬化形成的碳酸钙膜达一定厚度时就会阻止外界的二氧化碳向内部渗透和内部水分向外蒸发，再加上空气中二氧化碳的浓度较低，所以碳化过程一般较慢。

三 石灰的现行标准与技术要求

根据现行行业标准《建筑生石灰》(JC/T 479—1992)，建筑生石灰的技术要求包括有效氧化钙和氧化镁含量、未消化残渣含量(即欠火石灰、过火石灰及杂质的含量)、二氧化碳含量(欠火石灰含量)、产浆量(指 1kg 生石灰生成石灰膏的升数 L)，并由此划分为优等品、一等品、合格品，各等级的技术要求见表 2-1。根据行业标准《建筑生石灰粉》(JC/T 480—1992)的规定，建筑生石灰粉可分为优等品、一等品、合格品，其技术要求见表 2-2。

建筑生石灰各等级的技术指标(JC/T 479—1992) 表 2-1

项目	钙质生石灰			镁质生石灰		
	优等品	一等品	合格品	优等品	一等品	合格品
$(CaO+MgO)$含量,(%),≮	90	85	80	85	80	75
未消化残渣含量(5mm 圆孔筛余量,%),≯	5	10	15	5	10	15
CO_2(%),≯	5	7	9	6	8	10
产浆量(L/kg),≮	2.8	2.3	2.0	2.8	2.3	2.0

建筑生石灰粉各等级的技术指标(JC/T 480—1992) 表 2-2

项目		钙质生石灰粉			镁质生石灰粉		
		优等品	一等品	合格品	优等品	一等品	合格品
$(CaO+MgO)$含量,(%),≮		85	80	75	80	75	70
CO_2(%),≯		7	9	11	8	10	12
细度	0.9mm 筛余量(%),≯	0.2	0.5	1.5	0.2	0.5	1.5
	0.125mm 筛余量(%),≯	7.0	12.0	18.0	7.0	12.0	18.0

根据《建筑消石灰粉》(JC/T 481—1992)的规定，按技术指标将钙质消石灰粉、镁质消石灰粉和白云石消石灰粉分为优等品、一等品和合格品三个等级，其具体指标详见表 2-3。

建筑消石灰粉各等级的技术指标（JC/T 481—1992）　表 2-3

项目		钙质消石灰粉			镁质消石灰粉			白云石消石灰粉		
		优等品	一等品	合格品	优等品	一等品	合格品	优等品	一等品	合格品
（CaO + MgO）含量，（%），≮		70	65	60	65	60	55	65	60	55
游离水（%）		0.4～2	0.4～2	0.4～2	0.4～2	0.4～2	0.4～2	0.4～2	0.4～2	0.4～2
体积安定性		合格	合格	—	合格	合格	—	合格	合格	—
细度	0.9mm 筛余量（%），≯	0	0	0.5	0	0	0.5	0	0	0.5
	0.125mm 筛余量（%），≯	3	10	15	3	10	15	3	10	15

四 石灰的性质及应用

（一）石灰的技术性质

1. 保水性、可塑性好

材料的保水性就是材料保持水分不泌出的能力。石灰加水后，由于氢氧化钙的颗粒细小，其表面吸附一层厚厚的水膜，而这种颗粒数量多，总表面积大，所以，石灰具有很好的保水性。石灰的这种性质常用来改善水泥砂浆的和易性。

2. 凝结硬化慢、强度低

由于石灰是一种气硬性胶凝材料，因此它只能在空气中硬化，而空气中 CO_2 含量低，且碳化后形成的较硬的 $CaCO_3$ 薄膜阻止外界 CO_2 向内部渗透，同时又阻止了内部水分向外蒸发，结果导致 $CaCO_3$ 及 $Ca(OH)_2$ 晶体生成的量少且速度慢，使硬化体的强度较低。此外，虽然理论上生石灰消化需要约 32.13% 的水，而实际上用水量却很大，多余的水分蒸发后在硬化体内留下大量孔隙，这也是硬化后石灰强度很低的一个原因。经测定石灰砂浆（1∶3）的 28 天抗压强度仅为 0.2～0.5MPa。

3. 耐水性差

在石灰浆体未硬化前，由于它是一种气硬性胶凝材料，因此它不能在水中硬化；而硬化后的浆体由于其主要成分为 $Ca(OH)_2$，溶于水，从而使硬化体溃散，所以说石灰硬化体的耐水性差。

4. 干燥收缩大

石灰浆体在硬化过程中因蒸发失去大量水分，从而引起体积收缩，因此除用石灰浆做粉刷外，不宜单独使用，常掺入砂、麻刀、无机纤维等，以抵抗收缩引起的开裂。

5. 吸湿性强

生石灰吸湿性强，是一种传统的干燥剂。

6. 化学稳定性差

石灰是一种碱性物质，遇酸性物质时，易发生化学反应，生成新物质。

(二)石灰的应用

1. 室内粉刷

将石灰加水调制成石灰乳用于粉刷室内墙壁等。

2. 拌制建筑砂浆

将消石灰粉与砂子、水混合拌制石灰砂浆或消石灰粉与水泥、砂子、水混合拌制石灰水泥混合砂浆，用于抹灰或砌筑。

3. 配制三合土和灰土

将生石灰粉、黏土、砂按1:2:3 比例配合，并加水拌和得到的混合料叫作三合土，可夯实后作为路基或垫层。而将生石灰粉、黏土按1:(2~4)的比例配合，并加水拌和得到的混合料叫作灰土，如工程中的三七灰土、二八灰土等，夯实后可以作为建筑物的基础、道路路基及垫层。

4. 生产硅酸盐混凝土及制品

将石灰与硅质原料(石英砂、粉煤灰、矿渣等)混合磨细，经成形养护等工序后可制得人造石材，由于它主要以水化硅酸钙为主要成分，因此又叫作硅酸盐混凝土。这种人造石材可以加工成各种砖及砌块。

5. 地基加固

对于含水的软弱地基，可以将生石灰块作为固化剂与粉煤灰或矿渣等掺合料按一定比例灌入地基的桩孔捣实，利用石灰消化时体积膨胀所产生的膨胀压力将土壤挤密，从而使地基土获得加固效果，俗称为石灰桩。

五 石灰的贮存与运输

鉴于石灰的性质，它必须在干燥的条件下运输和贮存，且不宜久存。具体而言，生石灰长时间存放必须密闭防水，防潮；消石灰贮存时应包装密封，以隔绝空气，防止碳化。

【工程实例 2-1】 石灰应用

【现象】 某工程室内抹面采用了石灰水泥混合砂浆，经干燥硬化后，墙面出现了表面开裂及局部脱落现象，请分析原因。

【原因分析】 出现上述现象主要是由于存在过火石灰而石灰又未能充分熟化而引起的。在砌筑或抹面工程中，石灰必须充分熟化后，才能使用，若有未熟化的颗粒(即过火石灰存在)，正常石灰硬化后过火石灰继续发生反应，产生体积膨胀，就会出现上述现象。

【工程实例 2-2】 石灰应用

【现象】 某工程在配制石灰砂浆时，使用了潮湿且长期暴露于空气中的生石灰粉，施工完毕后发现建筑的内墙所抹砂浆出现大面积脱落，请分析原因。

【原因分析】 由于石灰在潮湿环境中吸收了水分，转变成消石灰，又和空气中的二氧化碳发生反应生成碳酸钙，因此，失去了胶凝性，从而导致了墙体抹灰的大面积脱落。

第二节　石　　膏

一　石膏的原料及生产

（一）石膏的原料

生产石膏胶凝材料的原料有天然二水石膏、天然无水石膏和化工石膏等。

天然二水石膏的主要成分为含两个结晶水的硫酸钙（$CaSO_4 \cdot 2H_2O$），二水石膏晶体无色透明，当含有少量杂质时，呈灰色、淡黄色或淡红色，其密度约为2.2～2.4g/cm^3，难溶于水，它是生产建筑石膏的主要原料。

天然无水石膏是以无水硫酸钙为主要成分的沉积岩。结晶紧密，质地较硬，仅用于生产无水石膏水泥。

化工石膏是含硫酸钙的化工副产品和废渣（如磷石膏、氟石膏、硼石膏等）。使用化工石膏作为建筑石膏的原料，可扩大石膏的来源，充分利用工业废料，达到综合利用的目的。

（二）石膏的生产

1. 建筑石膏

将天然石膏入窑经低温煅烧后，磨细即得建筑石膏，其反应式如下：

$$CaSO_4 \cdot 2H_2O \xrightarrow{107 \sim 170℃} CaSO_4 \cdot \frac{1}{2}H_2O + 1\frac{1}{2}H_2O$$

天然石膏的成分为二水硫酸钙，建筑石膏的成分为半水硫酸钙，由此可见建筑石膏是天然石膏脱去部分结晶水得到的β型半水石膏。建筑石膏为白色粉末，松散堆积密度为800～1000kg/m^3，密度为2500～2800kg/m^3。

2. 高强石膏

将二水石膏置于蒸压锅内，经0.13MPa的水蒸汽（125℃）蒸压脱水，得到的晶粒比β型半水石膏粗大的产品，称为α型半水石膏，将此石膏磨细得到的白色粉末称为高强石膏。其反应式如下：

$$CaSO_4 \cdot 2H_2O \xrightarrow{125℃} CaSO_4 \cdot \frac{1}{2}H_2O + 1\frac{1}{2}H_2O$$

高强石膏由于晶体颗粒较粗，表面积小，拌制相同稠度时需水量比建筑石膏少（约为建筑石膏的一半左右），因此该石膏硬化后结构密实、强度高，7d可达15～40MPa。高强石膏生产成本较高。主要用于室内高级抹灰、装饰制品和石膏板等。

二　建筑石膏的凝结与硬化

建筑石膏的凝结与硬化是在其水化的基础上进行的，也就是说，首先将建筑石膏与水拌和形成浆体，然后水分逐渐蒸发，浆体失去可塑性，逐渐形成具有一定强度的固体。其反应式为：

$$CaSO_4 \cdot \frac{1}{2}H_2O + 1\frac{1}{2}H_2O \rightarrow CaSO_4 \cdot 2H_2O$$

这一反应是建筑石膏生产的逆反应，其主要区别在于此反应是在常温下进行的。另外，由于半水石膏的溶解度高于二水石膏，所以上述可逆反应总体表现为向右进行，即表现为沉淀反应。就其物理过程来看，随着二水石膏沉淀的不断增加出现结晶。结晶体的不断生成和长大，晶体颗粒之间便产生了摩擦力和黏结力，造成浆体的塑性开始下降，这一现象称为石膏的初凝。而后，随着晶体颗粒间摩擦力和黏结力的增大，浆体的塑性很快下降，直至消失，这种现象称为石膏的终凝。整个过程称为石膏的凝结。石膏终凝后，其晶体颗粒仍在不断长大和连生，形成相互交错且孔隙率逐渐减小的结构，其强度也会不断增大，直至水分完全蒸发，形成硬化后的石膏结构，这一过程称为石膏的硬化。建筑石膏的水化、凝结及硬化是一个连续的不可分割的过程，也就是说，水化是前提，凝结硬化是结果。

三 建筑石膏的技术要求

根据《建筑石膏》(GB/T 9776—2008)规定，建筑石膏的主要技术要求为强度、细度和凝结时间，据此可分为优等品、一等品和合格品三个等级。具体指标见表2-4。

建筑石膏等级标准(GB/T 9776—2008)　　表2-4

等级	细度(0.2mm 方孔筛筛余)(%)	凝结时间(min)		2h 强度(MPa)	
		初凝	终凝	抗折	抗压
3.0	≤10	≥3	≤30	≥3.0	≥5.0
2.0				≥2.0	≥4.0
1.6				≥1.6	≥3.0

注：指标中有一项不合格者，应予以降级或报废。

将浆体开始失去可塑性的状态称为浆体初凝，从加水至初凝的这段时间称为初凝时间；浆体完全失去可塑性，并开始产生强度称为浆体终凝，从加水至终凝的时间称为浆体的终凝时间。

四 建筑石膏的性质

(一)凝结硬化快

建筑石膏初凝不小于6分钟，终凝不大于30分钟，在自然干燥条件下，一周左右可完全硬化。由于石膏的凝结速度太快，为方便施工，常掺加硼砂、骨胶等缓凝剂来延缓其凝结的速度。

(二)体积微膨胀

建筑石膏硬化后的膨胀率约为0.05%～0.15%。正是由于石膏的这一特性使得它的制品表面光滑、尺寸精确,装饰性好。

(三)孔隙率大

建筑石膏的水化反应理论上需水量仅为18.6%,但在搅拌时为了使石膏充分溶解、水化并使得石膏浆体具有施工要求的流动度,实际加水量达50~70%,而多余的水分蒸发后,在石膏硬化体的内部将留下大量的孔隙,其孔隙率可达50~60%。由于这一特性使石膏制品导热系数小[仅为0.121~0.205W/(m·K)],保温隔热性能好,但其强度较低(一般抗压强度为3~5MPa),耐水性差,吸湿性强。建筑石膏水化后生成的二水石膏结晶体会溶于水,长时间浸泡会使石膏制品产生破坏。

(四)具有一定的调湿作用

由于建筑石膏制品内部的大量毛细孔隙对空气中水分具有较强吸附能力,在干燥时又可释放水分。因此,当它用于室内工程中时,可对室内空气具有一定调节湿度的作用。

(五)防火性好,耐火性差

建筑石膏制品的导热系数小,传热速度慢,且二水石膏受热脱水产生的水蒸气可以阻碍火势的蔓延。但二水石膏脱水后,强度下降,因此不耐火。

(六)装饰性好,可加工性好

建筑石膏制品表面平整,色彩洁白,并可以进行锯、刨、钉、雕刻等加工,具有良好的装饰性和可加工性。

五 建筑石膏的应用

(一)室内抹灰及粉刷

由于建筑石膏的特性,它可被用于室内的抹灰及粉刷。建筑石膏加水、砂及缓凝剂拌和成石膏砂浆,用于室内抹灰或作为油漆打底使用,其特点是隔热保温性能好,热容量大,吸湿性强,因此可以一定限度地调节室内温、湿度,保持室温的相对稳定,此外这种抹灰墙面还具有阻火、吸声、施工方便、凝结硬化快、黏结牢固等特点,因此可称其为室内高级粉刷及抹灰材料。石膏砂浆也作为油漆等的打底层,并可直接涂刷油漆或粘贴墙布或墙纸等。

目前有一种新型粉刷石膏,是在石膏中掺入优化性能的辅助材料及外加剂配制而成的抹灰材料,按用途可分为:面层粉刷石膏、底层粉刷石膏和保温层粉刷石膏三类。

(二)石膏板

随着框架轻板结构的发展,石膏板的生产和应用也发展很快。由于石膏板具有原料来源广泛、生产工艺简便、轻质、保温、隔热、吸声、不燃及可锯可钉性等,因此它被广泛应用于建筑行业。

常用的石膏板有纸面石膏板、纤维石膏板、装饰石膏板、空心石膏板、吸声用穿孔石膏板等。

这里值得注意的是通常装饰石膏板所用的原料是磨得更细的建筑石膏即模型石膏。

石膏容易与水发生反应，因此石膏在运输贮存的过程中应注意防水、防潮。另外长期贮存会使石膏的强度下降很多（一般贮存三个月后，强度会下降30%左右），因此建筑石膏不宜长期贮存。一旦贮存时间过长应重新检验确定等级。

【工程实例2-3】 石膏应用的工程实例

【现象】 某剧场采用石膏板做内部装饰，由于冬季剧场内暖气爆裂，大量热水流过剧场，一段时间后发现石膏制品出现了局部变形，表面出现霉斑。请分析原因。

【原因分析】 石膏是一种气硬性胶凝材料，它不能在水中硬化，也就是说石膏不适宜潮湿环境中使用。

第三节 水 玻 璃

一 水玻璃的组成

水玻璃俗称泡花碱，是由碱金属氧化物和二氧化硅按不同比例化合而成的一种可溶于水的硅酸盐。常用的水玻璃有硅酸钠（$Na_2O \cdot nSiO_2$）（水溶液也叫钠水玻璃）和硅酸钾（$K_2O \cdot nSiO_2$）（水溶液也叫钾水玻璃）。水玻璃分子式中 SiO_2 与 Na_2O（或 K_2O）的分子数比值 n 叫作水玻璃的模数。水玻璃的模数越大，越难溶于水，越容易分解硬化，硬化后黏结力、强度、耐热性与耐酸性越高。

水玻璃的生产有干法和湿法两种方法。干法用石英岩和纯碱为原料，磨细拌匀后，在熔炉内于1300℃～1400℃温度下熔化，按下式反应生成固体水玻璃，将其溶解于水而制得液体水玻璃。

干法生产的化学反应式可表示为：

$$Na_2CO_3 + nSiO_2 \xrightarrow{1300℃\sim1400℃} Na_2O \cdot nSiO_2 + CO_2\uparrow$$

湿法生产以石英岩粉和烧碱为原料，在高压蒸锅内，2～3大气压下进行压蒸反应，直接生成液体水玻璃。建筑上常用的钠水玻璃为无色、清绿色或棕色的黏稠状液体，模数 n = 2.5～3.5，密度为1.3～1.4g/cm^3。

二 水玻璃的硬化

水玻璃溶液在空气中吸收 CO_2 气体，析出无定形二氧化硅凝胶（硅胶）并逐渐干燥硬化，反应式为：

$$Na_2O \cdot nSiO_2 + CO_2 + mH_2O \rightarrow nSiO_2 \cdot mH_2O + Na_2CO_3$$

由于空气中 CO_2 浓度较低，为加速水玻璃的硬化，可加入氟硅酸钠（Na_2SiF_6）作为促硬剂，

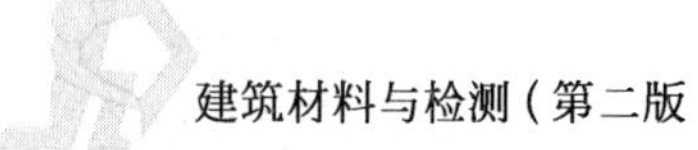

以加速硅胶的析出，反应式为：

$$2Na_2O \cdot nSiO_2 + Na_2SiF_6 + mH_2O \rightarrow (2n+1)SiO_2 \cdot mH_2O + 6NaF$$

氟硅酸钠的适宜加入量为水玻璃质量的 12% ~15%，加入氟硅酸钠后，水玻璃的初凝时间可缩短到 30 ~50min，终凝时间可缩短到 240 ~360min，7d 基本达到最高强度。

 三 水玻璃的性质

（一）黏结力强，强度较高

水玻璃硬化中析出的硅酸凝胶具有很强的黏附性，因而水玻璃有良好的黏结能力。

（二）耐酸性好

硅酸凝胶不与酸类物质反应，因而水玻璃具有很好的耐酸性。可抵抗除氢氟酸、过热磷酸以外的几乎所有的无机和有机酸。

（三）耐热性好

硅酸凝胶在高温干燥条件下强度会增强，因而水玻璃具有很好的耐热性。

（四）抗渗性和抗风化能力

硅酸凝胶能堵塞材料毛细孔并在表面形成连续封闭膜，因而具有很好的抗渗性和抗风化能力。

四 水玻璃的应用

（一）配制耐酸混凝土、耐酸砂浆、耐酸胶泥等

水玻璃具有较高的耐酸性，用水玻璃、耐酸粉料和粗细集料配合，可制成防腐工程的耐酸胶泥、耐酸砂浆和耐酸混凝土。

（二）配制耐热混凝土、耐热砂浆及耐热胶泥

水玻璃硬化后形成 SiO_2 非晶态空间网状结构，具有良好的耐火性，因此可与耐热集料一起配制成耐热砂浆及耐热混凝土。

（三）涂刷材料表面，提高材料的抗风化能力

硅酸凝胶可填充材料的孔隙，使材料致密，提高材料的密实度、强度、抗渗性、抗冻性及耐水性等，从而提高了材料的抗风化能力，但不能用以涂刷或浸渍石膏制品，因二者会发生反应，在制品孔隙中生成硫酸钠结晶，体积膨胀，将制品胀裂。

(四)配制速凝防水剂

水玻璃加两种、三种或四种矾,即可配制成二矾、三矾、四矾速凝防水剂,从而提高砂浆的防水性,这种防水剂因为凝结迅速,可调配水泥防水砂浆,适用于堵塞漏洞、缝隙等局部抢修。

(五)加固土壤

水玻璃与氯化钙溶液分别压入土壤中后相遇会发生反应生成硅酸凝胶,包裹土壤颗粒,填充空隙、吸水膨胀,可以防止水分透过,加固土壤。

【工程实例 2-4】 水玻璃应用的工程实例

【现象】 以一定密度的水玻璃浸渍或涂刷黏土砖、水泥混凝土、石材等多孔材料,可提高材料的密实度、强度、抗渗性、抗冻性及耐水性。

【原因分析】 这是因为水玻璃与空气中的二氧化碳反应生成硅酸凝胶,同时水玻璃也与材料中的氢氧化钙反应生成硅酸钙凝胶,两者填充于材料的孔隙,使材料致密。

本章小结

本章重点介绍了三种气硬性无机胶凝材料。建筑石灰的化学成分及生产方式,烧制和原料对石灰品质的影响,石灰的熟化、硬化、技术要求及应用等;建筑石膏的化学成分及生产方式,主要性质、技术要求、应用,其他石膏制品的品种和应用。

小知识

粉刷石膏是一种适应室内墙体和顶棚专用的绿色环保抹灰材料,是传统水泥砂浆或混合砂浆的换代产品。

在国外,粉刷石膏使用已十分普遍,就欧美先进发达国家,早在40年以前已大量使用粉刷石膏,如德国现在75%以上抹灰材料是粉刷石膏,英国粉刷石膏的使用占石膏建材总量的50%,法国占石膏制品总和的23%,西班牙室内抹灰90%使用粉刷石膏,还有日本粉刷石膏产量在七十年代末就达到40万吨,由于粉刷石膏具有强度高,黏结力强,抹灰厚度均匀,操作简单,收缩性小,保水性好,不空鼓开裂,凝结硬化快,施工性能好,防火保温性优良,便于冬季(−5℃以上)施工,绿色环保,使用范围不受限制等优良性能,无论在何种墙体上使用,其综合技术性能都是传统水泥砂浆无法比拟的,因此在发达的国家能得到大量的推广应用。将来在我国研究,开发推广应用粉刷石膏取代传统水泥砂浆的室内抹灰也是必然的。

粉刷石膏按相组成分为三类,一是半水相型粉刷石膏,它是以半水石膏为基料,加入石膏改性剂配制而成,二是无水相型粉刷石膏,是以Ⅱ型无水石膏为基料,适当加入少量白灰及激发剂和改性剂配制而成(这种粉刷石膏在干旱地区还可作外墙饰面用)。三是混合相型粉刷石膏,是以半水石膏和Ⅱ型无水石膏按一定比例配合,添加少量外加剂配制而成(也可采用天然硬石膏和半水石膏配制)。

练 习 题

简答题

(1)建筑石膏的主要特性和用途有哪些?

(2)建筑石膏的等级是根据什么划分的?

(3)何谓石灰的熟化与陈伏?

(4)石灰浆体是如何硬化的?石灰在建筑工程有哪些用途?

(5)什么是水玻璃与水玻璃模数?其硬化与性质有何特点?

第三章 水　泥

【职业能力目标】

具有根据工程特点及所处环境条件正确选择、合理使用常用品种水泥的能力；能独立完成硅酸盐系列水泥各主要技术指标检测；对水泥合格与否做出正确的判断；能简单分析水泥石腐蚀的原因，并据此提出相应的防治措施。

掌握通用硅酸盐水泥的定义，硅酸盐水泥熟料矿物组成、各组成矿物的特性及其与水泥性质的关系；硅酸盐水泥的水化及凝结硬化，硅酸盐水泥的性质及应用；熟悉硅酸盐水泥的技术要求；掌握硅酸盐水泥石的腐蚀与防治。

掌握混合材料的基本知识，掺混合材料硅酸盐水泥的定义、性质和应用；熟悉掺混合材料硅酸盐水泥的技术性质；了解通用水泥的验收与保管，了解其他品种水泥的应用。

【学习要求】

水泥品种繁多，建议学习时以硅酸盐水泥的学习为重点。从硅酸盐水泥的定义、生产、矿物组成、凝结硬化出发，掌握硅酸盐水泥熟料矿物的组成及其特性，硅酸盐水泥的水化产物及其特性，以及硅酸盐水泥的性质与应用；熟悉硅酸盐水泥的凝结硬化过程及技术要求。在此基础上掌握掺混合材料的硅酸盐水泥的特点。对其他品种的水泥有一般了解。

水硬性胶凝材料是指不仅能在空气中硬化，而且能更好地在水中硬化，并保持和发展其强度的胶凝材料。建筑工程中广泛使用的水泥就是水硬性胶凝材料。一般来说，水硬性胶凝材料，通常指水泥。

水泥自问世以来，以其独有的特性被广泛地应用在建筑工程中，它用量大，应用范围广，且品种繁多。

1. 按照用途与性能分类

1）通用水泥

指一般土木建筑工程中通常使用的水泥。如硅酸盐水泥、普通硅酸盐水泥或矿渣硅酸盐水泥、火山灰质硅酸盐水泥、粉煤灰硅酸盐水泥和复合硅酸盐水泥。

2）专用水泥

指有专门用途的水泥。如油井水泥、大坝水泥、砌筑水泥、道路水泥等。

3）特性水泥

指某种性能比较突出的水泥。如快硬硅酸盐水泥、低热矿渣硅酸盐水泥、膨胀硫铝酸盐水泥等。

2. 按主要水硬性物质分类

硅酸盐系列水泥、铝酸盐系列水泥、硫铝酸盐系列水泥、氟铝酸盐系列水泥、铁铝酸盐系列水泥、以火山灰性或潜在水硬性材料以及其他活性材料为主要组分的水泥。

第一节　硅酸盐水泥

一 概述

《通用硅酸盐水泥》（GB 175—2007）中规定：通用硅酸盐水泥是以硅酸盐水泥熟料、适量石膏和混合材料制成的水硬性胶凝材料。包括普通硅酸盐水泥、矿渣硅酸盐水泥、火山灰硅酸盐水泥、粉煤灰硅酸盐水泥和复合硅酸盐水泥。新标准取消了各品种水泥的定义，规定了硅酸盐水泥熟料的定义。本章内容均采用新国标《通用硅酸盐水泥》（GB 175—2007）。

（一）硅酸盐水泥

硅酸盐水泥分两种类型：不掺加混合材料的称Ⅰ型硅酸盐水泥，代号P·Ⅰ。在硅酸盐水泥粉磨时掺加不超过水泥质量5%石灰石或粒化高炉矿渣混合材料的称Ⅱ型硅酸盐水泥，代号P·Ⅱ。

（二）硅酸盐水泥熟料

由主要含 CaO、SiO_2、Al_2O_3、Fe_2O_3 的原料，按适当比例磨成细粉烧至部分熔融所得以硅酸钙为主要矿物成分的水硬性胶凝物质。其中硅酸钙矿物不小于66%，氧化钙和氧化硅的质量比不小于2.0。

二 硅酸盐水泥的原材料和生产工艺

（一）硅酸盐水泥的原材料

生产硅酸盐水泥熟料的原料主要有石灰质原料和黏土质原料，此外为了满足配料要求要加入校正原料。

石灰质原料主要提供 CaO，常用的石灰质原料有石灰石、白垩、贝壳等；黏土质原料主要提供氧化硅（SiO_2）、氧化铝（Al_2O_3）及氧化铁（Fe_2O_3），常用的黏土质原料有黏土、黄土、页岩等。

校正原料的作用主要是当配料中的某种氧化物的量不足时，可加入相应的校正原料，主要有硅质校正原料、铝质校正原料和铁质校正原料，如原料中 Fe_2O_3 含量不足时可加入铁质校正原料硫铁矿渣等。

(二)硅酸盐水泥的生产工艺

硅酸盐水泥的生产可以概括为“两磨一烧”,首先将各种原料经配比后入生料磨粉磨成生料后再入窑进行煅烧成熟料,熟料中再加入适量石膏(如为P·II型还要掺入不超过水泥质量5%的混合材料)入水泥磨粉磨后就是P·I型硅酸盐水泥。其流程见图3-1。

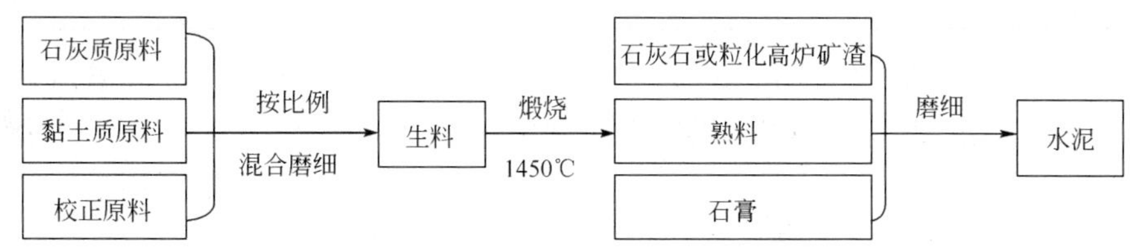

图3-1　硅酸盐水泥生产工艺流程

硅酸盐水泥的生产也可以归结为:生料制备、熟料煅烧和水泥粉磨。在整个工艺流程中熟料煅烧是核心,所有的矿物都是在这一过程中形成的。在生料中主要有四种氧化物 CaO、SiO_2、Al_2O_3 及 Fe_2O_3,其含量可见表3-1。

生料化学成分的合适范围　　表3-1

化学成分	含量范围(%)	化学成分	含量范围(%)
CaO	62~67	Al_2O_3	4~7
SiO_2	20~24	Fe_2O_3	2.5~6.0

三 硅酸盐水泥熟料的矿物组成

生料经过煅烧后,原有的氧化物在熟料中相互结合,都以矿物的形式存在。在硅酸盐水泥熟料中有四种主要矿物和少量杂质存在。四种主要矿物是硅酸三钙、硅酸二钙、铝酸三钙和铁铝酸四钙。杂质中有游离氧化钙、游离氧化镁及三氧化硫等。硅酸盐水泥熟料的主要矿物组成及含量范围见表3-2。

硅酸盐水泥熟料矿物组成及含量　　表3-2

化合物名称	氧化物成分	缩写符号	含量(%)
硅酸三钙	$3CaO \cdot SiO_2$	C_3S	45~65
硅酸二钙	$2CaO \cdot SiO_2$	C_2S	15~30
铝酸三钙	$3CaO \cdot Al_2O_3$	C_3A	7~15
铁铝酸四钙	$4CaO \cdot Al_2O_3 \cdot Fe_2O_3$	C_4AF	10~18

熟料中各种矿物含量的多少,决定了水泥的某些性能,熟料中 C_3S 和 C_2S 统称为硅酸盐矿物,占水泥熟料总量的75%左右,C_3A 和 C_4AF 称为溶剂性矿物,一般占水泥熟料总量的18%~25%。

水泥熟料中各种矿物单独与水反应所表现出来的性质各不相同,其特性可见表3-3。

各种熟料矿物单独与水作用的性质 表 3-3

性　质		C_3S	C_2S	C_3A	C_4AF
凝结硬化速度		快	慢	最快	较快
水化时放出热量		大	小	最大	中
强度	高低	高	早期低、后期高	低	中
	发展	快	慢	快	较快

由表 3-3 可知,硅酸三钙的水化速度较快,水化热较大,且主要是早期放出,其强度最高,是决定水泥强度的主要矿物;硅酸二钙的水化速度最慢,水化热最小,且主要是后期放出,是保证水泥后期强度的主要矿物;铝酸三钙是凝结硬化速度最快、水化热最快的矿物,且硬化时体积收缩最大;铁铝酸四钙的水化速度也较快,仅次于铝酸三钙,其水化热中等,有利于提高水泥抗拉强度。水泥是几种熟料矿物的混合物,改变矿物成分间比例时,水泥性质即发生相应的变化,可制成不同性能的水泥。如提高硅酸三钙含量,可制得快硬高强水泥;降低硅酸三钙和铝酸三钙含量和提高硅酸二钙含量可制得水化热低的低热水泥;提高铁铝酸四钙含量、降低铝酸三钙含量可制得道路水泥。图 3-2 是不同熟料矿物的强度增长曲线图。

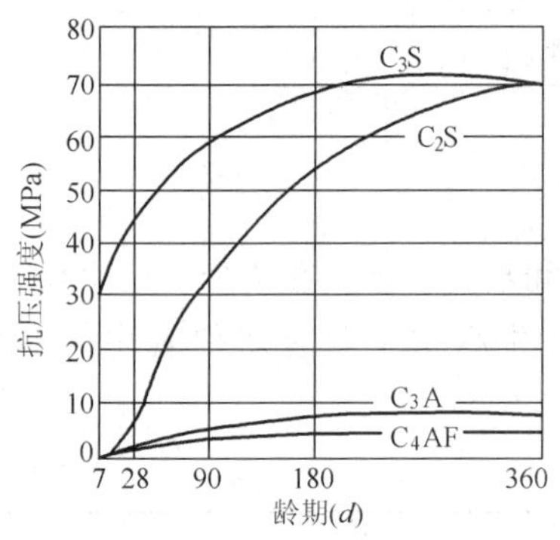

图 3-2　不同熟料矿物的强度增长曲线图

四 硅酸盐水泥的水化与凝结硬化

(一)水泥的水化

水泥加水后,水泥颗粒表面的熟料矿物会立即与水发生化学反应,各组分开始溶解,形成水化物,并放出一定热量,其反应式如下:

$$2(3CaO \cdot SiO_2) + 6H_2O = 3CaO \cdot 2SiO_2 \cdot 3H_2O + 3Ca(OH)_2$$

$$2(2CaO \cdot SiO_2) + 4H_2O = 3CaO \cdot 2SiO_2 \cdot 3H_2O + Ca(OH)_2$$

$$3CaO \cdot Al_2O_3 + 6H_2O = 3CaO \cdot Al_2O_3 \cdot 6H_2O$$

$$4CaO \cdot Al_2O_3 \cdot Fe_2O_3 + 7H_2O = 3CaO \cdot Al_2O_3 \cdot 6H_2O + CaO \cdot Fe_2O_3 \cdot H_2O$$

$$3CaO \cdot Al_2O_3 \cdot 6H_2O + 3(CaSO_4 \cdot 2H_2O) + 20H_2O = 3CaO \cdot Al_2O_3 \cdot 3CaSO_4 \cdot 32H_2O$$

表 3-4 中列出了各种水化产物的名称及代号。

硅酸盐水泥的主要水化产物名称、代号及含量范围 表 3-4

水化产物分子式	名　称	代　号	所占比例(%)
$3CaO \cdot 2SiO_2 \cdot 3H_2O$	水化硅酸钙	$C_3S_2H_3$ 或 C-S-H	70
$3Ca(OH)_2$	氢氧化钙	CH	20
$3CaO \cdot Al_2O_3 \cdot 6H_2O$	水化铝酸钙	C_3AH_6	不定
$CaO \cdot Fe_2O_3 \cdot H_2O$	水化铁酸一钙	CFH	不定
$3CaO \cdot Al_2O_3 \cdot 3CaSO_4 \cdot 32H_2O$	高硫型水化硫铝酸钙(钙矾石)	$C_3AS_3H_{32}$	不定

硅酸盐水泥的水化实际上是一个复杂的过程,其水化产物也不是单一组成的物质,而是一个多种组成的集合体。水泥之所以具有胶凝性就是由于其水化产物具有胶凝性。

上述反应中,由于铝酸三钙水化极快,会使水泥很快凝结,使得工程中缺少足够的使用水泥的操作时间,为此,水泥中加入适量石膏作缓凝剂。水泥加入石膏后,一旦铝酸三钙开始水化,石膏会与水化铝酸三钙反应,生成针状的钙矾石。当钙矾石的数量达到一定量时,会形成一层保护膜覆盖在水泥颗粒的表面,阻止水泥颗粒表面水化产物的向外扩散,降低了水泥的水化速度,也就延缓了水泥颗粒间相互靠近的速度,使水泥的初凝时间得以延缓。

(二)硅酸盐水泥的凝结及硬化

随着硅酸盐水泥水化程度的不断加深,水泥浆体逐渐变稠失去可塑性,但尚不具有强度,这一过程称为水泥的"凝结"。之后水泥浆体开始产生强度,并逐渐发展成为坚硬的水泥石,这一过程称为"硬化"。实际上,水泥的水化、凝结及硬化是一个连续的过程,水化是前提,凝结、硬化是结果。

关于水泥的凝结硬化理论主要有1882年法国人鲁·查德提出的结晶理论,认为水泥浆体之所以能产生胶凝作用,是由于水化产物结晶析出,晶体互相交叉穿插,联结成整体而产生强度。1892年德国人迈克尔斯提出了胶体理论,认为水泥水化以后生成大量胶体物质,再由于干燥或未水化的水泥颗粒继续水化产生"内吸作用"而失水,从而使胶体变硬产生强度。此外还有博伊科夫的溶解、胶化和结晶理论以及雷宾捷尔等人提出的凝聚—结晶、三维网状结构理论等。

到目前为止,比较公认的理论是将水泥的凝结硬化过程分为四个阶段,即初始反应期、诱导期、水化反应加速期和硬化期,如图3-3所示。

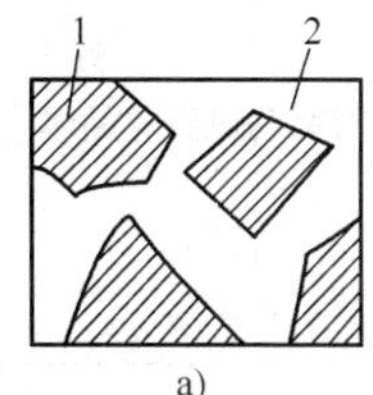

a)

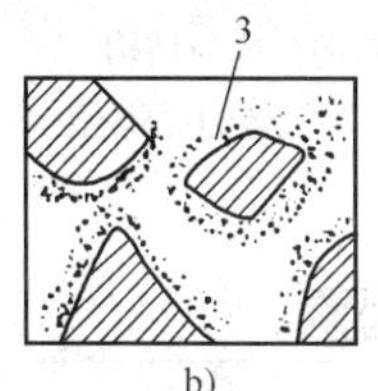

b)

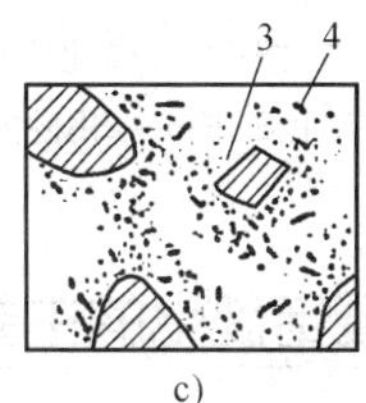

c)

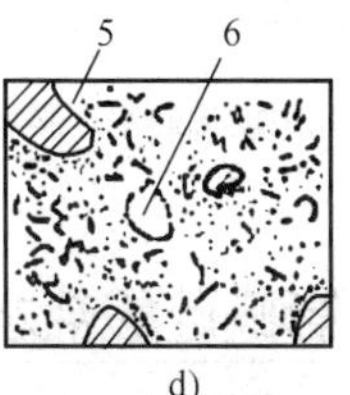

d)

图3-3 水泥的凝结硬化过程

a)初始反应期;b)诱导期;c)水化反应加速期;d)硬化期

1-水泥颗粒;2-水分;3-胶粒;4-晶体;5-水泥颗粒的未水化内核;6-毛细孔

1. 初始反应期

水泥与水接触后立即发生水化反应。初期 C_3S 水化,形成 $Ca(OH)_2$,立即溶解于水,浓度达到过饱和后,$Ca(OH)_2$ 结晶析出。暴露在水泥颗粒表面的 C_3A 也溶解于水,并与已溶解的石膏反应,生成钙矾石结晶析出。在此阶段约有1%的水泥产生水化。

2. 诱导期

在初始反应期后,水泥微粒表面覆盖一层以水化硅酸钙凝胶为主的渗透膜,使水化反应缓慢进行。这期间生成的水化产物数量不多,水泥颗粒仍然分散,水泥浆体基本保持塑性。

3. 凝结期

由于渗透压的作用,包裹在水泥颗粒粒表面的渗透膜破裂,水泥颗粒进一步水化,除继续

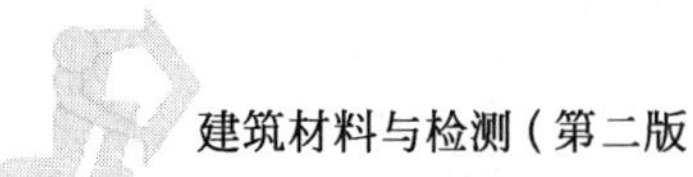

生成 $Ca(OH)_2$ 及钙矾石外,还生成了大量的水化硅酸钙凝胶。水化产物不断填充了水泥颗粒间的空隙,随着接触点的增多,结构趋向密实,使水泥浆体逐渐失去塑性。

4. 硬化期

水泥继续水化,除已生成的水化产物的数量继续增加外,C_4AF 的水化物也开始形成,硅酸钙继续进行水化。水化生成物以凝胶与结晶状态进一步填充孔隙,水泥浆体逐渐产生强度,进入硬化阶段。

由上述分析可知,硬化后的水泥石中主要由晶体(氢氧化钙、水化铝酸钙、钙钒石)、凝胶体(水化硅酸钙凝胶、水化铁酸钙)、未完全水化的水泥颗粒内核、毛细孔及毛细孔内水等组成的非均质结构体,如图 3-4 所示。

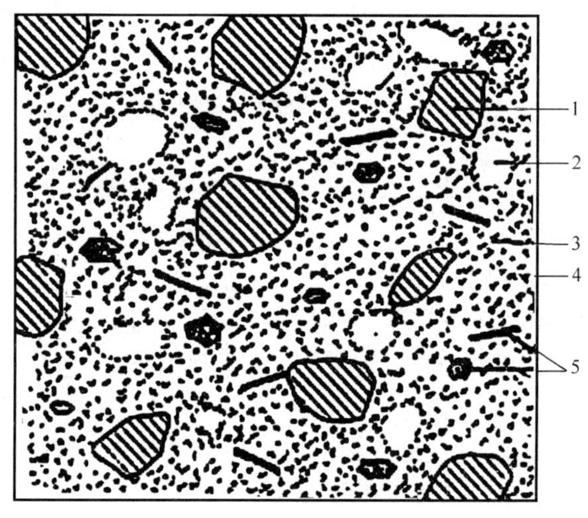

图 3-4　硬化后水泥石的组成与结构

1-未硬化的水泥颗粒内核;2-毛细孔;3-水化硅酸钙等凝胶体;4-凝胶孔;5-氢氧化钙、钙矾石等晶体

五 影响硅酸盐水泥凝结硬化的主要因素

1. 熟料的矿物组成

水泥中 C_3S 与 C_3A 的含量越多,其凝结硬化速度越快。

2. 细度

水泥颗粒越细,其与水接触表面积越大,会使反应速度加快,从而加快凝结硬化速度。

3. 环境温度和湿度

温度高,水泥的水化速度加快,强度增长快,硬化也快;温度较低时,硬化速度慢,当温度降至 0℃ 以下时,水结冰,硬化过程停止。而湿度是保障水泥凝结硬化的必要条件,因此砂浆及混凝土要在潮湿的环境下才能够充分的水化。所以说要想使水泥能够正常地水化、凝结及硬化,须保持环境适宜的温、湿度。

4. 石膏掺量

适宜的石膏掺入量是保障水泥正常凝结硬化的条件,掺量小,起不到缓凝的作用,掺量大则会导致水泥石的体积安定性不良。

5. 龄期

水泥的强度随龄期的增加而提高，只要有适宜的环境（温、湿度），水泥的强度在几个月、几年甚至几十年后，还会继续增长。

6. 外加剂

实际施工过程中，为了满足某些特殊的施工要求，经常加入一些外加剂（如缓凝剂或促凝剂）来调节水泥凝结时间，促凝剂的加入可加速水泥的凝结硬化，提高早期强度；而缓凝剂的加入则会延缓水泥的凝结硬化时间，影响水泥早期强度的发展。

六 硅酸盐水泥的技术性质

（一）不溶物

不溶物是指水泥经过酸（盐酸）和碱（氢氧化钠溶液）处理后，不能被溶解的残余物。

《通用硅酸盐水泥》（GB 175—2007）中规定：Ⅰ型硅酸盐水泥不溶物不得超过 0.75%；Ⅱ型硅酸盐水泥不溶物不得超过 1.50%。

（二）烧失量

烧失量是指水泥经高温灼烧以后的质量损失率，主要由水泥中未煅烧的组分产生。

《通用硅酸盐水泥》中规定：Ⅰ型硅酸盐水泥烧失量不得超过 3.0%；Ⅱ型硅酸盐水泥烧失量不得超过 3.5%。

（三）细度

细度是指水泥颗粒的粗细程度。

水泥的细度不仅影响水泥的水化速度、强度，而且影响水泥的生产成本。通常情况下对强度起决定作用的水泥颗粒尺寸小于 40μm，水泥颗粒太粗，强度低；水泥颗粒太细，磨耗增高，生产成本上升，且水泥硬化收缩也较大。水泥细度通常用筛析法或比表面法（勃氏法）测定。

筛析法是以 80μm 方孔筛的筛余百分数来表示其细度；比表面积是以 1kg 水泥所具有的总表面积来表示，单位是 m^2/kg，用透气法比表面积仪测定。《通用硅酸盐水泥》（GB 175—2007）中规定硅酸盐水泥细度按 GB/T 1345 进行，比表面积按 GB/T 2419 进行。国标规定硅酸盐水泥比表面积大于 $300m^2/kg$。

（四）标准稠度用水量

为使水泥的凝结时间、体积安定性的测定结果具有可比性，这两项指标测定时必须采用一个统一规定的稠度，这个规定的稠度，称为标准稠度。具体的讲就是用维卡仪测定试杆沉入净浆并距底板（6 ± 1）mm 时的水泥净浆的稠度（标准法）。

水泥标准稠度用水量是拌制水泥净浆时达到标准稠度所需的用水量。它是水泥技术性质检验的一个准备性指标。水泥的细度及矿物组成是影响标准稠度用水量的两个主要因素。

(五)凝结时间

凝结时间是指水泥从加水拌和开始到失去流动性,即从可塑状态发展到固体状态所需要的时间。水泥的凝结时间又分为初凝时间和终凝时间。

初凝时间是指自水泥加水时起至水泥浆开始失去可塑性所需的时间。

终凝时间是指水泥自加水时起至水泥浆完全失去塑性并开始产生强度所需的时间。

水泥的凝结时间对混凝土工程施工具有重要意义。凝结时间太快,不利于正常施工,因为混凝土的搅拌、输送、浇筑等都需要足够的时间,所以要求水泥的初凝时间不能太短;而终凝时间又不能太长,否则影响下一步施工工序的进行。在国标中规定,硅酸盐水泥的初凝时间不小于45min,终凝时间不大于6.5h。

影响水泥凝结时间的因素有矿物组成及含量、水泥细度、石膏掺量、混合材料的品种和掺量、水灰比等。

(六)安定性

安定性是指水泥浆体在凝结硬化过程中体积变化的稳定性,也叫做体积安定性。

水泥的安定性不良意味着水泥硬化后体积发生膨胀,使已硬化的水泥石由于内应力作用而遭到破坏。引起安定性不良主要有以下三个方面的原因:

(1)熟料中存在过量的游离氧化钙(f-CaO)。

(2)熟料中存在过量的游离氧化镁(f-MgO)。

(3)水泥中存在水泥粉磨时掺入的过量石膏。

f-CaO 和 f-MgO 在水泥煅烧过程中未与其他氧化物(如 SiO_2、Al_2O_3)结合形成矿物,而是以游离状态存在,它们相当于过火石灰,水化速度非常缓慢,在其他矿物已正常水化、硬化产生强度后才开始水化,并伴有放热和体积膨胀,引起内应力,使周围已硬化的水泥石受到破坏。而过量石膏会与水化产物中的铝酸钙、水发生反应生成具有膨胀作用的钙矾石晶体,导致水泥硬化体的破坏。反应方程式如下:

$$\text{f-CaO} + H_2O = Ca(OH)_2$$

反应后固相体积增加大约1.98倍。

$$\text{f-MgO} + H_2O = Mg(OH)_2$$

反应后固相体积增加大约2.48倍。

$$3CaO \cdot Al_2O_3 \cdot 6H_2O + 3(CaSO_4 \cdot 2H_2O) + 20H_2O =$$

$$3CaO \cdot Al_2O_3 \cdot 3CaSO_4 \cdot 32H_2O$$

反应后固相体积增加大约2.2倍。

f-CaO 引起的安定性不良的检测方法国标中规定采用沸煮法(试饼法和雷氏夹法),其中雷氏夹法为标准法,试饼法为代用法。试饼法是靠观察水泥的净浆试饼沸煮后外形变化来判断水泥体积安定性的一种方法;而雷氏夹法则是根据水泥净浆在雷氏夹中沸煮后的膨胀值来判断水泥的体积安定性。前者为定性方法,后者为定量方法,如果两种试验方法出现争议则以标准法——雷氏夹法为准。

f-MgO 与水作用的速度更慢,因此 f-MgO 引起的体积安定性不良采用压蒸法来检验,而石膏对水泥安定性的影响则要采用长时间在温水中浸泡法来检验,这两种方法操作复杂,需时长,不便检验,因此通常情况下对其含量进行严格控制。国标中规定硅酸盐和普通硅酸盐水泥中 f-MgO 含量不得超过 5.0%。如果水泥经压蒸安定性合格,则水泥中氧化镁的含量允许放宽到 6.0%,三氧化硫(SO_3)的含量不得超过 3.5%。

(七)强度

强度是水泥最重要的力学性能指标,是划分水泥强度等级的依据,影响强度的因素有水泥熟料的矿物组成,混合材料的品种、数量及水泥的细度等。

国标中规定水泥的强度采用水泥、水及标准砂制成的试件在规定养护龄期内的抗折及抗压强度,水泥强度等级是按规定龄期抗压强度和抗折强度来划分的。表 3-5 为国标中规定的硅酸盐水泥各龄期的强度值,硅酸盐水泥各龄期的强度值均不得低于表中相对应的强度等级所要求的数值。为提高水泥早期强度,我国现行标准将水泥分为普通型和早强型(R 型)。早强型水泥 3d 抗压强度可达 28d 抗压强度的 50%。在供应条件允许时,应尽量优先选用早强型水泥,以缩短混凝土养护时间。

硅酸盐水泥各龄期的强度值 表 3-5

品　种	强度等级	抗压强度(MPa)		抗折强度(MPa)	
		3d	28d	3d	28d
硅酸盐水泥	42.5	17.0	42.5	3.5	6.5
	42.5R	22.0	42.5	4.0	6.5
	52.5	23.0	52.5	4.0	7.0
	52.5R	27.0	52.5	5.0	7.0
	62.5	28.0	62.5	5.0	8.0
	62.5R	32.0	62.5	5.5	8.0

注:R—指早强型。

(八)碱含量

碱含量是指水泥中碱性氧化物的含量,用($Na_2O + 0.658K_2O$)的量占水泥质量的百分数表示。若使用活性骨料,用户要求提供低碱水泥时,水泥中碱含量不得大于 0.60% 或由供需双方商定。

碱含量过高对于使用活性骨料的混凝土来说十分不利,因为活性骨料会与水泥所含的碱性氧化物发生化学反应,生成具有膨胀性的碱硅酸凝胶物质,对混凝土的耐久性产生很大影响,这一反应也是通常所说的碱—集料反应。

(九)氯离子含量

水泥中氯离子含量不大于 0.06%,其检验方法按 JC/T420 进行。

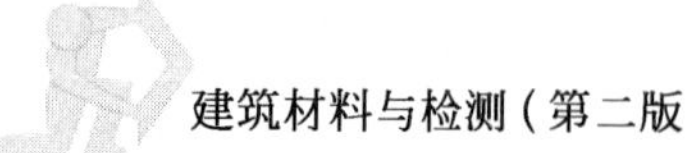

根据国标《通用硅酸盐水泥》规定，当其中不溶物、烧失量、三氧化硫、氧化镁、氯离子、凝结时间、安定性、强度中任何一项不符合标准技术要求时，判为不合格品。

七 水泥石的腐蚀与防止

（一）水泥石的腐蚀

正常情况下，硬化后的水泥石具有良好的耐久性，但处于腐蚀环境的水泥石会受到腐蚀介质的侵害，引起结构变化，最终导致水泥石强度降低，影响其耐久性。

常见的水泥石的腐蚀主要有如下几种：

1. 软水侵蚀（溶出性侵蚀）

一般自然界中江、河、湖水及地下水，由于含有重碳酸盐，其硬度较硬一般叫硬水，而普通淡水中，重碳酸盐的浓度较低，因此称为软水。

由于硬水中的重碳酸盐 $Ca(HCO_3)_2$ 可与水泥石中的氢氧化钙反应，生成几乎不溶于水的碳酸钙，并沉淀于水泥石孔隙中，使孔隙密实后阻止了外界水的继续侵入和内部氢氧化钙的析出，所以处于硬水中的水泥石一般不会受到明显的侵蚀。其方程式如下：

$$Ca(OH)_2 + Ca(HCO_3)_2 = 2CaCO_3 + 2H_2O$$

而处于软水中的水泥石，由于不能进行上述反应且水化产物中的 $Ca(OH)_2$ 溶于水易被流动的水带走，随着水泥水化产物浓度的不断降低，其他水化产物也将发生变化，从而导致水泥石结构的破坏。

一般将处于软水环境中的水泥混凝土制品事先在空气中放置一段时间，使其表面有一定的碳化层后再与软水接触，可缓解软水侵蚀。

2. 酸类侵蚀

由于水泥的水化产物呈碱性，且水化产物中有较多的 $Ca(OH)_2$，因此当水泥石处于酸性环境中时会产生酸碱中和反应，生成溶解度更大的盐类，消耗水化产物的 $Ca(OH)_2$，最终导致水泥石破坏。

酸类侵蚀通常分为碳酸侵蚀和一般酸侵蚀，碳酸侵蚀反应如下：

$$Ca(OH)_2 + CO_2 + H_2O \rightarrow CaCO_3 + 2H_2O$$

如碳酸的浓度较高，则继续反应为：

$$CaCO_3 + CO_2 + H_2O \rightarrow Ca(HCO_3)_2$$

一般酸侵蚀反应式如下：

$$Ca(OH)_2 + 2HCl = CaCl_2 + 2H_2O$$

$$Ca(OH)_2 + H_2SO_4 = CaSO_4 \cdot 2H_2O$$

上述反应中 $Ca(HCO_3)_2$、$CaCl_2$ 为易溶于水的盐，而 $CaSO_4 \cdot 2H_2O$ 则结晶膨胀，均对水泥石的结构有破坏作用。

3. 盐类侵蚀

盐类侵蚀分为硫酸盐侵蚀，氯盐侵蚀及镁盐侵蚀等。

江、河、湖、海及地下水中有时会有含钠、钾等的硫酸盐，它们首先和水泥石中的 $Ca(OH)_2$

发生反应，生成硫酸钙后又和水泥石中的水化产物 C_3AH_6 发生反应，生成钙矾石，其反应式为：

$$K_2SO_4 + Ca(OH)_2 + 2H_2O \rightarrow CaSO_4 \cdot 2H_2O + 2KOH$$

$$3CaO \cdot Al_2O_3 \cdot 6H_2O + 3(CaSO_4 \cdot 2H_2O) + 20H_2O = 3CaO \cdot Al_2O_3 \cdot 3CaSO_4 \cdot 32H_2O$$

此反应生成的钙矾石（高硫型水化硫铝酸钙）比原来反应物的体积大 1.5～2.0 倍，这对已硬化的水泥石来说将会产生很大的内应力，而导致水泥石破坏，由于这种钙矾石是针状晶体、危害大，被称为“水泥杆菌”。实际上在上述反应中第一步生成 $CaSO_4 \cdot 2H_2O$ 过程中也会产生膨胀性的破坏作用。

在外加剂、拌和水及环境水中常含有氯盐，它们会与水泥石中的水化产物水化铝酸钙反应，生成具有膨胀性的复盐。其反应式为：

$$3CaO \cdot Al_2O_3 \cdot 6H_2O + CaCl_2 + 4H_2O \rightarrow 3CaO \cdot Al_2O_3 \cdot CaCl_2 \cdot 10H_2O$$

氯盐的破坏作用表现在两个方面：一是生成膨胀性复盐，二是氯盐会锈蚀混凝土中的钢筋。

镁盐主要来自海水及地下水中，主要有硫酸镁和氯化镁，它们会与水泥石中的水化产物氢氧化钙发生反应，其反应式为：

$$MgSO_4 + Ca(OH)_2 + 2H_2O = CaSO_4 \cdot 2H_2O + Mg(OH)_2$$

$$MgCl_2 + Ca(OH)_2 = CaCl_2 + Mg(OH)_2$$

在生成物中，$CaSO_4 \cdot 2H_2O$ 膨胀，$Mg(OH)_2$ 松软（絮状）无胶凝性，$CaCl_2$ 易溶于水。因此，可以说硫酸盐、氯盐的侵蚀属膨胀型侵蚀，而镁盐侵蚀则既有膨胀侵蚀，又有溶出性侵蚀，所以叫双重侵蚀。

4. 强碱侵蚀

硅酸盐的水化产物呈碱性，一般碱对其影响不大，但如 C_3A 含量高，遇强碱如 NaOH 仍会发生反应，生成易溶于水的铝酸钠，其反应式如下：

$$3CaO \cdot Al_2O_3 + 6NaOH \rightarrow 3Na_2O \cdot Al_2O_3 + 3Ca(OH)_2$$

其中 $Na_2O \cdot Al_2O_3$ 溶于水后会和空气中的 CO_2 发生反应生成 Na_2CO_3，引起结晶膨胀导致水泥石破坏。

在水泥的实际使用环境中，除上述几种侵蚀外，糖类、酒精、脂肪、氨盐及一些有机酸（醋酸、乳酸等）也会对水泥石产生破坏作用。上述几种侵蚀可归结为三种类型：即溶解浸析、离子交换及形成膨胀组分。实际工程中水泥石腐蚀通常不是单一存在而是多种并存，因此我们说水泥石的侵蚀是一种较复杂的物理化学作用。

硅酸盐水泥的水化产物中由于其 $Ca(OH)_2$ 含量较其他品种水泥多，因此它的耐侵蚀能力相对来说较差。

（二）水泥腐蚀的防止

针对引起硅酸盐水泥腐蚀的外因（环境因素）及内因（有 $Ca(OH)_2$、水化铝酸钙及水泥石结构特点、孔隙存在等）可以采取以下措施来防止腐蚀。

1. 合理选择水泥品种

针对侵蚀种类的不同，可选择抗腐蚀能力好的水泥品种，如在硫酸盐环境中选择含 C_3A

较低的抗硫酸盐水泥等。

2. 提高水泥的密实度

水泥石的密实度提高了，会使内部的水化产物不易散失，外界的水分及各种侵蚀性介质进不来，这样就保护了水泥石不受侵蚀。

3. 表面加保护层

在水泥石的表面加各种保护层（如沥青、玻璃、陶瓷等材料，可以防止水泥免遭侵蚀）。

八 硅酸盐水泥的特性及应用

1. 强度高

硅酸盐水泥凝结硬化快，强度高，且强度增长速度快，因此适合于早期强度要求高的工程，高强混凝土结构和预应力混凝土结构。

2. 水化热高

硅酸盐水泥中 C_3S、C_3A 含量高，放热快，早期放热量大，这对于大体积混凝土施工不利，不适于做大坝等大体积混凝土。但这种现象对冬季施工较为有利。

3. 抗冻性好

硅酸盐水泥拌和物不易发生泌水现象，硬化后的水泥石较密实，所以抗冻性好，适合于高寒地区的混凝土工程。

4. 碱度高、抗碳化能力强

硅酸盐水泥硬化后水泥石呈碱性，而处于碱性环境中的钢筋可在其表面形成一层钝化膜保护钢筋不锈蚀。而空气中的 CO_2 会与水化产物中的 $Ca(OH)_2$ 发生反应，生成 $CaCO_3$ 从而消耗 $Ca(OH)_2$ 的量，最终使水化产物内碱性变为中性，使钢筋没有碱性环境的保护而发生锈蚀，造成混凝土结构的破坏。硅酸盐水泥中由于 $Ca(OH)_2$ 的含量高所以其抗碳化能力强。

5. 耐腐蚀性差

由于硅酸盐水泥中有大量的 $Ca(OH)_2$ 及水化铝酸三钙，容易受到软水、酸类和一些盐类的侵蚀，因此不适于用在受流动水、压力水、酸类及硫酸盐侵蚀的工程。

6. 耐热性差

硅酸盐水泥石在温度为250℃时水化物开始脱水，水泥石强度下降，当受热温度达700℃以上时会遭到破坏。因此硅酸盐水泥不宜单独用于耐热混凝土。

7. 湿热养护效果差

硅酸盐水泥在常规养护条件下硬化快、强度高。但经过蒸汽养护后，再经自然养护至28d测得的抗压强度常低于未经蒸养的28d抗压强度。

九 水泥的储运与验收

水泥储运时间太长会吸收空气中的水分及二氧化碳，使部分水泥缓慢地发生水化和碳化作用，从而影响水泥正常的水化凝结硬化。

水泥的储运方式分为散装和袋装两种，发展散装水泥是国家的一项国策，因为水泥散装无论从环保角度，节约木材、降低能耗角度，降低成本角度都是有益的。袋装水泥的比例越来越少，目前袋装采用50kg 包装袋的形式。

水泥在运输与贮存时不得受潮和混入杂物，不同品种和强度等级的水泥应分别贮运，不得混杂，袋装堆置高度不超过10袋，先存先用。存放期一般不应超过3个月，因为水泥会吸收空气中的水分缓慢水化而降低强度。经测定，袋装水泥储存3个月后，强度约降低10%～20%，6个月后，约降低15%～30%，1年后约降低25%～40%。

水泥进场后，应遵循先检验后使用的原则立即检验，水泥的检验周期较长，一般要1个月。

【工程实例3-1】

【现象】 某工程在地下一层施工结束进行地上一层施工时，突然发生整体坍塌，现场的混凝土结构破坏较严重。

【原因分析】 经现场勘察发现混凝土表面出现多处裂纹，后经现场取样化验发现水泥中的f-CaO超过国家标准造成水泥安定性不良，从而导致工程事故的发生。后经水泥生产厂家证实该批次2000吨水泥复检安定性均不合格。

第二节 掺混合材料的通用硅酸盐水泥

一 混合材料

在水泥生产过程中，为改善水泥性能，调节水泥强度等级而掺加到水泥中的矿物质原料称为混合材料，分为活性混合材料和非活性混合材料。

（一）活性混合材料

活性混合材料是指具有火山灰性或潜在水硬性或兼有火山灰性和水硬性的矿物质材料。

火山灰性是指某一材料磨成细粉，单独不具有水硬性，但在常温下与石灰一起拌水后能形成具有水硬性的水化产物的性能；潜在水硬性是指已磨细的材料与石膏一起和水能形成具有水硬性化合物的性能。

常用活性混合材料有粒化高炉矿渣、火山灰质混合材料和粉煤灰等。其主要化学成分为活性氧化硅和活性氧化铝。这些活性材料本身难于产生水化反应，但在氢氧化钙或石膏溶液中，它们却能产生明显的水化反应，形成水化硅酸钙和水化铝酸钙。常将氢氧化钙、石膏称为活性混合材料的“激发剂”，氢氧化钙称为碱性激发剂，石膏称为硫酸盐激发剂，激发剂的浓度越高，混合材料活性发挥越充分，以下对常用活性混合材料进行介绍。

1. 粒化高炉矿渣

粒化高炉矿渣是高炉炼铁的熔融矿渣，经水或水蒸气急速冷却后得到的质地疏松、多孔的粒状物即水淬矿渣，由于它冷却快来不及结晶形成玻璃态物质而具有化学潜能。组成玻璃态的物质主要是活性氧化硅及活性氧化铝。这里应该说明的是经自然冷却的矿渣，由于其呈结晶态，基本不具有活性属非活性混合材料。

2. 火山灰质混合材料

火山灰质混合材料是具有火山灰性的天然的或人工的矿物质材料，泛指以活性氧化硅及活性氧化铝为主要成分的活性混合材料，其应用从火山灰开始，故得名。主要有天然的硅藻土、硅藻石、蛋白石、火山灰、凝灰岩、烧黏土及工业废渣中的煅烧煤矸石、粉煤灰、煤渣、沸腾炉渣及钢渣等。

3. 粉煤灰

粉煤灰实际是火山灰质混合材料的一种。它是从煤粉炉烟道中收集的粉末，以氧化硅和氧化铝为主要成分，含少量氧化钙，具有火山灰性。由于粉煤灰从结构上与火山灰质混合材料存在一定差异，又是一种工业废料，所以将其单列。

（二）活性混合材料的作用机理

在碱性物质的作用下，活性混合材料将发生如下反应：

$$xCa(OH)_2 + SiO_2 + mH_2O \rightarrow xCaO \cdot SiO_2 \cdot nH_2O$$

$$yCa(OH)_2 + Al_2O_3 + mH_2O \rightarrow yCaO \cdot Al_2O_3 \cdot nH_2O$$

由上述反应可以看出，活性混合材料在碱性物质存在的情况下会水化生成水化硅酸钙和水化铝酸钙这两种产物，与水泥的水化产物类似也具有水硬性和一定的强度。

（三）非活性混合材料

在水泥中主要起填充作用而又不影响水泥性能的矿物材料。

常用的非活性混合材料主要有石灰石、石英砂、自然冷却的矿渣等。

归纳起来，混合材料主要有如下作用：增加水泥产量，降低成本，调节水泥强度，改善水泥的某些性能等。从环保和可持续发展的角度来看，使用混合材料既解决了工业废料的综合利用问题，又保护了环境，同时对资源的合理利用都起到积极的作用。

二 掺混合材料硅酸盐水泥的组成及技术要求

（一）普通硅酸盐水泥

在国标中规定，普通硅酸盐水泥中活性混合材料掺加量为 >5% 且≤20%，其中允许用不超过水泥质量 5% 的窑灰或不超过水泥质量 8% 的非活性混合材料代替。

国标中对普通硅酸盐水泥的技术要求为：

（1）细度：80μm 方孔筛筛余不得超过 10.0%。

（2）凝结时间：初凝不得早于 45min，终凝不得迟于 10h。

（3）强度：普通硅酸盐水泥的强度等级分为 42.5，42.5R，52.5，52.5R 共 4 个强度等级。各强度等级各龄期的强度不得低于表 3-6 的数值。

（4）烧失量：普通水泥中烧失量不得大于 5.0%。

普通硅酸盐水泥的体积安定性及氧化镁、三氧化硫、碱含量、氯离子等技术要求与硅酸盐水泥相同，虽然普通硅酸盐水泥中掺入的混合材料的量较硅酸盐水泥稍多，但与其他种类的掺混合材料的硅酸盐类水泥相比混合材料的掺加量仍然较少，从性质上看接近于硅酸盐水泥，早期硬化速度稍慢、强度稍低，抗冻性耐磨性及抗碳化性稍差；但耐腐蚀性较好，水化热有所降低。

普通硅酸盐水泥各强度等级、各龄期强度值(MPa)　　表 3-6

强度等级	抗压强度(MPa)		抗折强度(MPa)	
	3d	28d	3d	28d
42.5	16.0	42.5	3.5	6.5
42.5R	21.0	42.5	4.0	6.5
52.5	22.0	52.5	4.0	7.0
52.5R	26.0	52.5	5.0	7.0

注:R—早强型。

(二)矿渣硅酸盐水泥、火山灰质硅酸盐水泥、粉煤灰硅酸盐水泥和复合硅酸盐水泥

1. 组成

通用硅酸盐水泥的组分应符合表 3-7 的规定。

通用硅酸盐水泥组分表　　表 3-7

名称	代号	组分(%)				
		熟料[a]	粒化高炉矿渣	火山灰质混合材料	粉煤灰	石灰石
硅酸盐水泥	P·I	100	—	—	—	—
	P·II	≥95,<100	≤5	—	—	—
			—	—	—	≤5
普通硅酸盐水泥	P·O	≥80,≤94	>5,≤20[b]			—
矿渣硅酸盐水泥	P·S	≥30,≤79	>20,≤70[c]	—	—	—
火山灰硅酸盐水泥	P·P	≥60,≤79	—	>20,≤40[d]	—	—
粉煤灰硅酸盐水泥	P·F	≥60,≤79	—	—	>20,≤40[e]	—
复合硅酸盐水泥	P·C	≥50,≤79	>20,≤50[f]			

注:a. 该组分为硅酸盐水泥熟料和石膏的总和。

b. 该组分材料为符合标准的活性混合材料,其中允许用不超过水泥质量 5% 的窑灰或不超过水泥质量 8% 的非活性混合材料代替。

c. 本组分材料为符合 GB/T203 或 GB/T18046 的活性混合材料,其中允许用不超过水泥质量 8% 的活性混合材料或非活性混合材料或窑灰中的任一种材料代替。

d. 本组分材料为符合 GB/T2847 的活性混合材料。

e. 本组分材料为符合 GB/T1596 的活性混合材料。

f. 本组分材料为由两种或两种以上活性混合材料或非活性混合材料组成,其中允许用不超过水泥质量 8% 的窑灰代替。掺矿渣时混合材料掺量不得与矿渣硅酸盐水泥重复。

2. 技术要求

1)细度、凝结时间及体积安定性

这三项指标要求与普通硅酸盐水泥相同。

2)氧化镁含量

熟料中氧化镁的含量不宜超过 5.0%。如果水泥经压蒸安定性试验合格,则熟料中氧化镁的含量允许放宽到 6.0%。

注:熟料中氧化镁的含量为 5.0% ~6.0% 时,如矿渣水泥中混合材料总掺量大于 40% 或火山灰水泥和粉煤灰水泥中混合材料掺加量大于 30%,制成的水泥可不做压蒸试验。

3)三氧化硫含量

矿渣水泥中三氧化硫的含量不得超过4.0%,火山灰水泥和粉煤灰水泥中三氧化硫的含量不得超过3.5%。

4)强度

矿渣水泥、火山灰水泥、粉煤灰水泥、复合硅酸盐水泥按3d、28d龄期抗压及抗折强度分为32.5、32.5R、42.5、42.5R、52.5、52.5R共6个强度等级。各强度等级各龄期的强度值不得低于表3-8中的数值。

矿渣水泥、火山灰水泥、粉煤灰水泥、复合硅酸盐水泥强度等级 表3-8

品种	强度等级	抗压强度(MPa)		抗折强度(MPa)	
		3d	28d	3d	28d
矿渣硅酸盐水泥 火山灰硅酸盐水泥 粉煤灰硅酸盐水泥 复合硅酸盐水泥	32.5	10.0	32.5	2.5	5.5
	32.5R	15.0		3.5	5.5
	42.5	15.0	42.5	3.5	6.5
	42.5R	19.0		4.0	6.5
	52.5	21.0	52.5	4.0	7.0
	52.5R	23.0		4.5	7.0

5)碱含量

水泥中的碱含量按 $Na_2O + 0.658K_2O$ 计算值来表示,若使用活性骨料要限制水泥中的碱含量时,由供需双方商定。

3.性能与应用

矿渣水泥、火山灰水泥、粉煤灰水泥及复合硅酸盐水泥在组成上具有共性(均是硅酸盐水泥熟料、加较多的活性混合材料,再加上适量石膏磨细制成的),所以它们在性能上也存在着共性。

1)共性

与硅酸盐水泥和普通硅酸盐水泥相比,密度较小,早期强度比较低,后期强度增长较快;对养护温湿度敏感,适合蒸汽养护;水化热小,耐腐蚀性较好;抗冻性、耐磨性不及硅酸盐水泥或普通水泥。

2)个性

(1)矿渣水泥:保水性差,泌水性大,由矿渣水泥制成的混凝土的抗渗性、抗冻性及耐磨性会受到影响,但矿渣水泥的耐热性较好。

(2)火山灰水泥:易吸水,具有较高的抗渗性和耐水性。干燥环境下易失水产生体积收缩而出现裂缝。不宜用于长期处于干燥环境和水位变化区的混凝土工程。抗硫酸盐能力随成分而不同。

(3)粉煤灰水泥:需水量较低、抗裂性较好,适合大体积水工混凝土及地下和海港工程等。

(4)复合水泥:在几种混合材料中,哪种混合材料的掺加量大其性质就接近哪种水泥(如掺两种混合材料矿渣和火山灰,矿渣含量占大多数则该复合水泥的性能就接近矿渣水泥)。

(5)硅酸盐水泥、普通水泥、矿渣水泥、火山灰水泥、粉煤灰水泥和复合水泥的性能及应用见表 3-9。

通用硅酸盐类水泥的技术性质及适用范围 表 3-9

项目	P·I、P·II	P·O	P·S	P·P	P·F	P·C
MgO 含量	不得超过 5.0%					
SO_3 含量	不得超过 3.5%		不得超过 4.0%	不得超过 3.5%		
细度	比表面积 >300m²/kg	0.080mm 方孔筛筛余百分率≤10.0%				
初凝时间	不小于 45min					
终凝时间	不大于 6.5h	不大于 10h				
强度等级	42.5,42.5R 52.5,52.5R 62.5,62.5R	42.5,42.5R 52.5,52.5R	32.5,32.5R,42.5,42.5R,52.5,52.5R			
特性	(1)早期强度较高; (2)水化热大; (3)抗冻性较好; (4)耐热性较差; (5)耐腐蚀性较差		(1)早期强度低,后期强度增长较快; (2)水化热较低; (3)抗冻性差,易碳化; (4)耐热性较好; (5)耐腐蚀性好	抗渗性较好,耐热性不及矿渣水泥,其他同矿渣水泥	干缩性较小,抗裂性较好,其他同矿渣水泥	3d 龄期强度高于矿渣水泥,其他同矿渣水泥
适用范围	要求快硬、高强的混凝土,冬季施工的工程、有耐磨性要求的混凝土	一般气候环境以及干燥环境中的混凝土,寒冷地区水位变化部位、有抗冻、抗渗及耐磨要求的部位,要求快硬、高强的混凝土	潮湿环境或处于水中的混凝土、厚大体积混凝土、受侵蚀性介质作用的混凝土以及一般气候环境中的混凝土			
不宜使用	厚大体积混凝土、受侵蚀性介质作用的混凝土		有抗渗要求的混凝土、要求快硬、高强的混凝土、寒冷地区水位变化部位的混凝土	干燥环境中的混凝土、寒冷地区水位变化部位的混凝土有耐磨要求的混凝土、要求快硬、高强的混凝土		

【工程实例 3-2】

【现象】 某电厂锅炉房施工后投入使用,经过一段时间发现室内混凝土结构出现了"起粉"现象,而使用同样混凝土的冷却水池却没有出现该现象。

【原因分析】 经检查发现该锅炉房使用的是火山灰硅酸盐水泥,而这种水泥的保水性好,干缩特别大,在干燥高温的环境中,与空气中的二氧化碳反应使水化硅酸钙分解成碳酸钙和氧化硅,因此出现了"起粉"现象。而火山灰水泥水化生成的水化硅酸钙凝胶较多,所以水泥石致密,从而提高了火山灰水泥的抗渗性,因此它特别适用于水中的混凝土工程。

第三节 其他品种水泥

 铝酸盐水泥(GB 201—2000)

以铝酸钙为主的铝酸盐水泥熟料,磨细制成的水硬性胶凝材料称为铝酸盐水泥,代号 CA,又称矾土水泥。

根据需要也可在磨制 Al_2O_3 含量大于 68% 的水泥时掺加适量的 α-Al_2O_3 粉。生产铝酸盐水泥的原料主要有矾土(提供 Al_2O_3)和石灰石(提供 CaO)。

(一)铝酸盐水泥的矿物组成及分类

铝酸盐水泥的矿物组成主要有铝酸一钙 $CaO \cdot Al_2O_3$ 简写为 CA、二铝酸一钙 $CaO \cdot 2Al_2O_3$ 简写为 CA_2、硅铝酸二钙 $2CaO \cdot Al_2O_3 \cdot SiO_2$ 简写为 C_2AS 和七铝酸十二钙 $12CaO \cdot 7Al_2O_3$,简写为 $C_{12}A_7$。质量优良的铝酸盐水泥,其矿物组成一般是以 CA 和 CA_2 为主。

铝酸盐水泥按 Al_2O_3 含量百分数分为四类见表 3-10。

铝酸盐水泥的类型及 Al_2O_3 含量范围 表 3-10

类　型	Al_2O_3	SiO_2	Fe_2O_3	R_2O $Na_2O+0.658K_2O$	S* 全硫	Cl*
CA-50	≥50,<60	≤8.0	≤2.5	≤0.40	≤0.1	≤0.1
CA-60	>60,<68	≤5.0	≤2.0			
CA-70	≥68,<77	≤1.0	≤0.7			
CA-80	≥77	≤0.5	≤0.5			

注:* 当用户需要时,生产厂应提供结果和测定方法。

(二)铝酸盐水泥的水化

铝酸盐水泥的水化主要是铝酸一钙的水化,其反应式为:

当温度低于20℃时:

$$CaO \cdot Al_2O_3 + 10H_2O \rightarrow CaO \cdot Al_2O_3 \cdot 10H_2O$$

当温度为20℃~30℃时:

$$2(CaO \cdot Al_2O_3) + 11H_2O \rightarrow 2CaO \cdot Al_2O_3 \cdot 8H_2O + Al_2O_3 \cdot 3H_2O$$

当温度高于30℃时:

$$3(CaO \cdot Al_2O_3) + 12H_2O \rightarrow 3CaO \cdot Al_2O_3 \cdot 6H_2O + 2(Al_2O_3 \cdot 3H_2O)$$

铝酸盐水泥的水化产物分别为 $CaO \cdot Al_2O_3 \cdot 10H_2O$(简写为 CAH_{10})、$2CaO \cdot Al_2O_3 \cdot 8H_2O$(简写为 C_2AH_8)、$Al_2O_3 \cdot 3H_2O$(简写为 AH_3)及$3CaO \cdot Al_2O_3 \cdot 6H_2O$(简写为 C_3AH_6)。

其中 CAH_{10}及 C_2AH_8 为针状或板状结晶,能形成晶体骨架,而析出的 AH_3 凝胶体难溶于水,填充于晶体骨架的空隙中,形成较密实的水泥石结构。当温度升高或随着时间的增长,处于亚稳定晶体状态的 CAH_{10}和 C_2AH_8 会转化为强度较低的 C_3AH_6,使水泥石内析出游离水,增大了孔隙体积,使水泥石强度明显降低。

(三)铝酸盐水泥的技术性质

1. 细度

比表面积不小于300m^2/kg或0.045mm筛余不大于20%，由供需双方商订，在无约定的情况下发生争议时以比表面积为准。

2. 凝结时间

各类型铝酸盐水泥的凝结时间应符合表3-11要求。

铝酸盐水泥凝结时间 表3-11

水泥类型	初凝时间不得早于(min)	终凝时间不得迟于(h)
CA-50、CA-70、CA-80	30	6
CA-60	60	18

3. 强度

各类型铝酸盐水泥的不同龄期强度值不得低于表3-12要求。

铝酸盐水泥胶砂强度 表3-12

水泥类型	抗压强度(MPa)				抗折强度(MPa)			
	6h	1d	3d	28d	6h	1d	3d	28d
CA-50	20*	40	50	—	3.0*	5.5	6.5	—
CA-60	—	20	45	85	—	2.5	5.0	10.0
CA-70	—	30	40	—	—	5.0	6.0	—
CA-80	—	25	30	—	—	4.0	5.0	—

注：* 当用户需要时，生产厂应提供结果。

(四)铝酸盐水泥的特性与应用

1. 凝结速度快，早期强度高

铝酸盐水泥1d强度可达最高强度的80%以上，所以一般用于抢修工程和早强要求高的工程，不适合高于30℃的湿热环境。因其后期强度在湿热环境中下降较快，会引起结构破坏，一般结构工程中应慎用铝酸盐水泥。

2. 水化热大，且放热量集中

铝酸盐水泥1d的放热量约为总放热量的70%～80%，适合冬季施工，不适合大体积混凝土的工程及高温潮湿环境中的工程。

3. 抗硫酸盐腐蚀性较强

铝酸盐水泥因其水化产物中无$Ca(OH)_2$，所以其抗硫酸盐腐蚀性较强。

4. 耐碱性差

铝酸盐水泥与含碱物质接触即会引起铝酸盐水泥的侵蚀。

5. 耐热性好

铝酸盐水泥可承受1300～1400℃的高温。

关于铝酸盐水泥用于土建工程的注意事项可见《铝酸盐水泥》(GB 201—2000)附录B。

例如：除特殊情况外，铝酸盐水泥不得与硅酸盐水泥或石灰等析出$Ca(OH)_2$的材料混合使用，否则会出现“瞬凝”现象，强度也明显降低。此外，铝酸盐水泥还不得用于高温高湿环境，也不能在高温季节施工或采用蒸汽养护。

 砌筑水泥（GB/T 3183—2003）

（一）定义

凡由一种或一种以上的水泥混合材料，加入适量硅酸盐水泥熟料和石膏，经磨细制成的工作性较好的水硬性胶凝材料，称为砌筑水泥，代号 M。

砌筑水泥主要用于砌筑和抹面砂浆、垫层混凝土等，不应用于结构混凝土。

（二）强度等级

砌筑水泥分 12.5 和 22.5 两个强度等级。

（三）技术要求

（1）三氧化硫：水泥中三氧化硫含量应不大于 4.0%。

（2）细度：80μm 方孔筛筛余不大于 10.0%。

（3）凝结时间：初凝时间不早于 60min，终凝不迟于 12h。

（4）安定性：用沸煮法检验，应合格。

（5）保水率：保水率不低于 80%。

（6）强度：强度满足表 3-13 要求。

砌筑水泥强度等级表（GB/T 3183—2003）　　表 3-13

水泥等级	抗压强度（MPa）		抗折强度（MPa）	
	7d	28d	7d	28d
12.5	7.0	12.5	1.5	3.0
22.5	10.0	22.5	2.0	4.0

 白色硅酸盐水泥（GB/T 2015—2005）

（一）定义

由氧化铁含量少的白色硅酸盐水泥熟料、适量石膏，0～10% 的石灰石或窑灰，磨细制成的水硬性胶凝材料称为白色硅酸盐水泥（简称白水泥），代号 P·W。

白色硅酸盐水泥熟料是以适当成分的生料烧至部分熔融，所得以硅酸钙为主要成分，氧化铁含量少的熟料。

要想使水泥变白，主要控制其中氧化铁（Fe_2O_3）的含量，当 Fe_2O_3 的含量 $<0.5\%$ 时，则水泥接近白色。烧制白色硅酸盐水泥要在整个生产过程中控制氧化铁的含量。

（二）强度等级

白水泥按规定的抗折强度和抗压强度分为32.5、42.5和52.5三个强度等级，各强度等级的各龄期强度应不低于表3-14的规定。

白水泥各龄期强度（GB/T 2015—2005）　　表3-14

强度等级	抗折强度（MPa）		抗压强度（MPa）	
	3d	28d	3d	28d
32.5	3.0	6.0	12.0	32.5
42.5	3.5	6.5	17.0	42.5
52.5	4.0	7.0	22.0	52.5

（三）技术要求

（1）三氧化硫：水泥中三氧化硫含量应不大于3.5%。

（2）细度：80μm方孔筛筛余不大于10.0%。

（3）凝结时间：初凝时间不早于45min，终凝时间不迟于10h。

（4）安定性：用沸煮法检验必须合格。

（5）水泥白度：水泥白度值应不低于87。

白色硅酸盐水泥主要用于建筑装饰，如在粉磨时加入碱性颜料，可制成彩色水泥；也可将白水泥中加颜料使其变成彩色水泥，可用于彩色路面等。

四 道路硅酸盐水泥（GB 13693—2005）

由道路硅酸盐水泥熟料、0～10%活性混合材料和适量石膏磨细制成的水硬性胶凝材料，称为道路硅酸盐水泥（简称道路水泥）。

道路硅酸盐水泥熟料是以适当成分的生料烧至部分熔融，所得以硅酸钙为主要成分和较多量的铁铝酸钙的硅酸盐水泥熟料称为道路硅酸盐水泥熟料。

道路硅酸盐水泥的技术要求如下：

（1）氧化镁：道路水泥中氧化镁含量不得超过5.0%。

（2）三氧化硫：道路水泥中三氧化硫含量不得超过3.5%。

（3）烧失量：道路水泥中的烧失量不得大于3.0%。

（4）游离氧化钙：道路水泥熟料中的游离氧化钙，旋窑生产不得大于1.0%，立窑生产不得大于1.8%。

（5）碱含量：如用户提出要求时，由供需双方商定。

（6）铝酸三钙：道路水泥熟料中铝酸三钙的含量不得大于5.0%。

（7）铁铝酸四钙：道路水泥熟料中铁铝酸四钙的含量不得小于16.0%。

（8）细度：80μm筛筛余不得超过10%。

（9）凝结时间：初凝不得早于1.5h，终凝不得迟于10h。

（10）安定性：安定性用沸煮法检验必须合格。

(11)干缩率:28d 干缩率不得大于0.10%。

(12)耐磨性:以磨损量表示,不得大于3.0kg/m²。

(13)强度:不得低于表3-15的规定。

道路水泥的等级与各龄期强度 表3-15

强度等级	抗折强度(MPa)		抗压强度(MPa)	
	3d	28d	3d	28d
32.5	3.5	6.5	16.0	32.5
42.5	4.0	7.0	21.0	42.5
52.5	5.0	7.5	26.0	52.5

道路水泥早期强度高,特别是抗折强度高、干缩率小、耐磨性好、抗冲击性好,主要用于道路路面、飞机场跑道、广场、车站及对耐磨性、抗干缩性要求较高的混凝土工程。

五 快硬硅酸盐水泥

凡以硅酸盐水泥熟料和适量石膏磨细制成的以3d抗压强度表示标号的水硬性胶凝材料,称为快硬硅酸盐水泥(简称快硬水泥)。

与硅酸盐水泥比较,该水泥在组成上适当提高了 C_3S 和 C_2A 的含量,达到了早强快硬的效果。

快硬水泥的细度要求为0.08mm方孔筛筛余不得超过10%;初凝时间不得早于45min,终凝时间不得迟于10h,安定性必须合格。按照1d和3d的强度值将快硬水泥划分为325、375和425三个标号,各标号、各龄期的强度值不得低于表3-16的规定。

快硬水泥各标号、各龄期强度值(GB 199—1990) 表3-16

标号	抗压强度(MPa)			抗折强度(MPa)		
	1d	3d[1)]	28d	1d	3d	28d*
325	15.0	32.5	52.5	3.5	5.0	7.2
375	17.0	37.5	57.5	4.0	6.0	7.6
425	19.0	42.5	62.5	4.5	6.4	8.0

注:*供需双方参考指标。

快硬水泥凝结硬化快,早期、后期强度均高,抗渗性及抗冻性强,水化热大,耐腐蚀性差,适合于早强、高强混凝土以及紧急抢修工程和冬季施工的混凝土工程。但不得用于大体积混凝土及经常与腐蚀介质接触的混凝土工程。快硬水泥的有效储存期较其他水泥短。

六 膨胀水泥和自应力硅酸盐水泥

以适当比例的硅酸盐水泥或普通硅酸盐水泥,铝酸盐水泥和天然二水石膏磨制而成的膨胀性的水硬性胶凝材料。

根据水泥的自应力的大小,可以将水泥分为两类,一类自应力值不小于2.0MPa时,为自应力水泥;另一类自应力值小于2.0MPa的为膨胀水泥。

1. 自应力水泥

自应力水泥的膨胀值较大,在限制膨胀的条件下(配有钢筋时),由于水泥石的膨胀,使混凝土受到压应力的作用,达到预应力的目的。常用的自应力水泥有硅酸盐自应力水泥、铝酸盐自应力水泥等。自应力水泥一般用于自应力钢筋混凝土压力管及其配件。

2. 膨胀水泥

根据基本组成我国常用的膨胀水泥品种有:

(1)硅酸盐膨胀水泥,其组成以硅酸盐水泥熟料为主,外加铝酸盐水泥和石膏配制而成。

(2)铝酸盐膨胀水泥,其组成以铝酸盐水泥为主,以铁相、无水硫铝酸盐水泥为主,外加石膏配制而成。如铝酸盐自应力水泥、石膏矾土膨胀水泥等。

(3)硫铝酸盐水泥,以无水硫铝酸盐和硅酸二钙为主要成分,加石膏配制而成。

(4)铁铝酸盐膨胀水泥,以铁相、无水硫铝酸钙和硅酸二钙为主要成分,加石膏配制而成。以上膨胀水泥的膨胀作用机理是,水泥在水化过程中,形成大量的钙矾石而产生体积膨胀。

(5)膨胀水泥主要用于收缩补偿混凝土工程,防渗混凝土(屋顶防渗、水池等),防渗砂浆,结构的加固,构件接缝、接头的灌浆,固定设备的机座及地脚螺栓等。

【工程实例3-3】

【现象】 某地下混凝土管道工程中,用硅酸盐水泥进行了构件接缝,接头的灌浆待工程完工使用后出现部分接头处的渗漏现象。

【原因分析】 上述现象主要是由于硅酸盐水泥干缩造成的渗漏,如果改成膨胀水泥做接缝或接头处的灌浆,将会大大的避免上述现象的出现。

【工程实例3-4】

【现象】 三峡工程施工过程中,由于混凝土搅拌车晚到工地5min,工程指挥部决定将该批十余罐混凝土作为废品处理,全部倒掉。

【原因分析】 水泥的初凝是不迟于45min,如果超过规定的初凝时间水泥就可能开始凝结了,如果继续浇筑,可能会影响混凝土的强度,结果可能导致三峡大坝工程出现质量隐患。所以将该批混凝土作为废品处理是正确的。

本章小结

本章是本课程的重点章节之一,应重点掌握硅酸盐水泥熟料矿物组成、水泥水化及产物、凝结硬化概念,硅酸盐水泥的主要技术性质和应用特点。在学习硅酸盐水泥的基础上,对掺混合材料的硅酸盐水泥(普通水泥、矿渣水泥、火山灰水泥、粉煤灰水泥等)就容易理解。它们与硅酸盐水泥相比,由于所加的混合材料的数量和种类不同,由此出现了性能上的差异。了解水泥的腐蚀及防止措施。

对其他品种的水泥,了解他们所属的系列,如硅酸盐系列、铝酸盐系列、硫铝酸盐系列等。了解其他品种水泥的应用。

在学习中着重掌握各种水泥的性质及应用,在工程实践环节中能熟练应用所学知识,根据不同环境正确选择水泥品种。

小知识

未来水泥的发展方向

科技发展的今天，人们对建筑材料的要求越来越高，归纳起来主要从以下几个方面应得到提高：

1. 环保

从水泥的生产特点来看，水泥原料的开采、生料的制备及熟料煅烧和水泥的粉磨及使用各个环节无一不与环境保护密切相关。从“材料生命周期”的概念（资源开采及材料制备→材料产品制作→材料产品工程使用→材料产品废弃物处置）可知，水泥生产的各个环节都要提高环境保护意识，使其逐渐成为生态环境材料。

2. 节能

水泥的生产需要煅烧，该过程需消耗大量的热能，如果能降低生产能耗，将会对水泥的成本，甚至环保都有益处。

3. 轻质

如果能降低水泥石自重，将会有益于建筑结构的设计和其他材料的使用。

此外，良好的耐火、隔声、施工性能及经济指标都是未来水泥发展的方向。

练习题

1. 填空题

（1）生产硅酸盐水泥的主要原料是________和________，有时为调整化学成分还需加入少量________，为调节凝结时间，熟料粉磨时还要掺入适量的________。

（2）硅酸盐水泥分为两种类型，未掺加混合材料的称________型硅酸盐水泥，代号为________；掺加不超过5%的混合材料的称________型硅酸盐水泥，代号为________。

（3）影响硅酸盐水泥凝结硬化的主要因素有________、________、________、________、________、________等六个方法。

（4）普通硅酸盐水泥、矿渣水泥、火山灰水泥、粉煤灰水泥的细度都是要求其在80μm方孔筛上的筛余不超过________；初凝时间不能早于________；终凝时间不得迟于________。

2. 选择题

（1）在硅酸盐水泥中掺入适量的石膏，其目的是对水泥起（　）作用。

A. 促凝　　B. 缓凝　　C. 提高产量　　D. 提高强度

（2）引起硅酸盐水泥体积安定性不良的原因之一是水泥熟料（　）含量过多。

A. CaO　　B. 游离 CaO　　C. $Ca(OH)_2$　　D. $CaCO_3$

（3）对硅酸盐水泥强度贡献最大的矿物是（　）。

A. C_3A　　B. C_3S　　C. C_4AF　　D. C_2S

3. 问答题

(1)什么是硅酸盐水泥？什么是硅酸盐水泥熟料？

(2)生产硅酸盐水泥的原料都有哪些？

(3)硅酸盐水泥原料中的四种主要氧化物和熟料中的四种矿物都是什么？

(4)硅酸盐水泥的水化产物都有哪些？

(5)试述硅酸盐五大类水泥的异同点。

(6)现有甲、乙两厂生产的硅酸盐水泥熟料，其矿物组成如表3-17所示，试估计和比较这两厂生产的硅酸盐水泥的强度增长速度和水化热等性质上有何差异？为什么？

甲乙厂生产的硅酸盐水泥熟料矿物组成 表3-17

生产厂	熟料矿物组成(%)			
	C_3S	C_2S	C_3A	C_4AF
甲厂	52	20	12	16
乙厂	45	30	7	18

第四章 混凝土

【职业能力目标】

本章是建筑材料课程的重点内容之一，通过本章的学习，使学生具备以下能力：

(1)普通混凝土用粗细骨料的检测与评定能力。

(2)混凝土拌和物和易性的检测与评定能力，调整拌和物和易性的能力。

(3)具备进行普通混凝土配合比设计的综合能力。

(4)根据工程特点及所处环境正确选用混凝土外加剂的能力。

混凝土强度测定，混凝土质量综合评定能力。

掌握普通混凝土组成材料的品种、技术要求及选用，熟悉组成材料各项技术性质的要求、测定方法及对混凝土性能的影响；掌握混凝土拌和物和易性的含义，影响混凝土和易性的因素及改善和易性的措施；熟练掌握硬化混凝土的强度等级的确定方法，影响混凝土强度的因素，提高混凝土强度的措施；掌握混凝土耐久性的内容，影响耐久性的因素，提高混凝土耐久性的措施；熟悉混凝土强度的评定及质量控制方法；了解混凝土变形的类别及产生的原因；了解混凝土质量控制的意义及方法；了解混凝土强度的保证率、标准差、变异系数的计算方法；熟练掌握普通混凝土配合比设计的方法和步骤；熟悉混凝土常用外加剂的性能及应用，理解减水剂、早强剂、引气剂等在混凝土中的技术经济效果；了解高性能混凝土的提出背景及实现途径；了解混凝土技术的新进展及其发展趋势。

【学习要求】

本章重点是普通混凝土的组成材料、混凝土的主要技术性质及普通混凝土配合比设计。学习时围绕普通混凝土各组成材料在混凝土中的作用，深刻理解各组成材料的技术要求、新拌混凝土的技术要求、硬化混凝土的技术要求，并能根据所学知识分析和解决工程中一些实际问题。必要时安排到施工现场进行参观学习，进一步理解相关知识，提高分析和解决问题的能力。

第一节 概 述

从广义上讲，混凝土是由胶凝材料、水和粗细骨料，必要时掺入外加剂和掺合料，按适当比例搅拌均匀制成的具有一定可塑性的浆体，再经硬化而成的具有一定强度的复合材料。

混凝土是现代土木工程中用量最大、用途最广的建筑材料之一。它的出现极大地改善了人类的居住环境、工作环境和出行环境，特别是钢筋混凝土的诞生，使其应用技术不断进步，逐步成为工业与民用建筑、桥梁、铁路、公路、水利、海洋、矿山和地下工程中的主导材料。目前全世界每年生产的混凝土材料超过100亿吨，2010年我国水泥产量18.68亿吨，应用混凝土达20亿吨，可见熟练掌握混凝土的性能及应用，是非常重要的。

一 混凝土的分类

（一）按干表观密度分类

1. 重混凝土

重混凝土是指干表观密度大于2800kg/m³的混凝土，常采用重晶石、铁矿石、钢屑等作骨料，与锶水泥、钡水泥等共同配制，它们具有防X射线、γ射线的性能，故又称防辐射混凝土，是广泛用于核工业屏蔽结构的材料。

2. 普通混凝土

普通混凝土是指干表观密度为2000～2800kg/m³，以水泥为胶凝材料，天然的砂、石作粗细骨料配制而成的混凝土。普通混凝土是建筑工程中应用范围最广、用量最大的混凝土，主要用作各种建筑的承重结构材料。

3. 轻混凝土

轻混凝土是指干表观密度小于1950kg/m³的混凝土。又可分为三类：轻骨料混凝土，采用浮石、陶粒、火山灰等多种轻骨料制成，干表观密度范围在800～1950kg/m³；多孔混凝土，由水泥浆或水泥砂浆与稳定的泡沫制成，干表观密度范围在300～1000kg/m³，如加气混凝土和泡沫混凝土；大孔混凝土，无细骨料而只由粗骨料和胶凝材料配制而成，干表观密度范围在500～1500kg/m³。

（二）按胶凝材料分类

混凝土按所用胶凝材料可分为水泥混凝土、石膏混凝土、沥青混凝土、聚合物混凝土、水玻璃混凝土、树脂混凝土等。

（三）按用途分类

混凝土按其用途可分为结构混凝土、防水混凝土、耐热混凝土、耐酸混凝土、大体积混凝土、防辐射混凝土、道路混凝土等。

（四）按生产工艺和施工方法分类

混凝土按生产工艺和施工方法可分为泵送混凝土、喷射混凝土、压力混凝土、离心混凝土、碾压混凝土、挤压混凝土等。

混凝土的品种虽然繁多，但在工程中应用最广的是以水泥为胶凝材料的普通混凝土，后面内容如无特别说明，所指的混凝土即普通混凝土，对于其他品种的混凝土只作简要的介绍。

二 混凝土的特点

混凝土之所以在建筑工程中得到广泛的应用，是因为混凝土与其他材料相比，有许多其他材料无法替代的性能及良好的经济效益。

(1)性能多样、用途广泛，通过调整组成材料的品种及配合比，可以制成具有不同物理、力学性能的混凝土以满足不同工程的要求。

(2)混凝土在凝结前，有良好的塑性，可以浇筑成任意形状、规格的整体结构或构件。

(3)混凝土组成材料中约占80%以上的砂、石骨料，来源十分丰富，符合就地取材和经济的原则。

(4)混凝土与钢筋有良好的黏结性，且两者的线膨胀系数基本相同，复合成的钢筋混凝土，能互补优劣，拓宽了混凝土的应用范围。

(5)按合理的方法配制的混凝土，具有良好的耐久性，同钢材、木材相比更耐久，维修费用低。

(6)可充分利用工业废料作骨料或掺合料，如粉煤灰、矿渣等，有利于环境保护。

混凝土具有以上许多优点，但也存在一些不容忽视的缺点，主要表现在：

(1)自重大、比强度小。因此导致建筑物的抗震性能差，工程成本提高。

(2)抗拉强度小、呈脆性易开裂。混凝土的抗拉强度只是其抗压强度的1/10左右，导致受拉区混凝土过早开裂。

(3)体积不稳定。尤其是当水泥浆量过大时，这一缺陷表现得更加突出。随着温度、环境介质的变化，容易引发体积变化，产生裂纹等缺陷，直接影响着混凝土的耐久性。

(4)导热系数大，保温隔热性能差。

(5)硬化速度慢、生产周期长。

(6)混凝土的质量受施工环节的影响比较大，难以得到精确控制。

但随着混凝土技术的不断发展，混凝土的不足正在不断被克服，如在混凝土中掺入少量短碳纤维，能大大增强混凝土的韧性、抗拉裂性、抗冲击性；在混凝土中掺入高效减水剂和掺合料，明显提高混凝土的强度和耐久性；加入早强剂，缩短混凝土的硬化周期；采用预拌混凝土，可减少现场称料、搅拌不当对混凝土质量的影响，而且使施工现场的环境得到进一步的改善。

三 混凝土的发展方向

随着现代土木工程建设技术水平的不断提高，对于未来混凝土的研究和实践主要围绕两个方面：一是混凝土的耐久性问题；二是混凝土的发展必须走可持续发展之路。

混凝土材料是当今世界用量最大的人造材料，由于混凝土耐久性问题而丧失使用功能，对未来社会将会造成极为沉重的负担。据调查全世界每年用于混凝土工程修复和重建费用高达数千亿美元，我国在未来的10～30年也将是建国以来的混凝土工程的维修高峰时期。对混凝土耐久性问题的探讨将是全世界混凝土工程专家着力研究的一个重要课题。

同其他用于结构的建筑材料相比，混凝土具有不可替代的优势，由于大量使用或简单加工地方性原材料，混凝土的能耗相对较低，100年来混凝土在人类生产建设发展过程中起着巨大的作用。但随着世界人口的增长，生产建设的进步和科学技术的发展，混凝土技术也在不断发展。混凝土正面临着新的发展问题，即混凝土材料的高性能化和可持续发展的问题。混凝土的高性能化是多年来有关科研工作者一直努力发展的方向，已经受到各方面的重视。混凝土材料相关的环境资源问题以及与环境协调发展也已经提到政府和研究部门的日程上来。进入20世纪80年代后期以来，保护地球环境，寻求与自然的和谐，走可持续之路成为全世界共同关心的课题，混凝土今后发展方向必然是既要满足现代人的需要，又要考虑环境的因素，减轻对地球环境的负荷，有利于资源、能源的节省和生态平衡。

第二节　普通混凝土的组成材料

普通混凝土（以下简称混凝土）是指由水泥、水、细骨料、粗骨料等作为基本材料，或再掺加适量外加剂、混合材料等制成的复合材料。经搅拌均匀而成的浆体称为混凝土拌和物，再经凝结硬化成为坚硬的人造石材称为硬化混凝土。硬化混凝土的结构如图4-1所示。

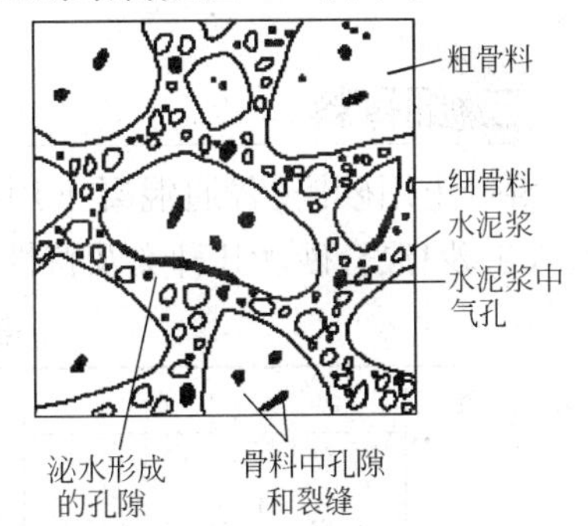

图4-1　硬化混凝土结构

在混凝土中，各组成材料起着不同的作用。水泥与水形成水泥浆包裹砂子表面并填充砂子空隙形成水泥砂浆；水泥砂浆包裹石子表面并填充石子空隙形成混凝土。水泥浆在硬化前主要起润滑、填充、包裹等作用，使混凝土拌和物具有良好的和易性；在硬化后，主要起胶结作用，将砂、石黏结成一个整体，使其具有良好的强度及耐久性。砂、石的强度高于水泥石的强度，因而它们在混凝土中起骨架作用，故称为骨料，骨料可抑制混凝土的收缩，减少水泥用量，提高混凝土的强度及耐久性。

混凝土的技术性质在很大程度上是由原材料性质及其相对含量决定的，同时与施工工艺（搅拌、振捣、养护等）有关。因此我们必须了解原材料性质及其质量要求，合理选择材料，这样才能保证混凝土的质量。

一　水泥

水泥是混凝土组成材料中最重要的材料，也是影响混凝土强度、耐久性、经济性的最重要的因素，应予以高度重视。配制混凝土所用的水泥应符合国家现行标准有关规定。除此之外，在配制时应合理地选择水泥品种和强度等级。

（一）水泥品种

水泥品种应根据工程性质与特点、所处的环境条件及施工所处条件进行选择。配制混凝土一般选择硅酸盐水泥、普通水泥、矿渣水泥等通用水泥，必要时也可选择专用水泥或特性水泥。例如：在大体积混凝土工程中，为了避免水泥水化热过大，宜采用中、低热硅酸盐水泥或低热矿渣硅酸盐水泥，不宜选用硅酸盐水泥、快硬硅酸盐水泥等；高强混凝土和有抗冻要求的混凝土宜采用硅酸盐水泥或普通硅酸盐水泥；有预防混凝土碱－骨料反应要求的混凝土宜采用碱含量低于0.6%的水泥。

(二)水泥强度等级

水泥强度等级应与混凝土设计强度等级相适应。原则上是高强度等级的水泥配制高强度等级的混凝土,低强度等级的水泥配制低强度等级的混凝土。若用高等级水泥配制低等级的混凝土时,较少的水泥用量即可满足混凝土的强度要求,但水泥用量过少,严重影响混凝土拌和物的和易性和耐久性;若用低等级水泥配制高等级混凝土,势必增大水泥用量,减少水灰比,结果影响混凝土拌和物的流动性,并显著增加混凝土的水化热和混凝土的干缩、徐变,混凝土的强度也得不到保证。

通常中低强度等级的混凝土(C60 以下),水泥强度等级为混凝土强度等级的 1.5 ~ 2.0 倍;高强度等级(大于等于 C60)的混凝土,水泥强度等级为混凝土强度等级的 0.9 ~ 1.5 倍。但是随着混凝土强度等级的不断提高,新工艺的不断出现及高效外加剂的应用,高强度、高性能混凝土的配比要求将不受此比例限制。

 细骨料

混凝土用砂按《普通混凝土用砂、石质量及检验方法标准》(JGJ 52—2006)可分为天然砂、人工砂、混合砂。其种类及特性见表 4-1。

混凝土用砂的种类及特性分类　　表 4-1

分　类	定　义	组　成	特　点
天然砂	由自然条件作用而成的,公称粒径小于5.00mm的岩石颗粒	河砂、海砂	长期受水流的冲刷作用,颗粒表面比较光滑,且产源较广,与水泥黏结性差,用它拌制的混凝土流动性好,但强度低。海砂中常含有贝壳碎片及可溶性盐类等有害杂质,不利于混凝土结构
		山砂	表面粗糙、棱角多,与水泥黏结性好,但含泥量和有机质含量多
人工砂	岩石经除土开采、机械破碎、筛分而成的,公称粒径小于 5.00mm 的岩石颗粒	机制砂	颗粒富有棱角,比较洁净,但砂中片状颗粒及细粉含量较多,且成本较高
		混合砂	由机制砂、天然砂混合制成的砂。当仅靠天然砂不能满足用量需求时,可采用混合砂

《普通混凝土用砂、石质量及检验方法标准》(JGJ 52—2006)对砂子的质量要求主要有以下几个方面:

(一)颗粒级配及粗细程度

在混凝土拌和物中,水泥浆包裹砂子的表面,并填充砂的空隙,为了节省水泥,降低成本,并使混凝土结构达到较高密实度,选择骨料时,应尽可能选用总表面积小、空隙率小的骨料。而砂子的总表面积与粗细程度有关,空隙率则与颗粒级配有关。

1. 颗粒级配

颗粒级配是指粒径大小不同的砂粒互相搭配的情况。同样粒径的砂空隙率最大,如图

4-2a)；若两种不同粒径的砂搭配起来，空隙率减小，如图4-2b)；若三种不同粒径的砂搭配起来，逐级填充使砂形成较密实的体积，空隙率更小，如图4-2c)。级配良好的砂，不仅可节省水泥而且混凝土结构密实，和易性、强度、耐久性得以加强，还可减少混凝土的干缩及徐变。

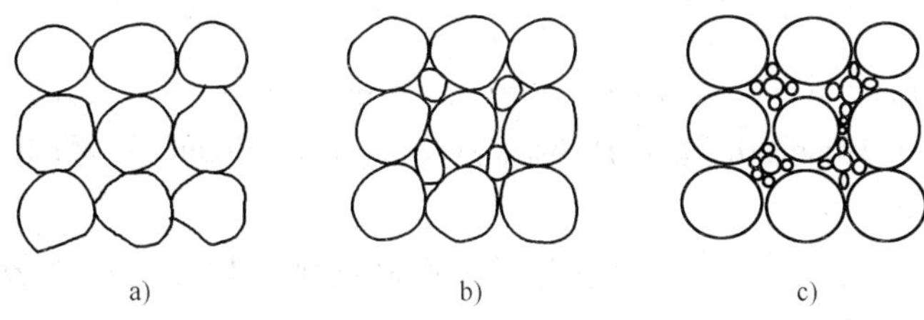

图4-2　砂的颗粒级配

2. 粗细程度

粗细程度是指不同粒径砂粒混合在一起的总体粗细程度。在相同质量的条件下，粗砂的总表面积小，包裹砂表面所需的水泥浆就少；反之细砂总表面积大，包裹砂表面所需的水泥浆量就多。因此，在和易性要求一定的条件下，采用粗砂配制混凝土，可减少拌和用水量，节约水泥用量。但砂过粗，易使混凝土拌和物产生分层、离析和泌水等现象。一般采用中砂拌制混凝土较好。

在拌制混凝土时，砂的粗细程度和颗粒级配应同时考虑。当砂含有较多的粗颗粒，并以适当的中颗粒及少量的细颗粒填充其空隙，则既具有较小的空隙率又具有较小的总表面积，不仅水泥用量少，而且还可以提高混凝土的密实性与强度。

3. 砂的粗细程度与颗粒级配的评定

通常用筛分析方法测定砂子的粗细程度和颗粒级配，并以细度模数 μ_f 表示砂的粗细程度，用级配区表示颗粒级配。

筛分析方法是采用一套标准的正方形方孔筛，方孔筛筛孔边长依次为4.75mm、2.36mm、1.18mm、0.6mm、0.3mm、0.15mm。称取试样500g，将试样倒入从上到下按孔径从大到小组合的套筛(附筛底)上，然后进行筛分，称取留在各筛上的筛余量，计算各筛上的分计筛余百分率 a_1、a_2、a_3、a_4、a_5、a_6(各筛上的筛余量占砂样总质量的百分率)及累计筛余百分率 A_1、A_2、A_3、A_4、A_5、A_6(该筛和比该筛粗的所有分计筛余百分率之和)，累计筛余百分率与分计筛余百分率的关系见表4-2。

累计筛余与分计筛余的计算关系　　表4-2

筛孔边长(mm)	筛余量(g)	分计筛余百分率(%)	累计筛余百分率(%)
4.75	m_1	$a_1=(m_1/500)\times100$	$A_1=a_1$
2.36	m_2	$a_2=(m_2/500)\times100$	$A_2=a_1+a_2$
1.18	m_3	$a_3=(m_3/500)\times100$	$A_3=a_1+a_2+a_3$
0.6	m_4	$a_4=(m_4/500)\times100$	$A_4=a_1+a_2+a_3+a_4$
0.3	m_5	$a_5=(m_5/500)\times100$	$A_5=a_1+a_2+a_3+a_4+a_5$
0.15	m_6	$a_6=(m_6/500)\times100$	$A_6=a_1+a_2+a_3+a_4+a_5+a_6$

细度模数 μ_f 的计算见式(4-1)：

$$\mu_f = \frac{(\beta_2 + \beta_3 + \beta_4 + \beta_5 + \beta_6) - 5\beta_1}{100 - \beta_1} \tag{4-1}$$

式中：μ_f——细度模数；

$\beta_6 \sim \beta_1$——分别为 0.15mm、0.3mm、0.6mm、1.18mm、2.36mm、4.75mm 筛的累计筛余百分率。

细度模数 μ_f 越大表示砂越粗，普通混凝土用砂的细度模数范围一般在3.7～0.7之间，其中：

3.7～3.1 为粗砂；

3.0～2.3 为中砂；

2.2～1.6 为细砂；

1.5～0.7 为特细砂。

对细度模数为3.7～1.6之间的普通混凝土用砂，根据0.6mm筛的累计筛余百分率，可将砂子分成三个级配区，见表4-3，每个级配区对不同孔径的累计筛余百分率均要求在规定的范围内（特殊情况见表中注解）。

砂的颗粒级配（JGJ 52—2006）　　表 4-3

筛孔边长(mm) \ 累计筛余(%) \ 级配区	Ⅰ 区	Ⅱ 区	Ⅲ 区
4.75	10～0	10～0	10～0
2.36	35～5	25～0	15～0
1.18	65～35	50～10	25～0
0.6	85～71	70～41	40～16
0.3	95～80	92～70	85～55
0.15	100～90	100～90	100～90

注：1. 砂的实际颗粒级配与表中所列数字相比，除4.75mm和0.6mm筛档外，可以略有超出，但超出总量应小于5%。

2. 当天然砂的实际颗粒级配不符合要求时，宜采取相应的技术措施，并经试验证明能确保混凝土质量后，方允许作用。

为了更直观地反映砂的颗粒级配，可将表4-3的规定绘成级配曲线图，其纵坐标为累计筛余百分率，横坐标为筛孔尺寸，如图4-3所示。

一般处于Ⅰ区的砂较粗，属于粗砂，其保水性较差，应适当提高砂率，并保证足够的水泥用量，以满足混凝土的和易性；Ⅲ区砂细颗粒多，配制混凝土的黏聚性、保水性易满足，但混凝土干缩性大，容易产生微裂缝，宜适当降低砂率；Ⅱ区砂粗细适中，级配良好，拌制混凝土时宜优先选用。另外可根据筛分曲线偏向情况大致判断砂的粗细程度，当筛分曲线偏向右下方时，表示砂较粗；筛分曲线偏向左上方时，表示砂较细。用特细砂配制的混凝土拌和物黏度较大，因此，主要结构部位的混凝土必须采用机械搅拌和振捣。搅拌时间要比中、粗砂配制的混凝土延长1～2min。

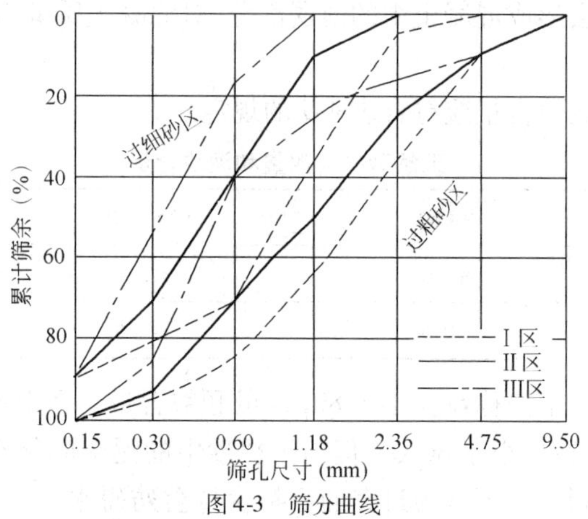

图4-3　筛分曲线

如果砂的自然级配不符合要求，应采用人工掺配的方法来改善。最简单的措施是将粗、细砂按适当比例进行掺配，或砂过筛后剔除过粗或过细颗粒。

【例4-1】 某砂样经筛分析试验，其结果如表4-4，试分析该砂的粗细程度与颗粒级配并计算细度模数μ_f。

砂样筛分结果　　表4-4

筛孔边长(mm)	筛余量(g)	分计筛余百分率(%)	累计筛余百分率(%)
4.75	8	1.6	1.6
2.36	82	16.4	18
1.18	70	14	32
0.6	98	19.6	51.6
0.3	124	24.8	76.4
0.15	106	21.2	97.6
<0.15	12	2.4	100

$$\mu_f = \frac{(\beta_2 + \beta_3 + \beta_4 + \beta_5 + \beta_6) - 5\beta_1}{100 - \beta_1}$$

$$= \frac{(18 + 32 + 51.6 + 76.4 + 97.6) - 5 \times 1.6}{100 - 1.6} = 2.72$$

结论：此砂属中砂，将表4-4计算出的累计筛余百分率与表4-3作对照，得出此砂级配属于Ⅱ区砂，级配合格。

(二)含泥量、石粉含量和泥块含量

含泥量是指天然砂中公称粒径小于80μm的颗粒含量；泥块含量是指砂中公称粒径大于1.25mm，经水浸洗、手捏后变成小于630μm的颗粒含量。

天然砂中的泥土颗粒极细，通常包裹在砂颗粒表面，妨碍了水泥浆与砂的黏结，使混凝土

的强度降低。除此之外,泥的表面积较大,含量多会降低混凝土拌和物的流动性,或者在保持相同流动性的条件下,增加水和水泥用量,从而导致混凝土的强度、耐久性降低,干缩、徐变增大;当砂中夹有泥块时,会形成混凝土中的薄弱部分,对混凝土质量影响更大,更应严格控制其含量。

天然砂的含泥量和泥块含量应符合表 4-5 的规定。

天然砂的含泥量和泥块含量 表 4-5

混凝土强度等级	≥C60	C55 ~ C30	≤C25
含泥量(按质量计)(%)	≤2.0	≤3.0	≤5.0
泥块含量(按质量计)(%)	≤0.5	≤1.0	≤2.0

石粉含量是指人工砂中公称粒径小于 80μm 的颗粒含量。在生产人工砂的过程中会产生一定量的石粉,石粉的粒径虽小于 80μm,但与天然砂中的泥土成分不同,粒径分布不同,因而在混凝土中的作用也不同。一般认为过多的石粉含量会妨碍水泥与骨料的黏结,对混凝土无益,但适量的石粉对混凝土质量是有益的。人工砂由于机械破碎制成,其颗粒尖锐有棱角,这对骨料和水泥之间的结合是有利的,但对混凝土和砂浆的和易性是不利的,特别是强度等级低的混凝土和水泥砂浆的和易性很差,而适量石粉的存在,则弥补了这一缺陷。此外,石粉主要是 40 ~ 80μm 的微细粒组成,它的掺入对完善混凝土细骨料的级配,提高混凝土密实性都是有益的,进而提高混凝土的综合性能。因此人工砂石粉含量,比天然砂中含泥量放宽要求。为防止人工砂在开采、加工等中间环节掺入过量泥土,测石粉含量前必须先通过亚甲蓝试验检验。

亚甲蓝 MB 值的检验或快速检验是专门用于检测小于 80μm 的物质是纯石粉还是泥土。亚甲蓝 MB 值检验合格的人工砂,石粉含量按 5.0%、7.0%、10.0%控制使用;亚甲蓝 MB 值不合格的人工砂石粉含量按 2.0%、3.0%、5.0%控制使用。这就避免了因人工砂石粉中泥土含量过多而给混凝土带来的负面影响。

人工砂或混合砂中的石粉含量应符合表 4-6 的规定。

人工砂的石粉含量 表 4-6

混凝土强度等级		≥C60	C55 ~ C30	≤C25
石粉含量(按质量计)(%)	MB 值<1.4 或合格	≤5.0	≤7.0	≤10.0
	MB 值≥1.4 或不合格	≤2.0	≤3.0	≤5.0

(三)有害物质含量

配制混凝土的砂子要求清洁不含杂质以保证混凝土的质量。国家标准规定砂中不应混有草根、树叶、树枝、塑料、煤块等杂物,并对云母、轻物质、硫化物及硫酸盐、氯盐及海砂中贝壳等含量做了规定。

云母呈薄片状,表面光滑,与水泥黏结力差,且本身强度低,会导致混凝土的强度、耐久性降低;轻物质是表观密度小于 2000kg/m^3 的物质,与水泥黏结差,影响混凝土的强度、耐久性;有机物杂质易于腐烂,腐烂后析出的有机酸对水泥石有腐蚀作用;硫化物及硫酸盐对水泥石有腐蚀作用；氯盐的存在会使钢筋混凝土中的钢筋锈蚀，因此必须对 Cl^- 严格限制；贝壳是指4.75mm以下被破碎了的贝壳。海砂中的贝壳对于混凝土的和易性、强度及耐久性均有不同程度的影响，特别是对于 C40 以上的混凝土，两年后混凝土强度会产生明显下降，对于低等级混凝土其影响较小，因此 C10 和 C10 以下的混凝土用砂的贝壳含量可不予规定。各有害物含量须满足表 4-7 的规定，贝壳含量须满足表 4-8 的规定。

有害物含量 表 4-7

项　　目	质量指标
云母(按质量计)(%)	≤2.0
轻物质(按质量计)(%)	≤1.0
硫化物及硫酸盐(按 SO_3 质量计)(%)	≤1.0
有机物(比色法)	颜色不应深于标准色。当颜色深于标准色时，应按水泥胶砂强度试验方法进行强度对比试验，抗压强度比不应低于 0.95
氯化物(以氯离子占干砂质量百分率)	对于钢筋混凝土用砂，其氯离子含量不得大于0.06%；对于预应力混凝土用砂，其氯离子含量不得大于 0.02%

海砂中贝壳含量 表 4-8

混凝土强度等级	≥C40	C35 ~ C30	C25 ~ C15
贝壳含量(按质量计)(%)	≤3	≤5	≤8

(四)坚固性

砂的坚固性是指砂在自然风化和其他外界物理、化学因素作用下，抵抗破坏的能力。

砂的坚固性应采用硫酸钠溶液法进行检验，砂样经 5 次循环后，其质量损失应符合表 4-9 的要求。

砂的坚固性指标 表 4-9

混凝土所处的环境条件及其性能要求	5 次循环后的质量损失(%)
在严寒及寒冷地区室外并经常处于潮湿或干湿交替状态下的混凝土； 对于有抗疲劳、耐磨、抗冲击要求的混凝土； 有腐蚀介质作用或经常处于水位变化区的地下结构混凝土	≤8
其他条件下使用的混凝土	≤10

人工砂采用压碎指标值来判断砂的坚固性。称取 300g 单粒级试样(0.30 ~ 0.60mm、0.60 ~ 1.18mm、1.18 ~ 2.36mm 及 2.36 ~ 4.75mm 四个粒级)倒入已组装的受压钢模内，以每秒钟 500N 的速度加荷，加荷至 25kN 时稳荷 5s 后，以同样速度卸荷。倒出压过的试样，然后用该粒级的下限筛(如粒级为 4.75 ~ 2.36mm 时，则其下限筛为孔径 2.36mm)进行筛分，称出试样的筛余量和通过量，第 i 级砂样的压碎指标按式(4-2)计算：

$$\delta_i = \frac{m_0 - m_i}{m_0} \times 100\% \tag{4-2}$$

式中：δ_i——第 i 级单粒级压碎指标值(%)；

m_0——第 i 单级试样的质量(g)；

m_i——第 i 单级试样的压碎试验后筛余的试样质量(g)。

根据单级砂样的压碎指标按式(4-3)计算四级砂样总的压碎指标值。

$$\delta_{sa} = \frac{\alpha_1\delta_1 + \alpha_2\delta_2 + \alpha_3\delta_3 + \alpha_4\delta_4}{\alpha_1 + \alpha_2 + \alpha_3 + \alpha_4} \tag{4-3}$$

式中：　δ_{sa}——总的压碎指标(%)；

δ_1、δ_2、δ_3、δ_4——筛孔尺寸分别为2.36mm、1.18mm、0.6mm、0.3mm各号筛的压碎指标(%)；

α_1、α_2、α_3、α_4——以上提到的四种单粒级试样分计筛余(%)。

人工砂的总压碎值指标应小于30%。压碎指标值越小，表示砂抵抗压碎破坏能力越强，砂子越坚固。

(五)表观密度、堆积密度、空隙率

砂的表观密度、堆积密度、空隙率应符合如下规定：表观密度大于2500kg/m^3；松散堆积密度大于1350kg/m^3；空隙率小于47%。

(六)碱骨料反应

碱骨料反应是指混凝土原材料水泥、外加剂、混合材料和水中的碱(Na_2O或K_2O)与骨料中的活性成分反应，在混凝土浇筑成形后若干年逐渐反应，反应生成物吸水膨胀使混凝土产生应力，膨胀开裂，导致混凝土失去设计功能。

对于长期处于潮湿环境的重要混凝土结构用砂，应采用砂浆棒(快速法)或砂浆长度法进行骨料的碱活性检验。经上述检验判断为有潜在危害时，应控制混凝土中的碱含量不超过3kg/m^3，或采用能抑制碱骨料反应的有效措施。

三 粗骨料

公称粒径大于5.00mm的骨料称为粗骨料，常用碎石和卵石两种。碎石是天然岩石或卵石经机械破碎、筛分制成的公称粒径大于5.00mm的岩石颗粒；卵石是由自然条件作用形成的，公称粒径大于5.00mm的岩石颗粒，卵石按产源不同可分为河卵石、海卵石、山卵石等。碎石与卵石相比，表面比较粗糙多棱角，表面积大、空隙率大，与水泥的黏结强度较高。因此，在水灰比相同条件下，用碎石拌制的混凝土流动性较小，但强度较高，而卵石则正好相反。因此，在配制高强混凝土时，宜采用碎石。

《普通混凝土用砂、石质量及检验方法标准》(JGJ 52—2006)对粗骨料的技术要求如下：

(一)颗粒级配和最大粒径

粗骨料的颗粒级配对混凝土性能的影响与细骨料相同，且其影响程度更大。良好的粗骨料，对提高混凝土强度、耐久性，节约水泥用量是极为有利的。

粗骨料颗粒级配的判定也是通过筛分析方法进行的。取一套筛孔边长为2.36mm、

4.75mm、9.50mm、16.0mm、19.0mm、26.5mm、31.5mm、37.5mm、53.0mm、63.0mm、75.0mm 及 90.0mm 的标准方孔筛进行试验，按各筛上的累计筛余百分率划分级配。各粒级石子的累计筛余百分率必须满足表 4-10 的规定。

碎石或卵石的颗粒级配范围 表 4-10

级配情况	公称粒级(mm)	累计筛余，按质量(%) 方孔筛筛孔边长(mm)											
		2.36	4.75	9.50	16.0	19.0	26.5	31.5	37.5	53.0	63.0	75.0	90.0
连续粒级	5~10	95~100	80~100	0~15	0								
	5~16	95~100	85~100	30~60	0~10	0							
	5~20	95~100	90~100	40~80	—	0~10	0						
	5~25	95~100	90~100	—	30~70	—	0~5	0					
	5~31.5	95~100	90~100	70~90	—	15~45	—	0~5	0				
	5~40		95~100	70~90	—	30~65	—	—	0~5	0			
单粒级	10~20		95~100	85~100		0~15	0						
	16~31.5		95~100		85~100			0~10	0				
	20~40			95~100		80~100			0~10	0			
	31.5~63				95~100			75~100	45~75		0~10	0	
	40~80					95~100			70~100		30~60	0~10	0

粗骨料的颗粒级配按供应情况分连续粒级和单粒级。连续粒级是指颗粒由小到大连续分级，每一级粗骨料都占有一定的比例，且相邻两级粒径相差较小(比值小于2)。连续粒级的颗粒大小搭配合理，配制的混凝土拌和物和易性好，不易发生分层、离析现象，且水泥用量小，目前多采用连续粒级。

单粒级是从 1/2 最大粒径至最大粒径，粒径大小差别小，单粒级一般不单独使用，主要用于组合成具有要求级配的连续粒级，或与连续粒级混合使用，用以改善级配或配成较大粒度的连续粒级，这种专门组配的骨料级配易于保证混凝土质量，便于大型搅拌站使用。

最大粒径是用来表示粗骨料粗细程度的。公称粒级的上限称为该粒级的最大粒径。例如:5~31.5m 粒级的粗骨料,其最大粒径为 31.5mm。粗骨料的最大粒径增大则其总表面积减小,包裹粗骨料所需的水泥浆量就少,在一定和易性及水泥用量条件下,则能减少用水量而提高混凝土强度。对中低强度的混凝土,尽量选择最大粒径较大的粗骨料,但一般不宜超过 40mm;配制高强混凝土时最大粒径不宜大于 25mm,因为减少用水量获得的强度提高,被大粒径骨料造成的黏结面减少和内部结构不均匀所抵消。

除此之外,根据《混凝土结构工程施工质量验收规范》(GB 50204—2011)的规定,混凝土用粗骨料的最大公称粒径不得超过结构截面最小尺寸的 1/4,不得超过钢筋最小净距的 3/4;对于实心板,不得超过板厚的 1/3 且不得超过 40mm;对于泵送混凝土,最大粒径与输送管道内径之比,碎石不宜大于 1∶3,卵石不宜大于 1∶2.5。

(二)泥、泥块及有害物质的含量

粗骨料中泥、泥块及有害物质对混凝土性质的影响与细骨料相同,但由于粗骨料的粒径大,因而造成的缺陷或危害更大。粗骨料中含泥量是指公称粒径小于 80μm 的颗粒含量;泥块含量指石中公称粒径大于 5.00mm,经水洗、手捏后变成小于 2.50mm 的颗粒含量。粗骨料中泥、泥块含量应符合表 4-11 规定。

粗骨料的含泥量和泥块含量 表 4-11

混凝土强度等级	≥C60	C55~C30	≤C25
含泥量(按质量计)(%)	≤0.5	≤1.0	≤2.0
泥块含量(按质量计)(%)	≤0.2	≤0.5	≤0.7

注:1. 对于有抗冻、抗渗或其他特殊要求的混凝土,其所用碎石或卵石中含泥量不应大于 1.0%;当碎石或卵石的含泥量是非黏土质的石粉时,其含泥量可分别提高到 1.0%、1.5%、3.0%。
2. 对于有抗冻、抗渗或其他特殊要求的强度等级小于 C30 的混凝土,其所用碎石或卵石中泥块含量不应大于 0.5%。

碎石或卵石中的硫化物和硫酸盐含量及卵石中有机物等有害物质含量,应符合表 4-12 的规定。

碎石或卵石中的有害物质含量 表 4-12

项　目	质 量 要 求
硫化物及硫酸盐含量(折算成 SO_3,按质量计)(%)	≤1.0
卵石中有机物含量(用比色法试验)	颜色不深于标准色。当颜色深于标准色时,应配制混凝土进行强度对比试验,抗压强度比应不低于 0.95

(三)颗粒形状

混凝土用粗骨料的颗粒形状以三维长度相等为理想粒形,如立方体形或球形,而三维长度相差较大时称为针状或片状颗粒。卵石和碎石颗粒的长度大于该颗粒所属相应粒级的平均粒径 2.4 倍者为针状颗粒;厚度小于平均粒径 0.4 倍者为片状颗粒(平均粒径指粒级上下限粒级的平均值)。针、片状颗粒易折断,且会增大骨料的空隙率和总表面积,使混凝土拌和物的和易性、强度、耐久性降低，因此应限制其在粗骨料中的含量。针、片状颗粒含量可采用针状和片状规准仪测得，其含量规定见表4-13。

粗骨料的针、片状颗粒含量 表4-13

混凝土强度等级	≥C60	C55～C30	≤C25
针、片状颗粒含量（按质量计）（%）	≤8	≤15	≤25

（四）强度

为保证混凝土的强度，粗骨料必须具有足够的强度。粗骨料的强度指标有两个，一是岩石抗压强度，二是压碎指标值。

1. 岩石抗压强度

岩石抗压强度是将母岩制成50mm×50mm×50mm的立方体试件或ϕ50mm×50mm的圆柱体试件，在水中浸泡48h以后，取出擦干表面水分，测得其在饱和水状态下的抗压强度值。JGJ 52—2006中规定岩石的抗压强度应比所配制的混凝土强度至少高20%。当混凝土强度等级大于或等于C60时，应进行岩石抗压强度检验。

2. 压碎指标值

压碎指标值是将3000g气干状态的10.0～20.0mm的颗粒装入压碎值测定仪内，放好压头置于压力机上，开动压力机，在160～300s内均匀地加荷到200kN并稳荷5s。卸荷后，用孔径2.36mm的筛筛除被压碎的细粒，称出留在筛上的试样质量按式（4-4）计算压碎指标值。

$$\delta_e = \frac{m_0 - m_1}{m_0} \times 100\% \tag{4-4}$$

式中：δ_e——压碎指标值（%）；

m_0——试样的质量（g）；

m_1——压碎试验后筛余的试样质量（g）。

压碎指标值是测定碎石或卵石抵抗压碎的能力，可间接地推测其强度的高低，压碎指标值应满足表4-14的规定。

碎石、卵石的压碎指标值 表4-14

岩石品种	混凝土强度等级	压碎指标值（%）
沉积岩	C60～C40	≤10
	≤C35	≤16
变质岩或深成的火成岩	C60～C40	≤12
	≤C35	≤20
喷出的火成岩	C60～C40	≤13
	≤C35	≤30
卵石	C60～C40	≤12
	≤C35	≤16

岩石立方体强度比较直观，但试件加工困难，其抗压强度反映不出石子在混凝土中的真实强度，所以对经常性的生产质量控制常用压碎指标值，而在选采石场或对粗骨料强度有严格要求，以及对其质量有争议时，宜采用岩石抗压强度作检验。

对于高强混凝土，粗骨料的岩石抗压强度应至少比混凝土设计强度高 30%。

（五）坚固性

坚固性是指卵石、碎石在自然风化和其他外界物理化学因素作用下抵抗破裂的能力。对粗骨料坚固性要求及检验方法与细骨料基本相同，采用硫酸钠溶液法进行试验，碎石和卵石经5次循环后，其质量损失应符合表 4-15 的规定。

碎石或卵石的坚固性指标　　表 4-15

混凝土所处的环境条件及其性能要求	5 次循环后的质量损失（%）
在严寒及寒冷地区室外并经常处于潮湿或干湿交替状态下的混凝土；有腐蚀介质作用或经常处于水位变化区的地下结构混凝土或有抗疲劳、耐磨、抗冲击要求的混凝土	≤8
在其他条件下使用的混凝土	≤12

（六）碱骨料反应

对于长期处于潮湿环境的重要结构混凝土，其所使用的碎石或卵石应进行碱活性检验。

进行碱活性检验时，首先应采用岩相法检验碱活性骨料的品种、类型和数量。当检验出骨料中含有活性二氧化硅时，应采用快速砂浆棒法或砂浆长度法进行碱活性检验；当检验出骨料中含有活性碳酸盐时，应采用岩石柱法进行碱活性检验。

经上述检验，当判定骨料存在潜在碱—碳酸盐反应危害时，不宜用作混凝土骨料；否则，应通过专门的混凝土试验，做最后评定。当判定骨料存在碱—硅反应危害时，应控制混凝土中的碱含量不超过 $3kg/m^3$，或采用能抑制碱的有效措施。

四 混凝土用水

混凝土用水包括混凝土拌制用水和养护用水。按水源不同分为饮用水、地表水、地下水、海水及经适当处理过的工业废水。地表水和地下水常溶有较多的有机质和矿物盐类；海水中含有较多硫酸盐，会对混凝土后期强度有降低作用，且影响抗冻性，同时，海水中含有大量氯盐，对混凝土中钢筋有加速锈蚀作用。

拌和用水所含物质对混凝土、钢筋混凝土和预应力钢筋混凝土不应产生以下有害作用：

（1）影响混凝土的和易性及凝结。

（2）损害混凝土强度的发展。

（3）降低混凝土的耐久性，加快钢筋腐蚀及导致预应力钢筋脆断。

（4）污染混凝土表面。

混凝土拌和用水的具体规定，应符合《混凝土用水标准》（JGJ 63—2006）。混凝土用水主要控制项目应包括 pH 值、不溶物含量、可溶物含量、硫酸根离子含量、氯离子含量、水泥凝结时间差和水泥胶砂强度比。当混凝土骨料为碱活性时，主要控制项目还应包括碱含量。

五 掺合料

混凝土掺合料是指在混凝土搅拌前或搅拌过程中，为改善混凝土性能、调节混凝土强度、节约水泥，与混凝土其他组分一起，直接加入的矿物材料或工业废料，掺量一般大于水泥质量的5%。

常用的矿物掺合料有粉煤灰、硅灰、粒化高炉矿渣粉、沸石粉、磨细自然煤矸石粉及其他工业废渣。粉煤灰是目前用量最大、使用范围最广的一种掺合料。

(一) 粉煤灰

从煤粉炉烟道气体中收集的粉末称为粉煤灰。按其排放方式的不同，分为干排灰与湿排灰两种。湿排灰含水量大，活性降低较多，质量不如干排灰。按收集方法的不同，分静电收尘灰和机械收尘灰两种。静电收尘灰颗粒细、质量好。

粉煤灰由于其本身的化学成分、结构和颗粒形状等特征，在混凝土中产生以下几种效应，总称为“粉煤灰效应”。

1. 活性效应

粉煤灰的活性成分 SiO_2 和 Al_2O_3 与水泥的水化产物在有水的情况下发生反应，生成水化硅酸钙(C-S-H)和水化硫铝酸钙(C-A-S-H)，这些反应几乎都在水泥浆孔隙中进行，生成的水化产物填充、分割原来的大孔，使孔隙细化，降低了混凝土的孔隙率，改变了孔结构，提高了混凝土各组分的黏结作用。

2. 形态效应

粉煤灰的主要矿物组成是海绵状玻璃体、铝硅酸盐玻璃微珠，这些球形玻璃体表面光滑，粒度细，质地致密，内比表面积小，对水的吸附力小，这一系列的物理特性，不仅减小了混凝土的内摩擦阻力，有利于混凝土流动性的提高，而且对混凝土有不同程度的“减水”作用。

3. 微集料效应

粉煤灰中的微细颗粒均匀分布在水泥颗粒之中，填充孔隙，起到“细化孔隙”的作用，同时阻止水泥颗粒的相互黏聚，而使之处于分散状态，有利于混合物的水化反应，粉煤灰不会完全与水泥的水化产物发生反应，能长期保持其“微集料效应”。

4. 界面效应

集料与水泥石之间的界面是混凝土结构中的薄弱环节。粉煤灰与水泥水化生成的 $Ca(OH)_2$ 发生二次水化反应，生成水化硅酸钙、水化铝酸钙和水化硅铝酸钙，强化了混凝土界面过渡区，同时提高混凝土的后期强度。

按《用于水泥和混凝土中的粉煤灰》(GB/T 1596—2005)的规定，粉煤灰分为Ⅰ、Ⅱ、Ⅲ三个等级，相应的技术要求如表4-16所示。

粉煤灰等级与质量指标　　表 4-16

项目		技术要求		
		Ⅰ	Ⅱ	Ⅲ
细度（0.045mm 方孔筛筛余），不大于（%）	F 类粉煤灰	12.0	25.0	45.0
	C 类粉煤灰			
烧失量，不大于（%）	F 类粉煤灰	5.0	8.0	15.0
	C 类粉煤灰			
需水量比，不大于（%）	F 类粉煤灰	95	105	115
	C 类粉煤灰			
三氧化硫，不大于（%）	F 类粉煤灰	3.0		
	C 类粉煤灰			
含水量，不大于（%）	F 类粉煤灰	1.0		
	C 类粉煤灰			
游离氧化钙，不大于（%）	F 类粉煤灰	1.0		
	C 类粉煤灰	4.0		
安定性，雷氏夹沸煮后增加距离，不大于（mm）	C 类粉煤灰	5.0		

注：F 类粉煤灰是指由无烟煤或烟煤煅烧收集的粉煤灰；C 类粉煤灰是指由褐煤或次煤煅烧收集的粉煤灰，其氧化钙一般大于 10%。

（二）硅灰

在冶炼铁合金或工业硅时，由烟道排出的硅蒸气经收尘装置收集而得的粉尘称为硅粉。它是由非常细的玻璃质颗粒组成，其平均粒径为 0.1 ~ 0.2μm，是水泥颗粒粒径的 1/50 ~ 1/100，其比表面积约为 $20000m^2/kg$，其中 SiO_2 含量高。掺入少量硅粉，可使混凝土致密、耐磨，增强其耐久性，由于硅灰比表面积大，因而其需水量很大，将其作为混凝土掺合料，必须配以减水剂，方可保证混凝土的和易性。

（三）沸石粉

沸石粉是天然沸石岩磨细而成的一种火山灰质铝硅酸矿物掺合料。含有一定量活性 SiO_2 和 Al_2O_3，能与水泥生成的 $Ca(OH)_2$ 反应，生成胶凝物质。沸石粉具有很大的内表面积和开放性孔结构，用作混凝土掺合料可改善混凝土拌和物的和易性，提高混凝土强度、抗渗性和抗冻性，抑制碱 - 骨料反应。沸石粉主要用于配制高强混凝土、流态混凝土及泵送混凝土。

（四）粒化高炉矿渣粉

粒化高炉矿渣粉（简称矿渣粉）是指将粒化高炉矿渣经干燥、磨细达到相当细度且符合相应活性指数的粉状材料，细度大于 $350m^2/kg$，其活性比粉煤灰高，掺量也比粉煤灰大，国外已大量应用于工程，我国尚处于研究开发阶段。

矿物掺合料的应用应符合下列规定：

1. 掺用矿物掺合料的混凝土，宜采用硅酸盐水泥和普通硅酸盐水泥。

2. 在混凝土中掺用矿物掺合料时，矿物掺合料的种类和掺量应经试验确定。

3. 对于高强混凝土或有抗渗、抗冻、抗腐蚀、耐磨等其他特殊要求的混凝土，不宜采用低于Ⅱ级的粉煤灰。

4. 矿物掺合料宜与高效减水剂同时使用。

【工程实例 4-1】 台湾"海砂屋事件"的原由与危害

【现象】 数年前随着台湾基建规模的扩大和建筑业的蓬勃发展，岛内出现建筑用河砂奇缺的现象。虽有明文规定不准使用海砂，但由于经济利益促使，偷用海砂现象已逐渐成蔓延之势。海砂内含海盐，能对混凝土中钢筋造成严重腐蚀而导致建筑结构破坏。几年之后(1～15年间)，陆续大量出现房屋、公共建筑的腐蚀破坏现象，并波及全台湾，被称作"海砂屋事件"。

【原因分析】 海砂中的氯盐，能引起混凝土中钢筋的严重腐蚀破坏、导致结构物不能耐久，甚至造成事故。

海砂含盐量限定值的规定应满足于混凝土中 Cl^- 限定值的规定。如果能够保证这个限定值，使用海砂是安全的。反之，超出此限定值，混凝土中 Cl^- 总量就会达到或超过钢筋腐蚀的"临界值"，若不采取可靠的防护措施，钢筋就会发生腐蚀，结构就会发生破坏。并且腐蚀速度与海砂带入的 Cl^- 总量呈正比关系。即海砂含盐量越高，其腐蚀破坏出现就越早、发展就越快。这正是滥用海砂的危险所在，也是国内外出现"海砂屋"问题的直接原因。

【工程实例 4-2】 石子最大粒径、针、片状颗粒含量超标的危害

【现象】 石子最大粒径、针、片状颗粒含量超标，导致混凝土强度降低。

【原因分析】 石子粒径过大，用在钢筋间距较小的结构中，会产生石子被钢筋卡住，浇灌不到位，混凝土产生蜂窝、孔洞的质量问题，导致日后混凝土强度降低；针片状颗粒含量超过一定界限时，使骨料空隙增加，不仅使混凝土拌和物和易性变差，而且会使混凝土的强度降低。

第三节 混凝土拌和物的性质

混凝土各组成材料按一定比例拌和而成，尚未凝结硬化时的混合材料称为混凝土拌和物，如图 4-4。混凝土拌和物必须具有良好的和易性，以保证能获得良好的浇灌质量。

一 和易性的概念

和易性是指混凝土拌和物易于施工操作(包括搅拌、运输、振捣和养护等)，并能获得质量均匀、成型密实的性能。和易性是一项综合技术性质，具体包括流动性、黏聚性、保水性三方面涵义。

图 4-4 混凝土拌和物

流动性是指混凝土拌和物在本身自重或施工机械振捣的作用下，能产生流动并且均匀密实地填满模板的性能。流动性的大小，反映拌和物的稀稠，它直接影响着浇筑施工的难易和混凝土的质量。若拌和物太干稠，混凝土难以捣实，易造成

内部孔隙；若拌和物过稀，振捣后混凝土易出现水泥砂浆和水上浮而石子下沉的分层离析现象，影响混凝土的匀质性。

黏聚性是指混凝土拌和物在施工过程中其组成材料之间有一定的黏聚力，不致产生分层离析的现象。混凝土拌和物是由密度、粒径不同的固体材料及水组成，各组成材料本身存在有分层的趋向，如果混凝土拌和物中各材料比例不当，黏聚性差，则在施工中易发生分层（拌和物中各组分出现层状分离现象）、离析（混凝土拌和物内某些组分的分离、析出现象）、泌水（水从水泥浆中泌出的现象），尤其是对于大流动性的泵送混凝土来说更为严重。混凝土的黏聚性差，会给工程质量造成严重后果，致使混凝土硬化后产生"蜂窝"、"麻面"等缺陷，影响混凝土的强度和耐久性。

保水性是指拌和物保持水分不易析出的能力。混凝土拌和物中的水，一部分是保持水泥水化所需的水量；另一部分是为保证混凝土具有足够的流动性便于浇捣所需的水量。前者以化合水的形式存在于混凝土中，水分不易析出；而后者，若保水性差则会发生泌水现象，泌水会使混凝土丧失流动性，严重影响混凝土的可泵性和工作性，而且会在混凝土内部形成泌水通道，使混凝土密实性变差，降低混凝土的质量。

由上述内容可知，混凝土拌和物的流动性、黏聚性、保水性有其各自的含义，它们之间经常相互矛盾，如黏聚性好，则保水性也往往较好，但流动性差；当流动性增大时，黏聚性和保水性往往会变差。因此，和易性应是这三方面性质在特定条件下矛盾的统一体。

二 和易性的评定

和易性的内涵比较复杂，到目前为止，还没有找到一个全面、准确的测试方法和衡量指标。通常的方法是用定量方法来测定流动性的大小，再辅以直观经验来评定拌和物的黏聚性和保水性。根据《普通混凝土拌和物性能试验方法标准》（GB/T 50080—2002）规定，拌和物的流动性大小用坍落度与坍落扩展度法和维勃稠度法测定。坍落度与坍落扩展度法适用于骨料最大粒径不大于40mm，坍落度值不小于10mm的塑性和流动性混凝土拌和物；维勃稠度法适用于骨料最大粒径不大于40mm，维勃稠度值在5～30s之间的干硬性混凝土拌和物。

1. 坍落度和坍落扩展度的测定

将拌和物按规定的方法装入坍落度筒内，并均匀插捣，装满刮平后，将坍落度筒垂直提起，移到混凝土拌和物一侧，拌和物在自重作用下向下坍落，量出筒高与混凝土试体最高点之间的高度差（mm），即为坍落度值（用T表示），其示意图如图4-5。坍落度值越大，表示流动性越大。

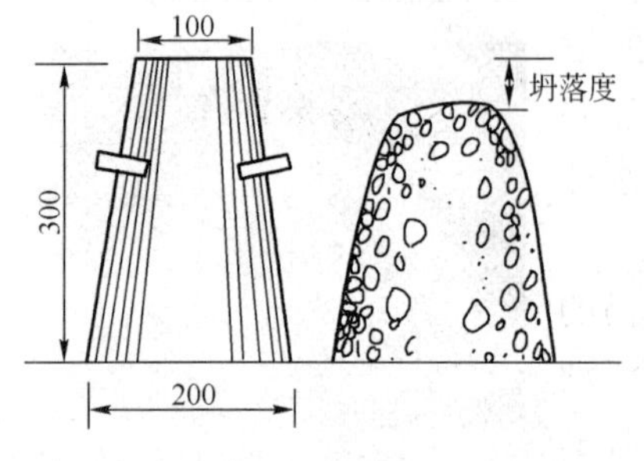

图4-5　坍落度示意图（尺寸单位：mm）

坍落度在10～220mm时，坍落度值大小对混凝土拌和物的稠度具有良好的反映能力，但当坍落度大于220mm时，由于粗骨料堆积的偶然性，坍落度就不能很好地代表拌和物的稠度，需做坍落扩展度试验。

坍落扩展度试验是在坍落度试验的基础上，当坍落度值大于220mm时，测量混凝土扩展后最终的最大直径和最小直径。在最大直径和最小直径的差值小于50mm时，用其算术平均值作为坍落扩展度值。

对于混凝土坍落度大于220mm的混凝土，如免振捣自密实混凝土，抗离析性能的优劣至关重要，将直接影响硬化后混凝土的各种性能，包括混凝土的耐久性，应引起我们足够重视。抗离析性能的优劣，从坍落扩展度的表观形状中就能观察出来。抗离析性能强的混凝土，在扩展过程中，始终保持其匀质性，不论是扩展的中心还是边缘，粗骨料的分布都是均匀的，也无浆体从边缘析出。如果粗骨料在中央集堆、水泥浆从边缘析出，这是混凝土在扩展的过程中产生离析而造成的，说明混凝土抗离析性能很差。

2. 维勃稠度的测定

将混凝土拌和物按规定方法装入坍落度筒内，把坍落度筒垂直提起后，将透明有机玻璃圆盘覆盖在拌和物锥体的顶面，如图4-6所示。开启振动台的同时用秒表计时，记录当透明圆盘布满水泥浆时所经历的时间（以s计），称为维勃稠度（用V表示）。维勃稠度越大，表示混凝土的流动性越小。

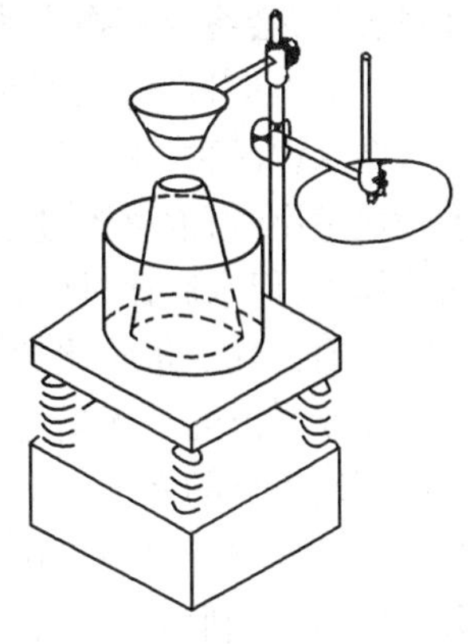

图4-6 维勃稠度测定示意图

三 混凝土拌和物流动性的级别

混凝土拌和物按照坍落度、维勃稠度及扩展度的大小各分为四个级别，如表4-17所示。

混凝土拌和物流动性的级别 表4-17

等级	坍落度(mm)	等级	维勃稠度(s)	等级	扩展度(mm)
S1	10～40	V0	≥31	F1	≤340
S2	50～90	V1	30～21	F2	350～410
S3	100～150	V2	20～11	F3	420～480
S4	160～210	V3	10～6	F4	490～550
S5	≥220	V4	5～3	F5	560～620
				F6	≥630

流动性的大小取决于构件截面尺寸、钢筋疏密程度及捣实方法。若构件截面尺寸小、钢筋密、振捣作用不强时，选择流动性大一些；反之，选择流动性小一些。

四 影响混凝土拌和物和易性的因素

影响混凝土和易性的因素很多，主要有原材料的性质、原材料之间的相对含量（水泥浆量、水胶比、砂率）、环境因素及施工条件等。

（一）水泥浆量与水胶比

混凝土拌和物中的水泥浆，赋予混凝土拌和物以一定的流动性。水胶比是指水与所有胶凝材料用量的比值。在水胶比一定的条件下，水泥浆量越多，则拌和物的流动性越大。但水泥浆量过多，则会产生流浆、泌水、离析和分层等现象，使拌和物黏聚性、保水性变差，而且使混凝土强度、耐久性降低，干缩、徐变增大；水泥浆量过少，不能填满砂石间空隙，或不能很好地包裹骨料表面，会使拌和物流动性降低，黏聚性降低，影响硬化后的强度和耐久性。故拌和物中水泥浆量既不能过多，也不能过少，以满足流动性要求为宜。

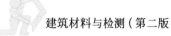

在水泥品种、水泥用量一定的条件下，水胶比越小，水泥浆就越稠，拌和物流动性越小。当水胶比过小时，混凝土过于干涩，会使施工困难，且不能保证混凝土的密实性；水灰比增大，流动性加大，但水胶比过大，会由于水泥浆过稀，而使黏聚性、保水性变差，并严重影响混凝土的强度和耐久性。水胶比的大小应根据混凝土的强度和耐久性合理选用。

需要指出的是无论是水泥浆数量，还是水胶比大小对混凝土拌和物和易性的影响，最终都体现在用水量的多少。实践证明，在配制混凝土时，当混凝土拌和物的用水量一定时，即使水泥用量增减 50～100kg/m^3，则拌和物的流动性基本保持不变，这种关系称为混凝土的“固定用水量法则”。利用这个法则可以在用水量一定时，采用不同的水胶比配制出流动性相同但强度不同的混凝土。

（二）砂率

砂率指混凝土中砂占砂、石总量的百分率，可用式（4-5）来表示。

$$\beta_s = \frac{m_s}{m_s + m_g} \times 100\% \tag{4-5}$$

式中：β_s——砂率（%）；

m_s——砂的质量（kg）；

m_g——石子的质量（kg）。

砂率的变动会使骨料的空隙率和总表面积有显著的变化，因而对混凝土拌和物的和易性有很大的影响。图 4-7 是砂率对坍落度的影响，在一定砂率范围之内，砂与水泥浆形成的水泥砂浆，在粗骨料间起润滑作用，砂率越大，润滑作用愈加明显，流动性可提高。但砂率过大，即砂子用量过多，石子用量过少，骨料的总表面积增大，需要包裹骨料的水泥浆增多，在水泥浆量一定的条件下，骨料表面的水泥浆层相对减薄，导致拌和物流动性降低。砂率过小，虽然总表面积减小，但粗骨料造成的空隙率很大，填充空隙所需的水泥浆量增多，在水泥浆量一定的条件下，骨料表面的水泥浆层同样不足，使流动性降低，而且严重影响拌和物的黏聚性和保水性，产生分层、离析、流浆、泌水等现象。

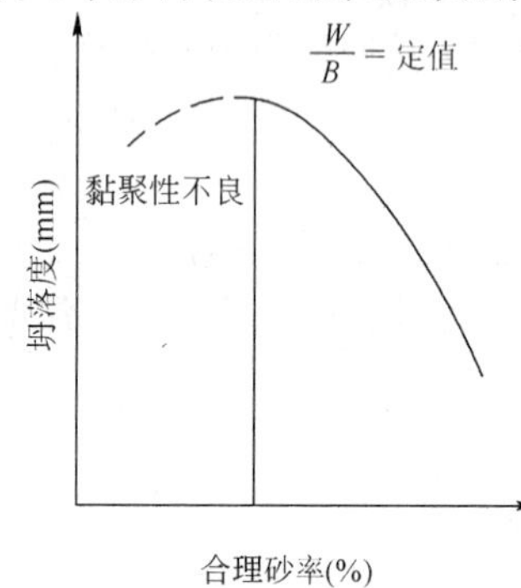

图 4-7　砂率与流动性关系

因此，在进行混凝土配合比设计时，为保证和易性，应选择最佳砂率或称合理砂率。合理砂率是指在水泥量、水量一定的条件下，能使混凝土拌和物获得最大的流动性而且保持良好的黏聚性和保水性的砂率，如图 4-7 所示；或者是使混凝土拌和物获得所要求的和易性的前提下，水泥用量最小的砂率，如图 4-8 所示。

影响合理砂率的因素很多，如水胶比大小、骨料的粗细程度、颗粒级配、表面状态等。通常石子最大粒径较大、级配较好、表面较光滑时，可选择较小的砂率；砂较细时，可选用较小的砂率;施工要求的流动性较大时,粗骨料常易出现离析,为了保证混凝土的黏聚性,可采用较大的砂率。

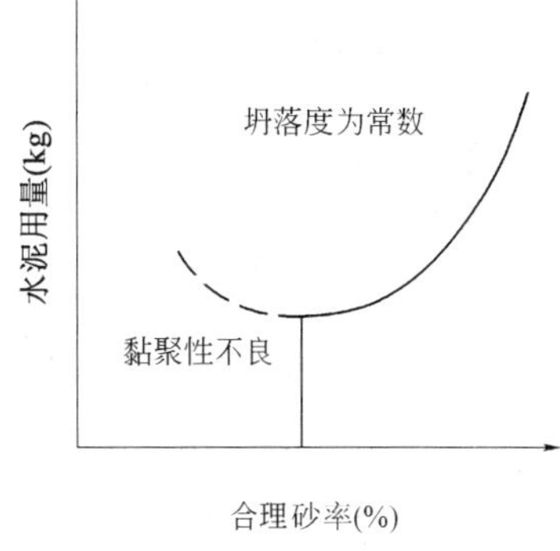

图4-8　砂率与水泥用量关系

(三)组成材料性质的影响

1. 水泥品种及细度

不同的水泥品种,其标准稠度需水量不同,对混凝土的流动性有一定的影响。如火山灰水泥的需水量大于普通水泥的需水量,在用水量和水灰比相同的条件下,火山灰水泥的流动性相应就小。另外,不同的水泥品种,其特性上的差异也导致混凝土和易性的差异。例如,在相同的条件下,矿渣水泥的保水性较差,而火山灰水泥的保水性和黏聚性好,但流动性小。

水泥颗粒越细,其表面积越大,需水量越大,在相同的条件下,混凝土表现为流动性小,但黏聚性和保水性好。

2. 骨料的性质

骨料的性质是指混凝土所用集料的品种、级配、粒形、粗细程度、杂质含量、表面状态等。级配良好的骨料空隙率小,在水泥浆量一定的情况下,包裹骨料表面的水泥浆层较厚,其拌和物流动性较大,黏聚性和保水性较好;表面光滑的骨料,其拌和物流动性较大。若杂质含量多,针片状颗粒含量多,则其流动性变差;细砂比表面积较大,用细砂拌制的混凝土拌和物的流动性较差,但黏聚性和保水性较好。

3. 外加剂和掺合料

外加剂是掺入混凝土中改善混凝土性能的化学物质(相关内容详见本章第六节)。在拌制混凝土时,加入某些外加剂,如引气剂、减水剂等,能使混凝土拌和物在不增加水量的条件下,增大流动性、改善黏聚性、降低泌水性,获得很好的和易性。

矿物掺合料加入混凝土拌和物中,可节约水泥用量,减少用水量,改善混凝土拌和物的和易性。

(四)时间、环境因素、施工条件

混凝土拌和物拌制后,随着时间的延长而逐渐变得干稠,流动性减小,这种现象称为坍落度损失。其原因是时间延长,会有一部分水被骨料吸收,一部分水蒸发,从而使得流动性变差。施工中应考虑到混凝土拌和物随时间延长对流动性的影响,采取相应的措施。图4-9表示的是时间对拌和物坍落度的影响。

环境温度的变化会影响到混凝土的和易性。因为环境温度的升高,水分蒸发及水化反应加快,坍落度损失也加快,图4-10为温度对混凝土拌和物坍落度的影响。从图中可看出,温度每升高10℃,坍落度就减少约20mm。因此,在施工中为保证混凝土拌和物的和易性,要考虑温度的影响,并采取相应措施。

采用机械搅拌的混凝土拌和物和易性好于人工拌和的。

针对上述影响混凝土拌和物和易性的因素,在实际工作中,可采取以下措施来改善混凝土拌和物的和易性。

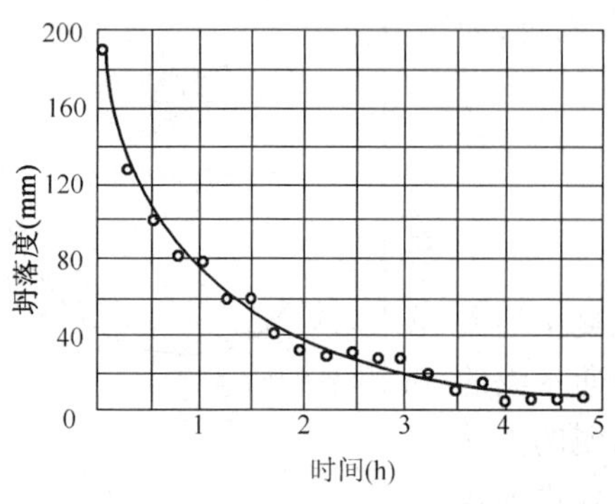

图 4-9　时间对拌和物坍落度的影响

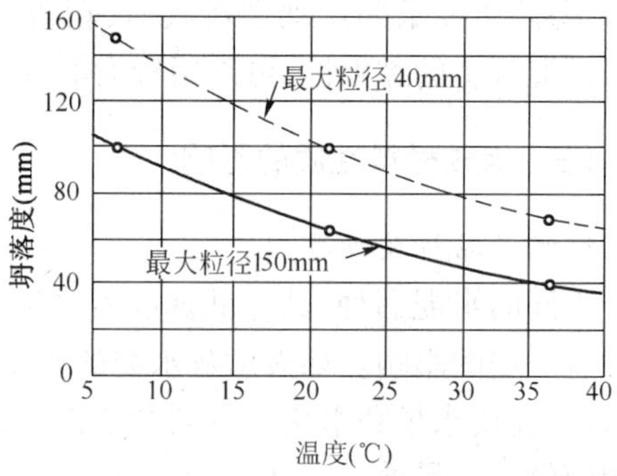

图 4-10　温度对拌和物坍落度的影响

1. 调节混凝土的组成材料

采用合理砂率，这样有利于提高混凝土的质量和节约水泥；选用质地优良、级配良好的粗、细骨料，尽量采用较粗的砂、石；当混凝土拌和物坍落度太小时，保持水胶比不变，适当增加水和胶凝材料用量，或者加入外加剂；当拌和物坍落度太大，但黏聚性良好时，可保持砂率不变，适当增加砂、石。

2. 改进混凝土拌和物的施工工艺

采用高效率的强制式搅拌机，可以提高混凝土的流动性，尤其是低水灰比混凝土拌和物的流动性。预拌混凝土在远距离运输时，为了减小坍落度损失，可以采用二次加水法，即在搅拌站只加入大部分水，剩余部分水在快到施工现场时再加入，然后迅速搅拌以获得较好的流动性。

3. 掺外加剂和外掺料

使用外加剂和外掺料是改善混凝土拌和物性能的重要手段，详细内容可参见本章第五节有关内容。

五　新拌混凝土的凝结时间

新拌混凝土的凝结是由于水泥的水化反应所致，但新拌混凝土的凝结时间与配制混凝土所用水泥的凝结时间并不一致。因为水泥浆凝结时间是以标准稠度的水泥净浆测定的，而一般配制混凝土所用的水灰比与测定水泥凝结时间规定的水灰比是不同的，并且混凝土的凝结还要受到其他各种因素的影响，如环境温度的变化、混凝土中所掺入的外加剂种类等，因此这两者的凝结时间有所不同。

根据《普通混凝土拌和物性能试验方法标准》(GB/T 50080—2002)的内容，混凝土拌和物的凝结时间是用贯入阻力法进行测定的。所用仪器为贯入阻力仪，先用5mm 标准圆孔筛从拌和物中筛出砂浆，按标准方法装入规定的砂浆试样筒内，然后每隔一定时间测定砂浆贯入到一定深度时的贯入阻力，绘制贯入阻力与时间的关系曲线，以贯入阻力为 3.5MPa 及 28MPa 画两条平行于时间坐标的直线，直线与曲线交点的时间即分别为混凝土拌和物的初凝时间和终凝时间。初凝时间表示施工时间的极限，终凝时间表示混凝土强度的开始发展。

【工程实例 4-3】

【现象】　某混凝土搅拌站原使用砂的细度模数为 2.5，后改用细度模数为 2.1 的砂。改用砂后原混凝土配比不变,发现混凝土坍落度明显变小。请分析原因。

【原因分析】 因砂粒径变细后,砂的总表面积增大,由于原混凝土配比不变,水泥浆量不变,所以包裹砂表面的水泥浆层变薄,流动性就变差,即坍落度变小。

第四节　硬化混凝土的性能

硬化混凝土的性能主要包括混凝土的强度、耐久性、变形三个方面,本节主要介绍混凝土的强度和变形。

一 混凝土的强度

混凝土的强度包括抗压强度、抗拉强度、抗弯强度、抗剪强度及钢筋与混凝土的黏结强度,其中混凝土的抗压强度最大,抗拉强度最小,约为抗压强度的1/10～1/20。抗压强度与其他强度之间有一定的相关性,可根据抗压强度的大小来估计其他强度值,因此本节重点介绍混凝土的抗压强度。

(一)混凝土的抗压强度与强度等级

根据国家标准《普通混凝土力学性能试验方法标准》(GB/T 50081—2002)的规定,混凝土抗压强度是指按标准方法制作的边长为150mm的立方体试件,成型后立即用不透水的薄膜覆盖表面,在温度为20℃ ±5℃的环境中静置一昼夜至二昼夜,然后在标准养护条件下(温度20℃ ±2℃,相对湿度95%以上或在温度为20℃ ±2℃的不流动的$Ca(OH)_2$饱和溶液中),养护至28d龄期(从搅拌加水开始计时),经标准方法测试得到的抗压强度值,称为混凝土抗压强度,以f_{cu}来表示。

按照国家标准《混凝土结构设计规范》(GB 50010—2002)的规定,混凝土的强度等级应根据混凝土立方体抗压强度标准值确定。立方体抗压强度标准值是按标准试验方法制作和养护的边长为150mm的立方体试件,在28d龄期,用标准试验方法测得的具有95%保证率的抗压强度,以$f_{cu,k}$表示。

根据《混凝土质量控制标准》(GB 50164—2011)规定:混凝土强度等级应按立方体抗压强度标准值划分为C10、C15、C20、C25、C30、C35、C40、C45、C50、C55、C60、C65、C70、C75、C80、C85、C90、C95和C100等19个强度等级。强度等级采用符号C与立方体抗压强度标准值表示。例如C25表示混凝土立方体抗压强度≥25MPa且<30MPa的保证率为95%,即立方体抗压强度标准值为25MPa。

混凝土的强度等级是混凝土结构设计时强度计算取值的依据,建筑物的不同部位或承受不同荷载的结构,应选用不同等级的混凝土。

(二)混凝土的轴心抗压强度

在实际工程中,钢筋混凝土结构形式极少是立方体的,大部分是棱柱体形式或圆柱体形式,为了使测得的混凝土强度接近于混凝土结构使用的实际情况,在钢筋混凝土结构计算中,计算轴心受压构件时，都是以混凝土的轴心抗压强度为设计取值，轴心抗压强度以 f_{cp} 表示。

根据《普通混凝土力学性能试验方法标准》（GB/T 50081—2002）的规定，测轴心抗压强度采用 150mm×150mm×300mm 的棱柱体作为标准试件，也可选择 100mm×100mm×300mm 或 200mm×200mm×400mm 的非标准试块，其制作与养护同立方体试件。轴心抗压强度比同截面的立方体抗压强度值小，棱柱体试件高宽比越大，轴心抗压强度越小。通过大量试验表明：在立方体抗压强度 $f_{cu}=10\sim55\text{MPa}$ 的范围内，轴心抗压强度 f_{cp} 与立方体抗压强度 f_{cu} 的关系为 $f_{cp}=(0.7\sim0.8)f_{cu}$。

（三）混凝土的抗拉强度

混凝土是一种典型的脆性材料，抗拉强度较低，只有抗压强度的 1/10～1/20，且随着混凝土强度等级的提高，比值有所降低，即抗拉强度的增加不及抗压强度增加的快。因此在钢筋混凝土结构中一般不依靠混凝土抵抗拉力，而是由其中的钢筋承受拉力。但抗拉强度对混凝土抵抗裂缝的产生有着重要的意义，作为确定抗裂程度的重要指标。

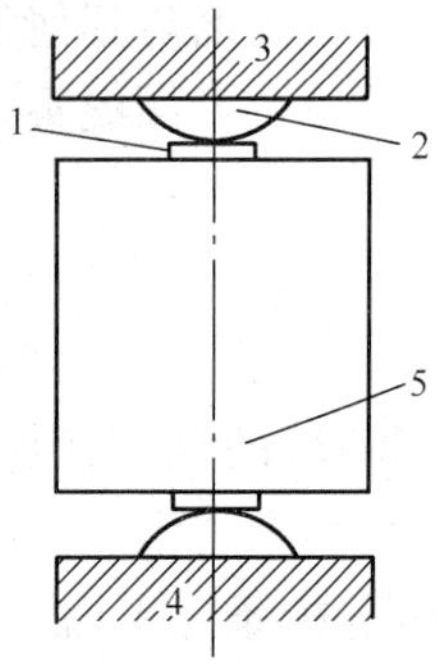

图 4-11 混凝土劈裂抗拉试验装置图
1-垫条；2-垫层；3、4-压力机上、下压板；5-试件

混凝土抗拉试验过去多用 8 字形试件或棱柱体试件直接测定轴向抗拉强度，但是这种方法由于夹具附近局部破坏很难避免，而且外力作用线与试件轴心方向不易调成一致，所以我国采用立方体或圆柱体试件的劈裂抗拉试验来测定混凝土的抗拉强度，称为劈裂抗拉强度 f_{ts}。

立方体混凝土劈裂抗拉强度是采用边长为 150mm 的立方体试件，在试件的两个相对的表面中线上，加上垫条施加均匀分布的压力，则在外力作用的竖向平面内，产生均匀分布的拉应力，如图 4-11 所示，该应力可以根据弹性理论计算得出。此方法不仅大大简化了抗拉试件的制作，并且能较正确地反映试件的抗拉强度。劈裂抗拉强度可按式（4-6）计算：

$$f_{ts}=\frac{2F}{\pi A}=0.637\frac{F}{A} \tag{4-6}$$

式中：f_{ts}——混凝土劈裂抗拉强度（MPa）；

F——破坏荷载（N）；

A——试件劈裂面积（mm^2）。

混凝土按劈裂试验所得的抗拉强度 f_{ts} 换算成轴拉试验所得的抗拉强度 f_t，应乘以换算系数，该系数可由试验确定。

（四）混凝土的抗折强度

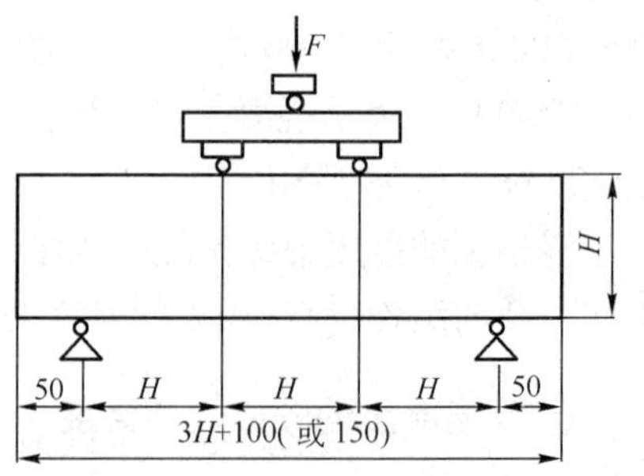

图 4-12 混凝土抗折强度试验示意图（尺寸单位：mm）

根据《普通混凝土力学性能试验方法标准》（GB/T 50081—2002）规定，混凝土抗折强度试验采用边长为 150mm×150mm×600mm（或 550mm）的棱柱体标准试件，按三分点加荷方式加载测得其抗折强度，如图 4-12，

计算见式(4-7)：

$$f_{cf} = \frac{FL}{bH^2} \tag{4-7}$$

式中：f_{cf}——混凝土的抗折强度(MPa)；

F——破坏荷载(N)；

L——支座间距(mm)；

b——试件截面宽度(mm)；

H——试件截面高度(mm)。

当采用100mm×100mm×400mm非标准试件时，应乘以尺寸换算系数0.85；当混凝土强度等级≥C60时，宜采用标准试件。

(五)影响混凝土强度的因素

混凝土受力破坏后，其破坏形式一般有三种：一是骨料本身的破坏，这种破坏的可能性很小，因为通常情况下，骨料强度大于混凝土强度；二是水泥石的破坏，这种现象在水泥石强度较低时发生；三是骨料和水泥石分界面上的黏结面破坏，这是最常见的破坏形式。

由于水泥石和骨料的弹性模量不同，当温度、湿度变化时，水泥石和骨料的变形不同，在界面处往往出现微裂纹；由于拌和物中的泌水作用，部分水分在泌出过程中常因粗骨料的阻隔而聚集于骨料下面形成"水囊"；另外，在混凝土硬化前，水泥浆中的水分向亲水性骨料表面迁移，在骨料表面形成一层水膜。由于以上原因，混凝土在承受外荷载作用前，界面处就已存在微裂纹、孔隙、水囊等缺陷。混凝土受荷后，随着应力的增长，这些微裂纹不断扩展、延伸至水泥石，最终导致混凝土开裂破坏。

通过对水泥石与骨料界面的研究发现，该界面并非一个"面"，而是具有100μm以下厚度的一个"层"，称为"界面过渡层"。界面过渡层是混凝土整体结构中易损薄弱环节，它对混凝土的耐久性、力学性能有着十分关键的影响作用。

综合以上分析可知，混凝土的强度主要取决于水泥石的强度及水泥浆与骨料表面的黏结强度。而水泥石强度及黏结强度又与水泥强度等级、水胶比、骨料的性质有密切关系，此外混凝土的强度还受施工质量、养护条件及龄期的影响。

1.胶凝材料强度和水胶比

胶凝材料强度和水胶比是影响混凝土强度的主要因素。水胶比是混凝土中用水量与胶凝材料用量的质量比，用W/B表示，其中胶凝材料是混凝土的活性组分，其强度大小直接影响混凝土的强度，在相同的配合比条件下，水泥强度等级越高，其胶结力越强，所配制的混凝土强度越高。在胶凝材料品种及强度等级一定的条件下，混凝土的强度主要取决于水胶比。水胶比愈小，水泥石的强度及其与骨料粘结强度愈大，混凝土的强度愈高。

需要指出的是上述规律只适用于混凝土拌合物被充分振捣密实的情况。若水胶比过小，拌合物过于干稠，难以使混凝土振捣密实，则容易出现较多的蜂窝、孔洞等缺陷，反而导致混凝土强度的严重下降。

试验证明，当混凝土强度等级小于C60时，水胶比在0.30～0.68混凝土的强度与水胶比之间呈近似双曲线关系；而混凝土强度与胶水比的关系，则呈直线关系，如图4-13所示。

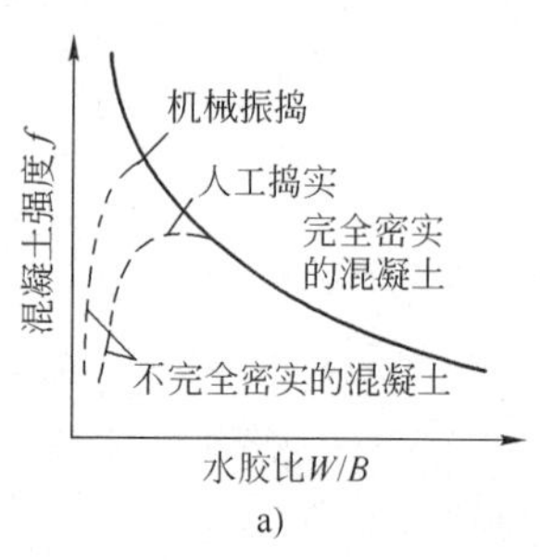

a)

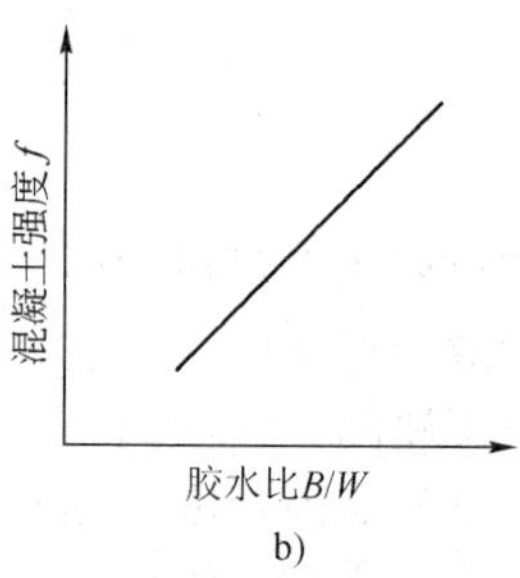

b)

图4-13　强度与水胶比、胶水比的关系

混凝土强度与胶水比、胶凝材料强度之间的关系可用经验公式(4-8)表示：

$$f_{cu,0} = \alpha_a f_b\left(\frac{B}{W} - \alpha_b\right) \tag{4-8}$$

式中：$f_{cu,0}$——混凝土28d龄期抗压强度(MPa)；

B/W——胶水比；

f_b——胶凝材料28d抗压强度实测值(MPa)。当无法取得胶凝材料28d胶砂抗压强度实测强度值时，可按$f_b=\gamma_f\gamma_s f_{ce}$求得，$\gamma_f$、$\gamma_s$为粉煤灰影响系数和粒化高炉矿渣粉影响系数，可按表4-18选用；

f_{ce}——水泥28d胶砂抗压强度实测值(MPa)；当无实测值，可按式(4-9)计算：

粉煤灰影响系数(γ_f)和粒化高炉矿渣粉影响系数(γ_s)　表4-18

掺量(%) \ 种类	粉煤灰影响系数γ_f	粒化高炉矿渣粉影响系数γ_s
0	1.00	1.00
10	0.85~0.95	1.00
20	0.75~0.85	0.95~1.00
30	0.65~0.75	0.90~1.00
40	0.55~0.65	0.80~0.90
50	—	0.70~0.85

$$f_{ce} = \gamma_c f_{ce,g} \tag{4-9}$$

式中：γ_c——水泥强度等级值的富余系数，可按实际统计资料确定；当缺乏实际统计资料时，可按表4-19选用；

$f_{ce,g}$——水泥强度等级值(MPa)；

α_a、α_b——回归系数。应根据工程所使用的原材料，通过实验建立的水胶比与强度关系式确定；当不具备上述统计资料时，其回归系数可按《普通混凝土配合比设计规程》(JGJ55—2011)提供的数值选用，如表4-20所示。

水泥强度等级值的富余系数(γ_c)　表4-19

水泥强度等级值	32.5	42.5	52.5
富余系数	1.12	1.16	1.10

经验系数 α_a、α_b 选用表 表 4-20

系数 \ 骨料品种	碎石	卵石
α_a	0.53	0.49
α_b	0.20	0.13

上述经验公式，一般只适用于混凝土强度等级在 C60 以下的混凝土。利用此公式，可根据所用的水泥强度值和水胶比估计混凝土 28d 的强度，也可根据水泥强度值和要求的混凝土强度等级确定所采用的水胶比。

【例 4-2】 已知某混凝土所用胶凝材料 28d 实测强度为 36.4MPa，水胶比 0.45，碎石。试估算该混凝土 28d 强度值。

【解】 因为 $W/B=0.45$，所以 $B/W=1/0.45=2.22$

混凝土采用碎石，回归系数 $\alpha_a=0.53$，$\alpha_b=0.20$

代入混凝土强度公式(4-8)有：

$$f_{cu}=0.53\times36.4\times(2.22-0.20)=39.0(\text{MPa})$$

估计该混凝土 28d 强度值为 39.0MPa。

2. 骨料的影响

骨料在水泥混凝土中起骨架与稳定作用。通常，只有骨料本身的强度较高、有害杂质含量少且级配良好时，才能形成坚强密实的骨架；反之，骨料中含有较多的有害杂质、级配不良、骨料本身强度较低时，混凝土的强度则会较低。

骨料的表面状态也会影响混凝土的强度。碎石混凝土的强度要高于卵石混凝土的强度，这是由于碎石表面比较粗糙，水泥石与其黏结比较牢固，卵石表面比较光滑，黏结性差的缘故。试验证明当 W/B 小于 0.4 时，用碎石配制的混凝土强度比卵石配制的高 38%，但随着水胶比增大，两者的差别就不大了。这是因为当水胶比较小时，界面强度对混凝土强度的影响很大，而水灰比很大时，水泥石本身的强度则成为主要影响因素。

骨料的最大粒径增大，可降低用水量及水胶比，提高混凝土的强度。但对于高强混凝土，较小粒径的粗骨料，可明显改善粗骨料与水泥石界面的强度，提高混凝土的强度。

3. 养护条件

养护条件是指混凝土浇筑成型后，所需保持的温度和湿度，以保证胶凝材料水化的正常进行，使混凝土硬化后达到预定的强度及其他性能。因此，适当的温度和足够的湿度是混凝土强度顺利发展的重要保证。

温度升高，水化速度加快，混凝土强度的发展也快；反之，在低温下混凝土强度发展迟缓。温度对混凝土强度的影响见图 4-14。当温度处于冰点以下时，由于混凝土中的水分大部分结冰，混凝土的强度不但停止发展，同时还会受到冻胀破坏作用，严重影响混凝土的早期强度和后期强度。一般情况下，混凝土受冻之后再融化，其强度仍可持续增长，但受冻越早，强度损失越大，所以在冬季施工中规定混凝土受冻前要达到临界强度，才能保证混凝土的质量。

周围环境的湿度对混凝土的强度发展同样是非常重要的。水是胶凝材料水化反应的必要成分，湿度适当，胶凝材料水化能顺利进行，使混凝土强度得到充分发展。如果湿度不够，胶凝

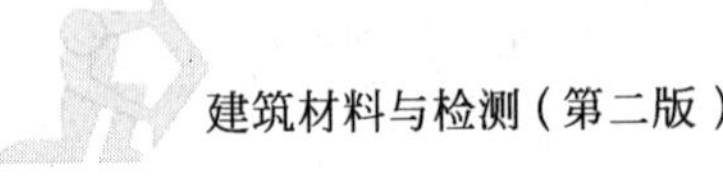

材料水化反应不能正常进行，甚至水化停止，这不仅大大降低混凝土强度，而且使混凝土结构疏松，形成干缩裂缝，严重影响混凝土的耐久性。《混凝土质量控制标准》（GB50164—2011）中规定：混凝土施工可采用浇水、塑料薄膜覆盖保湿、喷涂养护剂、冬季蓄热养护方法进行养护。采用塑料薄膜覆盖养护时，混凝土全部表面应覆盖严密，并应保持膜内有凝结水；采用养护剂养护时，应通过试验检验养护剂的保湿效果。混凝土施工养护时间应符合下列规定：对采用硅酸盐水泥、普通硅酸盐水泥或矿渣硅酸盐水泥拌制的混凝土，采用浇水和潮湿覆盖的养护时间不得少于7d；对于采用粉煤灰硅酸盐水泥、火山灰质硅酸盐水泥、复合硅酸盐水泥配制的混凝土，或掺加缓凝型外加剂的混凝土以及大掺量矿物掺合料混凝土，采用浇水和潮湿覆盖的养护时间不得少于14d。图4-15是混凝土强度与保持潮湿日期的关系。

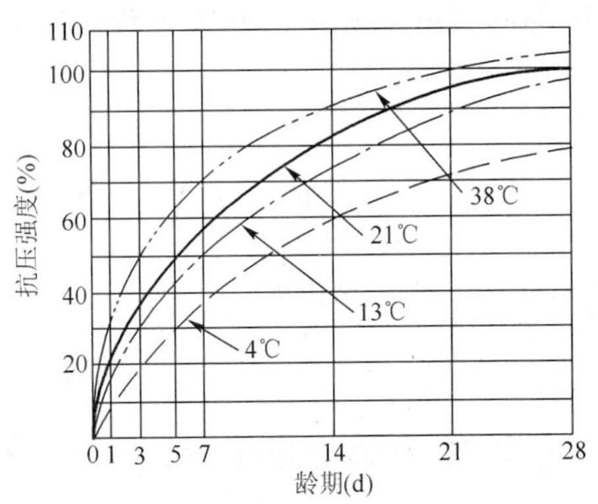

图4-14　混凝土强度与养护温度关系

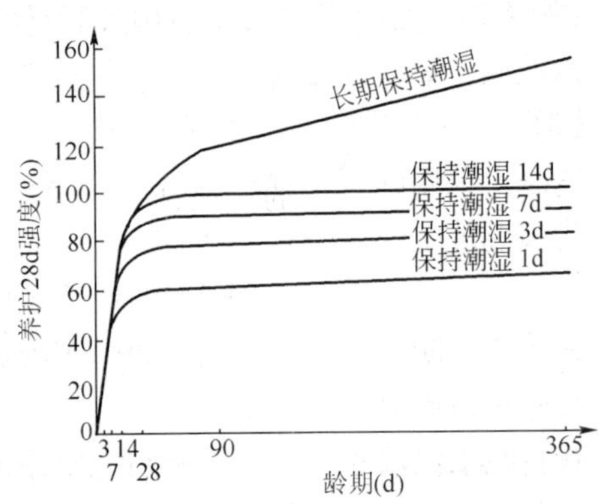

图4-15　潮湿养护时间与混凝土强度的关系

为加速混凝土强度的发展，提高混凝土早期强度，混凝土构件或制品常采用蒸汽养护和压蒸养护等方法进行养护。

蒸汽养护是将混凝土放在低于100℃常压蒸汽中进行养护。掺混合材料的矿渣水泥、火山灰水泥及粉煤灰水泥在蒸汽养护的条件下，不但可以提高早期强度，其28d强度也会略有提高。

压蒸养护是将混凝土放在175℃的温度及8个大气压的蒸压釜内进行养护。在高温高压下，加速了活性混合材料的化学反应，使混凝土的强度得以提高。但压蒸养护需要的蒸压釜设备比较庞大，仅在生产硅酸盐混凝土制品时应用。

4.龄期

龄期是指混凝土在正常养护条件下所经历的时间。混凝土的强度随着龄期增加而增大，最初的7～14d发展较快，28d以后增长缓慢，在适宜的温、湿度条件下其增长过程可达数十年之久。

试验证明，用中等等级的普通硅酸盐水泥（非R型）配制的混凝土，在标准养护条件下，混凝土强度的发展大致与龄期的对数成正比例关系，可按式（4-10）推算。

$$f_n = f_{28}\frac{\lg n}{\lg 28} \tag{4-10}$$

式中：f_n——nd龄期时的混凝土抗压强度（MPa）；

f_{28}——28d龄期时的混凝土抗压强度（MPa）；

n——养护龄期（d），$n \geq 3$。

上式可用于估计混凝土的强度，如已知28d龄期的混凝土强度，估算某一龄期的强度；或已知某龄期的强度，推算28d的强度，可作为预测混凝土强度的一种方法。但由于影响混凝土强度的因素很多，故只能作参考。

5. 施工条件

混凝土施工过程中，应搅拌均匀、振捣密实、养护良好才能使混凝土硬化后达到预期的强度。采用机械搅拌比人工拌和的拌和物更均匀。一般来说，水胶比越小时，通过振动捣实效果也越显著。当水胶比值逐渐增大时，振动捣实的优越性会逐渐降低，其强度提高一般不超过10%。

另外，采用分次投料搅拌新工艺，也能提高混凝土强度。其原理是将骨料和水泥投入搅拌机后，先加少量水拌和，使骨料表面裹上一层水胶比很小的水泥浆，以有效地改善骨料界面结构，从而提高混凝土的强度。这种混凝土称为"造壳混凝土"。

6. 试验条件

试验过程中，试件的形状、尺寸、表面状态、含水程度及加荷速度都对混凝土的强度值产生一定的影响。

1）试件的尺寸

在测定混凝土立方体抗压强度时，当混凝土强度等级<C60时，可根据粗骨料最大粒径选用非标准试块，但应将其抗压强度值按表4-21所给出的系数换算成标准试块对应的抗压强度值。当混凝土强度等级≥C60时，宜采用标准试件，使用非标准试件时，其强度的尺寸换算系数可通过试验确定。

混凝土立方体试件尺寸选用及换算系数 表4-21

骨料最大粒径(mm)	31.5	40	63
试件尺寸(mm)	100×100×100	150×150×150	200×200×200
换算系数	0.95	1	1.05

2）试件的形状

当试件受压面积相同，而高度不同时，高宽比越大，抗压强度越小。这是由于试件受压时，试件受压面与试件承压板之间的摩擦力对其横向膨胀起着约束作用，这种约束作用称为"环箍效应"。"环箍效应"阻碍了近试件表面混凝土裂缝的扩展，使其强度提高。显然，愈接近试件的端面，"环箍效应"作用就愈大，在距端面大约$\sqrt{3}/2a$处这种效应消失，破坏后的试件形状如图4-16所示。

不同尺寸的立方体试块其抗压强度值不同，也可通过"环箍效应"的现象来解释。压力机压板对混凝土试件的横向摩阻力是沿周界分布的，大试块尺寸周界与面积之比较小，环箍效应的相对作用小，测得的抗压强度值偏低；另一方面原因是大试块内孔隙、裂缝等缺陷几率大，这也是混凝土强度降低的原因。因此非标准试块所测强度值应按表4-20换算成标准试块的立方体抗压强度。

3）表面状态

当混凝土试件受压面上有油脂类润滑物质时，压板与试件间摩阻力减小，使环箍效应影响减弱，试件将出现垂直裂纹而破坏，如图4-16d)所示。

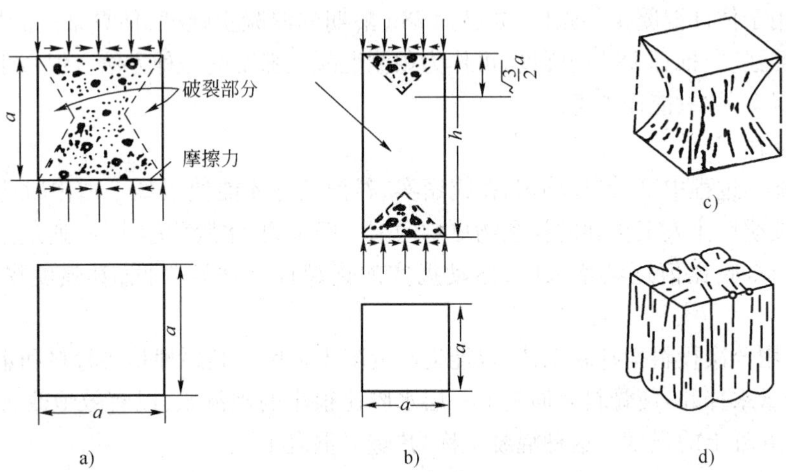

图 4-16　混凝土试件的破坏状态

a）立方体试件；b）棱柱体试件；c）试块破坏后的棱锥体；d）不受压板约束时试块破坏情况

4）加荷速度

试验时加荷速度对强度值影响很大。试件破坏是当变形达到一定程度时才发生的，当加荷速度较快时，材料变形的增长落后于荷载的增加，故破坏时强度值偏高。

由上述内容可知，即使原材料、施工工艺及养护条件都相同，但试验条件的不同也会导致试验结果的不同。因此混凝土抗压强度的测定必须严格遵守国家有关试验标准的规定。

7. 掺外加剂和掺合料

掺减水剂，特别是高效减水剂，可大幅度降低用水量和水胶比，使混凝土的强度显著提高，掺高效减水剂是配制高强度混凝土的主要措施，掺早强剂可显著提高混凝土的早期强度。

在混凝土中掺入高活性的掺合料（如优质粉煤灰、硅灰、磨细矿渣粉等），可以与水泥的水化产物进一步发生反应，产生大量的凝胶物质，使混凝土更趋于密实，强度也进一步得到提高。

二　混凝土的变形性能

混凝土在硬化和使用过程中，受外力及环境因素的作用，会产生变形。实际使用中的混凝土结构一般会受到基础、钢筋及相邻部位的约束，混凝土的变形会由于约束作用在混凝土内部产生拉应力，当拉应力超过混凝土的抗拉强度时，就会引起混凝土开裂，进而影响混凝土的强度和耐久性。

混凝土的变形包括非荷载作用下的变形和荷载作用下的变形。非荷载作用下的变形包括混凝土的化学收缩、干湿变形及温度变形；荷载作用下的变形分为短期荷载作用下的变形、长期荷载作用下的变形——徐变。

（一）非荷载作用下的变形

1. 化学收缩

混凝土在硬化过程中，水泥水化产物的体积小于水化前反应物体积，从而使混凝土产生收缩,即为化学收缩。化学收缩是不可恢复的,其收缩量随混凝土硬化龄期的延长而增加。一般在混凝土成型后 40d 内增长较快,以后逐渐趋于稳定。化学收缩值很小,一般对混凝土结构没有破坏作用,但在混凝土内部可能产生微细裂缝。

2. 干缩湿胀

混凝土的干缩湿胀是指由于外界湿度变化,致使其中水分变化而引起的体积变化。混凝土内部所含水分有三种形式:自由水、毛细管水和凝胶颗粒的吸附水,后两种水发生变化时,混凝土就会产生干湿变形。

混凝土在有水侵入的环境中,由于凝胶体中胶体粒子表面的水膜增厚,使胶体粒子间距离增大,混凝土表现出湿胀现象。混凝土处在干燥环境时,首先蒸发的是自由水,自由水的蒸发并不引起混凝土的收缩;然后蒸发的是毛细管水,随着毛细管水分的不断蒸发,负压逐渐增大而产生较大的收缩力,导致混凝土体积收缩或产生收缩开裂;水分继续蒸发,水泥凝胶体中的吸附水也开始蒸发,结果也会导致混凝土体积收缩或产生收缩开裂。干缩后的混凝土再遇到水,部分收缩变形是可恢复的,但约 30% ~50% 的收缩变形是不可恢复的,如图 4-17 所示。

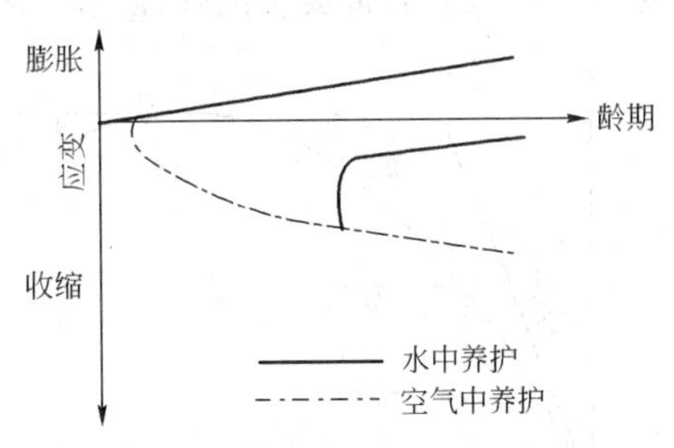

图 4-17　混凝土的干湿变形

混凝土的湿胀变形很小,一般无破坏作用,但过大的干缩变形会对混凝土产生较大的危害,使混凝土的表面产生较大的拉应力而引起开裂,严重影响混凝土的耐久性。

混凝土的干缩主要是由水泥石的干缩产生的。因此影响干缩的主要因素是水泥用量及水胶比的大小。除此之外,水泥品种、用水量、骨料种类及养护条件也是影响因素,现分述如下:

(1)水泥用量、细度及品种。水泥用量越多,干燥收缩越大;水泥颗粒越细,需水量越多,其干燥收缩越大;使用火山灰水泥干缩较大,而使用粉煤灰水泥其干缩较小。

(2)水胶比及用水量。水胶比越大,硬化后水泥的孔隙越多,其干缩越大;混凝土单位用水量越大,干缩越大。

(3)骨料种类。弹性模量大的骨料,干缩率小;吸水率大、含泥量大的骨料干缩率大。另外骨料级配良好,空隙率小,水泥浆量少,则干缩变形小。

(4)养护条件。潮湿养护时间长可推迟混凝土干缩的产生与发展,但对混凝土干缩率并无影响,采用湿热养护可降低混凝土的干缩率。

3. 温度变形

混凝土与普通的固体材料一样呈现热胀冷缩现象,相应的变形称为温度变形。混凝土的温度变形系数约为 $(1 \sim 1.5) \times 10^{-5}/℃$,即温度每升降 1℃,每米胀缩 0.01 ~0.015mm。温度变形对大体积混凝土或大面积混凝土以及纵向很长的混凝土极为不利,易使这些混凝土产生温度裂缝。

大体积混凝土在硬化初期,水泥水化放热量较高,且混凝土又是热的不良导体,内部积聚大量的热量,造成混凝土内外温差很大,有时可达 50 ~70℃,这将使混凝土内部产生膨胀,在混凝土表面产生拉应力,拉应力超过混凝土的极限抗拉强度时,使混凝土产生微细裂缝。在实

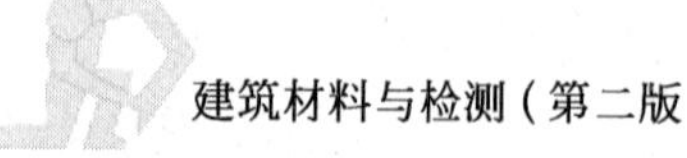

际施工中可采取低热水泥，减少水泥用量，采用人工降温，沿纵向较长的钢筋混凝土结构设置温度伸缩缝等措施，以减少因温度变形而引起的混凝土质量缺陷。

（二）荷载作用下的变形

1. 短期荷载作用下的变形

1）混凝土的弹塑性变形

混凝土是一种非匀质的复合材料，属于弹塑性体。图4-18为混凝土的应力—应变关系图，在静力试验的加荷过程中，若加荷至A点，然后将荷载逐渐卸去，则卸荷时的应力—应变曲线为AC曲线，说明混凝土在受力时，既产生可以恢复的弹性变形又产生不可以恢复的塑性变形，其中$\varepsilon_{弹}$是混凝土的弹性变形，$\varepsilon_{塑}$是混凝土的塑性变形。

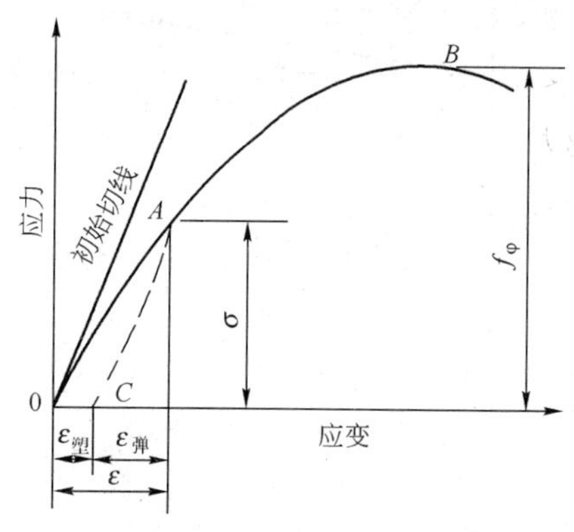

图4-18　混凝土在压力作用下的应力—应变曲线

在应力—应变曲线上任一点的应力σ与应变ε的比值，叫做混凝土在该应力状态下的变形模量。它反映混凝土所受应力与所产生应变之间的关系。在计算钢筋混凝土的变形、裂缝开展及大体积混凝土的温度应力时，均需知道此时混凝土的变形模量。在混凝土结构或钢筋混凝土结构设计中，常用到混凝土的弹性模量。

2）混凝土的弹性模量

由于混凝土是弹塑性体，很难准确地测定其弹性模量，只可间接地测定其近似值。根据《普通混凝土力学性能试验方法标准》（GB/T 50081—2002）规定，采用150mm×150mm×300mm的棱柱体作为标准试件，使混凝土的应力在0.5MPa和$1/3f_{cp}$之间经过至少两次预压，在最后一次预压完成后，应力与应变关系基本上成为直线关系，该近似直线的斜率即为所测混凝土的静力受压弹性模量，并称之为混凝土的弹性模量。

混凝土的弹性模量随骨料与水泥石的弹性模量而异。在材料质量不变的条件下，混凝土的骨料含量较多、水胶比较小、养护条件较好及龄期较长时，混凝土的弹性模量就较大。另外混凝土的弹性模量一般随强度提高而增大。通常当混凝土的强度等级由C10增加到C60时，其弹性模量由1.75×10^{4}MPa增加到3.60×10^{4}MPa。

混凝土的弹性模量具有重要的实用意义。在结构设计中，混凝土弹性模量是计算钢筋混凝土变形、裂缝扩展及大体积混凝土温度应力时所必需的参数。

2. 长期荷载作用下的变形——徐变

混凝土在长期不变荷载作用下，随时间的延长，沿着作用力方向发生的变形称为徐变。图4-19为混凝土在长期荷载作用下，变形与荷载间的关系。混凝土在加荷的瞬间，会产生明显的瞬时变形，随着荷载持续时间的延长，逐渐产生徐变变形。混凝土徐变在加荷早期增长较快，然后逐渐减慢，一般要2~3年才趋于稳定。当混凝土卸荷后，一部分变形瞬间恢复，其值小于在加荷瞬间产生的瞬时变形，在卸荷后的一段时间内变形还会继续恢复，称为徐变恢复，最后残存的不能恢复的变形称为残余变形。

影响混凝土徐变的因素主要有：

(1)水泥用量与水胶比。水泥用量越多,水胶比越大,混凝土徐变越大。

(2)骨料的弹性模量、骨料的规格与质量。骨料的弹性模量越大,混凝土的徐变越小;骨料级配越好、杂质量含量越少,则混凝土的徐变越小。

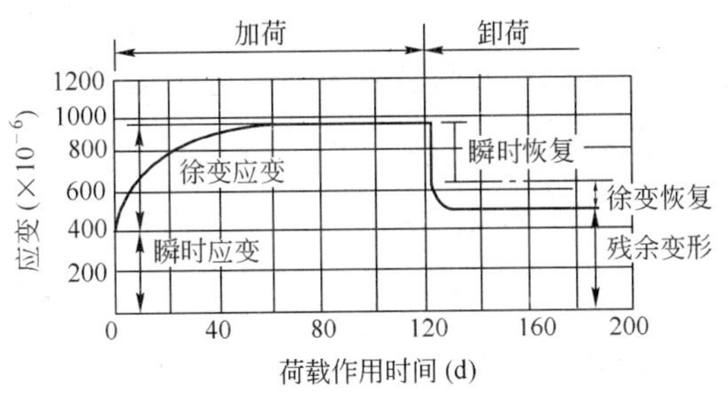

图4-19 混凝土的徐变与徐变的恢复

(3)养护龄期。混凝土加荷作用时间越早,徐变越大。

(4)养护湿度。养护湿度越高,混凝土的徐变越小。

徐变对钢筋混凝土及大体积混凝土有利,它可消除或减少钢筋混凝土内的应力集中,使应力重新分布,从而使局部应力集中得到缓解,并能消除或减少大体积混凝土由于温度变形所产生的破坏应力;但对预应力钢筋混凝土不利,它可使钢筋的预应力值受到损失。

【工程实例4-5】 混凝土裂缝原因

【现象】 混凝土结构拆模后,裂缝在结构表面出现,形状不规则且长短不一,互不连贯,类似干燥的泥浆面。

【原因分析】 水泥用量过大或使用过量的粉砂。混凝土水胶比过大,模板过于干燥,也是导致这类裂缝出现的因素。混凝土浇筑后,表面没有及时覆盖,受风吹日晒,表面游离水分蒸发过快,产生急剧的体积收缩,而此时混凝土早期强度低,不能抵抗这种变形应力而导致开裂。

【工程实例4-6】 混凝土试件强度不合格

【现象】 某工程从夏季开始施工,混凝土试件强度一直稳定合格。而进入秋冬季施工以来,混凝土强度却出现偏低现象。甚至有的试件不合格,采用非破损检测工程部位混凝土,强度却合格。

【原因分析】 搅拌站和施工单位技术人员共同分析原因,找出症结。发现工地试验员做完混凝土试件后,对试件并没有进行"标准养护"而是将试件散落在工地上。夏季施工气温偏高,混凝土试件在自然养护条件下气温高,强度也高,秋冬季气温偏低,混凝土试件强度也随之偏低。

第五节 混凝土外加剂

混凝土外加剂是一种在混凝土搅拌之前或拌制过程中加入的、用以改善新拌混凝土和硬化混凝土性能的材料。

随着科学技术的发展,人们对混凝土性能提出了许多新的要求:如泵送混凝土要求高流动性,高层大跨度建筑要求高强、超耐久性,冬季施工则要求早强,夏季滑模施工、水坝坝体等大体积混凝土要求缓凝等,使用混凝土外加剂是提高和改善混凝土各项性能、满足工程耐久性要求的最有效、最易行的途径之一。在发达国家使用外加剂的混凝土占混凝土总量的70% ~ 80%,有些已达到100%。混凝土中加入适量的外加剂,能够改善混凝土性能,减少用水量,节约水泥,降低成本,加快施工进度。外加剂已成为混凝土中第五组成材料,其研究和发展将会促进混凝土施工技术和新品种混凝土的发展。

 外加剂的分类

(一)按外加剂的主要使用功能分类

《混凝土外加剂分类、命名与定义》(GB 8075—2005)中将外加剂按照其主要使用功能划分为四类:

(1)改善混凝土拌和物流变性能的外加剂,包括各种减水剂和泵送剂等。

(2)调节混凝土凝结时间、硬化性能的外加剂,包括缓凝剂、促凝剂和速凝剂等。

(3)改善混凝土耐久性的外加剂,包括引气剂、防水剂、阻锈剂和矿物外加剂等。

(4)改善混凝土其他性能的外加剂,包括膨胀剂、防冻剂、着色剂等。

(二)按化学成分分类

1. 无机物外加剂

包括各种无机盐类、一些金属单质和少量氢氧化物等。如氯化钙、硫酸钠、铝粉、氢氧化铝等。

2. 有机物外加剂

这类外加剂占混凝土外加剂的绝大部分,种类极多,大部分属于表面活性剂。其中以阴离子表面活性剂应用最多,除此之外,还有阳离子型、非离子型表面活性剂。

 减水剂

减水剂是指在混凝土坍落度基本相同的条件下,能减少拌和用水量的外加剂。其质量应符合《混凝土外加剂》(GB 8076—2008)的规定。

(一)减水剂的作用机理

水泥加水拌和后,由于水泥颗粒间分子凝聚力等因素,会形成絮凝结构,如图4-20a)所示,在这些絮凝结构中包裹着部分拌和水,这些水由于被包裹而起不到赋予混凝土拌和物流动性的作用,致使混凝土拌和物的流动性较低。

减水剂多为阴离子型表面活性剂,由亲水基团和憎水基团组成,亲水基团能电离出正离子,本身带负电荷。混凝土掺入减水剂后,如图4-20b)所示,其亲水基团指向水,憎水基团指向水泥颗粒,定向吸附在水泥颗粒表面,形成单分子吸附膜,降低了水泥颗粒的黏连能力,使之

易于分散;水泥颗粒表面带有相同的电荷,产生静电斥力,使水泥颗粒相互分散;同时,亲水基团吸附了大量的极性水分子,增加了水泥颗粒表面水膜厚度,润滑能力增强,水泥颗粒间更易于滑动。综合上述因素,减水剂在不增加用水量的情况下,提高了混凝土拌和物的流动性,或在不影响拌和物流动性的情况下,起到了减水作用。

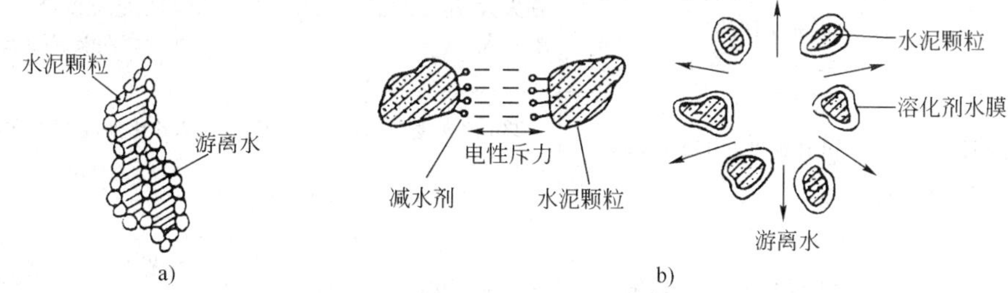

图 4-20　水泥浆的絮凝结构和减水剂作用示意图

(二)减水剂的主要经济技术效果

1. 提高流动性

在用水量及水泥用量不变的条件下,混凝土拌和物的坍落度可增大 100 ~ 200mm,流动性明显提高,而且不影响混凝土的强度。泵送混凝土或其他大流动性混凝土均需掺入高效减水剂。

2. 提高混凝土强度

在保持混凝土拌和物流动性不变的情况下,可减少用水量 10% ~20%,若水泥用量也不变,则可降低水胶比,提高混凝土的强度,特别是可大大提高混凝土的早期强度。掺入高效减水剂是制备早强、高强、高性能混凝土的技术措施之一。

3. 节约水泥

在保持流动性及强度不变的情况下,可以在减少拌和用水量的同时,相应减少水泥用量,节约水泥用量 5% ~20%,降低混凝土成本。

4. 改善混凝土的耐久性

由于减水剂的掺入,减少了拌和物的泌水、离析现象,还显著改善了混凝土的孔结构,使混凝土的密实度提高,透水性降低,从而可提高混凝土抗渗、抗冻、抗腐蚀等能力。

(三)减水剂的常用品种与效果

减水剂是使用最广泛、效果最显著的一种外加剂,按其对混凝土性质的作用及减水效果可分为普通减水剂、高效减水剂、早强减水剂、缓凝减水剂和引气减水剂;按其化学成分可分为木质素系、萘系、水溶树脂系、糖蜜系、腐殖酸系等,见表 4-22。

常 用 减 水 剂　　表 4-22

代　别	第一代减水剂	第二代减水剂	第三代减水剂
代表产品	木钙、木钠、木镁等	萘系、三聚氰胺系	聚羧酸及酯聚合物
减水率	6% ~12%	15% ~25%	25% ~45%
掺量	0.20% ~0.30%	0.5% ~1.0%	0.20% ~0.40%

续上表

代　别	第一代减水剂	第二代减水剂	第三代减水剂
性能特点	减水率低,有一定的缓凝和引气作用,水泥适应性差,超渗严重混凝土性能	减水率高,不引气,不缓凝,增强效果好,但混凝土坍落度损失大,超渗对混凝土性能影响不大	掺量低,减水率高,流动保持性好,水泥适应性好,有害成分含量低,感化混凝土性能好,适宜配置高性能混凝土
混凝土强度	28d 比强度在 115% 左右	28d 比强度在 120% ~135%左右	28d 比强度在 140% ~200%左右
混凝土体积稳定性	增加混凝土收缩,收缩率比为 120%	萘系增加混凝土收缩,收缩率比为 120% ~135%;三聚氰胺对混凝土的 28d 收缩影响较小	与萘系相比,大大减少混凝土的塑性收缩,28d 收缩率比为 110% ~195%
混凝土含气量	增加混凝土的含气量≤4%	增加混凝土的含气量1% ~2%	一般会增加混凝土的含气量,可以用消泡剂调整

三 早强剂

早强剂是指加速混凝土早期强度发展的外加剂。其质量应符合《混凝土外加剂》(GB 8076—2008)的规定。

从混凝土开始拌和到凝结硬化形成一定的强度需要一段较长的时间,为了缩短施工周期,例如:加速模板及台座的周转、缩短混凝土的养护时间、快速达到混凝土冬季施工的临界强度等,常需要掺入早强剂。

1. 常用早强剂品种

混凝土工程中常采用下列早强剂:

(1)强电解质无机盐类早强剂:硫酸盐、硫酸复盐、硝酸盐、亚硝酸盐、氯盐等。

(2)水溶性有机化合物:三乙醇胺、甲酸盐、乙酸盐、丙酸盐等。

(3)其他:有机化合物、无机盐复合物。

2. 适用范围

早强剂适用于蒸养混凝土及常温、低温和最低温度不低于 -5℃ 环境中施工的有早强要求的混凝土工程。炎热环境条件下不宜使用早强剂。

掺入混凝土后对人体产生危害或对环境产生污染的化学物质严禁用作早强剂。含有六价铬盐、亚硝酸盐等有害成分的早强剂严禁用于饮水工程及与食品相接触的工程。硝铵类严禁用于办公、居住等建筑工程。

下列工程结构中严禁采用含有氯盐配制的早强剂:

(1)预应力混凝土结构。

(2)相对湿度大于 80% 环境中使用的结构、处于水位变化部位的结构、露天结构及经常受水淋、受水流冲刷的结构。

(3)大体积混凝土。

(4)直接接触酸、碱其他侵蚀性介质的结构。

(5)经常处于温度为60℃以上的结构,需经蒸养的钢筋混凝土预制构件。

(6)有装饰要求的混凝土,特别是要求色彩一致或是表面有金属装饰的混凝土。

(7)薄壁混凝土结构,中级和重级工作制吊车梁、屋架、落锤及锻锤混凝土基础等结构。

(8)使用冷拉钢筋或冷拔低碳钢丝的结构。

(9)骨料具有碱活性的混凝土结构。

在与镀锌钢材或铝铁相接触部位的结构,及有外露钢筋预埋件而无防护措施的混凝土结构中严禁采用含有强电解质无机盐类的早强剂。

四 引气剂

引气剂是指在混凝土搅拌过程中能引入大量均匀分布、稳定而封闭的微小气泡,且能保留在硬化混凝土中的外加剂。其质量应符合《混凝土外加剂》(GB 8076—2008)的规定。

(一)引气剂的作用机理

引气剂是表面活性剂。当搅拌混凝土拌和物时,会混入一些气体,引气剂分子定向排列在气泡上,形成坚固不易破裂的液膜,故可在混凝土中形成稳固、封闭球形气泡,直径为0.05~1.0mm,均匀分散,可使混凝土的很多性能改善。

(二)引气剂的作用效果

1.改善混凝土拌和物的和易性

气泡具有滚珠作用,能够减小拌和物的摩擦阻力从而提高流动性;同时气泡的存在阻止固体颗粒的沉降和水分的上升,从而减少了拌和物的分层、离析和泌水,使混凝土的和易性得到明显改善。

2.显著提高混凝土的抗冻性和抗渗性

大量均匀分布的封闭气泡一方面阻塞了混凝土中毛细管渗水的通路,另一方面具有缓解水分结冰产生的膨胀压力的作用,从而提高了混凝土的抗渗性和抗冻性。

3.降低弹性模量及强度

由于气泡的弹性变形,使混凝土弹性模量降低。另外,气泡的存在使混凝土强度降低,含气量每增加1%,强度要损失3%~5%,但是由于和易性的改善,可以通过保持流动性不变减少用水量,使强度不降低或部分得到补偿。

(三)引气剂的品种

引气剂主要有松香树脂类、烷基苯磺酸盐类和脂肪醇磺酸盐类,其中松香树脂类中的松香热聚物和松香皂应用最多。引气剂的掺量一般只有水泥质量的万分之几,含气量控制在3%~6%为宜,含气量太小时,对混凝土耐久性改善不大,含气量太大时,会使混凝土强度下降过多。

引气剂适用于配制抗冻混凝土、泵送混凝土、港口混凝土、防水混凝土以及骨料质量差、泌

水严重的混凝土，不适宜配制蒸汽养护的混凝土。

五 缓凝剂

缓凝剂是指能延长混凝土的凝结时间，并对后期强度无明显影响的外加剂。其质量应符合《混凝土外加剂》（GB 8076—2008）的规定。

缓凝剂能使混凝土拌和物在较长时间内保持塑性状态，以利于浇灌成型，提高施工质量，而且还可延缓水化放热时间，降低水化热。

缓凝剂的品种有糖类（如糖钙）、木质素磺酸盐类（如木质素磺酸钙）、羟基羧酸及其盐类（如柠檬酸、酒石酸钾钠等）、无机盐类（如锌盐、硼酸盐等）等。掺量不宜过多，否则会引起强度降低，甚至长时间不凝结。

缓凝剂适用于长时间运输的混凝土、高温季节施工的混凝土、泵送混凝土、滑模施工混凝土、大体积混凝土、分层浇筑的混凝土等。不适用于5℃以下施工的混凝土，也不适用于有早强要求的混凝土及蒸养混凝土。

六 防冻剂

防冻剂是指能使混凝土在负温下硬化，并在规定养护条件下达到预期性能的外加剂。其质量应符合《混凝土防冻剂》（JC 475—2004）的规定。

防冻剂能显著降低混凝土的冰点，使混凝土液相不冻结或仅部分冻结，以保证水泥的水化作用，并在一定的时间内获得预期强度。

为提高防冻剂的防冻效果，目前，工程上使用的防冻剂都是复合外加剂，由防冻组分、早强组分、引气组分、减水组分复合而成。

常用防冻剂有氯盐类：氯化钙、氯化钠、氯化氨等；氯盐阻锈类：氯盐与阻锈剂（亚硝酸钠）为主复合的外加剂；无氯盐类：硝酸盐、亚硝酸盐、乙酸钠、尿素等。含亚硝酸盐、硫酸盐的防冻剂严禁用于预应力混凝土结构。

七 速凝剂

速凝剂是指能使混凝土迅速凝结硬化的外加剂。其质量应符合《喷射混凝土用速凝剂》（JC 477—2005）的规定。

速凝剂与水泥加水拌和后立即反应，使水泥中的石膏丧失缓凝作用，从而促使 C_3A 迅速水化，产生快速凝结。

速凝剂适宜掺量为2.5%～4.0%，能使混凝土在5min内初凝，10min内终凝，1h产生强度，但有时后期强度会降低。

速凝剂主要用于喷射混凝土、堵漏等。

八 外加剂的选择与使用

工程中选用外加剂时，除应满足前面所述有关国家标准或行业标准外，还应符合《混凝土外加剂中释放氨的限量》(GB 18588—2001)的规定,混凝土外加剂中释放的氨量必须小于或等于0.10%(质量分数)。该标准适用于各类具有室内使用功能的混凝土外加剂,而不适用于桥梁、公路及其他室外工程用混凝土外加剂。

混凝土中应用外加剂时,须满足《混凝土外加剂应用技术规范》(GB 50119—2003)的规定。另外,还应注意以下几点:

(一)外加剂品种的选择

外加剂品种、品牌很多,效果各异,尤其是对不同水泥效果不同。选择外加剂时,应根据工程需要、现场的材料条件、产品说明书通过试验确定。

(二)外加剂掺量的确定

混凝土外加剂均有适宜掺量。掺量过小,往往达不到预期效果;掺量过大,则会影响混凝土质量,甚至造成质量事故。因此,须通过试验试配,确定最佳掺量。

(三)外加剂的掺加方法

外加剂的掺量很少,必须保证其均匀分散,一般不能直接加入混凝土搅拌机内。对于可溶于水的外加剂,应先配成一定浓度的溶液,使用时连同拌和水一起加入搅拌机内。对于不溶于水的外加剂,应与适量水泥或砂混合均匀后,再加入搅拌机内。

外加剂的掺入时间,对其效果的发挥也有很大影响,如减水剂有同掺法、后掺法、分掺法三种方法。同掺法是减水剂在混凝土搅拌时一起掺入;后掺法是搅好混凝土后间隔一定时间,然后再掺入;分掺法是一部分减水剂在混凝土搅拌时掺入,另一部分间隔一段时间后再掺入。实践证明,后掺法最好,能充分发挥减水剂的功能。

【工程实例4-7】

【概况】 某工程队于7月份在湖南某工地施工,经现场试验确定了一个掺木质素磺酸钠的混凝土配比,经使用1个月情况均正常。该工程后因资金问题暂停5个月,随后继续使用原混凝土配比开工。发觉混凝土的凝结时间明显延长,影响了工程进度。请分析原因,并提出解决办法。

【原因分析】 因木质素磺酸盐有缓凝作用,7~8月份气温较高,水泥水化速度快,适当的缓凝作用是有益的。但到冬季,气温明显下降,故凝结时间就大为延长,解决的办法可考虑改换早强型减水剂或适当减少减水剂用量。

【工程实例4-8】

【概况】 北京国宾花园工程采用了北京房山某水泥厂的立窑水泥,海淀区某外加剂厂的高效复合减水剂,开始效果不错,后来有一批水泥拌制的掺同样外加剂的混凝土发生急凝现象,导致混凝土结构疏松,最后将已浇筑完成的混凝土全部砸掉。

【原因分析】 查其原因,水泥按水泥标准检验合格,减水剂标准检验亦合格,但两者配合制得的混凝土却有严重质量问题。为了查清原因,又对出事的水泥、减水剂做了试验,确实有急凝现象,但在水泥中掺入0.5%~1.0%的二水石膏后,则得到了有良好工作性和强度的混凝土,证明该水泥由于石膏掺量不足(但达到水泥标准性能)而与减水剂不相容。

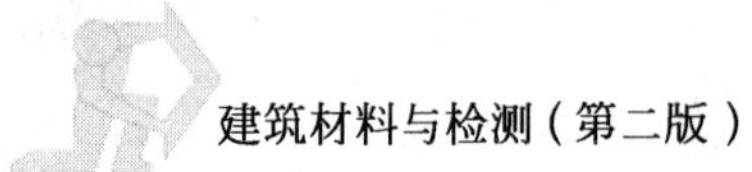

第六节　混凝土的耐久性

混凝土耐久性是指混凝土在使用条件下抵抗周围环境各种因素长期作用的能力。

强度和耐久性是硬化混凝土的两个重要指标,以往工程中习惯上只重视混凝土的强度,或片面追求高强度而忽视混凝土的耐久性,随着大量结构物老化现象的出现,混凝土耐久性问题已引起了各方面的广泛关注。

曾有调查表明,国内大多数工业建筑在使用25~30年后即需大修,处于严酷环境下的建筑物的使用寿命仅15~20年,桥梁、港口等基础设施工程尤其严重,许多工程建成几年后就出现钢筋锈蚀、混凝土开裂问题。有专家指出,我国基础设施工程建设的高潮仍在延续,而由于忽视耐久性问题,迎接我们的还会有大修的高潮,其耗资将倍增于工程建设时的投资。

混凝土的耐久性是一项综合性质,包括抗渗性、抗冻性、抗侵蚀性、抗碳化、抗碱骨料反应及阻止混凝土中钢筋锈蚀等性能。

一　混凝土的抗渗性

抗渗性是指混凝土抵抗水、油等压力液体渗透作用的能力。它是一项非常重要的耐久性指标,当混凝土抗渗性较差时,水及有害的介质易渗入混凝土内部,造成侵蚀破坏;若环境温度再降到负温时,导致混凝土的冰冻破坏。

图4-21　混凝土抗渗仪

混凝土的抗渗性用抗渗等级PN表示,它是以28d龄期的标准试件,按规定方法进行试验,用每组6个试件中4个试件未出现渗水时的最大水压力来表示。混凝土的抗渗等级有P6、P8、P10、P12及以上等级,即相应表示混凝土能抵抗0.6MPa、0.8MPa、1.0MPa及1.2MPa的静水压力而不渗水。如图4-21为混凝土抗渗仪。

混凝土渗水的主要原因是由于内部的孔隙形成连通的渗水通道。这些渗水通道主要来源于水泥浆中多余水分蒸发而留下的气孔、水泥浆泌水形成的毛细管道、粗集料下缘界面聚积的水隙、施工振捣不密实形成的蜂窝、空洞、混凝土硬化后因干缩或热胀等变形形成的裂缝。

渗水通道的多少,主要与混凝土配合比、施工振捣及养护条件等有关,其中,水胶比是影响抗渗性的一个主要因素。为了提高混凝土的抗渗性可采取掺加引气剂、减小胶灰比、选用级配良好的骨料及合理砂率、精心施工、加强养护等措施,尤其是掺加引气剂,在混凝土内部产生不连通的气泡,改变了混凝土的孔隙特征,截断了渗水通道,可以显著提高混凝土的抗渗性。

二　混凝土的抗冻性

混凝土的抗冻性是指混凝土在吸水饱和状态下,能经受多次冻融循环而不破坏,同时也不严重降低强度的性能。

混凝土的抗冻性用抗冻等级FN表示。抗冻等级是以28d龄期的标准试件,在吸水饱和后承受反复冻融循环,以抗压强度下降不超过25%,质量损失不超过5%时所能承受的最大冻融循环次数来确定。混凝土的抗冻等级分别为：F50、F100、F150、F200、F250、F300、F350、F400等，例如F50表示混凝土能承受最大冻融循环次数为50次。

混凝土产生冻融破坏有两个必要条件，一是混凝土必须接触水或混凝土中有一定的游离水，二是建筑物所处的自然条件存在反复交替的正负温度。当混凝土处于冰点以下时，首先是靠近表面的孔隙中游离水开始冻结，产生9%左右的体积膨胀，在混凝土内部产生冻胀应力，从而使未冻结的水分受压后向混凝土内部迁移。当迁移受到约束时就产生了静水压力，促使混凝土内部薄弱部分，特别是在受冻初期强度不高的部位产生微裂缝，当遭受反复冻融循环时，微裂缝会不断扩展，逐步造成混凝土剥蚀破坏。

混凝土的抗冻性主要取决于混凝土的构造特征和充水程度。具有较高密实度及含闭口孔的混凝土具有较高的抗冻性；混凝土中饱和水程度越高，产生的冰冻破坏越严重。

提高混凝土抗冻性的有效途径是提高混凝土的密实度和改善孔结构。具体来讲，通过减小水胶比，提高水泥的强度等级及掺入减水剂和引气剂等措施都可以提高混凝土的抗冻性。

三 混凝土的抗碳化性

混凝土的碳化，是指空气中的CO_2在湿度适宜的条件下与水泥水化产物$Ca(OH)_2$发生反应，生成碳酸钙和水，使混凝土碱度降低的过程，碳化也称中性化。碳化使混凝土内部碱度降低，对钢筋的保护作用降低，使钢筋易锈蚀。

硬化后的混凝土内部呈一种碱性环境，混凝土构件中的钢筋在这种碱性环境中，表面形成一层钝化薄膜，钝化膜能保护钢筋免于生锈。但是当碳化深度穿透混凝土保护层达到钢筋表面时，钢筋表面的钝化膜被破坏，而开始生锈，生锈后的体积比原体积大得多，产生膨胀使混凝土保护层开裂，开裂的混凝土又加速了碳化的进行和钢筋的锈蚀，最后导致混凝土产生顺筋开裂而破坏。

碳化对混凝土也有有利的影响，碳化放出的水分有助于水泥的水化作用，而且碳酸钙可填充水泥石孔隙，提高混凝土的密实度。

碳化作用是一个由表及里逐步扩散深入的过程。碳化的速度受许多因素的影响，主要是：

(1)水泥的品种及掺混合材料的数量。硅酸盐水泥水化生成的氢氧化钙含量较掺混合材料硅酸盐水泥的数量多，因此碳化速度较掺混合材料的硅酸盐水泥慢；对于掺混合材料的水泥，混合材料数量越多，碳化速度越快。

(2)水胶比。在一定的条件下，水胶比越小的混凝土越密实，碳化速度越慢。

(3)环境因素。环境因素主要指空气中CO_2的浓度及空气的相对湿度，CO_2浓度增高，碳化速度加快，在相对湿度达到50%～70%情况下，碳化速度最快，在相对湿度达到100%，或相对湿度在25%以下时碳化将停止进行。

四 混凝土的抗碱—骨料反应

混凝土的碱骨料反应，是指混凝土原材料中的水泥、外加剂、混合材料和水中的碱(Na_2O或K_2O)与骨料中的活性成分反应，在混凝土浇筑成型后若干年(数年至二、三十年)逐渐反应，反应生成物吸水膨胀使混凝土产生内部应力而开裂(体积可增大3倍以上)，导致混凝土

失去设计性能。碱—骨料反应对混凝土造成危害，必须具备以下条件：

（1）水泥中含有较高的碱量，总碱量（按 $Na_2O+0.658K_2O$ 计）大于0.6%时，才会与活性骨料发生碱—骨料反应。

（2）骨料中含有活性 SiO_2 并超过一定数量，它们常存在于流纹岩、安山岩、凝灰岩等天然岩石中。

（3）存在水分，在干燥状态下不会造成碱—骨料反应的危害。

如果混凝土内部具备了碱—骨料反应的条件，就很难控制其反应的发展。以碱—硅酸反应为例，其反应积累期为10～20年，即混凝土工程建成投产使用10～20年就发生膨胀开裂。当碱—骨料反应发展至膨胀开裂时，混凝土力学性能明显降低，其抗压强度降低40%，弹性模量降低尤为显著。

抑制碱—骨料反应的主要措施有：

（1）控制水泥总含碱量不超过0.6%。

（2）控制混凝土中碱含量，由于混凝土中碱的来源不仅是从水泥，而且从混合材料、外加剂、水，甚至有时从骨料（例如海砂）中来，因此控制混凝土各种原材料总碱量比单纯控制水泥含碱量更为科学。

（3）选用非活性骨料。

（4）在水泥中掺活性混合材料，吸收和消耗水泥中的碱，淡化碱—骨料反应带来的不利影响。

（5）在担心混凝土工程发生碱—骨料反应的部位有效地隔绝水和空气的来源，也可以取得缓和碱—骨料反应对工程损害的效果。

五 提高混凝土耐久性的措施

从上述对混凝土耐久性的分析来看，耐久性的各个性能都与混凝土的组成材料、混凝土的孔隙率、孔隙构造密切相关，因此提高混凝土耐久性的措施主要有以下内容。

（1）根据混凝土工程所处的环境条件和工程特点选择合理的水泥品种。

（2）严格控制水胶比，保证足够的胶凝材料用量。设计使用年限为50年的混凝土结构，其最大水胶比和最小胶凝材料用量，见表4-23。

混凝土的最大水灰比和最小胶凝材料用量　　表4-23

环境等级	条件	最低强度等级	最大水胶比	最小胶凝材料用量（kg/m^3）		
				素混凝土	钢筋混凝土	预应力混凝土
一	室内干燥环境； 无侵蚀性静水浸没环境	C20	0.60	250	280	300
二a	室内潮湿环境； 非严寒和非寒冷地区的露天环境； 非严寒和非寒冷地区与无侵蚀性的水或土壤直接接触的环境； 寒冷和严寒地区的冰冻线以下的无侵蚀性的水或土壤直接接触的环境	C25	0.55	280	300	300

续上表

环境等级	条　件	最低强度等级	最大水胶比	最小胶凝材料用量(kg/m³)		
				素混凝土	钢筋混凝土	预应力混凝土
二 b	干湿交替环境； 水位频繁变动环境； 严寒和寒冷地区的露天环境； 严寒和寒冷地区的冰冻线以上与无侵蚀性的水或土壤直接接触的环境	C30(C25)	0.50(0.55)	320		
三 a	严寒和寒冷地区冬季水位冰冻区环境； 受除冰盐影响环境； 海风环境	C35(C30)	0.45(0.50)	330		
三 b	盐渍土环境； 受除冰盐作用环境； 海岸环境	C40	0.40	—		
四	海水环境	—	—	—		
五	受人为或自然的侵蚀性物质影响的环境	—	—	—		

(3)选用杂质少、级配良好的粗、细骨料，并尽量采用合理砂率。

(4)掺引气剂、减水剂等外加剂，可减少水胶比，改善混凝土内部的孔隙构造，提高混凝土耐久性。

(5)掺入高效活性矿物掺料。大量研究表明了掺粉煤灰、矿渣、硅粉等掺合料能有效改善混凝土的性能，填充内部孔隙，改善孔隙结构，提高密实度，高掺量混凝土还能抑制碱—骨料反应。因而混凝土掺混合材料，是提高混凝土耐久性的有效措施。

(6)在混凝土施工中，应搅拌均匀、振捣密实、加强养护，增加混凝土密实度，提高混凝土质量。

第七节　混凝土的质量控制与强度评定

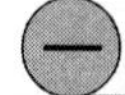

一　混凝土质量的波动及其控制

(一)混凝土质量的波动因素

混凝土在生产过程中由于受到许多因素的影响，其质量不可避免地存在波动，造成混凝土质量波动的主要因素有：

(1)混凝土生产前的因素，包括组成材料、配合比、设备使用状况等。

(2)混凝土生产过程中的因素，包括计量、搅拌、运输、浇筑、振捣、养护、试件的制作与养护等。

(3)混凝土生产后的因素，包括批量划分、验收界限、检测方法、检测条件等。

为了使混凝土能够达到设计要求，使其质量在合理范围内波动，确保建筑工程的安全，应在施工过程中对各个环节进行质量检验和生产控制，混凝土硬化后应进行混凝土强度评定。

(二) 混凝土质量的控制

1. 确保混凝土原材料质量合格

混凝土各组成材料的质量均须满足相应的技术标准，且各组成材料的质量与规格必须满足工程设计与施工的要求。

2. 严格计量

严格控制各组成材料的用量，做到称量准确，各组成材料的计量误差须满足《混凝土质量控制标准》(GB50164—2011)的规定，即胶凝材料的计量误差控制在2%以内，水、外加剂的计量误差控制在1%以内，粗、细骨料的计量误差控制在3%以内，并应随时测定砂、石骨料的含水率，以保证混凝土配合比的准确性。

3. 加强施工过程的控制

采用正确的搅拌方式，严格控制搅拌时间；拌和物在运输时要防止分层、泌水、流浆等现象，且尽量缩短运输时间；浇筑时按规定的方法进行，并严格限制卸料高度，防止离析；采用正确的振捣方式，振捣均匀，严禁漏振和过量振动；保证足够的温、湿度，加强对混凝土的养护。

4. 采用科学管理方法

为了掌握分析混凝土质量波动情况，及时分析发现的问题，可将水泥强度、混凝土坍落度、强度等质量结果绘成图，称为质量管理图。

质量管理图的横坐标为按时间顺序测得的质量指标子样编号，纵坐标为质量指标的特征值，中间一条横坐标为中心控制线，上、下两条线为控制界限，如图4-22所示。

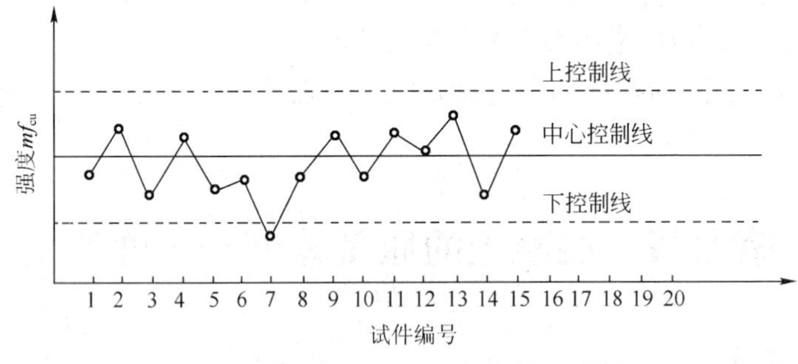

图4-22　混凝土质量管理图

从质量管理图变动趋势，可以判断施工是否正常。若点子在中心线附近较多，即为施工正常。若点子显著偏离中心线或分布在一侧，尤其是有些点子超出上、下控制界限，说明混凝土质量均匀性已下降，应立即查明原因，加以解决。

 二 混凝土强度评定的数理统计方法

由于混凝土质量的波动将直接反映到最终的强度上，而混凝土的抗压强度与其他性能有较好的相关性，因此在混凝土生产质量管理中，常以混凝土的抗压强度作为评定和控制其质量的主要指标。

在正常生产条件下，混凝土的强度受许多随机因素的作用，其强度也是随机变化的，因此可以采用数理统计的方法进行分析、处理和评定。

(一)混凝土强度概率的正态分布

对同一强度等级的混凝土，在浇筑地点随机抽取试样，制作 n 组试件($n \geqslant 25$)，测定其28d龄期的抗压强度。以抗压强度为横坐标，混凝土强度出现的概率为纵坐标，绘制抗压强度—频率分布曲线，如图4-23所示。结果表明曲线接近于正态分布曲线，即混凝土的强度服从正态分布。

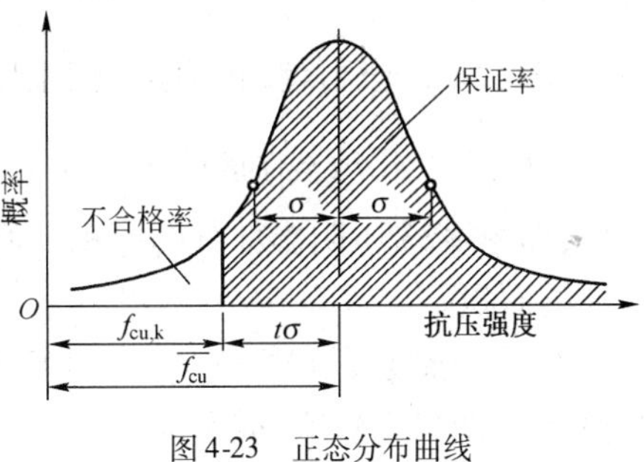

图4-23　正态分布曲线

正态分布曲线的高峰对应的横坐标为强度平均值，且以强度平均值为对称轴。曲线与横坐标之间所围成的面积为100%，即概率的总和为100%，对称轴两边出现的概率各为50%，对称轴两边各有一拐点。

(二)强度平均值、标准差、变异系数

1. 强度平均值

强度平均值按式(4-11)计算：

$$m_{f_{cu}} = \frac{1}{n}\sum_{i=1}^{n} f_{cu,i} \tag{4-11}$$

式中：$m_{f_{cu}}$——n 组试件抗压强度的算术平均值(MPa)；

n——混凝土强度试件的组数；

$f_{cu,i}$——第 i 组试件的抗压强度(MPa)。

强度平均值只能反应混凝土总体强度水平，而不能说明强度波动的大小，即不能说明混凝土施工水平的高低。

2. 标准差

标准差 σ 又称均方差，是正态分布曲线上拐点到对称轴间的距离，是评定质量均匀性的一种指标，可用式(4-12)计算。

$$\sigma = \sqrt{\frac{\sum_{i=1}^{n}(f_{cu,i} - m_{f_{cu}})^2}{n-1}} = \sqrt{\frac{\sum_{i=1}^{n} f_{cu,i}^2 - nm_{f_{cu}}^2}{n-1}} \tag{4-12}$$

式中：n——试件组数($\geqslant 25$)；

$f_{cu,i}$——第 i 组试件的抗压强度(MPa)；

$m_{f_{cu}}$——n 组试件抗压强度的算术平均值。

标准差 σ 值小，正态分布曲线窄而高，说明强度值分布集中，则混凝土质量均匀性好，混凝土施工质量控制较好；反之混凝土施工质量控制较差。

3. 变异系数

变异系数也是用来评定混凝土质量均匀性的指标。对平均强度水平不同的混凝土之间质量稳定性的比较，可考虑用相对波动的大小，即以标准差对强度平均值的比值，称为变异系数 C_v，其计算见式（4-13）：

$$C_v = \frac{\sigma}{m_{f_{cu}}} \tag{4-13}$$

C_v 值越小，说明混凝土质量越均匀，施工管理水平越高。

（三）混凝土强度保证率混凝土配制强度

强度保证率 $P(\%)$ 是指在混凝土强度整体中，大于设计强度等级值 $f_{cu,k}$ 的强度值出现的概率，即图 4-23 中阴影部分的面积。低于强度等级的概率，为不合格率，即图 4-23 中阴影部分以外的面积。

混凝土强度保证率 $P(\%)$ 的计算方法如下，先根据混凝土的设计强度等级值 $f_{cu,k}$、强度平均值 $m_{f_{cu}}$、变异系数 C_v 或标准差 σ，计算出概率度 t，如式（4-14）：

$$t = \frac{m_{f_{cu}} - f_{cu,k}}{\sigma} = \frac{m_{f_{cu}} - f_{cu,k}}{C_v m_{f_{cu}}} \tag{4-14}$$

则强度保证率 $P(\%)$ 就可由正态分布曲线方程求得，或利用表 4-24 查出。

不同 t 值对应的 P 值 表 4-24

t	0.00	0.50	0.80	0.84	1.00	1.04	1.20	1.28	1.40	1.50	1.60
$P(\%)$	50.0	69.2	78.8	80.0	84.1	85.1	88.5	90.0	91.9	93.3	94.5
t	1.645	1.70	1.75	1.81	1.88	1.96	2.00	2.05	2.33	2.50	3.00
$P(\%)$	95.0	95.5	96.0	96.5	97.0	97.5	97.7	98.0	99.0	99.4	99.87

根据《普通混凝土配合比设计规程》（JGJ 55—2011）的规定，混凝土强度应具有 95% 的保证率，这就使得混凝土的配制强度必须高于强度等级值。令配制强度 $f_{cu,0} = \bar{f}_{cu}$，代入概率度计算公式得式（4-15）：

$$f_{cu,0} = f_{cu,k} + t\sigma \tag{4-15}$$

式中：$f_{cu,0}$——混凝土配制强度（MPa）；

$f_{cu,k}$——混凝土设计强度等级值（MPa）；

t——与要求的保证率相对应的概率度；

σ——混凝土强度标准差（MPa）。

查表 4-23，混凝土强度保证率为 95% 时，对应取 $t = 1.645$，混凝土配制强度见式（4-16）：

$$f_{cu,0} \geqslant f_{cu,k} + t\sigma \geqslant f_{cu,k} + 1.645\sigma \tag{4-16}$$

由上式可知，设计要求的混凝土强度保证率越大，所对应的 t 值越大，配制强度就越高；混凝土质量稳定性越差时（σ 越大），配制强度就越高。

施工单位的混凝土强度标准差 σ 应按下列规定计算：

（1）当施工单位有 30 组以上 1 ~ 3 个月该种混凝土的试验资料时，可按数理统计方法按照公式（4-12）计算：

$$\sigma = \frac{\sum_{i=1}^{n} f_{cu,i}^2 - nm_{f_{cu}}^2}{n-1}$$

当混凝土强度等级不大于C30时,如计算得到的τ小于3.0MPa,则取τ=3.0MPa;当混凝土强度等级大于C30且小于C60时,如计算得到的τ小于4.0MPa,则取τ=4.0MPa。

(2)当施工单位不具有近期的同一品种混凝土强度时,其混凝土强度标准差τ可按表4-25选用。

混凝土的τ取值表(JGJ 55—2011)　　表4-25

混凝土强度等级	低于C20	C25～C45	C50～C55
τ值(MPa)	4.0	5.0	6.0

三 混凝土强度的检验评定

(一)统计方法一

当连续生产的混凝土,生产条件在较长时间内保持一致,且同一品种、同一强度等级混凝土的强度变异性保持稳定时,应由连续的3组试件组成一个检验批,其强度应同时符合下列规定:

$$m_{f_{cu}} \geqslant f_{cu,k} + 0.7\sigma_0 \tag{4-17}$$

$$f_{cu,min} \geqslant f_{ck,k} - 0.7\sigma_0 \tag{4-18}$$

检验批混凝土立方体抗压强度的标准差应按公式(4-19)计算:

$$\sigma_0 = \sqrt{\frac{\sum_{i}^{n} f_{cu,i}^2 - nm_{f_{cu}}^2}{n-1}} \tag{4-19}$$

式中:$m_{f_{cu}}$——同一检验批混凝土立方体抗压强度的平均值(N/mm^2);

$f_{cu,k}$——混凝土立方体抗压强度标准值(N/mm^2);

σ_0——检验批混凝土立方体抗压强度的标准差(N/mm^2);当检验批混凝土立方体抗压强度标准差σ_0计算值小于$2.5N/mm^2$时,应取$2.5N/mm^2$;

$f_{cu,i}$——前一个检验期内同一品种、同一强度等级的第i组混凝土试件的立方体抗压强度代表值(N/mm^2);该检验期不应少于60d,也不得大于90d;

n——前一检验期内的样本容量,在该期间内样本容量不应少于45。

当混凝土强度等级≤C20时,其强度的最小值尚应满足式要求:

$$f_{cu,min} \geqslant 0.85 f_{cu,k} \tag{4-20}$$

当混凝土强度等级>C20时,其强度的最小值尚应满足下列要求:

$$f_{cu,min} \geqslant 0.90 f_{cu,k} \tag{4-21}$$

(二)统计方法二

当混凝土的生产条件在较长时间内不能保持一致且混凝土强度变异不能保持稳定时,或在前一个检验期内的同一品种混凝土没有足够的数据用以确定验收批混凝土立方体抗压强度标准差时，应由不少于10组的试件组成一个检验批，其强度应同时满足下列要求：

$$m_{f_{cu}} \geq f_{cu,k} + \lambda_1 \cdot S_{f_{cu}} \tag{4-22}$$

$$f_{cu,min} \geq \lambda_2 \cdot f_{cu,k} \tag{4-23}$$

同一检验批混凝土立方体抗压强度的标准差$S_{f_{cu}}$应按下式计算：

$$s_{f_{cu}} = \sqrt{\frac{\sum_{i=1}^{n} f_{cu,i}^2 - nm_{f_{cu}}^2}{n-1}} \tag{4-24}$$

式中：$S_{f_{cu}}$——同一检验批混凝土立方体抗压强度的标准差（N/mm^2），精确到0.01（N/mm^2）；

当检验批混凝土强度标准差$S_{f_{cu}}$计算值小于$2.5N/mm^2$时，应取$2.5N/mm^2$；

λ_1、λ_2——合格评定系数，按表4-26取用。

混凝土强度的合格评定系数 表4-26

试 件 组 数	10～14	15～19	≥20
λ_1	1.15	1.05	0.95
λ_2	0.90	0.85	

（三）非统计方法

对于试件数量有限，不具备按以上两种统计方法评定混凝土强度条件的工程，可采用非统计方法评定，其强度应同时满足下列要求：

$$m_{f_{cu}} \geq \lambda_3 \cdot f_{cu,k} \tag{4-25}$$

$$f_{cu,min} \geq \lambda_4 \cdot f_{cu,k} \tag{4-26}$$

式中：λ_3，λ_4——合格评定系数，应按表4-27取用。

混凝土强度的非统计法合格评定系数 表4-27

混凝土强度等级	<C60	≥60
λ_3	1.15	1.10
λ_4	0.95	

当检验评定结果不能满足统计法或非统计法的要求时，该批混凝土强度判定为不合格。对不合格批混凝土构件制成的构件或结构时，可按有关标准规定，采用非破损或局部破损的检测方法，对混凝土的强度进行及时检测、鉴定和处理。

【工程实例4-9】

【概况】 假设三个施工单位同样生产C20混凝土。甲单位管理水平很高，乙单位管理水平中等，丙单位管理水平低劣，统计甲、乙、丙三个单位混凝土的标准差分别为2.0MPa、4.0MPa、6.0MPa，试分析标准差的大小对试配强度大小以及对混凝土成本的影响。

【原因分析】 混凝土强度等级是根据混凝土强度总体分布的平均值减去1.645倍标准

差确定的，这样可以保证混凝土强度标准值具有95%的保证率，充分地保证了结构的安全。从这个定义推定，抽样检验的N组试件的混凝土强度平均值一定大于等于混凝土设计强度等级，而强度平均值的大小取决于施工管理水平，即取决于标准差σ的大小。

三种施工水平的单位均按95%的保证率要求控制混凝土的平均强度，甲单位N组混凝土强度平均值$f_{cu}=20+1.645\times2.0=23.29$MPa，乙单位$N$组混凝土强度平均值$f_{cu}=20+1.645\times4.0=26.58$MPa，丙单位$N$组混凝土强度平均值$f_{cu}=20+1.645\times6.0=29.87$MPa。我们看到，施工质量好（标准差$\sigma=2.0$MPa）的混凝土强度平均值23.29MPa与施工质量低劣（标准差$\sigma=6.0$MPa）的混凝土强度平均值29.87MPa具有同等的保证率。因此，施工人员必须明确，要尽量提高施工管理水平，使混凝土强度标准差降到最低值，这样既能保证工程质量又降低了工程造价，是真正有效的节约措施。

第八节　普通混凝土配合比设计

普通混凝土配合比是指混凝土中胶凝材料、粗细骨料和水、外加剂、掺合料等各组成材料用量之间的数量比例关系。配合比的表示方法有两种：一种是以每$1m^3$混凝土中各项材料的质量表示，如$1m^3$混凝土中水泥247kg，粉煤灰106kg，水172kg，砂770kg，石子1087kg，外加剂3.53kg；另一种表示方法是以各材料间的质量比来表示（以水泥的质量为1），将上述数据换算成质量比可写成：水泥∶粉煤灰∶砂子∶石子=1∶0.43∶3.12∶4.40，水胶比0.49。

一　混凝土配合比设计的基本要求

（1）施工方面要求的混凝土拌合物和易性。

（2）混凝土结构设计要求的强度等级。

（3）与使用环境相适应的耐久性要求。

（4）在满足以上三项技术性质的前提下，尽量节约水泥用量，降低混凝土成本，符合经济原则。

二　混凝土配合比设计的基本资料

在进行混凝土配合比设计之前，必须详细掌握下列基本资料。

（1）掌握工程设计要求的强度等级、表示质量稳定性的强度标准差或施工质量水平，以便确定混凝土配制强度。

（2）掌握工程所处环境对混凝土耐久性的要求，以便确定所配制混凝土的最大水胶比和最小胶凝材料用量。

（3）掌握混凝土的施工方法、结构断面尺寸及钢筋配置情况，以便确定混凝土拌合物的坍落度及骨料最大粒径。

（4）掌握原材料的性能指标，包括：水泥的品种、强度等级、密度；砂、石骨料的品种、级配、视密度、堆积密度、含水率、石子的最大粒径；拌合用水的水质及来源；外加剂的品种、性能、适宜掺量、与水泥的相容性及掺入方法等。

三 混凝土配合比设计的三个基本参数

普通混凝土配合比设计,实质是确定胶凝材料、水、砂子、石子用量间的三个比例关系。即水与胶凝材料之间的比例关系,用水胶比(W/B)表示;砂与石子之间的比例关系,用砂率(β_s)表示;水泥浆与骨料之间的比例关系,用单位用水量(1m^3 混凝土的用水量)来反映。混凝土配合比的三个基本参数就是指水胶比、砂率、单位用水量。

三个参数与混凝土基本要求密切相关,正确地确定这三个参数,能使混凝土满足配合比设计的基本要求。水胶比的大小直接影响混凝土的强度和耐久性,因此确定水胶比的原则必须是同时满足强度和耐久性的要求;用水量的多少,是控制混凝土拌合物流动性大小的重要参数,确定单位用水量的原则是以拌合物达到要求的坍落度为准;砂率反映了砂石的配合关系,砂率的改变不仅影响拌合物的流动性,而且对粘聚性和保水性也有很大的影响,确定砂率的原则是选定合理砂率。

四 普通混凝土配合比设计的方法和步骤

首先根据选定的原材料及配合比设计的基本要求,通过经验公式、经验表格进行初步设计,得出“初步配合比”;在初步配合比的基础上,经过试拌、检验、调整到和易性满足要求时,得出“试拌配合比”;在试验室进行混凝土强度检验、复核(如有其他性能要求,则做相应的检验项目,如抗冻性、抗渗性等),得出“设计配合比”;最后根据现场原材料情况(如砂、石含水情况等)修正设计配合比,得出“施工配合比”。

(一)初步配合比的确定

1. 确定配制强度($f_{cu,0}$)

1)当混凝土的设计强度等级小于 C60 时,配制强度应按下式确定:

$$f_{cu,0} = f_{cu,k} + 1.645\sigma$$

式中:$f_{cu,0}$——混凝土的配制强度(MPa);

$f_{cu,k}$——混凝土立方体抗压强度标准值,即混凝土设计强度等级值(MPa);

σ——混凝土强度标准差(MPa)。

上式中 σ 的大小反映施工单位的质量管理水平,σ 愈大,说明混凝土施工质量愈不稳定。当施工单位不具有近期的同一品种混凝土强度资料时,混凝土强度标准差 σ 按表 4-24 选用。

2)当混凝土设计强度等级不小于 C60 时,配制强度应按下式确定:

$$f_{cu,0} \geqslant 1.15 f_{cu,k}$$

2. 确定水灰比值(W/B)

混凝土强度等级小于 C60 时,按混凝土强度经验公式(4-8)计算水胶比。

$$f_{cu,0} = \alpha_a f_b \left(\frac{B}{W} - \alpha_b \right)$$

则

$$\frac{W}{B} = \frac{\alpha_a f_b}{f_{cu,0} + \alpha_a \alpha_b f_b}$$

式中 α_a、α_b、f_b 详见式(4-8)中说明。

根据混凝土的使用条件,水胶比值应满足混凝土耐久性对最大水胶比的要求,即查表4-22,若计算出的水胶比值大于规定的最大水胶比值,则取规定的最大水胶比值。

3. 确定单位用水量(m_{w0})

(1)干硬性和塑性混凝土用水量的确定

水胶比在0.40~0.80范围时,根据粗骨料的品种、最大粒径及施工要求的混凝土拌合物稠度,每立方米混凝土用水量可按表4-28和表4-29选取。

干硬性混凝土的用水量(kg/m^3)　　表4-28

拌合物稠度		卵石最大粒径(mm)			碎石最大粒径(mm)		
项目	指标	10.0	20.0	40.0	16.0	20.0	40.0
维勃稠度(s)	16~20	175	160	145	180	170	155
	11~15	180	165	150	185	175	160
	5~10	185	170	155	190	180	165

塑性混凝土的用水量(kg/m^3)　　表4-29

拌合物稠度		卵石最大粒径(mm)				碎石最大粒径(mm)			
项目	指标	10	20	31.5	40	16	20	31.5	40
坍落度(mm)	10~30	190	170	160	150	200	185	175	165
	35~50	200	180	170	160	210	190	185	175
	55~70	210	190	180	170	220	205	195	185
	75~90	215	195	185	175	230	215	205	195

注:1. 本表用水量系采用中砂时的取值。采用细砂时,每立方米混凝土用水量可增加5~10kg;采用粗砂时,则可减少5~10kg。

2. 掺用各种外加剂或掺合料时,用水量应相应调整。

(2)流动性和大流动性混凝土用水量的确定

a. 未掺减水剂时,每立方米混凝土用水量,以表4-29中坍落度90mm的用水量为基础,按坍落度每增大20mm,用水量增加5kg来计算,当坍落度增大到180mm以上时,随坍落度相应增加的用水量可减少。

b. 掺外加剂时混凝土的用水量按下式计算。

$$m_{w0} = m'_{w0}(1-\beta) \tag{4-27}$$

式中:m_{w0}——计算配合比混凝土每 m^3 的用水量(kg/m^3);

m'_{w0}——未掺外加剂时推定的满足实际坍落度要求混凝土每 m^3 的用水量(kg/m^3);

β——外加剂的减水率,其值按试验确定。

4. 混凝土中外加剂用量

$$m_{a0} = m_{b0}\beta_a \tag{4-28}$$

式中:m_{a0}——每立方米混凝土中外加剂用量(kg/m^3);

m_{b0}——每立方米混凝土中胶凝材料用量(kg/m^3)(胶凝材料用量按式4-29计算确定);

β_a——外加剂掺量(%),其值按试验确定。

5. 胶凝材料、矿物掺合料和水泥用量

1）每立方米混凝土的胶凝材料用量（m_{b0}）

每立方米混凝土的胶凝材料用量（m_{b0}），根据已确定的单位混凝土用水量和已确定的水胶比（W/B）值，按下式计算：

$$m_{b0} = \frac{m_{w0}}{\left(\frac{W}{B}\right)} \tag{4-29}$$

胶凝材料用量应满足混凝土耐久性对最小胶凝材料用量的要求，即查表4-21，若计算出的胶凝材料用量小于规定的最小胶凝材料用量值，则取规定的最小胶凝材料用量值。

2）每立方米混凝土的矿物掺合料用量（m_{f0}）

每立方米混凝土的矿物掺合料用量（m_{f0}），应按式（4-30）计算：

$$m_{f0} = m_{b0}\beta_f \tag{4-30}$$

式中：β_f——矿物掺合料掺量，

矿物掺合料掺量应通过试验确定。当采用硅酸盐水泥或普通硅酸盐水泥时，钢筋混凝土中矿物掺合料最大掺量宜符合表4-30的规定。对基础大体积混凝土，粉煤灰、粒化高炉矿渣粉和复合掺合料的最大掺量可增加5%。

钢筋混凝土中矿物掺合料最大掺量 表4-30

矿物掺合料种类	水　胶　比	最大掺量（%）	
		采用硅酸盐水泥时	采用普通硅酸盐水泥时
粉煤灰	≤0.40	45	35
	>0.40	40	30
粒化高炉矿渣粉	≤0.40	65	55
	>0.40	55	45
钢渣粉	—	30	20
磷渣粉	—	30	20
硅灰	—	10	10
复合掺合料	≤0.40	65	55
	>0.40	55	45

注：1. 采用其他通用硅酸盐水泥时，宜将水泥混合材料掺量20%以上的混合材料计入矿物掺合料。

2. 复合掺合料各组分的掺量不宜超过单掺时的最大掺量。

3）每立方米混凝土的水泥用量（m_{c0}）

每立方米混凝土的水泥用量（m_{c0}），应按式4-31计算：

$$m_{c0} = m_{b0} - m_{f0} \tag{4-31}$$

6. 确定砂率（β_s）

砂率值应根据骨料的技术指标、混凝土拌合物性能和施工要求，参考既有历史资料确定；如无统计资料，可按下列规定执行：

1）坍落度小于 10mm 的混凝土，其砂率应经试验确定。

2）坍落度为 10～60mm 的混凝土，其砂率可根据混凝土骨料品种、最大公称粒径及水胶比按表 4-30 选取。

3）坍落度大于 60mm 的混凝土，其砂率可经试验确定，也可在表 4-31 的基础上，按坍落度每增大 20mm、砂率增大 1% 的幅度予以调整。

混凝土的砂率（%） 表 4-31

水胶比	卵石最大公称粒径（mm）			碎石最大公称粒径（mm）		
	10.0	20.0	40.0	16.0	20.0	40.0
0.40	26～32	25～31	24～30	30～35	29～34	27～32
0.50	30～35	29～34	28～33	33～38	32～37	30～35
0.60	33～38	32～37	31～36	36～41	35～40	33～38
0.70	36～41	35～40	34～39	39～44	38～43	36～41

注：1. 表中数值系中砂的选用砂率，对细砂或粗砂可相应地减小或增大砂率。
2. 采用人工砂配制混凝土时，砂率可适当增大。
3. 只用一个单粒级粗骨料配制混凝土时，砂率应适当增大。

7. 确定 $1m^3$ 混凝土的砂石用量（m_{s0}、m_{g0}）

砂、石用量的确定可采用体积法或质量法求得。

（1）体积法

假定 $1m^3$ 混凝土拌合物体积等于各组成材料绝对体积及拌合物中所含空气的体积之和，据此可列出下列方程组，解得 m_{f0}、m_{g0}

$$\begin{cases}\dfrac{m_{c0}}{\rho_c}+\dfrac{m_{f0}}{\rho_f}+\dfrac{m_{g0}}{\rho_g}+\dfrac{m_{s0}}{\rho_s}\dfrac{m_{w0}}{\rho_w}+0.01\alpha=1\\ \beta_s=\dfrac{m_{s0}}{m_{s0}+m_{g0}}\times 100\%\end{cases} \quad (4\text{-}32)$$

式中：ρ_f——水泥密度（kg/m^3）；

ρ_f——矿物掺合料密度（kg/m^3）

ρ_g——粗骨料的表观密度（kg/m^3）；

ρ_s——细骨料的表观密度（kg/m^3）；

ρ_ω——水的密度（kg/m^3）；

α——混凝土的含气量百分数，在不用引气剂或引气型外加剂时，α 可取 1。

（2）质量法（假定表观密度法）

根据经验，如果原材料比较稳定时，所配制的混凝土拌合物的表观密度将接近一个固定值，因此，可假定 $1m^3$ 混凝土拌合物的质量为 $m_{c\rho}$，由以下方程组解出 m_{s0}、m_{g0}。

$$\begin{cases}m_{f0}+m_{c0}+m_{w0}+m_{s0}+m_{g0}=m_{c\rho}\\ \beta_s=\dfrac{m_{s0}}{m_{s0}+m_{g0}}\times 100\%\end{cases} \quad (4\text{-}33)$$

$m_{c\rho}$ 可根据积累的试验资料确定，在无资料时，其值可取 2350～2450kg/m^3。

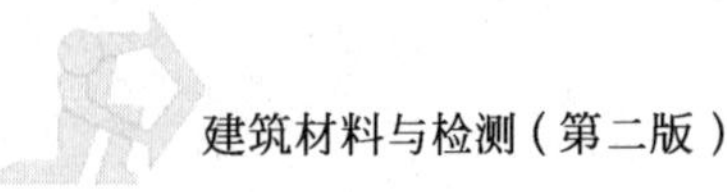

（二）试拌配合比的确定

初步配合比多是借助经验公式或经验数据计算得到，不一定能满足实际工程的和易性要求。因此，应进行试配与调整，直到混凝土拌合物的和易性满足要求为止，此时得出的配合比即混凝土的试拌配合比，它可作为检验混凝土强度之用。

混凝土试配时，每盘混凝土的最小搅拌量有如下规定：骨料最大粒径≤31.5mm 时为 20L；最大粒径为 40mm 时为 25L；当采用机械搅拌时，搅拌量不应小于搅拌机额定搅拌量的 1/4。

按初步配合比称取试配材料的用量，将拌合物搅拌均匀后，测定其坍落度，并观察其粘聚性和保水性。当不符合要求时，应进行调整。如果坍落度低于设计要求时，可保持水胶比不变，增加适量水泥浆。如果坍落度过大时，可在保持砂率不变的条件下增加骨料。若出现含砂不足，粘聚性和保水性不良时，可适当增大砂率，反之应减少砂率。每次调整后再试拌，直到符合和易性要求为止。

（三）设计配合比的确定

经过上述的试拌和调整所得出的试拌配合比仅仅满足混凝土和易性要求，其强度是否符合要求，还需进一步进行强度检验。

检验混凝土强度时，应采用不少于三组的配合比。其中一组为试拌配合比，另外两组配合比的水胶比值较基准配合比分别增加和减少 0.05，用水量与基准配合比相同，砂率可分别增减 1%。三组配合比的和易性能应符合设计和施工要求。

三组配合比分别成型、标准养护，测定其 28d 龄期的抗压强度值 f_1、f_2、f_3，由三组配合比的胶水比和抗压强度值，绘制抗压强度与胶水比的关系图，如图 4-24。从图中找出与配制强度 $f_{cu,0}$ 相对应的胶水比 B/W，称为设计胶水比，该胶水比即是满足强度要求的胶水比，并按下列原则确定每 m^3 混凝土的材料用量。

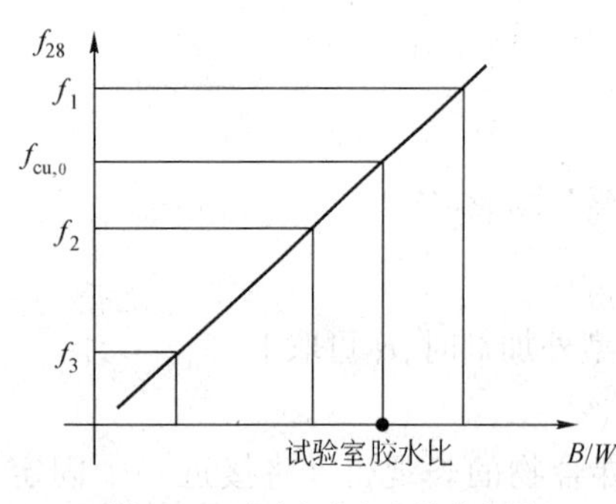

图 4-24　试验室胶水比的确定图

（1）用水量（m_w）和外加剂用量（m_a）应在试拌配合比用水量的基础上，根据制作强度试件时测得的坍落度或维勃稠度进行调整确定。

（2）胶凝材料用量（m_b）应以用水量 m_w 乘以选定的胶水比计算确定。

（3）粗、细骨料用量（m_s、m_g）应在试拌配合比的粗、细骨料用量的基础上，按选定的水胶比进行调整。

由强度复核之后的配合比，还应根据实测的混凝土拌合物的表观密度（$\rho_{c,t}$）和计算表观密度（$\rho_{c,c}$）进行校正。校正系数为：

$$\delta = \frac{\rho_{c,t}}{\rho_{c,c}} = \frac{\rho_{c,t}}{m_c + m_f + m_g + m_s + m_w} \tag{4-34}$$

当混凝土表观密度实测值 $\rho_{c,t}$ 与计算值 $\rho_{c,c}$ 之差不超过计算值的 2% 时，不需校正；当两者之差超过计算值的 2% 时，应将配合比中的各项材料用量乘以校正系数，即为混凝土的设计配合比。

(四)施工配合比的确定

混凝土的设计配合比是以干燥状态骨料为准，而工地上的砂、石材料都含有一定的水分，故现场材料的实际用量应按砂、石含水情况进行修正，修正后的配合比为施工配合比。

假设工地砂、石含水率分别为 $a\%$ 和 $b\%$，则施工配合比为：

$$\begin{cases} m_c' = m_c \\ m_f' = m_f \\ m_s' = m_s(1 + a\%) \\ m_g' = m_g(1 + b\%) \\ m_w' = m_w - m_s \cdot a\% - m_g \cdot b\% \end{cases} \tag{4-35}$$

五 普通混凝土配合比设计实例

【例 4-3】 某室内现浇钢筋混凝土梁，混凝土设计强度等级为 C30，泵送施工，要求到施工现场混凝土拌合物坍落度为 180mm，试进行混凝土配合比设计。

该工程所用原材料技术指标如下：

水泥：强度等级 42.5 的普通水泥，密度 $\rho_c = 3100\text{kg/m}^3$，28d 强度实测值 =48.0MPa；

粉煤灰：Ⅱ级，表观密度 $\rho_f = 2200\text{kg/m}^3$；

中砂：级配合格，表观密度 $\rho_s = 2650\text{kg/m}^3$；

碎石：5 ~31.5mm 连续级配，表观密度 $\rho_g = 2700\text{kg/m}^3$；

外加剂：萘系高效减水剂，减水率为 24%；

水：自来水。

【解】

(一)确定混凝土的初步配合比

1. 确定配制强度($f_{cu,0}$)

已知：$f_{cu,k} = 30\text{MPa}$，标准差(σ)由于无历史统计资料，查表 4-24 取 $\sigma = 5.0\text{MPa}$；考虑到施工现场条件与试验室试配条件的差异，配制强度在满足强度标准值保证率的基础上提高 10%：

$$f_{cu,0} = 1.1 \times (f_{cu,k} + 1.645\sigma) = 1.1 \times (30 + 1.645 \times 5.0) = 42.0\text{MPa}$$

2. 计算水灰比(W/B)

已知：水泥的实测强度值 =48.0MPa；掺 30% 的Ⅱ级粉煤灰，其影响系数经试验 $\gamma_f = 0.90$，

则：
$$f_b = \gamma_f f_{ce} = 48.0 \times 0.90 = 43.2\text{MPa}$$

本工程采用碎石，回归系数由表 4-20 取 $\alpha_a = 0.53$，$\alpha_b = 0.20$，利用强度经验公式计算水胶

比(W/B):

$$\frac{W}{B}=\frac{\alpha_a f_b}{f_{cu,0}+\alpha_a\alpha_b f_b}=\frac{0.53\times43.2}{42.0+0.53\times0.20\times43.2}=0.49$$

查表4-22,在干燥环境中最大水胶比为0.60,所以取水胶比为0.49。

3. 确定$1m^3$混凝土的用水量(m_{w0})

(1)查表4-28,坍落度为90mm不掺外加剂时混凝土用水量为205kg;按每增加20mm坍落度增加5kg水,求出未掺外加剂时的用水量为:

$$m'_{w0}=205+\frac{180-90}{20}\times5=227.5\text{kg}$$

(2)确定掺减水率(β)为24%的高效减水剂后,混凝土拌合物坍落度达到180mm时的用水量:

$$m_{w0}=m'_{w0}(1-\beta)=227.5\times(1-0.24)=173\text{kg/m}^3$$

4. 计算胶凝材料用量、粉煤灰用量、水泥用量和外加剂用量

(1)胶凝材料用量:

$$m_{b0}=\frac{m_{w0}}{W/B}=\frac{173}{0.49}=353\text{kg/m}^3$$

(2)粉煤灰用量:m_{f0}

参考表4-29,选取粉煤灰掺量为30%,则:

$$m_{f0}=m_{b0}\beta_f=353\times0.30=106\text{kg/m}^3$$

(3)水泥用量m_{c0}:

$$m_{c0}=m_{b0}-m_{f0}=353-106=247\text{kg/m}^3$$

(4)外加剂掺量m_{a0}:

取外加剂掺量为1%$(\beta_a=0.01)$

$$m_{a0}=m_{b0}\beta_a=353\times0.01=3.53\text{kg/m}^3$$

5. 确定砂率(β_s)

本例采用泵送混凝土,其砂率宜控制在35%~45%,根据历史经验砂率采用42%。

6. 计算砂石用量(m_{s0},m_{g0})

(1)质量法

已知混凝土用水量$m_{w0}=173\text{kg/m}^3$,胶凝材料用量$m_{b0}=353\text{kg/m}^3$,砂率$\beta_s=42\%$,假定混凝土拌合物的表观密度为2400kg/m^3,则:

$$\begin{cases}247+106+173+m_{s0}+m_{g0}=2400\\[2ex]\dfrac{m_{s0}}{m_{s0}+m_{g0}}=0.42\end{cases}$$

解得:$m_{s0}=787\text{kg}$,$m_{g0}=1087\text{kg}$。

初步配合比为:$m_{w0}=173\text{kg}$,$m_{c0}=247\text{kg}$,$m_{f0}=106\text{kg}$,$m_{s0}=787\text{kg}$,$m_{g0}=1087\text{kg/m}^3$。

（2）体积法

$$\begin{cases}\dfrac{247}{3100}+\dfrac{106}{2200}+\dfrac{m_{s0}}{2650}+\dfrac{m_{g0}}{2700}+\dfrac{173}{1000+0.01\alpha}=1\\ \dfrac{m_{s0}}{m_{s0}+m_{g0}}=0.42\end{cases}$$

解得：$m_{s0}=776\text{kg}, m_{g0}=1071\text{kg}$。

初步配合比为 $m_{w0}=173\text{kg}, m_{c0}=247\text{kg}, m_{s0}=776\text{kg}, m_{g0}=1071\text{kg/m}^3$。

下面以质量法的计算结果进行试配。

（二）试拌配合比的确定

骨料最大粒径为31.5mm，称取样20L，各组成材料用量如下：

水泥：$247\times0.02=4.94\text{kg}$；

粉煤灰：$106\times0.02=2.12\text{kg}$；

水：$173\times0.02=3.46\text{kg}$；

外加剂：$3.53\times0.02=0.0706\text{kg}$；

砂：$787\times0.02=15.74\text{kg}$；

石：$1087\times0.02=21.74\text{kg}$。

经试拌并进行和易性检验，结果是黏聚性和保水性均好，但坍落度为120mm，低于规定值180mm。因此在保持水胶比不变的情况下，增加2%的浆量。经重新搅拌后的混凝土拌合物的坍落度为180mm，符合施工要求。试拌配合比各组成材料的用量如下：

水泥：$247\times(1+0.02)=252\text{kg/m}^3$；

粉煤灰：$106\times(1+0.02)=108\text{kg/m}^3$；

水：$173\times(1+0.02)=176\text{kg/m}^3$；

砂：787kg/m^3；

石：1087kg/m^3；

外加剂：3.60kg/m^3。

（三）设计配合比的确定

1. 混凝土强度检验

以试拌配合比为基准，再配制两组混凝土，水胶比分别为0.44和0.54，两组配合比中的用水量、砂、石均与试拌配合比的相同，砂率分别增加和减少1%。每个配合比均拌制20L混凝土，各配合比的材料用量及实验结果如表4-32、表4-33。

20L混凝土拌和物各材料用量及实测表观密度 表4-32

配合比	水	水泥	粉煤灰	外加剂	砂	石	表观密度（kg/m^3）
试拌 W/B（0.49）	3.52	5.04	2.16	0.0706	15.74	21.74	2400
试拌 $W/B+0.05$（0.54）	3.52	4.56	1.96	0.0652	16.32	21.64	2380
试拌 $W/B-0.05$（0.44）	3.52	5.60	2.40	0.0800	14.96	21.52	2410

混凝土强度检测结果　　表 4-33

配合比 W/B	3d	7d	28d	60d
0.49	25.2	30.6	42.5	50.6
0.54	20.1	25.0	34.0	40.5
0.44	27.3	32.5	48.0	58.2

根据表 4-32 中混凝土 28d 强度试验结果，用作图法求出与混凝土配制强度（$f_{cu,0}$）相应的胶水比，如图 4-25 所示，直线所对应的函数为 $y = 7x + 27.5$。

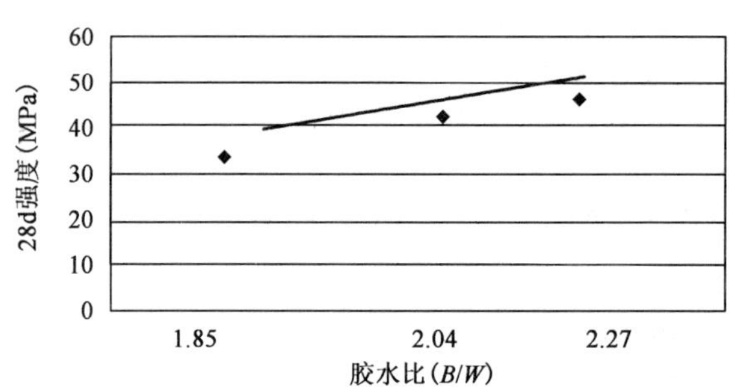

图 4-25　混凝土配制强度相应的胶水比

要求的混凝土配制强度为 42.0MPa，根据直线方程，求得与配制强度对应的胶水比为 $B/W = 2.07$，即水胶比 $W/B = 0.48$，本例就取 0.49 的配合比作为设计配合比。

2. 确定混凝土设计配合比

（1）根据强度试验结果，确定每立方米混凝土的材料用量：

用水量：$m_w = 176\text{kg/m}^3$；

胶凝材料用量：$m_b = m_w \cdot (B/W) = 359\text{kg/m}^3$；

其中：粉煤灰用量：$m_f = m_b \times 0.30 = 108\text{kg/m}^3$；

水泥用量：$m_c = 251\text{kg/m}^3$；

外加剂用量：$m_a = m_b \times 1\% = 3.59\text{kg/m}^3$；

砂、石用量按质量法计算：砂用量 $m_s = 787\text{kg/m}^3$；

石用量：$m_g = 1087\text{kg/m}^3$。

（2）拌合物表观密度修正后的设计配合比：

$$p_{cc} = m_c + m_f + m_g + m_s + m_w + m_a = 2413\text{kg/m}^3$$

表观密度的实测值与计算值之差的绝对值 $= 2413 - 2400 = 13$，小于计算值的 2%，因此可不进行表观密度的修正。

最终确定的混凝土设计配合比为表 4-34 所示。

混凝土设计配合比　　表 4-34

组成材料	水泥 m_c	水 m_w	粉煤灰 m_f	外加剂 m_a	砂 m_s	石 m_g
材料用量（kg/m^3）	251	176	108	3.59	787	1087

(四)施工配合比的确定

在混凝土生产前,现场对所使用的骨料进行含水率检测,现场砂的含水率为3.5%,石为2.0%,故试工配合比计算如下:

$m_c' = m_c = 251\text{kg}$;

$m_f' = m_f = 108\text{kg}$;

$m_a' = m_a = 3.59\text{kg}$;

$m_s' = m_s(1 + a\%) = 787 \times (1 + 3.5\%) = 818\text{kg}$;

$m_g' = m_g(1 + b\%) = 1087 \times (1 + 2.0\%) = 1109\text{kg}$;

$m_w' = m_w - m_s \cdot a\% - m_g \cdot b\% = 176 - 787 \times 3.5\% - 1087 \times 2\% = 127\text{kg}$。

第九节　高性能混凝土

一 高性能混凝土的定义与发展

随着现代工程结构的高度和跨度不断增加,使用的环境日益严酷,工程建设对混凝土的性能要求越来越高,为了适应现代建筑的发展,人们研究和开发了高性能混凝土(High Performance Concrete,简称HPC)。

高性能混凝土是近期混凝土技术发展的主要方向,国外学者曾称之为21世纪混凝土。

美国混凝土学会给出的定义为:"高性能混凝土是一种要能符合特殊性能综合与均匀性要求的混凝土,此种混凝土往往不能用常规的混凝土组分材料和通常的搅拌、浇捣和养护的习惯做法所获得。"

日本学者认为:高性能混凝土应具有高工作性(高的流动性、黏聚性与可浇筑性)、低温升、低干缩率、高抗渗性和足够的强度。

不同的学者或技术人员对高性能混凝土的定义与理解有所不同。综合以上观点,我国工程院院士、著名水泥基复合材料专家吴中伟认为,应该根据用途和经济合理等条件对性能有所侧重,并据此提出了高性能混凝土的定义为:高性能混凝土是一种新型的高技术混凝土,是在大幅度提高常规混凝土性能的基础上,采用现代混凝土技术,选用优质原材料,在妥善的质量控制下制成的;除采用优质水泥、水和集料以外,必须采用低水胶比和掺加足够数量的矿物细掺料与高效外加剂,HPC应同时保证下列性能:耐久性、工作性、各种力学性能、适用性、体积稳定性和经济合理性。

高性能混凝土是由高强混凝土发展而来,但高性能混凝土对混凝土技术性能的要求比高强混凝土更多、更广泛,高性能混凝土的发展一般可分为三个阶段。

1.通过振动加压成型获得高强度——工艺创新

在高效减水剂问世前,为获得高强度混凝土,一般采用降低水灰比,强力振动加压成型的措施。但该工艺不适合现场施工,难以推广,只在混凝土预制构件的生产中,并与蒸汽养护共同使用。

2. 掺高效减水剂配制高强混凝土——第五组分创新

20 世纪 50 年代末出现高效减水剂，使高强混凝土进入一个新的发展阶段。采用普通工艺，掺用高效减水剂，降低水灰比，可获得高流动性、抗压强度为60～100MPa的高强混凝土，使高强混凝土获得广泛的发展和应用。但是掺高效减水剂配制的混凝土，坍落度损失较严重。

3. 掺用超细矿物掺合料配制高性能混凝土——第六组分创新

20 世纪 80 年代超细矿物掺合料异军突起，发展成为高性能混凝土的第六组分。目前配制高性能混凝土的技术路线主要是在混凝土中同时掺入高效减水剂和矿物掺合料。矿物掺合料是具有高比表面积的微粉辅助胶凝材料，如硅灰、磨细矿渣微粉、超细粉煤灰等，利用微粉填充孔隙形成密实体系，并且改善界面结构，提高界面黏结强度。

 高性能混凝土的特点

1. 高施工性

高性能混凝土在拌和、运输、浇筑时具有良好的流变性，不泌水，不离析，施工时能达到自流平，坍落度经时损失小，具有良好的可泵性。

2. 高强度

高性能混凝土应具有高的早期强度及后期强度，能达到高强度是高性能混凝土的重要特点，对高性能混凝土应具有多高强度，各国学者众说不一，大多数认为应在 C50 以上。

吴中伟院士曾提出，高性能混凝土应包括中等强度混凝土，大量处于严酷环境中的海工、水工结构对混凝土强度要求并不高（C30 左右），但耐久性要求却很高。因此不能简单地用强度等级来界定高性能混凝土。鉴于目前国内建设需要，使用较多的是 C50 以下的中等强度普通混凝土，如果能实现普通混凝土高性能化，将具有更为重要的技术经济意义和社会效益。所以，普通混凝土高性能化是今后若干年高性能混凝土发展的方向。

3. 高耐久性

高性能混凝土应具备高抗渗性、抗冻融性及抗腐蚀性。并且抗渗性是混凝土耐久性的主要技术指标，因为大多数化学侵蚀都是在水分与有害离子渗透进入的条件下产生的，混凝土的抗渗性是防止化学侵蚀的第一道防线。

4. 体积稳定性

在硬化过程中体积稳定，水化放热低，混凝土温升小，冷却时温差小，干燥收缩小。硬化过程中不开裂，收缩徐变小。硬化后具有致密的结构，不易产生宏观裂缝及微观裂缝。

 配制高性能混凝土的技术途径

1. 优化水泥品质

配制高性能混凝土用水泥，除应满足体积安定性、凝结时间等相应的技术标准外，由于高性能混凝土要求具有良好的施工和易性，故所用水泥与掺入高性能混凝土中的化学外加剂之间的相容性尤为重要。

在一定水胶比的条件下，并不是每一种符合国家标准的水泥在使用一定的减水剂时都有同样的流变性能；同样，也并不是每一种符合国家标准的减水剂对每一种水泥流变性的影响都

一样，这就是水泥和减水剂之间的相容性问题。

配制高性能混凝土应选用含 C_3A 低的水泥。实验证明，水泥矿物组成中 C_3A 对减水剂的吸附量远大于 C_3S、C_2S 对减水剂的吸附量，而对水泥物理力学性质有重要影响的矿物 C_3S、C_2S 因吸附减水剂数量不足，从而导致混凝土拌和物的流变性能变差或坍落度损失增大。研究还表明，当水泥含碱量高时，与减水剂的相容性往往较差。

2. 改善水泥颗粒粒形和颗粒级配

通过改善水泥粉磨工艺可制得表面无裂纹且呈圆球形的水泥熟料颗粒，国外称为"球状水泥"，这样的水泥具有高流动性和填充性，在保持混凝土拌和物坍落度相同的条件下，球状水泥的用量比普通水泥降低 10%。

水泥颗粒级配良好是配制具有较高流动性能的又一个条件，国外所谓的"调粒水泥"，即是指优化水泥颗粒的粒度分布，在需水性不增加的条件下，达到最密实填充。用这种水泥配制的混凝土，不仅流变性能优良，而且具有很好的物理力学性能。

3. 掺加矿物掺合料

以符合相应质量标准的矿物掺合料取代一定量水泥是配制高性能混凝土的关键措施之一。水泥是混凝土最重要的胶凝材料，但并不意味着混凝土中的水泥越多越好，大量研究表明，混凝土中的水泥用量越多，混凝土的收缩值越大，体积稳定性越差；水泥水化热总量增加，混凝土内部的温度升高加快，增大了出现温度裂缝的可能性；水泥水化生成的氢氧化钙数量增加，还将导致混凝土耐腐蚀性能的劣化。

高性能混凝土常用的矿物掺合料有粉煤灰、粒化高炉矿渣粉、天然沸石粉和硅灰等，其在高性能混凝土中所起的作用如下：

1）改善混凝土拌和物的和易性

大流动性混凝土拌和物很容易出现离析、泌水现象，从而使拌和物的均质性破坏，并在混凝土内部形成泌水通道等缺陷，掺入矿物掺合料可使拌和物的黏聚性增加，减少离析、泌水现象。

2）对混凝土收缩的影响

不同掺合料对混凝土收缩影响不一。试验表明：用粉煤灰取代一定量的水泥可以减少混凝土的收缩值。

3）降低混凝土温升

混凝土中水泥的矿物组成、混凝土的水泥用量是决定混凝土温升的关键因素。掺入矿物掺合料，由于水泥用量相应减少，水泥水化热总量显著下降，达到最高温度所需时间明显后延，这对防止混凝土开裂、提高混凝土耐久性十分有益。

然而，在水泥中掺入硅灰或高细度矿渣粉，则水泥石温升往往会略有提高，温峰出现时间将稍有提前。

4）改变水泥混凝土强度增长规律

在水泥混凝土中掺入不同的矿物掺合等量取代水泥，混凝土强度将受到不同影响。试验表明：在相同水灰比条件下，硅灰、沸石粉等在掺量合适时可以提高混凝土的强度；矿渣粉、粉煤灰等会使混凝土早期强度降低，而后期强度却有较大的持续增长。

5)提高混凝土耐久性

混凝土的腐蚀破坏是由于水泥水化产物中的 $Ca(OH)_2$、C_3AH_6 在软水、酸、盐及强碱作用下,与侵蚀性介质发生化学反应,生成易溶物质或发生膨胀导致破坏。掺入矿物掺合料后,由于降低了水泥用量而使腐蚀性物质 $Ca(OH)_2$、C_3AH_6 含量减少,减轻了水泥石的腐蚀程度,使混凝土耐久性提高。另一方面,矿物掺合料中的活性 SiO_2、Al_2O_3 尚可和 $Ca(OH)_2$ 发生水化反应,进一步降低了 $Ca(OH)_2$ 的含量。

矿物掺合料中含有很多细微颗粒,均匀分布在水泥浆体中,参与水泥的二次反应,所形成的水化产物及其未水化的细颗粒填充于水泥石孔隙中,一方面改善了混凝土的孔结构,提高了密实度,另一方面改善了水泥石和骨料的界面区构造,从而大大改善了混凝土的抗渗性,显著提高了混凝土的耐久性。

4. 采用低水胶比

高性能混凝土拌和物的水胶比是指单位混凝土中水量与所有胶凝材料(如水泥、矿物掺合料)用量的比值。

为满足高性能混凝土高强度、高耐久性的要求,通常必须采用低水胶比,高性能混凝土的水胶比一般应控制在0.4以下,掺用优质高效减水剂是采用低水胶比的必要条件。

与普通混凝土相比,高性能混凝土由于采用低水胶比、掺用外加剂和矿物掺合料,使得界面过渡层的结构得以改善,物理力学性能、耐久性均得以提高。

5. 采用优质砂石骨料

混凝土耐久性与砂石的杂质含量密切相关。骨料中的含泥量、泥块含量、SO_3 含量等直接影响到混凝土的耐久性;骨料的颗粒级配与粒形影响着拌和物的和易性;而粗骨料的强度高低应与所配制混凝土强度等级相一致。对高性能混凝土来说,砂石的品质指标更应该从严掌握。

第十节　其他种类混凝土

一　轻骨料混凝土

凡是用轻粗骨料、轻细骨料(或普通砂)、水泥和水配制而成的干表观密度小于 $1950kg/m^3$ 的混凝土称为轻骨料混凝土。轻骨料混凝土常以轻粗骨料的名称来命名,如粉煤灰陶粒混凝土、浮石混凝土、陶粒珍珠岩混凝土等。

(一)轻骨料

轻骨料有天然轻骨料(天然形成的多孔岩石经加工而成的轻骨料,如浮石、火山渣等)、工业废料轻骨料(以工业废料为原料,经加工而成的轻骨料,如粉煤灰陶粒、煤矸石陶粒、膨胀矿渣珠等)和人造轻骨料(以地方材料为原料,经加工而成的轻骨料,如黏土陶粒、页岩陶粒、膨胀珍珠岩等)

轻骨料与普通砂石的区别在于骨料中存在大量孔隙,质轻、吸水率大、强度低、表面粗糙等,轻骨料的技术性质直接影响到所配制混凝土的性质。轻骨料的技术性质主要包括堆积密度、粗细程度与颗粒级配、强度、吸水率等。

1. 堆积密度

轻骨料堆积密度的大小，将影响轻骨料混凝土的强度、保温等性能。轻粗骨料按其堆积密度（kg/m^3）分为300、400、500、600、700、800、900、1000八个密度等级，轻细骨料分为500、600、700、800、900、1000、1100、1200八个密度等级。

2. 颗粒级配、最大粒径及粗细程度

对轻粗骨料的级配要求，其自然级配的空隙率不应大于50%。

保温及结构保温轻骨料混凝土用的轻骨料，其最大粒径不宜大于40mm；结构轻骨料混凝土的最大粒径不宜大于20mm。

轻砂的细度模数不宜大于4.0；其大于5mm的累计筛余不宜大于10%。

3. 强度

轻粗骨料的强度，通常采用“筒压法”来测定。将10～20mm粒径轻粗骨料按要求装入特制的承压筒中，通过冲压模压入20mm深时的压力值除以承压面积，以表示颗粒的平均相对强度。由于轻粗骨料在圆筒内的受力状态与在混凝土中不同，筒压强度不能反映轻骨料在混凝土中的真实强度，因此，《轻骨料混凝土技术规程》（JGJ 51—2002）中还规定了采用强度等级来评定粗骨料的强度。

4. 吸水率

轻骨料的吸水率一般比普通砂石大，因此将导致施工中混凝土拌和物的坍落度损失较大，并且影响到混凝土的水灰比和强度发展。在设计轻骨料混凝土配合比时，如果采用干燥骨料，则必须根据骨料吸水率大小，再多加一部分被骨料吸收的附加水量。规程中规定，轻砂和天然轻粗骨料的吸水率不作规定；其他轻粗骨料的吸水率不应大于22%。

（二）轻骨料混凝土的主要技术性质

1. 和易性

轻骨料混凝土由于其轻骨料具有颗粒表观密度小，表面粗糙、总表面积大，易于吸水等特点，因此其和易性同普通混凝土相比有较大的不同。轻骨料混凝土拌和物的黏聚性和保水性好，但流动性差。过小的流动性会使捣实困难，过大的流动性则会使轻骨料上浮、离析。同时，因骨料吸水率大，使得混凝土中的用水量包括两部分，一部分被骨料吸收，其数量相当于骨料1小时的吸水量，称为附加用水量；另一部分为使拌和物获得要求流动性的用水量，称为净用水量。

2. 强度与强度等级

轻骨料混凝土的强度等级，按立方体抗压强度标准值，划分为LC5.0、LC 7.5、LC10、LC15、LC20、LC25、LC30、LC35、LC40、LC45、LC50、LC55 12个强度等级。

轻骨料混凝土的强度，按其破坏形态不同，分别取决于轻粗骨料强度和包裹轻粗骨料的水泥砂浆的强度。当轻粗骨料强度高于水泥砂浆强度时，轻粗骨料在混凝土中起骨架作用，破坏时裂缝首先在水泥砂浆中出现；当水泥砂浆强度高于轻粗骨料强度时，水泥砂浆在混凝土中起骨架作用，破坏时裂缝首先在轻粗骨料中出现；当水泥砂浆强度与轻粗骨料强度比较接近时，破坏时裂缝几乎在水泥砂浆和轻粗骨料中同时出现。

所以，影响轻骨料混凝土强度的因素主要有：水泥强度、水灰比、轻粗骨料强度。

3. 表观密度

轻骨料混凝土按干表观密度分为 600、700、800、900、1000、1100、1200、1300、1400、1500、1600、1700、1800、1900 等十四个等级，导热系数在 0.23 ~ 1.01W/(m·K)之间。其具体数值见表 4-35。

轻骨料混凝土的干表观密度　　表 4-35

密度等级	干表观密度(kg/m^3)	密度等级	干表观密度(kg/m^3)
600	560 ~ 650	1300	1260 ~ 1350
700	660 ~ 750	1400	1360 ~ 1450
800	760 ~ 850	1500	1460 ~ 1550
900	860 ~ 950	1600	1560 ~ 1650
1000	960 ~ 1050	1700	1660 ~ 1750
1100	1060 ~ 1150	1800	1760 ~ 1850
1200	1160 ~ 1250	1900	1860 ~ 1950

4. 弹性模量与变形

轻骨料混凝土的弹性模量小，一般为同强度等级普通混凝土的 50% ~ 70%，制成的构件受力后挠度大是其缺点。但因极限应变大，有利于改善建筑或构件的抗震性能或抵抗动荷载能力。轻骨料混凝土的收缩和徐变约比普通混凝土相应大 20% ~ 50% 和 30% ~ 60%，热膨胀系数比普通混凝土小 20% 左右。

（三）轻骨料混凝土的分类

轻骨料混凝土既具有一定的强度，又具有良好的保温隔热性能，按用途可分为保温轻骨料混凝土、结构保温轻骨料混凝土和结构轻骨料混凝土，见表 4-36。

轻骨料混凝土按用途分类　　表 4-36

类别名称	混凝土强度等级的合理范围	混凝土密度等级的合理范围	用途
保温轻骨料混凝土	LC5.0	≤800	主要用于保温的围护结构或热工构筑物
结构保温轻骨料混凝土	LC5.0 ~ LC15	800 ~ 1400	主要用于既承重又保温的围护结构
结构轻骨料混凝土	LC15 ~ LC50	1400 ~ 1950	主要用于承重构件或构筑物

（四）轻骨料混凝土施工

轻骨料混凝土的施工工艺，基本上与普通混凝土相同，但由于轻骨料的堆积密度小、呈多孔结构、吸水率较大，配制而成的轻骨料混凝土也具有某些特征。因此在施工过程中应充分注意，才能确保工程质量。在气温 5℃ 以上的季节施工时，应对轻骨料进行预湿处理，在正式拌制混凝土前，应对轻骨料的含水率进行测定，以及时调整拌和用水量；轻骨料混凝土的拌制，宜采用强制式搅拌机；拌和物的运输和停放时间不宜过长，否则，容易出现离析；浇灌后应及时注意养护。

(五)轻骨料混凝土的应用

由于轻骨料混凝土具有质轻、比强度高、保温隔热性好、耐火性好、抗震性好等特点,因此与普通混凝土相比,更适合用于高层、大跨结构、耐火等级要求高的建筑、要求节能的建筑。

二 防水混凝土(抗渗混凝土)

防水混凝土是通过各种方法提高混凝土的抗渗性能,其抗渗等级大于等于 P6 的混凝土。主要用于水工工程、地下基础工程、屋面防水工程等。混凝土抗渗等级的要求是根据其最大作用水头(水面至防水结构最低处的距离,m)与混凝土最小壁厚的比值来确定的,见表 4-37。

防水混凝土抗渗等级选择　　表 4-37

最大作用水头与混凝土最小壁厚之比	设计抗渗等级	最大作用水头与混凝土最小壁厚之比	设计抗渗等级
<5	P4	11 ~ 15	P8
5 ~ 10	P6	16 ~ 20	P10
>20	P12		

防水混凝土一般是通过混凝土组成材料等质量改善,合理选择混凝土配合比和骨料级配,以及掺加适量外加剂,达到混凝土内部密实或是堵塞混凝土内部毛细管通路,使混凝土具有较高的抗渗性。目前,常用的抗渗混凝土有普通防水混凝土、外加剂防水混凝土和膨胀水泥防水混凝土。

1. 普通抗渗混凝土

普通抗渗混凝土是通过调整配合比来提高混凝土的抗渗性。普通抗渗混凝土是根据工程所需抗渗要求配置的,其中石子的骨架作用减弱,水泥砂浆除满足填充与黏结作用外,还要求在粗骨料周围形成足够厚度的、质量良好的砂浆包裹层,避免粗骨料直接接触形成互相连通的渗水孔网,从而提高混凝土的抗渗性。

根据《普通混凝土配合比设计规程》(JGJ 55—2011)的规定,普通抗渗混凝土的配合比设计应符合以下要求:

(1)水泥宜采用普通硅酸盐水泥,$1m^3$ 混凝土中水泥与掺合料总量不宜小于 320kg。

(2)粗骨料最大粒径不宜大于 40mm,含泥量不得超过 1.0%,泥块含量不得超过 0.5%。

(3)砂率不宜过小,宜为 35% ~40%,坍落度为 30 ~ 50mm。

(4)水胶比对混凝土的抗渗性有很大影响,除应满足强度要求外,还应符合表 4-38 的规定。

(5)抗渗混凝土宜掺用外加剂和矿物掺合料,粉煤灰等级应为Ⅰ级或Ⅱ级。

防水混凝土最大水胶比限值　　表 4-38

抗渗等级	最大水胶比	
	C20 ~ C30 混凝土	C30 以上混凝土
P6	0.60	0.55
P8 ~ P12	0.55	0.50
>P12	0.50	0.45

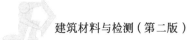

2. 外加剂防水混凝土

外加剂防水混凝土,是在混凝土中掺入适宜品种和数量的外加剂,改善混凝土内部结构,隔断或堵塞混凝土中的各种孔隙、裂缝及渗水通道,以达到改善抗渗性的一种混凝土。常用的外加剂有引气剂、防水剂、膨胀剂或引气减水剂等。

3. 膨胀水泥防水混凝土

用膨胀水泥配制的防水混凝土,因膨胀水泥在水化过程中形成大量的钙矾石,而产生膨胀,在有约束的条件下,能改善混凝土的孔结构,使毛细孔减少,孔隙率降低,提高混凝土的密实度和抗渗性。

 粉煤灰混凝土

粉煤灰混凝土是指掺入一定粉煤灰掺合料的混凝土。

粉煤灰是从燃煤粉电厂的锅炉烟尘中收集到的细粉末,其颗粒呈球形,表面光滑,色灰或暗灰。按氧化钙含量分为高钙灰(CaO 含量为 15% ~35%,活性相对较高)和低钙灰(CaO 含量低于 10%,活性较低),我国大多数电厂排放的粉煤灰为低钙灰。

在混凝土中掺入一定量的粉煤灰后,一方面由于粉煤灰本身具有良好的火山灰性和潜在水硬性,能同水泥一样,水化生成硅酸钙凝胶,起到增强作用;另一方面,粉煤灰中含有大量微珠,具有较小的表面积,因此在用水量不变的情况下,可以有效地改善拌和物的和易性;若保持拌和物流动性不变,可以减少用水量,从而提高混凝土强度和耐久性。

由于粉煤灰的活性发挥较慢,往往粉煤灰混凝土的早期强度低。因此,粉煤灰混凝土的强度等级龄期可适当延长。《粉煤灰混凝土应用技术规范》(GBJ 146—90)中规定,粉煤灰混凝土设计强度等级的龄期,地上工程宜为 28d,地面工程宜为 28d 或 60d,地下工程宜为 60d 或 90d,大体积混凝土工程宜为 90d 或 180d。

在混凝土中掺入粉煤灰后,虽然可以改善混凝土某些性能,但由于粉煤灰水化消耗了 $Ca(OH)_2$,降低了混凝土的碱度,因而影响了混凝土的抗碳化性能,减弱了混凝土对钢筋的防锈作用,为了保证混凝土结构的耐久性,《粉煤灰混凝土应用技术规范》(GBJ 146—90)中规定了粉煤灰取代水泥的最大限量。

综上所述,在混凝土中加入粉煤灰,可使混凝土的性能得到改善,提高工程质量;节约水泥、降低成本;利用工业废渣,节约资源。因此粉煤灰混凝土可广泛应用于大体积混凝土、抗渗混凝土、抗硫酸盐和抗软水侵蚀混凝土、轻骨料混凝土、地下工程混凝土等。

四 纤维混凝土

纤维混凝土是指在混凝土中掺入纤维而形成的复合材料。它具有普通钢筋混凝土所没有的许多优良品质,在抗拉强度、抗弯强度、抗裂强度和冲击韧性等方面有明显的改善。

常用的纤维材料有钢纤维、玻璃纤维、石棉纤维、碳纤维和合成纤维等。所用的纤维必须具有耐碱、耐海水、耐气候变化的特性。国内外研究和应用钢纤维较多,因为钢纤维对抑制混凝土裂缝的形成、提高混凝土抗拉和抗弯强度、增加韧性效果最佳。

在纤维混凝土中，纤维的含量、纤维的几何形状以及纤维的分布情况，对混凝土性能有重要影响。以钢纤维为例：为了便于搅拌，一般控制钢纤维的长径比为60～100，掺量为0.5%～1.3%（体积比），选用直径细、形状非圆形的钢纤维效果较佳，钢纤维混凝土一般可提高抗拉强度2倍左右，提高抗冲击强度5倍以上。

目前，纤维混凝土主要用于对耐磨性、抗冲击性、抗裂性要求高的工程，如机场跑道、高速公路、桥面面层、管道等。

纤维混凝土虽然有普通混凝土不可相比的长处，但目前还受到一定的限制。如施工和易性较差，搅拌、浇筑和振捣时会发生纤维成团和折断等质量问题；黏结性能也有待于进一步改善；纤维价格较高等因素也是影响纤维混凝土推广应用的一个重要因素。随着各类纤维性能的改善、纤维混凝土技术的提高，纤维混凝土在建筑工程中将会广泛应用。

五 大体积混凝土

大体积混凝土是指混凝土结构物实体的最小尺寸大于或等于1m，或预计会因水泥水化热引起混凝土的内外温差过大而导致裂缝的混凝土。

大体积混凝土由于水泥水化热不容易很快散失，内部温升较高，在与外部环境温差较大时容易产生温度裂缝。对混凝土进行温度控制是大体积混凝土最突出的特点。

在工程实践中如大坝、大型基础、大型桥墩以及海洋平台等体积较大的混凝土均属大体积混凝土。实践经验证明，现有大体积混凝土结构的裂缝，绝大多数是由温度裂缝引起的。为了最大限度地降低温升，控制温度裂缝，在工程中常用的防止混凝土裂缝的措施主要有：采用中、低热的水泥品种；对混凝土结构合理进行分缝分块；在满足强度和其他性能要求的前提下，尽量降低水泥用量；掺加适宜的外加剂；选择适宜的骨料；控制混凝土的出机温度和浇筑温度；预埋水管、通水冷却，降低混凝土的内部温升；采取表面保温隔热，降低内外温差等措施来降低或推迟热峰，从而控制混凝土的温升。

六 聚合物混凝土

用部分或全部聚合物（树脂）作为胶结材料配制而成的混凝土称为聚合物混凝土。

聚合物混凝土与普通混凝土相比，具有强度高，耐化学腐蚀性、耐磨性、耐水性、耐冻性好，易于黏结，电绝缘性好等优点。

聚合物混凝土一般可分为三种：聚合物水泥混凝土、聚合物胶结混凝土和聚合物浸渍混凝土。

1. 聚合物水泥混凝土（PCC）

聚合物水泥混凝土是以水溶性聚合物（如天然或合成橡胶乳液、热塑性树脂乳液等）和水泥共同为胶凝材料，并掺入粗、细骨料制成的。这种聚合物能均匀分布于混凝土内，填充水泥水化物和骨料之间的孔隙，并与水泥水化物结合成一个整体，使混凝土的密实度得以提高。聚合物水泥混凝土主要用于耐久性要求高的路面、机场跑道、耐腐蚀性地面、桥面及修补混凝土工程中。

2. 聚合物胶结混凝土（REC）

又称树脂混凝土，是以合成树脂为胶结材料，以砂石为骨料的一种聚合物混凝土。常用的合成树脂有环氧树脂、聚酯树脂、聚甲基丙烯酸甲酯等。

树脂混凝土具有强度高和耐腐蚀、耐磨性、抗冻性好等优点，缺点是硬化时收缩大、耐久性差、成本较高，只能用于特殊工程（如耐腐蚀工程、修补混凝土构件及堵缝材料等）。此外，树脂混凝土因其美观的外表，又称人造大理石，可以制成桌面、地面砖、浴缸等装饰材料。

3. 聚合物浸渍混凝土（PIC）

聚合物浸渍混凝土是将已硬化的普通水泥混凝土，经干燥和真空处理后浸渍在以树脂为原料的液态单体中，然后再用加热或辐射的方法使单体产生聚合作用，使混凝土与聚合物形成一个整体。常用的单体是甲基丙烯酸甲酯、苯乙烯、丙烯氰等。此外，还需加入催化剂和交联剂等。

在聚合物浸渍混凝土中，聚合物填充了混凝土内部的空隙，提高了混凝土的密实度，使聚合物浸渍混凝土抗渗、抗冻、耐蚀、耐磨、抗冲击等性能都得到显著提高。另外这种混凝土抗压强度可达150MPa以上，抗拉强度可达24.0MPa。

由于聚合物浸渍混凝土造价较高，实际应用并不普遍。主要用于要求耐腐蚀、高强、耐久性好的结构，如管道内衬、隧道衬砌、桥面板、海洋构筑物等。

本章小结

本章以普通混凝土为学习重点。组成材料的质量直接影响到所配制混凝土的质量，要求掌握对普通混凝土基本组成材料的技术要求；外加剂已成为改善混凝土性能的极有效措施之一，被视为混凝土的第五组成材料，应熟悉各种外加剂的性质和应用。要求掌握混凝土拌和物的和易性、硬化混凝土的强度、耐久性，这样才能设计配制出符合工程要求的混凝土。要求熟练掌握普通混凝土配合比设计的方法和步骤，必须明确配合比设计正确与否需要通过试验检验确定。在学习普通混凝土的基础上，熟悉高性能混凝土、轻混凝土的性能和应用，了解其他品种混凝土。

小知识1

智能混凝土

智能材料，指的是“能感知环境条件，做出相应行动”的材料。它能模仿生命系统，同时具有感知和激励双重功能，能对外界环境变化因素产生感知，自动做出适时、灵敏和恰当的响应，并具有自我诊断、自我调节、自我修复和预报寿命等功能。

智能混凝土是在混凝土原有组分基础上增加复合智能型组分，使混凝土具有自感知和记忆，自适应，自修复特性的多功能材料。根据这些特性可以有效地预报混凝土材料内部的损伤，满足结构自我安全检测需要，防止混凝土结构潜在脆性破坏，并能根据检测结果自动进行修复，显著提高混凝土结构的安全性和耐久性。智能混凝土是自感知和记忆、自适应、自修复等多种功能的综合，缺一不可，以目前的科技水平制备完善的智能混凝土材料还相当困难。但近年来损伤自诊断混凝土、温度自调节混凝土、仿生自愈合混凝土等一系列智能混凝土的相继出现，为智能混凝土的研究打下了坚实的基础。

小知识 2

耐久性对工程量浩大的混凝土工程来说意义非常重要，若耐久性不足，将会产生极严重的后果，甚至对未来社会造成极为沉重的负担。据美国一项调查显示，美国的混凝土基础设施工程总价值约为 6 万亿美元，每年所需维修费或重建费约为 3 千亿美元。美国 50 万座公路桥梁中 20 万座已有损坏，平均每年有 150 ~ 200 座桥梁部分或完全坍塌，寿命不足 20 年；美国共建有混凝土水坝 3000 座，平均寿命 30 年，其中 32% 的水坝年久失修；而对二战前后兴建的混凝土工程，在使用 30 ~ 50 年后进行加固维修所投入的费用，约占建设总投资的 40% ~ 50% 以上。在我国，50 年代所建设的混凝土工程已使用 40 余年。如果平均寿命按 30 ~ 50 年计，那么在今后的 10 ~ 30 年间，为了维修这些建国以来所建的基础设施，耗资必将是极其巨大的。而我国目前的基础设施建设工程规模宏大，每年高达 2 万亿人民币以上。照此来看，约 30 ~ 50 年后，这些工程也将进入维修期，所需的维修费用和重建费用将更为巨大。因此，混凝土更要从提高耐久性入手，以降低巨额的维修和重建费用。

小知识 3

透水混凝土

透水混凝土具有独特的、多孔渗水的结构。其透水性是利用了粗集料之间的孔隙，使水能够浸入混凝土并能渗入混凝土中。当透水混凝土应用于公路或人行道时，雨水便能透过混凝土而进入土壤，而不会积在路面影响交通。

由于具有众多优良性能，透水混凝土在停车场的建造中应用越来越多。与其他排水方式相比，透水混凝土的透水不仅方便、自然而且有利于环保，并能提高土地的利用率。因此，美国环境保护署正式发文推荐的透水混凝土，尤其是在排水要求高的工程。另外，和大多数混凝土构筑物一样，透水混凝土表面的自然色对光线具有良好的反射性，从而能够减少对太阳光热量的吸收并有利于提高周围的温度，这样就能避免形成“热岛效应”，而这一点是沥青混凝土不能相比的。（热岛效应是指深色建筑物，尤其是在城市中，由于建筑物表面吸收热量能力强，使得建筑物表面温度比周围环境温度高。）

同时，透水混凝土也被认为是绿色建材。它的原材料可使用再生集料，而它本身也是可再生利用的。这样，建筑师和工程师就可以用它来创造环境友好的建筑结构。

练习题

1. 问答题

（1）试述普通混凝土各组成材料的作用如何。

(2)对混凝土用砂为何要提出颗粒级配和粗细程度要求？

(3)怎样测定粗骨料的强度？石子的强度指标是什么？

(4)为什么要限制石子的最大粒径？怎样确定石子的最大粒径？

(5)掺合料掺入到混凝土中会起到什么作用？常用的掺合料有哪些？

(6)如何测定塑性混凝土拌和物和干硬性混凝土拌和物的流动性？它们的指标各是什么？单位是什么？

(7)影响混凝土和易性的主要因素是什么？它们是怎样影响的？

(8)配制混凝土时为什么要选用合理砂率？砂率太大和太小有什么不好？选择砂率的原则是什么？

(9)改善混凝土拌和物和易性的主要措施有哪些？

(10)如何确定混凝土的强度等级？混凝土强度等级如何表示？普通混凝土划分几个强度等级？

(11)在进行混凝土抗压试验时，下述情况下，强度试验值有无变化？如何变化？

①试件尺寸加大；

②试件高宽比加大；

③试件受压面加润滑剂；

④加荷速度加快。

(12)混凝土的抗压强度与其他各种强度之间有无相关性？混凝土的立方体抗压强度与棱柱体抗压强度及抗拉强度之间存在什么关系？

(13)影响混凝土强度的主要因素有哪些？其中最主要的因素是什么？为什么？

(14)何谓混凝土的耐久性，一般指哪些性质？

(15)干缩和徐变对混凝土性能有什么影响？减小混凝土干缩和徐变的措施有哪些？

(16)碳化对混凝土性能有什么影响？碳化带来的最大危害是什么？

(17)试述混凝土产生干缩的原因。影响混凝土干缩值大小的主要因素有哪些？

(18)如果混凝土在加荷以前就产生裂缝，试分析裂缝产生的原因。

(19)影响混凝土碳化速度的主要因素有哪些？防止混凝土碳化的措施有哪些？

(20)何谓碱骨料反应？混凝土发生碱骨料反应的必要条件是什么？防止措施怎样？

(21)常用外加剂有哪些？各类外加剂在混凝土中的主要作用有哪些？

(22)何谓混凝土减水剂？简述减水剂的作用机理和种类。

(23)试述高性能混凝土的特点及配制的技术途径。

2. 计算题

(1)干砂500g，其筛分结果如表4-39，试评定此砂的颗粒级配和粗细程度。

干砂筛分结果表 表4-39

筛孔尺寸(mm)	4.75	2.36	1.18	0.6	0.3	0.15	<0.15
筛余量(g)	25	50	100	125	100	75	25

(2)某室内现浇筑混凝土梁，要求混凝土的强度等级为C20，施工采用机械搅拌和机械振捣，要求坍落度为30～50mm，施工单位无近期混凝土强度统计资料，所用原材料如下：

水泥:普通硅酸盐水泥,密度为3.1g/cm^3,实测强度为36.0MPa;

砂:中砂,级配合格,视密度为2.60g/cm^3;

石子:碎石,最大粒径为40mm,级配合格,视密度为2.65g/cm^3;

水:自来水。

试确定初步配合比。

(3)已知混凝土经试拌调整后,拌和物各项材料的用量为:水泥4.5kg,水2.7kg,砂子9.9kg,碎石18.9kg。测得混凝土拌和物的表观密度为2400kg/m^3。

①试计算1m^{3}混凝土的各项材料用量。

②如施工现场砂、石含水率分别为1.0%和1.1%,求施工配合比。

③如果不进行配合比换算,直接把实验室配合比用在施工现场,则混凝土的实际配合比如何变化?对混凝土的强度将产生多大的影响?(采用42.5级矿渣水泥)。

(4)某工地拌和混凝土时,施工配合比为42.5强度等级水泥308kg、水127kg、砂700kg、碎石1260kg,经测定砂的含水率为4.2%,石子的含水率为1.6%,求该混凝土的设计配合比。

第五章 建筑砂浆

【职业能力目标】

通过对建筑砂浆组成材料、基本性质、配合比及应用的学习,使学生掌握砂浆的配合比选用及技术性能的检查方法,为将来正确选择与合理使用建筑砂浆打下扎实的基础。

掌握砌筑砂浆、抹灰砂浆的技术性质;熟悉砌筑砂浆、抹灰砂浆组成材料的品种、规格和技术要求;熟悉砌筑砂浆、抹灰砂浆的配合比选用;了解砌筑砂浆、抹灰砂浆的配合比设计的方法和步骤;了解防水砂浆、新型砂浆和特种砂浆的发展和应用。

【学习要求】

理论联系实际,加深对材料性质的理解。

建筑砂浆是由胶凝材料、细集料、掺加料和水按一定的比例配制而成。它与混凝土的主要区别是组成材料中没有粗集料,因此建筑砂浆也称为细集料混凝土。

建筑砂浆主要用于以下几个方面:在结构工程中,用于把单块砖、石、砌块等胶结起来构成砌体,用于砖墙的勾缝、大中型墙板及各种构件的接缝;在装饰工程中用于墙面、地面及梁、柱等结构表面的抹灰,镶贴天然石材、人造石材、瓷砖、陶瓷锦砖、马赛克等。

根据所用胶凝材料的不同,建筑砂浆分为水泥砂浆、石灰砂浆和混合砂浆等;根据用途又分为砌筑砂浆、抹面砂浆、防水砂浆及特种砂浆。

第一节 砌筑砂浆

将砖、石、砌块等黏结成为砌体的砂浆称为砌筑砂浆。砌筑砂浆的作用主要是:把分散的块状材料胶结成坚固的整体,提高砌体的强度、稳定性;使上层块状材料所受的荷载能够均匀传递到下层;填充块状材料之间的缝隙,提高建筑物的保温、隔音、防潮等性能。

一 砌筑砂浆的组成材料

(一)水泥

砌筑砂浆用水泥宜采用通用硅酸盐水泥或砌筑水泥。水泥强度等级应根据砂浆品种及强度等级的要求进行选择。M15 及以下强度等级的砌筑砂浆宜选用 32.5 级通用硅酸盐水泥或砌筑水泥;M15 以上强度等级的砌筑砂浆宜选用 42.5 级通用硅酸盐水泥。

(二)砂(细集料)

砂宜选用中砂,并应符合现行行业标准《普通混凝土用砂、石质量及检验方法标准》(JGJ 52—2006)的规定,且应全部通过 4.75mm 的筛孔。

(三)水

拌和砂浆用水应符合《混凝土用水标准》(JGJ 63—2006)的规定。应选用不含有害杂质的洁净水来拌制砂浆。

(四)掺加料及外加剂

为了改善砂浆的和易性和节约水泥,可在砂浆中加入一些无机掺加料,如石灰膏、电石膏、粉煤灰等。掺加料应符合下列规定:

(1)生石灰熟化成石灰膏时,应用孔径不大于 3mm×3mm 的网过滤,熟化时间不得少于 7d;磨细生石灰粉的熟化时间不得少于 2d。沉淀池中储存的石灰膏,应采取防止干燥、冻结和污染的措施。严禁使用脱水硬化的石灰膏。

(2)制作电石膏的电石渣应用孔径不大于 3mm×3mm 的网过滤,检验时应加热到 70℃后至少保持 20min,并应待乙炔挥发完后再使用。

(3)消石灰粉不得直接用于砌筑砂浆中。

(4)石灰膏、电石膏试配时的稠度应为 120mm±5mm。

(5)粉煤灰、粒化高炉矿渣粉、硅灰、天然沸石粉应分别符合国家现行标准的规定。当采用其他品种矿物掺和料时,应有可靠的技术依据,并应在使用前进行试验验证。

(6)采用保水增稠材料时,应在使用前进行试验验证,并应有完整的型式检验报告。

(7)外加剂应符合国家现行有关标准的规定,引气型外加剂还应有完整的型式检验报告。

二 砌筑砂浆的技术性质

砌筑砂浆分为现场配制砂浆(分为水泥砂浆和水泥混合砂浆)和预拌砂浆(专业生产厂生产的湿拌砂浆或干混砂浆)。

(一)新拌砂浆的表观密度

水泥砂浆拌和物的表观密度不宜小于 1900kg/m^3,水泥混合砂浆拌和物的表观密度不宜小于 1800kg/m^3,预拌砌筑砂浆的表观密度不宜小于 1800kg/m^3。

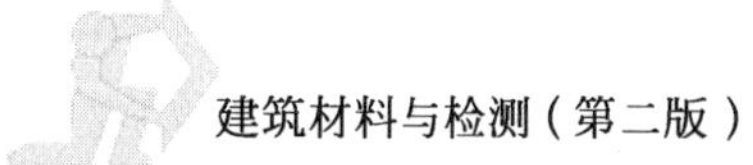

（二）新拌砂浆的和易性

新拌砂浆的和易性是指砂浆易于施工并能保证质量的综合性质。和易性好的砂浆不仅在运输和施工过程中不易产生分层、离析、泌水，而且能在粗糙的砖、石基面上铺成均匀的薄层，与基层保持良好的黏接，便于施工操作。和易性包括流动性和保水性两个方面。

1.流动性

砂浆的流动性（又称稠度），是指砂浆在自重或外力作用下产生流动的性能。流动性的大小用“沉入度”表示，通常用砂浆稠度测定仪测定。

砂浆流动性的选择与砌体种类、施工方法及天气情况有关。流动性过大，砂浆太稀，过稀的砂浆不仅铺砌困难，而且硬化后强度降低；流动性过小，砂浆太稠，难于铺平。一般情况下用于多孔吸水的砌体材料或干热的天气，流动性应选的大些；用于密实不吸水的材料或湿冷的天气，流动性应选的小些。砂浆流动性可按表5-1选用。

砌筑砂浆的施工稠度（mm）　　表5-1

砌体种类	砂浆稠度
烧结普通砖砌体、粉煤灰砖砌体	70~90
混凝土砖砌体、普通混凝土小型空心砌块砌体、灰砂砖砌体	50~70
烧结多孔砖砌体、烧结空心砖砌体、轻集料混凝土小型空心砌块砌体、蒸压加气混凝土砌块砌体	60~80
石砌体	30~50

2.保水性

保水性是指砂浆保持内部水分不泌出流失的性质。保水性良好的砂浆水分不易流失，易于摊铺成均匀密实的砂浆层；反之，保水性差的砂浆，在施工过程中容易泌水、分层离析，使流动性变差；同时由于水分易被砌体吸收，影响胶凝材料的正常硬化，从而降低砂浆的黏结强度。

砂浆的保水性用“分层度”表示，用砂浆分层度筒测定。砂浆的分层度以10~30mm为宜。分层度小于10mm的砂浆，往往是由于胶凝材料用量过多，或砂过细，过于黏稠而不易施工或易发生干缩裂缝，尤其不宜作抹面砂浆；分层度大于30mm的砂浆，保水性差，易于离析，不宜采用。

砌筑砂浆的保水性用“保水率”表示，砌筑砂浆的保水率应符合表5-2的规定。

砌筑砂浆的保水率（%）　　表5-2

砂浆种类	保水率
水泥砂浆	≥80
水泥混合砂浆	≥84
预拌砌筑砂浆	≥88

（三）砂浆的强度和强度等级

砂浆的强度是以3个70.7mm×70.7mm×70.7mm的立方体试块，在标准条件下养护28d后，用标准方法测得的抗压强度（MPa）平均值来评定的。

水泥砂浆及预拌砌筑砂浆的强度等级可分为 M5、M7.5、M10、M15、M20、M25、M30；水泥混合砂浆的强度等级可分为 M5、M7.5、M10、M15。

(四)砂浆的黏结力

砌筑砂浆应有足够的黏结力，以便将块状材料黏结成坚固的整体。一般来说，砂浆的抗压强度越高，黏结力越强。此外，黏结力大小还与砌筑底面的润湿程度、清洁程度及养护条件等因素有关。粗糙的、洁净的、湿润的表面黏结力较好。

(五)砂浆的耐久性

耐久性指砂浆在使用条件下，经久耐用的性质。砂浆应有良好的耐久性。当有冻融循环次数要求时，经冻融试验后，质量损失率不得大于 5%，强度损失率不得大于 25%。

三 砌筑砂浆的配合比设计

砌筑砂浆应根据工程类别及砌体部位的设计要求，选择砂浆的强度等级，再按所选强度等级确定其配合比。一般分两种情况：

(一)水泥混合砂浆配合比设计

根据《砌筑砂浆配合比设计规程》(JGJ 98—2010)的规定，水泥混合砂浆配合比计算步骤如下：

1. 试配强度计算

$$f_{m,0} = kf_2 \tag{5-1}$$

式中：$f_{m,0}$——砂浆的试配强度，精确至 0.1MPa；

f_2——砂浆强度等级值，精确至 0.1MPa；

k——系数，按表 5-3 取值。

***k* 值** 表 5-3

施 工 水 平	k
优良	1.15
一般	1.20
较差	1.25

砌筑砂浆现场强度标准差的确定应符合下列规定：

(1)当有近期统计资料时，应按式(5-2)计算：

$$\sigma = \sqrt{\frac{\sum_{i=1}^{n} f_{m,i}^2 - n\mu_{fm}^2}{n-1}} \tag{5-2}$$

式中：$f_{m,i}$——统计周期内同一品种砂浆第 i 组试件的强度(MPa)；

μ_{fm}——统计周期内同一品种砂浆 n 组试件强度的平均值(MPa)；

n——统计周期内同一品种砂浆试件的总组数，$n \geq 25$。

（2）当不具有近期统计资料时，砂浆现场强度标准差 σ 可按表 5-4 取用。

砂浆强度标准差 σ 选用值（MPa）　　表 5-4

施工水平 \ 砂浆强度等级	M5	M7.5	M10	M15	M20	M25	M30
优良	1.00	1.50	2.00	3.00	4.00	5.00	6.00
一般	1.25	1.88	2.50	3.75	5.00	6.25	7.50
较差	1.50	2.25	3.00	4.50	6.00	7.50	9.00

2. 计算水泥用量

$$Q_c = \frac{1000(f_{m,0} - \beta)}{\alpha \cdot f_{ce}} \tag{5-3}$$

式中：Q_c——每立方米砂浆的水泥用量，精确至 1kg；

$f_{m,0}$——砂浆的试配强度，精确至 0.1MPa；

f_{ce}——水泥的实测强度，精确至 0.1MPa；

α,β——砂浆的特征系数，其中：$\alpha = 3.03$，$\beta = -15.09$。

注：各地区也可用本地区试验资料确定 α,β 值，统计用的试验组数不得少于 30 组。

在无法取得水泥的实测强度值时，可按式（5-4）计算：

$$f_{ce} = \gamma_c \cdot f_{ce,k} \tag{5-4}$$

式中：$f_{ce,k}$——水泥强度等级对应的强度值（MPa）；

γ_c——水泥强度等级值的富余系数，该值宜按实际统计资料确定。无统计资料时可取 1.0。

3. 计算石灰膏用量

$$Q_D = Q_A - Q_C \tag{5-5}$$

式中：Q_D——每立方米砂浆的掺加料用量，精确至 1kg；石灰膏、黏土膏使用时的稠度为 120 ± 5mm；

Q_A——每立方米砂浆中水泥和石灰膏的总量，精确至 1kg，可为 350kg；

Q_C——每立方米砂浆的水泥用量，精确至 1kg。

4. 确定砂子用量

每立方米砂浆中的砂子用量，应按干燥状态（含水率小于 0.5%）的堆积密度值作为计算值（kg）。

5. 确定用水量

每立方砂浆中的用水量，根据砂浆稠度等要求可选用 210 ~ 310kg。

（1）混合砂浆中的用水量，不包括石灰膏中的水。

（2）当采用细砂或粗砂时，用水量分别取上限或下限。

（3）稠度小于 70mm 时，用水量可小于下限。

（4）施工现场气候炎热或干燥季节，可酌量增加用水量。

（二）水泥砂浆配合比选用

水泥砂浆材料用量可按表 5-5 选用：

每立方米水泥砂浆材料用量(kg/m^3)　　表5-5

强度等级	水泥	砂	用水量
M5	200~230	砂的堆积密度值	270~330
M7.5	230~260		
M10	260~290		
M15	290~330		
M20	340~400		
M25	360~410		
M30	430~480		

注:1. M15及以下强度等级水泥砂浆,水泥强度等级为32.5级;M15以上强度等级水泥砂浆,水泥强度等级为42.5级。
2. 当采用细砂或粗砂时,用水量分别取上限或下限。
3. 稠度小于70mm时,用水量可小于下限。
4. 施工现场气候炎热或干燥季节,可酌量增加用水量。

(三)水泥粉煤灰砂浆配合比选用

每立方米水泥粉煤灰砂浆材料用量可按表5-6选用。

每立方米粉煤灰砂浆材料用量(kg/m^3)　　表5-6

强度等级	水泥和粉煤灰总量	粉煤灰	砂	用水量
M5	210~240	粉煤灰掺量可占胶凝材料总量的15%~25%	砂的堆积密度值	270~330
M7.5	240~270			
M10	270~300			
M15	300~330			

注:1. 表中水泥强度等级为32.5级。
2. 当采用细砂或粗砂时,用水量分别取上限或下限。
3. 稠度小于70mm时,用水量可小于下限。
4. 施工现场气候炎热或干燥季节,可酌量增加用水量。

(四)试配与调整

(1)按计算或查表所得配合比,采用工程实际使用材料进行试拌时,应测定其拌和物的稠度和保水率,当不能满足要求时,应调整材料用量,直到符合要求为止。然后确定为试配时的砂浆基准配合比。

(2)试配时至少应采用三个不同的配合比,其中一个为基准配合比,其他配合比的水泥用量应按基准配合比分别增加和减少10%。在保证稠度、保水率合格的条件下,可将用水量或石灰膏、保水增稠材料或粉煤灰等活性掺合料用量作相应调整。

(3)对三个不同配合比进行调整后,应按现行的行业标准《建筑砂浆基本性能试验方法》(JGJ 70—2009)的规定成型试件,测定砂浆强度及表观密度,并选用符合试配强度及和易性要求且水泥用量最低的配合比作为砂浆配合比。

四 砌筑砂浆配合比设计实例

【例 5-1】 要求设计用于砌筑砖墙的水泥混合砂浆配合比。设计强度等级为 M5，稠度为 70～90mm。

原材料的主要参数：水泥，32.5 级矿渣水泥；中砂，堆积密度为 1450kg/m³，含水率 2%；石灰膏，稠度 120mm；施工水平，一般。

【解】

(1) 计算试配强度 $f_{m,0}$：

$$f_{m,0} = kf_2$$

$$f_2 = 5.0(\text{MPa})$$

取 $k = 1.20(\text{MPa})$（查表 5-3）。

则：
$$f_{m,0} = 1.20 \times 5.0 = 6.0(\text{MPa})$$

(2) 计算水泥用量 Q_c：

$$Q_c = \frac{1000(f_{m,0} - \beta)}{\alpha \cdot f_{ce}}$$

取 $\alpha = 3.03, \beta = -15.09, f_{ce} = 32.5(\text{MPa})$。

则：
$$Q_c = \frac{1000 \times (6.0 + 15.09)}{3.03 \times 32.5} = 214(\text{kg/m}^3)$$

(3) 计算石灰膏用量 Q_D：

$$Q_D = Q_A - Q_C$$

取 $Q_A = 350(\text{kg/m}^3)$。

则：
$$Q_D = 350 - 214 = 136(\text{kg/m}^3)$$

(4) 计算砂子用量 Q_S：

$$Q_S = 1450 \times (1 + 2\%) = 1479(\text{kg/m}^3)$$

(5) 根据砂浆稠度要求，选择用水量 $Q_W = 300(\text{kg/m}^3)$。

砂浆试配时各材料的用量比例：

水泥∶石灰膏∶砂 = 214∶136∶1479

= 1∶0.64∶6.91

【例 5-2】 要求设计用于砌筑砖墙的水泥砂浆，设计强度等级为 M7.5，稠度 70～90mm。原材料的主要参数：水泥，32.5 级矿渣水泥；中砂，堆积密度 1400kg/m³；施工水平一般。

【解】

(1) 根据表 5-4 选取水泥用量 240kg/m³

(2) 砂子用量 Q_S

$$Q_S = 1400(\text{kg/m}^3)$$

(3) 根据表 5-4 选取用水量为 320kg/m³

砂浆试配时各材料的用量比例（质量比）为：

水泥：砂 =240：1400 =1：5.83

【工程实例 5-1】

【现象】某工地采用 M10 砌筑砂浆砌筑砖墙，施工中将水泥直接倒在砂堆上，采用人工拌和。该砌体灰缝饱满度及黏结性均差，试分析原因。

【原因分析】

(1)砂浆的均匀性可能有问题。水泥直接倒在砂堆上采用人工拌和的方法导致混合不够均匀，宜采用机械搅拌。

(2)仅以水泥与砂配制砌筑砂浆，使用少量水泥虽可满足强度要求，但往往流动性及保水性较差，而使砌体饱满度及黏结性较差，影响砌体强度，可掺入少量石灰膏、石灰粉或微沫剂等以改善砂浆的和易性。

第二节　抹 灰 砂 浆

一般抹灰工程用砂浆也称抹灰砂浆，是指大面积涂抹于建筑物墙、顶棚、柱等表面的砂浆，包括水泥抹灰砂浆、水泥粉煤灰抹灰砂浆、水泥石灰抹灰砂浆、掺塑化剂水泥抹灰砂浆、聚合物水泥抹灰砂浆及石膏抹灰砂浆等。抹灰砂浆可以保护墙体不受风雨、潮气等侵蚀，提高墙体的耐久性；同时也使建筑表面平整、光滑、清洁美观。

1.抹灰砂浆的组成材料

(1)胶凝材料

配制强度等级不大于 M20 的抹灰砂浆，宜用 32.5 级通用硅酸盐水泥或砌筑水泥；配制强度等级大于 M20 的抹灰砂浆，宜用强度等级不低于 42.5 级的通用硅酸盐水泥。通用硅酸盐水泥宜采用散装的。

通用硅酸盐水泥和砌筑水泥应分别符合相应的国家标准，不同品种、不同等级、不同厂家的水泥，不得混合使用。

(2)砂(细集料)

抹灰砂浆宜用中砂。不得含有有害杂质，砂的含泥量不应超过 5%，且不应含有 4.75 以上粒径的颗粒，并应符合《普通混凝土用砂、石质量及检验方法标准》(JGJ 52—2006)的规定。人工砂、山砂及细砂应经试配试验证明能满足抹灰砂浆要求后再使用。

(3)水

抹灰砂浆的拌和用水应符合《混凝土用水标准》(JGJ 63—2006)的规定。

(4)掺加料

用通用硅酸盐水泥拌制抹灰砂浆时，可掺入适量的石灰膏、粉煤灰、粒化高炉矿渣粉、沸石粉等，不应掺入消石灰粉。用砌筑水泥拌制抹灰砂浆时，不得再掺加粉煤灰等矿物掺和料。

石灰膏应符合下列规定：

①石灰膏应在储灰池中熟化，熟化时间不应少于 15d，且用于罩面抹灰砂浆时不就少于 30d，并应用孔径不大于 3mm × 3mm 的网过滤。

②磨细生石灰粉熟化时间不应少于 3d，并应用孔径不大于 3mm × 3mm 的网过滤。

③沉淀池中储存的石灰膏，应采取防止干燥、冻结和污染的措施。

④脱水硬化的石灰膏不得使用；未熟化的生石灰粉及消石灰粉不得直接使用。

粉煤灰、磨细生石灰粉均应符合相应现行行业标准。

建筑石膏宜采用半水石膏，并应符合现行国家标准规定。

纤维、聚合物、缓凝剂等应具有产品合格证书、产品性能检测报告。

拌制抹灰砂浆，可根据需要掺入改善砂浆性能的添加剂。

2. 抹灰砂浆的主要技术性质

(1)预拌抹灰砂浆

一般抹灰工程用砂浆宜选用预拌抹灰砂浆。抹灰砂浆应采用机械搅拌。预拌抹灰砂浆性能应符合现行行业标准《预拌砂浆》(JG/T 230—2007)的规定，预拌抹灰砂浆的施工与质量验收应符合现行行业标准《预拌砂浆应用技术规程》(JGJ/T 223—2010)的规定。

(2)抹灰砂浆的和易性

抹灰砂浆的施工稠度宜按表5-7选取。聚合物水泥抹灰砂浆的施工稠度宜为50～60mm，石膏抹灰砂浆的施工稠度宜为50～70mm。

抹灰砂浆的施工稠度　　表5-7

抹　灰　层	施工稠度(mm)
底层	90～110
中层	70～90
面层	70～80

为了提高抹灰砂浆的黏结力，且易于操作，其和易性要优于砌筑砂浆，抹灰砂浆的分层度宜为10～20mm。对于预拌抹灰砂浆，可按其行业标准要求控制保水率。

(3)抹灰砂浆的强度

水泥抹灰砂浆强度等级应为M15、M20、M25、M30；水泥粉煤灰抹灰砂浆强度等级应为M5、M10、M15；水泥石灰抹灰砂浆强度等级应为M2.5、M5、M7.5、M10；掺塑化剂水泥抹灰砂浆强度等级应为M5、M10、M15；聚合物水泥抹灰砂浆抗压强度等级不应小于M5；石膏抹灰砂浆抗压强度不应小于4.0MPa。

抹灰砂浆的强度等级应满足设计要求。抹灰砂浆强度不宜比基体材料高出两个及以上强度等级，并应符合下列规定：

①对于无粘贴饰面砖的外墙，底层抹灰砂浆宜比基体材料高一个强度等级或等于基体材料强度。

②对于无粘贴饰面砖的内墙，底层抹灰砂浆宜比基体材料低一个强度等级。

③对于有粘贴饰面砖的内墙和外墙，中层抹灰砂浆宜比基体材料高一个强度等级且不宜低于M15，并宜选用水泥抹灰砂浆。

④孔洞填补和窗台、阳台抹面等宜采用M15或M20水泥抹灰砂浆。

3. 抹灰砂浆的配合比设计

(1)一般规定

为加强抹灰工程质量管理，提高工程质量，抹灰砂浆在施工前需要进行配合比设计。

①砂浆的试配抗压强度：

$$f_{m,0} = kf_2$$

式中：$f_{m,0}$——砂浆的试配抗压强度，精确至0.1MPa；

f_2——砂浆抗压强度等级值，精确至0.1MPa；

k——砂浆生产（拌制）质量水平系数，取值见表5-3。

②抹灰砂浆配合比应采取质量计量。

③抹灰砂浆的分层度宜为10～20mm。

④抹灰砂浆中可加入纤维，掺量应经试验确定。

⑤用于外墙的抹灰砂浆的抗冻性应满足设计要求。

具体每种抹灰砂浆的配合比设计应符合《抹灰砂浆技术规程》（JGJ/T 220—2010）的规定。

（2）试配、调整与确定

①抹灰砂浆试配时，应考虑工程实际需求，搅拌应符合现行行业标准《砌筑砂浆配合比设计规程》（JGJ/T 98—2010）的规定。

②选取抹灰砂浆配合比后，应先进行试拌，测定拌和物的稠度和分层度（或保水率），当不能满足要求时，应调整材料用量，直到满足要求为止。

③抹灰砂浆试配时，至少应采用3个不同的配合比，其中一个为基准配合比，其余两个配合比的水泥用量按基准配合比分别增加和减少10%。在保证稠度、分层度（或保水率）满足要求的条件下，可将用水量或石灰膏、粉煤灰等矿物掺和料用量作相应调整。

④抹灰砂浆的试配稠度应满足施工要求，分别测定不同配合比砂浆的抗压强度、分层度（或保水率）及拉伸黏结强度。符合要求且水泥用量最低的作为抹灰砂浆的配合比。

4. 抹灰砂浆的施工和养护

（1）抹灰砂浆施工应在主体结构质量验收合格后进行。

（2）抹灰层的平均厚度宜符合下列规定：

①内墙：普通抹灰的平均厚度不宜大于20mm，高级抹灰的平均厚度不宜大于25mm。

②外墙：墙面抹灰的平均厚度不宜大于20mm，勒脚抹灰的平均厚度不宜大于25mm。

③顶棚：现浇混凝土抹灰的平均厚度不宜大于5mm，条板、预制混凝土抹灰的平均厚度不宜大于10mm。

④蒸压加气混凝土砌块基层抹灰平均厚度宜控制在15mm以内，当采用聚合物水泥砂浆抹灰时，平均厚度宜控制在5mm以内，采用石膏砂浆抹灰时，平均厚度宜控制在10mm以内。

（3）抹灰应分层进行，水泥抹灰砂浆每层厚度宜为5～7mm，水泥石灰抹灰砂浆层宜为7～9mm，并应待前一层达到六七成干后再涂抹后一层。

（4）强度高的水泥抹灰砂浆不应涂抹在强度低的水泥抹灰砂浆基层上。

（5）当抹灰层厚度大于35mm时，应采取与基体黏结的加强措施。不同材料的基体交接处应设加强网，加强网与各基体的搭接宽度不应小于100mm。

（6）各层抹灰砂浆在凝结硬化前，应防止暴晒、淋雨、水冲、撞击、振动。水泥抹灰砂浆、水泥粉煤灰抹灰砂浆和掺塑化剂水泥抹灰砂浆宜在润湿的条件下养护。

5. 抹灰砂浆的选用

抹灰砂浆的品种宜根据使用部位或基体种类按表5-8选用。

抹灰砂浆的品种选用 表5-8

使用部位或基体种类	抹灰砂浆品种
内墙	水泥抹灰砂浆、水泥石灰抹灰砂浆、水泥粉煤灰抹灰砂浆、掺塑化剂水泥抹灰砂浆、聚合物水泥抹灰砂浆、石膏抹灰砂浆
外墙、门窗洞口外侧壁	水泥抹灰砂浆、水泥粉煤灰抹灰砂浆
温（湿度）较高的车间和房屋、地下室、屋檐、勒脚等	水泥抹灰砂浆、水泥粉煤灰抹灰砂浆
混凝土板和墙	水泥抹灰砂浆、水泥石灰抹灰砂浆、聚合物水泥抹灰砂浆、石膏抹灰砂浆
混凝土顶棚、条板	聚合物水泥抹灰砂浆、石膏抹灰砂浆
加气混凝土砌块（板）	水泥石灰抹灰砂浆、水泥粉煤灰抹灰砂浆、掺塑化剂水泥抹灰砂浆、聚合物水泥抹灰砂浆、石膏抹灰砂浆

【工程实例5-2】

【现象】 某工程室内地面采用水泥砂浆抹灰，验收时发现地面有开裂、空鼓和起砂等问题，试分析原因。

【原因分析】

1. 地面开裂和空鼓的原因

1）自身原因

（1）温度变化时，往往会产生温度裂缝；所以大面积的地面必须分段分块，做伸缩缝。

（2）水泥砂浆在凝结硬化过程中，因水分挥发造成体积收缩而产生裂缝。

（3）尚未达到设计强度等级时，如受到震动则容易造成开裂；实际施工时立体交叉作业不可避免，如在地面未达到一定强度时就打洞钻孔、运输踩踏，都会造成开裂。

2）施工原因

（1）基层灰砂浮尘没有彻底清除、冲洗干净，砂浆与基层黏结不牢。

（2）基层不平整，突出的地方砂浆层薄，收缩失水快，该处易空鼓。

（3）基层不均匀沉降，会产生裂纹或空鼓。

（4）配合比不合理，搅拌不均匀。一般地面的水泥砂浆配合比宜为1∶2（水泥∶砂子），如果水泥用量过大，可能导致裂缝。

3）材料原因

对水泥、砂子等材料检验不严格，砂子含泥量过大，水泥强度等级达不到要求或存放时间过长等原因，均会使水泥砂浆地面产生裂缝。

2. 地面起砂原因

(1)砂浆拌制时加水过量或搅拌不均匀。

(2)表面压光次数不够,压得不实,出现析水起砂。

(3)压光时间掌握不好,或在终凝后压光,砂浆表层遭破坏而起砂。

(4)砂浆收缩时浇水,吃水不一,水分过多处起砂脱皮。

(5)使用的水泥强度等级低,造成砂浆达不到要求的强度等级。

第三节　新型砂浆与特种砂浆

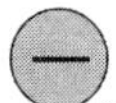 保温砂浆

保温砂浆是用水泥、石灰、石膏等胶凝材料与膨胀蛭石或陶砂等轻质多孔集料按一定比例配制而成的。具有质轻和良好的保温性能。

水泥膨胀珍珠岩砂浆宜采用普通硅酸盐水泥,水泥与轻质集料的体积比约为1∶12,可用于砖及混凝土内墙表面抹灰或喷涂。水泥石灰膨胀蛭石砂浆体积比为水泥∶石灰膏∶膨胀蛭石 =1∶5∶8,可用于平屋顶保温层及顶棚、内墙抹灰。

 吸声砂浆

与保温砂浆类似,由轻质多孔骨料配制而成。有良好的吸声性能,用于室内墙壁和吊顶的吸音处理。也可采用水泥、石膏、砂、锯末(体积比约为1∶1∶3∶5)配制吸声砂浆,还可在石灰、石膏砂浆中掺入玻璃纤维、矿物棉等松软纤维材料配制吸声砂浆。

 防辐射砂浆

在水泥浆中加入重晶石粉、砂配制而成的具有防辐射能力的砂浆。按水泥∶重晶石粉∶重晶石砂 =1∶0.25∶4 ~5 配制的砂浆具有防 X 射线辐射的能力。若在水泥砂中掺入硼砂、硼酸可配制具有防中子辐射能力的砂浆。这类砂浆用于射线防护工程中。

四 聚合物砂浆

在水泥砂浆中加入有机聚合物乳液配制成的砂浆称为聚合物砂浆。聚合物砂浆一般具有黏结力强、干缩率小、脆性低、耐蚀性好等特点,主要用于提高装饰砂浆的黏结力、填补钢筋混凝土构件的裂缝、制作耐磨及耐侵蚀的修补和防护工程。常用的聚合物乳液有氯丁橡胶乳液、丁苯橡胶乳液、丙烯酸树脂乳液等。

五 耐酸砂浆

在水玻璃和氟硅酸钠配制的耐酸涂料中,掺入适量由石英岩、花岗岩、铸石等加工成的粉状细骨料可配制成耐酸砂浆。耐酸砂浆多用作耐酸地面和耐酸容器的内壁防护层。

六 干混砂浆

干混砂浆又称为干粉料、干混料或干粉砂浆。它是由胶凝材料、细集料、外加剂（有时根据需要加入一定量的掺和料）等固体材料组成，经工厂准确配料和均匀混合而制成的砂浆半成品，不含拌和水。拌和水使用前在施工现场搅拌时加入。

干混砂浆分为普通干混砂浆和特种干混砂浆。

（1）普通干混砂浆又分为砌筑工程用的干混砌筑砂浆和抹灰工程用的干混砂浆两种。

①干混砌筑砂浆具有优异的黏结能力和保水性，使砂浆在施工中凝结的更为密实，在干燥砌块基面都能保证砂浆的有效黏结；具有干缩率低的特性，能够最大限度地保证墙体尺寸的稳定性；胶凝后具有刚中带韧的特性，提高建筑物的安全性能。

②抹灰工程用的干混抹灰砂浆能承受一系列外部作用；有足够的抗水冲能力，可用在浴室和其他潮湿的房间抹灰工程中；减少抹灰层数，提高工效；具有良好的和易性，使施工好的基面光滑平整、均匀；具有良好的抗流挂性能、对抹灰工具的低黏性、易施工性；更好的抗裂、抗渗性能。

（2）特种干混砂浆指对性能有特殊要求的专用建筑、装饰类干混砂浆，如瓷砖黏结砂浆、聚苯板（EPS）黏结砂浆、外保温抹面砂浆等。

①瓷砖黏结砂浆，节约材料用量，可实现薄层黏结；黏结力强，减少分层和剥落，避免空鼓、开裂；操作简单方便，施工质量和效率得到大幅提高。

②聚苯板（EPS）黏结砂浆，对基底和聚苯乙烯板有良好的黏结力；有足够的变形能力（柔性）和良好的抗冲击性；自身重量轻，对墙体要求低，能直接在混凝土和砖墙上使用；环保无毒，节约大量能源；有极佳的黏结力和表面强度；低收缩、不开裂、不起壳、长期的耐候性与稳定性；加水即用，避免现场搅拌砂浆的随意性，质量稳定，有良好的施工性能，耐碱、耐水、抗冻融、快干、早强、施工效率高。

③外保温抹面砂浆是指聚苯乙烯颗粒添加纤维素、胶粉、纤维等添加剂的具有保温隔热性能的砂浆产品。加水即可使用，施工方便；黏结强度高，不易空鼓、脱落；物理力学性能稳定、收缩率低、防止收缩开裂或龟裂；可在潮湿基面上施工；干燥硬化块，施工周期短；绿色环保，隔热效果卓越；密度小，减轻建筑自重，有利于结构设计。

干混砂浆的特点是集中生产，性能优良，质量稳定，品种多样，运输、贮存和使用方便。贮存期可达3个月至半年。

干混砂浆的使用，有利于提高砌筑、抹灰、装饰、修补工程的施工质量，改善砂浆现场施工条件。

本章小结

本章重点介绍了砌筑砂浆的组成材料、技术性质、配合比设计及应用；介绍了抹面砂浆及防水砂浆的性质及应用；还介绍了几类新型砂浆和特种砂浆的性质。通过本章的学习，对常用的建筑砂浆有一个系统的认识，为今后正确使用砂浆打下一定的基础。

小知识

传统砂浆与干混砂浆的区别

传统砂浆:一般采用现场搅拌的方式,有以下弊端:

(1)质量难以保证:受设备、技术、管理条件的限制,容易造成计量不准确;砂石质量、级配、杂质含量、水分含量不稳定;搅拌不均匀;施工时间难以掌握。

(2)工作效率低:现场配制砂浆,需大量人力、时间去购买存放和计量原材料。

(3)耗料多:现场配制难以按配比执行,造成原材料不合理使用和浪费,现场搅拌约20% ~30%的材料损失。

(4)污染环境:现场搅拌,粉尘量大,并占地多,污染环境,影响文明施工。

(5)难以满足特殊要求:随着新型墙体材料的发展,传统砂浆不能满足与之适应的要求。专用砂浆一般需加外加剂,而现场加外加剂很难保证产品的质量。这样不利于推广使用新型墙体材料,就不能达到保护资源、利废节能的目的。

干混砂浆:在工厂将所有原材料按配比混合好作为商品出售的干混砂浆,在施工现场只需按比例加水拌和,这种方法生产的砂浆有以下特点:

(1)质量稳定:因有专门设备,技术人员控制管理,使其用料合理,配料准确,混合均匀,而使质量均匀可靠,提高建筑施工质量。

(2)工作效率高:可一次购买到符合要求的砂浆,随到随用,大大提高工作效率。加了外加剂的砂浆,由于砂浆性能的改善,更可提高施工工效。

(3)满足特殊要求:技术人员可按特殊需要的性能。添加外加剂,对原材料进行适当调配,以达到目的,而在施工现场难以实现。

(4)保护环境:干混砂浆占地少,无粉尘,无噪声,减少环境污染,改善市容,文明生产。

(5)节省原料:因按配比生产,不会造成很大的原料浪费。

(6)利废环保:可利用粉煤灰、炉渣等废料。

(7)建筑干混砂浆属无机材料,无毒无味,利于健康居住,是真正的绿色材料。

(8)适用于机械化施工:比如建筑干混砂浆的仓储、气力输送、机器喷涂等,从而成倍地提高工作效率,降低建筑造价。

练 习 题

1. 填空题

(1)建筑砂浆是由________、________、________和________按一定比例配制而成的。它与混凝土的主要区别是组成材料中没有________,因此建筑砂浆也称为细集料混凝土。

(2)根据所用胶凝材料的不同,建筑砂浆分为________、________和________等;根据用途又分为________、________、________及________。

(3)砌筑砂浆用水泥宜采用________水泥或________水泥。

(4)M15 及以下强度等级的砌筑砂浆宜选用________级的通用硅酸盐水泥或砌筑水泥;M15 以上强度等级的砌筑砂浆宜选用________级通用硅酸盐水泥。

(5)砌筑砂浆分为________砂浆和________砂浆。

(6)新拌砂浆的和易性包括________和________两个方面,分别用________和________表示。

(7)砂浆的强度是以________个________×________×________的立方体试块,在标准条件下养护________天后,用标准方法测得的抗压强度________值来评定的。

(8)当抹灰层厚度大于________时,应采取与基体黏结的加强措施。不同材料的基体交接处应设加强网,加强网与各基体的搭接宽度不应小于________。

2. 简答题

(1)常用的装饰砂浆有哪些?各有什么特点?

(2)对新拌水泥砂浆的技术要求与对混凝土拌和物的技术要求有何不同?

(3)普通抹灰砂浆的作用是什么?不同部位应采用哪种抹灰砂浆?

3. 设计题

要求设计用于砌筑砖墙的水泥混合砂浆配合比。设计强度等级为 M7.5,稠度为 70~90mm。

原材料的主要参数:水泥,32.5 级矿渣水泥;中砂,堆积密度为 1450kg/m^3,含水率 2%;石灰膏,稠度 120mm;施工水平,一般。

第六章
墙体材料

【职业能力目标】

墙体材料是房屋建筑的主要围护材料和结构材料，常用的墙体材料有砌墙砖、墙用砌块和墙用板材三大类。通过对墙体材料基本知识的学习，使学生掌握三大类材料的优点与缺点及各自的适用环境，初步具有合理选择墙体材料、分析和处理施工中由于墙体材料质量等原因导致的工程技术问题的能力，培养保护环境和节约资源的意识。

【学习要求】

掌握烧结普通砖、烧结多孔砖和烧结空心砖的技术性质、特点及应用；熟悉非烧结砖和常用墙用砌块的类型、技术性质及应用；了解常用墙用板材的类型、特点及应用；了解新型墙体材料的发展与革新。

墙体在建筑中起承重、维护或分割作用。用于墙体的材料种类较多，从形状尺寸可分为砖、砌块和板材。它们与建筑物的功能、自重、成本、工期及建筑能耗等有着直接的关系。

传统的墙体材料主要以实心黏土砖为主，由于具有一定的强度、较好的耐久性及隔声性能、价格低廉等优点，加上原料取材方便，生产工艺简单，所以应用历史最久。但它也存在很多缺点，如消耗大量黏土资源，毁坏农田，自重大、能耗高、尺寸小、施工效率低，保温隔热和抗震性能较差等。

墙体材料的发展与土地、资源、能源、环境和建筑节能有密切的联系。“新型墙体材料”这一概念是相对于传统的墙体材料黏土实心砖而言，它是伴随着我国墙体材料的革新过程而提出的专门名称。按照国家新型墙体材料目录，国家提倡的新型墙体材料大体有以下种类：

(1)砖类

①非黏土烧结多孔砖(GB 13544—2011)和非黏土烧结空心砖(GB 13545—2003)。

②混凝土多孔砖(JC 943—2004)。

③蒸压粉煤灰砖(JC 239—2001)和蒸压灰砂多孔砖(JC/T 637—2009)。

④烧结多孔砖(仅限西部地区，GB 13544—2011)和烧结空心砖(仅限西部地区，GB 13545—2003)。

(2)砌块类

①普通混凝土小型空心砌块(GB 8239—1997)。

②轻集料混凝土小型空心砌块(GB/T 15229—2011)。

③烧结空心砌块(以煤矸石、江河湖淤泥、建筑垃圾、页岩为原料,GB 13545—2003)。

④蒸压加气混凝土砌块(GB 11968—2006)。

⑤石膏砌块(JC/T 698—2010)。

⑥粉煤灰混凝土小型空心砌块(JC/T 862—2008)。

(3)板材类

①蒸压加气混凝土板(GB 15762—2008)。

②建筑用轻质隔墙条板(GB/T 23451—2009)。

③钢丝网架水泥聚苯乙烯夹芯板(JC 623—1996)。

④石膏空心条板(JC/T 829—2010)。

⑤玻璃纤维增强水泥轻质多孔隔墙条板(简称GRC板,GB/T 19631—2005)。

⑥金属面夹芯板:金属面聚苯乙烯夹芯板(JC 689—1998);金属面硬质聚氨酯夹芯板(JC/T 868—2000);金属面岩棉、矿渣棉夹芯板(JC/T 869—2000)。

⑦建筑平板:纸面石膏板(GB/T 9775—2008);纤维增强硅酸钙板(JC/T 564—2008);纤维增强低碱度水泥建筑平板(JC/T 626—2008);维纶纤维增强水泥平板(JC/T 671—2008)。

(4)原料中掺有不少于30%的工业废渣、农作物秸秆、建筑垃圾、江河(湖、海)淤泥的墙体材料产品(烧结实心砖除外)。

(5)符合国家标准、行业标准和地方标准的混凝土砖、烧结保温砖(砌块)、中空钢网内模隔墙、复合保温砖(砌块)、预制复合墙板(体),聚氨酯硬泡复合板及以专用聚氨酯为材料的建筑墙体等。

针对生产与使用小块实心黏土砖存在毁地取土、高能耗与严重污染环境等问题,我国必须大力开发与推广节土、节能、利废、多功能、有利于环保并且符合可持续发展要求的各类墙体材料。

第一节 砌 墙 砖

砖是指建筑用的人造小型块材。外形多为直角六面体,也有各种异形的。其长度不超过365mm,宽度不超过240mm,高度不超过115mm。凡是由黏土、工业废料或其他地方资源为主要原料,以不同工艺制成的,在建筑中用于砌筑承重和非承重墙体的砖,统称砌墙砖。

砌墙砖按生产工艺可分为烧结砖和非烧结砖两大类。

烧结砖是经焙烧而制成的砖;非烧结砖是经蒸压或蒸养而制成的砖,蒸养砖是经常压蒸汽养护硬化而制成的砖,如蒸养粉煤灰砖等;蒸压砖是经高压蒸汽养护硬化而制成的砖,如蒸压灰砂砖等。

砖按孔洞率可分为:实心砖(图6-1)、微孔砖、多孔砖(图6-2)和空心砖(图6-3)。

实心砖是无孔洞或孔洞率小于25%的砖;微孔砖是通过掺入成孔材料(如聚苯乙烯微珠、锯末等)经焙烧,在砖内形成微孔的砖;多孔砖是孔洞率等于或大于25%,孔的尺寸小而数量多的砖;空心砖是孔洞率等于或大于40%,孔的尺寸大而数量少的砖。

图6-1　实心砖

图6-2　多孔砖

图6-3　空心砖

一 烧结普通砖

烧结普通砖是指以黏土、页岩、粉煤灰、煤矸石等为主要原料,经焙烧而制成的孔洞率小于25%的砖。

(一)烧结普通砖的分类和产品标记

1. 按主要原料分类

烧结普通砖按主要原料分为黏土砖(N)、页岩砖(Y)、煤矸石砖(M)和粉煤灰砖(F)。

1)黏土砖(N)

烧结普通黏土砖以砂质黏土为原料制坯,当砖坯在窑内被烧到一定温度后烧结成砖。

2)页岩砖(Y)

页岩是固结较弱的黏土经挤压、脱水、重结晶和胶结作用而成的一种黏土沉积岩。烧结页岩砖是以页岩为主要原料,经破碎、粉磨、成型、制坯、干燥和焙烧等工艺制成的。生产这种砖可完全不用黏土,配料时所需水分较少,有利于砖坯的干燥,且制品收缩小,这种砖颜色与普通砖相似,但表现密度较大,约为1500~2750kg/m^3,抗压强度为7.5~15MPa,吸水率为20%左右,可代替普通黏土砖应用于建筑工程,为减轻自重,可制成空心烧结页岩砖。

3)煤矸石砖(M)

煤矸石是开采煤炭时剔除出来的废料。烧结煤矸石砖是以煤矸石为原料,经配料、粉碎、磨细、成型、焙烧而制得。焙烧时基本不需外投煤,因此生产煤矸石砖不仅节省大量的黏土原料和减少了废渣的占地,也节省了大量燃料。烧结煤矸石砖的表观密度一般为1500kg/m^{3}左右,比普通砖轻,抗压强度一般为10~20MPa,吸水率为15%左右,抗风化性能优良。

4)粉煤灰砖(F)

烧结粉煤灰砖是以粉煤灰为主要原料,掺入适量黏土(二者体积比为1:1~1.25)或膨润土等无机复合掺和料,经均化配料、成型、制坯、干燥、焙烧而制成。由于粉煤灰中存在部分未燃烧的碳,能耗降低,也称为半内燃砖。其表观密度为1400kg/m^{3}左右,抗压强度10~15MPa,吸水率20%左右,颜色从淡红至深红。能经受15次冻融循环而不被破坏。这种砖可代替普通黏土砖用于一般的工业与民用建筑中。

2. 按砖外形分类

按砖的外形分为烧结普通砖和烧结装饰砖、配砖。

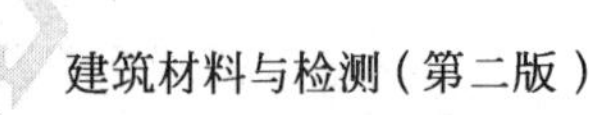

烧结普通砖的外形为直角六面体，其公称尺寸为：长240mm、宽115mm、高53mm。

烧结装饰砖是指经烧结而成用于清水墙或带有装饰面的砖（以下简称装饰砖），主规格同烧结普通砖，为增强装饰效果，装饰砖可制成本色、一色或多色，装饰面也可具有砂面、光面、压花等起墙面装饰作用的图案。

配砖常用规格为175mm×115mm×53mm。

3. 按窑中焙烧气氛分类

焙烧窑中为氧化气氛时，可烧得红砖；若焙烧窑中为还原气氛，红色的高价氧化铁被还原为青灰色的低价氧化铁时，则所烧得的砖呈现青色。青砖较红砖耐碱，耐久性较好。

4. 按火候分为正火砖、欠火砖和过火砖

由于砖在焙烧时窑内温度分布（火候）难于绝对均匀，因此，除了正火砖（合格品）外，还常出现欠火砖和过火砖。欠火砖色浅、敲击声发哑、吸水率大、强度低、耐久性差；过火砖色深、敲击时声音清脆、吸水率低、强度较高、但有弯曲变形。欠火砖和过火砖均属不合格产品。

5. 烧结普通砖的产品标记

烧结普通砖的产品标记按产品名称、类别、强度等级、质量等级和标准编号顺序编写。

例：烧结普通砖，强度等级MU15，一等品的黏土砖，其标记为：

烧结普通砖　N　MU15　B　（GB 5101—2003）。

（二）现行标准与技术要求

以黏土、页岩、煤矸石、粉煤灰为主要原料经焙烧而成的烧结普通砖各项技术指标应符合《烧结普通砖》（GB 5101—2003）的规定，其中规定的主要技术要求如下：

1. 尺寸偏差

烧结普通砖的外形为直角六面体，公称尺寸为240mm×115mm×53mm（图6-4），加上砌筑用灰缝的厚度8～12mm，则4块砖长，8块砖宽，16块砖厚分别恰好为1m，故每1m^{3}砖砌体理论需用砖512块。烧结普通砖的尺寸偏差应符合表6-4的规定。

2. 外观质量

烧结普通砖的外观质量包括两条面高度差、弯曲、杂质凸出高度、缺棱掉角、裂纹、完整面、颜色等内容，分别应符合表6-4的规定。

3. 泛霜

在新砌筑的砖砌体表面，有时会出现一层白色的粉末、絮团或絮片，这种现象称为泛霜（图6-5）。

出现泛霜的原因是由于砖内含有较多可溶性盐类，这些盐类在砌筑施工时溶解于进入砖内的水中，当水分蒸发时在砖的表面结晶成霜状。这些结晶的粉状物有损于建筑物的外观，而且结晶膨胀也会引起砖表层的疏松甚至剥落。烧结普通砖的泛霜应符合表6-4的规定。

4. 石灰爆裂

石灰爆裂是指烧结砖或烧结砌块的原料或内燃物质中夹杂着石灰石，焙烧时被烧成生石灰块，砖或砌块吸水后，体积膨胀而发生的爆裂现象。石灰爆裂严重时使砖砌体强度降低，直至破坏。烧结普通砖的石灰爆裂应符合表6-4的规定。

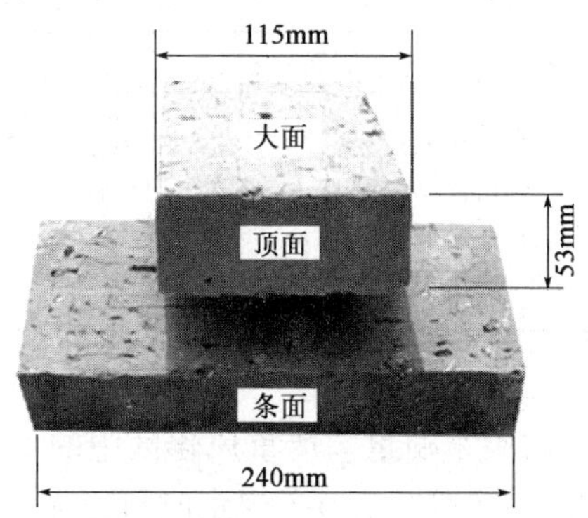

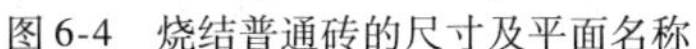

图 6-4 烧结普通砖的尺寸及平面名称

图 6-5 烧结普通砖的泛霜

5. 强度

烧结普通砖根据抗压强度分为 MU30、MU25、MU20、MU15、MU10 五个强度等级。

强度试验按《砌墙砖试验方法》(GB/T 2542—2003)的规定进行，抽取 10 块砖试样进行抗压强度试验，根据试验结果，按平均值—标准值方法(变异系数 $\delta \leqslant 0.21$ 时)或平均值—最小值方法(变异系数 $\delta > 0.21$ 时)评定砖的强度等级，强度要求应符合表 6-1 的规定。

烧结普通砖强度(GB 5101—2003) 表 6-1

强度等级	抗压强度平均值 $\bar{f} \geqslant$ (MPa)	变异系数 $\delta \leqslant 0.21$	变异系数 $\delta > 0.21$
		强度标准值 $f_k \geqslant$ (MPa)	单块最小抗压强度值 $f_{min} \geqslant$ (MPa)
MU30	30.0	22.0	25.0
MU25	25.0	18.0	22.0
MU20	20.0	14.0	16.0
MU15	15.0	10.0	12.0
MU10	10.0	6.5	7.5

6. 抗风化性能

抗风化性能是指在干湿变化、温度变化、冻融变化等物理因素作用下，材料不破坏并长期保持原有性质的能力，是材料耐久性的重要内容之一。地域不同，对材料的风化作用程度就不同。

1)风化区的划分

风化区用风化指数进行划分。风化指数是指日气温从正温降至负温或负温升至正温的每年平均天数与每年从霜冻之日起至消失霜冻之日止这一期间降雨总量(以 mm 计)的平均值的乘积。风化指数≥12700 为严重风化区，风化指数 < 12700 为非严重风化区。全国风化区划分见表 6-2。各地如有可靠数据，也可按计算的风化指数划分本地区的风化区。

风化区划分（GB 5101—2003）　　表 6-2

严重风化区	非严重风化区
1. 黑龙江省;2. 吉林省;3. 辽宁省;4. 内蒙古自治区;5. 新疆维吾尔自治区;6. 宁夏回族自治区;7. 甘肃省;8. 青海省;9. 陕西省;10. 山西省;11. 河北省;12. 北京市;13. 天津市	1. 山东省;2. 河南省;3. 安徽省;4. 江苏省;5. 湖北省;6. 江西省;7. 浙江省;8. 四川省;9. 贵州省;10. 湖南省;11. 福建省;12. 台湾省;13. 广东省;14. 广西壮族自治区;15. 海南省;16. 云南省;17. 西藏自治区;18. 上海市;19. 重庆市

2）抗风化性能评价

烧结普通砖的抗风化性能用抗冻融试验或吸水率试验来衡量。严重风化区中的 1、2、3、4、5 地区的砖必须进行冻融试验，其他地区砖的抗风化性能符合表 6-3 规定时可不做冻融试验，否则，必须进行冻融试验。冻融试验后，每块砖样不允许出现裂纹、分层、掉皮、缺棱、掉角等冻坏现象，且质量损失不得大于 2%。

烧结普通砖抗风化性能（GB 5101—2003）　　表 6-3

项　目 / 砖种类	严重风化区				非严重风化区			
	5h 沸煮吸水率，小于等于（%）		饱和系数≤		5h 沸煮吸水率，小于等于（%）		饱和系数≤	
	平均值	单块最大值	平均值	单块最大值	平均值	单块最大值	平均值	单块最大值
黏土砖	18	20	0.85	0.87	19	20	0.88	0.90
粉煤灰砖	21	23			23	25		
页岩砖	16	18	0.74	0.77	18	20	0.78	0.80
煤矸石砖								

注：粉煤灰掺入量（体积比）小于 30% 时，按黏土砖规定判定。

7. 放射性物质

煤矸石、粉煤灰砖以及掺加工业废渣的砖，应进行放射性物质检测。当砖产品堆垛表面 γ 照射量率≤200nGy/h（含本底）时，该产品使用不受限制；当砖产品堆垛表面 γ 照射量率＞200nGy/h（含本底）时，必须进行放射性物质镭-226、钍-232、钾-40 比活度的检测，并应符合《建筑材料放射性核素限量》（GB 6566—2010）的规定。

8. 质量等级

强度、抗风化性能和放射性物质合格的烧结普通砖，根据尺寸偏差、外观质量、泛霜和石灰爆裂分为优等品（A）、一等品（B）和合格品（C）三个质量等级，见表 6-4。

烧结普通砖的质量等级划分（GB 5101—2003）　　表 6-4

项　目	优　等　品		一　等　品		合　格　品	
（1）尺寸偏差（mm）	样本平均偏差	样本极差≤	样本平均偏差	样本极差≤	样本平均偏差	样本极差≤
长度 240	±2.0	6	±2.5	7	±3.0	8
宽度 115	±1.5	5	±2.0	6	±2.5	7
高度 53	±1.5	4	±1.6	5	±2.0	6
（2）外观质量						

续上表

项目	优等品		一等品		合格品	
两条面高度差(mm)≤	2		3		4	
弯曲(mm)≤	2	3	4			
杂质凸出高度(mm)≤	2	3	4			
缺棱掉角的3个破坏尺寸(mm)不得同时大于	5	20	30			
裂纹长度不大于						
大面上宽度方向及其延伸至条面的裂纹长度(mm)≤	30		60		80	
大面上长度方向及其延伸至顶面的裂纹长度或条顶面上水平裂纹的长度(mm)≤	50		80		100	
完整面不得少于	二条面和二顶面		一条面和一顶面		—	
颜色	基本一致		—		—	
(3)泛霜	无泛霜		不允许出现中等泛霜		不允许出现严重泛霜	
(4)石灰爆裂	不允许出现最大破坏尺寸大于2mm的爆裂区域		①最大破坏尺寸大于2mm且小于等于10mm的爆裂区域,每组砖样不得多于15处;②不允许出现最大破坏尺寸大于10mm的爆裂区域		①最大破坏尺寸大于2mm且小于等于15mm的爆裂区域,每组砖样不得多于15处。其中大于10mm的不得多于7处;②不允许出现最大破坏尺寸大于10mm的爆裂区域	

注:1. 为装饰面施加的色差,凹凸纹、拉毛、压花等不算作缺陷。

2. 有下列缺陷之一者,不得称为完整面:①缺损在条面或顶面上造成的破坏面尺寸同时大于10mm×10mm。②条面或顶面上裂纹宽度大于1mm,其长度超过30mm。③压陷、粘底、焦花在条面或顶面上的凹陷或凸出超过2mm,区域尺寸同时大于10mm×10mm。

(三)性能特点及应用

烧结普通砖具有一定的强度,较好的耐久性,是应用最久、应用范围最为广泛的墙体材料。其中实心黏土砖由于有破坏耕地、能耗高、绝热性能差等缺点,国务院办公厅《关于进一步推进墙体材料革新和推广节能建筑的通知》要求到2010年底,所有城市都要禁止使用实心黏土砖。

烧结普通砖目前可用来砌筑墙体、柱、拱、烟囱、沟道、地面及基础等;还可与轻集料混凝土、加气混凝土、岩棉等复合砌筑成各种轻质墙体;在砌体中配制适当钢筋或钢丝网制作柱、过

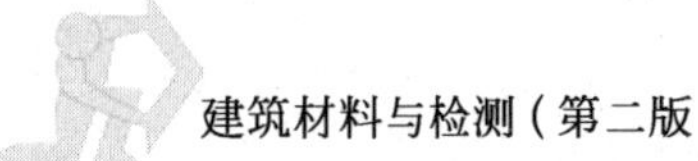

梁等,可代替钢筋混凝土柱、过梁使用;烧结普通砖优等品用于清水墙的砌筑,一等品、合格品可用于混水墙的砌筑。中等泛霜的砖不能用于潮湿部位。

二 烧结多孔砖

烧结多孔砖是指孔洞率等于或者大于25%,孔洞的尺寸小而数量多,且为竖向孔的烧结砖。烧结多孔砖的生产工艺与烧结普通砖基本相同,但对原材料的可塑性要求较高。

(一)烧结多孔砖的分类和产品标记

根据主要原料的不同,烧结多孔砖可分为黏土砖(N)、页岩砖(Y)、煤矸石砖(M)、粉煤灰砖(F)、淤泥砖(U)、固体废弃物砖(G)。

烧结多孔砖按产品名称、品种、规格、强度等级、密度等级和标准编号顺序编写。

示例:规格尺寸290mm×140mm×90mm、强度等级为MU25、密度等级1200级的黏土烧结多孔砖,其标记为:烧结多孔砖 N 290×140×90 MU25 1200 GB 13544—2011

(二)现行标准与技术要求

烧结多孔砖的技术性能应满足国家规范《烧结多孔砖和多孔砌块》(GB 13544—2011)的要求。其具体规定如下:

1.规格与孔洞尺寸要求

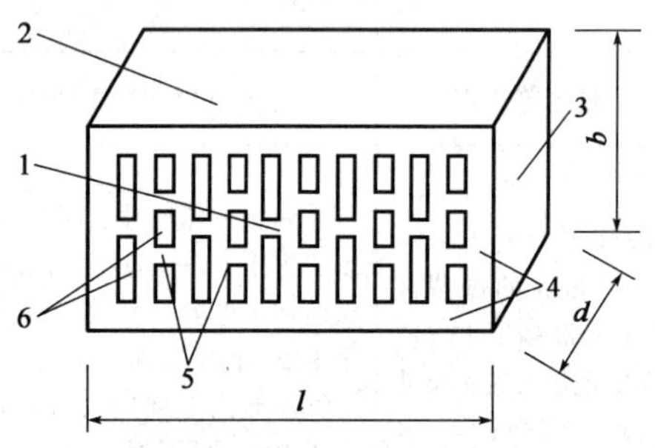

图6-6 烧结多孔砖外形示意图

1-大面(坐浆面);2-条面;3-顶面;4-外壁;5-肋;6-孔洞;l-长度;b-宽度;d-高度

多孔砖的外形为直角六面体,见图6-6,常用规格的长度、宽度与高度尺寸为:290,240,190,180,140,115,90(mm)。

孔洞尺寸应符合:矩形孔的孔长$L\leqslant$40mm、孔宽$b\leqslant$13mm;手抓孔一般为(30~40)×(75~85)mm;所有孔宽应相等,孔采用单向或双向交错排列;孔洞排列上下、左右应对称,分布均匀,手抓孔的长度方向尺寸必须平行于装的条面;孔四个角应做成过渡圆角,不得做成直尖角。

2.强度

根据抗压强度平均值和抗压强度标准值分为MU30、MU25、MU20、MU15、MU10五个强度等级。

3.抗风化性能

风化区的划分见表6-2。严重风化区中的1、2、3、4、5地区的烧结多孔砖和其他地区以淤泥、固体废弃物为主要原料生产的烧结多孔砖必须进行冻融试验,其他地区以黏土、粉煤灰、页岩、煤矸石为主要原料生产的烧结多孔砖的抗风化性能符合表6-5规定时可不做冻融试验,否则,必须进行冻融试验。15次冻融循环试验后,每块砖样不允许出现裂纹、分层、掉皮、缺棱掉角等冻坏现象。

烧结多孔砖抗风化性能(GB 13544—2011)　表 6-5

项目/砖种类	严重风化区				非严重风化区			
	5h 沸煮吸水率(%)≤		饱和系数≤		5h 沸煮吸水率(%)≤		饱和系数≤	
	平均值	单块最大值	平均值	单块最大值	平均值	单块最大值	平均值	单块最大值
黏土砖	21	23	0.85	0.87	23	25	0.88	0.90
粉煤灰砖	23	25			30	32		
页岩砖	16	18	0.74	0.77	18	20	0.78	0.80
煤矸石砖	19	21			21	23		

注:粉煤灰掺入量(体积比)小于 30% 时,按黏土砖规定判定。

4. 密度等级

烧结多孔砖按照 3 块砖的干燥表观密度平均值划分为 1000、1100、1200、1300 四个等级。

(三)性能特点及应用

烧结多孔砖由于具有较好的保温性能,对黏土的消耗相对减少,是目前一些实心黏土砖的替代产品。其设计施工可参照《模数多孔砖建筑抗震设计与施工要点》。

烧结多孔砖主要用于六层以下建筑物的承重部位,砌筑时要求孔洞方向垂直于承压面。常温砌筑应提前 1 ~2d 浇水湿润,砌筑时砖的含水率宜控制在 10% ~15% 范围内。地面以下或室内防潮层以下的砌体不得使用多孔砖。

三 烧结空心砖

烧结空心砖是指经焙烧而制成的孔洞率等于或者大于 40%,孔洞的尺寸大而数量少,且平行于大面和面条的烧结砖。

(一)烧结空心砖的分类和产品标记

根据主要原料的不同,烧结空心砖也可分为黏土砖(N)、页岩砖(Y)、煤矸石砖(M)和粉煤灰砖(F)。

烧结空心砖的产品标记按产品名称、类别、规格、密度等级、强度等级、质量等级和标准编号顺序编写。

示例:规格尺寸 290mm ×190mm ×90mm、密度等级 800、强度等级 MU7.5、优等品的页岩空心砖,其标记为:

烧结空心砖 Y(290 ×190 ×90)　800　MU7.5　A　(GB 13545—2003)。

(二)现行标准与技术要求

烧结空心砖的技术性能应满足国家规范《烧结空心砖和空心砌块》(GB 13545—2003)的要求。其具体规定如下:

1. 规格

空心砖的外形为直角六面体,见图 6-7,其长度、宽度与高度尺寸应符合下列要求,单位为毫米(mm):390,290,240,190,180(175),140,115,90。

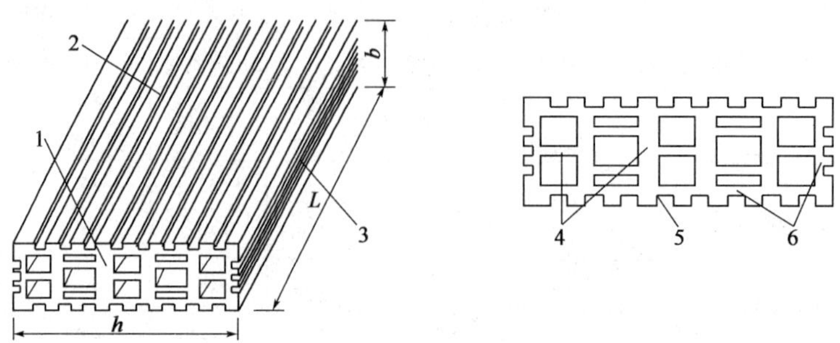

图 6-7　烧结空心砖示意图
1-顶面;2-大面;3-条面;4-肋;5-凹绫槽;6-外壁
L-长度;b-宽度;h-高度

2. 密度等级

根据体积密度分为 800、900、1000、1100 四个密度等级,应符合表 6-6 的规定。

烧结空心砖密度等级划分(GB 13545—2003)　表 6-6

密度等级	5 块密度平均值(kg/m³)	密度等级	5 块密度平均值(kg/m³)
800	≤800	1000	901～1000
900	801～900	1100	1001～1100

3. 强度等级

根据抗压强度分为 MU10.0、MU7.5、MU5.0、MU3.5、MU2.5 五个强度等级,应符合表 6-7 的规定。

烧结空心砖强度等级(GB 13545—2003)　表 6-7

强度等级	抗压强度平均值 $f\geq$(MPa)	变异系数 $\delta\leq0.21$	变异系数 $\delta>0.21$	密度等级范围(kg/m³)
		强度标准值 $f_k\geq$(MPa)	单块最小抗压强度值 $f_{min}\geq$(MPa)	
MU10.0	10.0	7.0	8.0	≤1100
MU7.5	7.5	5.0	5.8	
MU5.0	5.0	3.5	4.0	
MU3.5	3.5	2.5	2.8	
MU2.5	2.5	1.6	1.8	≤800

4. 抗风化性能

风化区的划分见表 6-2。严重风化区中的 1、2、3、4、5 地区的烧结空心砖必须进行冻融试验,其他地区烧结空心砖的抗风化性能符合表 6-8 规定时可不做冻融试验,否则,必须进行冻融试验。冻融试验后,每块砖样不允许出现分层、掉皮、缺棱掉角等冻坏现象。

5. 放射性物质

煤矸石、粉煤灰砖以及掺加工业废渣的烧结多孔砖,应进行放射性物质检测。放射性物质应符合《建筑材料放射性核素限量》(GB 6566—2010)的规定。

6. 质量等级

强度、密度、抗风化性能和放射性物质合格的烧结空心砖，根据尺寸偏差、外观质量、孔洞排列及其结构、泛霜、石灰爆裂、吸水率分为优等品(A)、一等品(B)和合格品(C)三个质量等级。

烧结空心砖抗风化性能(GB 13545—2003)　　表6-8

分　类	饱和系数≤			
	严重风化区		非严重风化区	
	平　均　值	单块最大值	平　均　值	单块最大值
黏土砖	0.85	0.87	0.88	0.90
粉煤灰砖				
页岩砖	0.74	0.77	0.78	0.80
煤矸石砖				

(三)性能特点及应用

烧结空心砖强度较低，具有良好的保温、隔热功能。

烧结空心砖主要用于多层建筑的隔断墙和填充墙，使用时孔洞方向平行于承压面；烧结空心砖墙宜采用全顺侧砌，上下皮竖缝相互错开1/2砖长；烧结空心砖墙底部至少砌3皮普通砖，在门窗洞口两侧一砖范围内，需用普通砖实砌；烧结空心砖墙中不够整砖部分，宜用无齿锯加工制作非整砖块，不得用砍凿方法将砖打断；地面以下或室内防潮层以下的基础不得使用烧结空心砖砌筑。

四 非烧结砖

不经焙烧而制成的砖均为非烧结砖，又称免烧砖。如蒸养蒸压砖、免烧免蒸砖、碳化砖等。目前应用较广的是蒸养蒸压砖，这类砖是以含钙材料(石灰、电石渣等)和含硅材料(砂子、粉煤灰、煤矸石、灰渣、炉渣等)与水拌和，经压制成型、常压或高压蒸汽养护而成，主要品种有灰砂砖、粉煤灰砖、炉渣砖等。这些砖的强度较高，可以替代普通烧结黏土砖使用。

国家推广应用的非烧结砖主要有：蒸压灰砂多孔砖、蒸压粉煤灰砖和混凝土多孔砖。

(一)蒸压灰砂多孔砖

蒸压灰砂多孔砖(图6-8)是以石灰和砂为主要原料，允许掺入颜料和外加剂，经坯料制备、压制成型、高压蒸汽养护而成的多孔砖。高压蒸汽养护是采用高压蒸汽(绝对压力不低于0.88MPa，温度174℃以上)对成型后的坯体或制品进行水热处理的养护方法，简称蒸压。蒸压灰砂多孔砖就是通过蒸压养护，使原来在常温常压下几乎不与$Ca(OH)_2$反应的砂(晶体二氧化硅)，产生具有胶凝能力的水化硅酸钙凝胶，水化硅酸钙凝胶与$Ca(OH)_2$晶体共同将未反应的砂粒黏结起

图6-8　蒸压灰砂多孔砖

来,从而使砖具有强度。

1. 蒸压灰砂多孔砖的技术要求

蒸压灰砂多孔砖的尺寸规格一般为 240mm × 115mm × 90mm(115mm),孔洞采用圆形或其他孔形,孔洞垂直于大面。

蒸压灰砂多孔砖产品采用产品名称、规格、强度等级、产品等级、标准编号的顺序标记,如强度等级为 15 级,优等品,规格尺寸为 240mm × 115mm × 90mm 的蒸压灰砂多孔砖,标记为:蒸压灰砂多孔砖 240 × 115 × 90 15 A (JC/T 637—2009)。

根据标准《蒸压灰砂多孔砖》(JC/T 637—2009)的规定,蒸压灰砂多孔砖按尺寸允许偏差和外观质量将产品分为优等品(A)和合格品(C)两个等级,按抗压强度分为 MU30、MU25、MU20、MU15 四个等级,各强度等级的抗压强度及抗冻性应符合表 6-9 的规定。

蒸压灰砂多孔砖的强度等级(JC/T 637—2009) 表 6-9

强度等级	抗压强度(MPa)		冻后抗压强度(MPa)平均值≥	单块砖的干质量损失(%)≤
	平均值≥	单块最小值≥		
MU30	30.0	24.0	24.0	2.0
MU25	25.0	20.0	20.0	
MU20	20.0	16.0	16.0	
MU15	15.0	12.0	12.0	

注:冻融循环次数应符合以下规定:夏热冬暖地区 15 次,夏热冬冷地区 25 次,寒冷地区 35 次,严寒地区 50 次。

2. 蒸压灰砂多孔砖的性能特点与应用

蒸压灰砂多孔砖属于国家大力发展、应用的新型墙体材料。在工程中,应根据其性能合理选择使用。

(1)组织致密、强度高、大气稳定性好、干缩小、外形光滑平整、尺寸偏差小、色泽淡灰,可加入矿物颜料制成各种颜色的砖,具有较好的装饰效果。可用于防潮层以上的建筑承重部位。

(2)耐热性、耐酸性差,抗流水冲刷能力差。

蒸压灰砂多孔砖中的一些组分如水化硅酸钙、氢氧化钙等不耐酸,也不耐热。因此,蒸压灰砂多孔砖应避免用于长期受热高于 200℃ 及承受急冷、急热或有酸性介质侵蚀的建筑部位。砖中的氢氧化钙等组分在流动水作用下会流失,所以蒸压灰砂多孔砖不能用于有流水冲刷的部位。

(3)与砂浆黏结力差。

蒸压灰砂多孔砖的表面光滑,与砂浆黏结力差。在砌筑时必须采取相应的措施,如增加结构措施,选用高黏度的专用砂浆等。

(二)蒸压粉煤灰砖

蒸压粉煤灰砖(图 6-9)是以粉煤灰、石灰或水泥为主要原料,掺加适量石膏、外加剂、颜料和集料,经坯体制备、压制成型、高压蒸汽养护而成的实心粉煤灰砖。

1. 蒸压粉煤灰砖的技术要求

蒸压粉煤灰砖的尺寸规格为 240mm × 115mm × 53mm,砖的颜色分为本色(N)和彩色(CO)。

蒸压粉煤灰砖产品采用产品名称(FB)、颜色、强度等级、质量等级、标准编号的顺序标记,如强度等级为20级,优等品的彩色蒸压粉煤灰砖,标记为:

FB　CO　20　A　(JC 231—2001)。

根据标准《粉煤灰砖》(JC 231—2001)的规定,蒸压粉煤灰砖按尺寸偏差、外观质量、强度等级、干燥收缩将产品分为优等品(A)、一等品(B)和合格品(C)三个质量等级。蒸压粉煤灰砖的强度等级分为MU30、MU25、MU20、MU15和MU10五个等级。其强度和抗冻性指标要求如表6-10所示,一般要求优等品和一等品的干燥收缩值应不大于0.65mm/m,合格品的干燥收缩值应不大于0.75mm/m。

图6-9　蒸压粉煤灰砖

蒸压粉煤灰砖的强度和抗冻性指标(JC 231—2001)　　表6-10

强度等级	抗压强度(MPa)≥		抗折强度(MPa)≥		冻后抗压强度(MPa)平均值≥	单块砖的干质量损失(%)≤
	平均值	单块最小值	平均值	单块最小值		
MU30	30.0	24.0	6.2	5.0	24.0	2.0
MU25	25.0	20.0	5.0	4.0	20.0	
MU20	20.0	16.0	4.0	3.2	16.0	
MU15	15.0	12.0	3.3	2.6	12.0	
MU10	10.0	8.0	2.5	2.0	8.0	

2. *蒸压粉煤灰砖的性能特点与应用*

蒸压粉煤灰砖在性能上与蒸压灰砂多孔砖相近。在工程中,应根据其性能合理选择使用。

(1)蒸压粉煤灰砖可用于工业与民用建筑的墙体和基础。但用于基础或用于易受冻融和干湿交替作用的建筑部位时,必须采用MU15及以上强度等级的砖。

(2)因砖中含有氢氧化钙,蒸压粉煤灰砖应避免用于长期受热高于200℃及承受急冷、急热或有酸性介质侵蚀的建筑部位。

(3)蒸压粉煤灰砖初始吸水能力差,后期的吸水能力较大,施工时应提前湿水,保持砖的含水率在10%左右,以保证砌筑质量。

(4)由于蒸压粉煤灰砖出釜后收缩较大,因此,出釜一周后才能用于砌筑。

(5)用蒸压粉煤灰砖砌筑的建筑物,应适当增设圈梁及伸缩缝或其他措施,以避免或减少收缩裂缝。

(三)混凝土多孔砖

混凝土多孔砖是以水泥为胶结材料,以砂、石等为主要集料,加水搅拌、成型、养护制成的一种具有多排小孔的混凝土制品,孔洞率30%以上。其外形见图6-10。混凝土多孔砖是继普通混凝土小型空心砌块与轻集料混凝土小型空心砌块之后又一墙体材料新品种。具有生产能耗低、节土利废、施工方便和体轻、强度高、保温效果好、耐久、收缩变形小、外观规整等特点,是一种替代烧结黏土砖的理想材料。

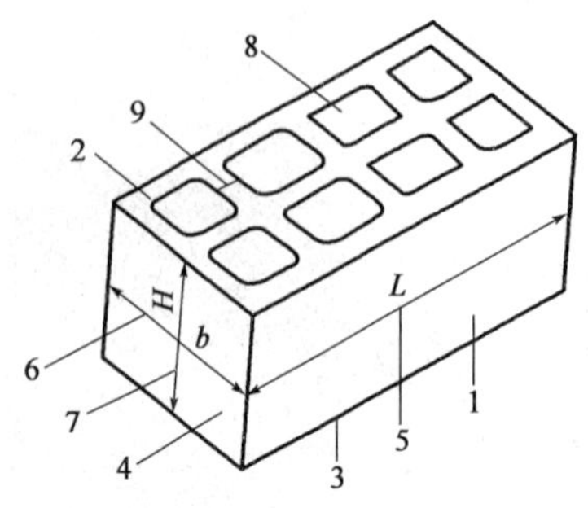

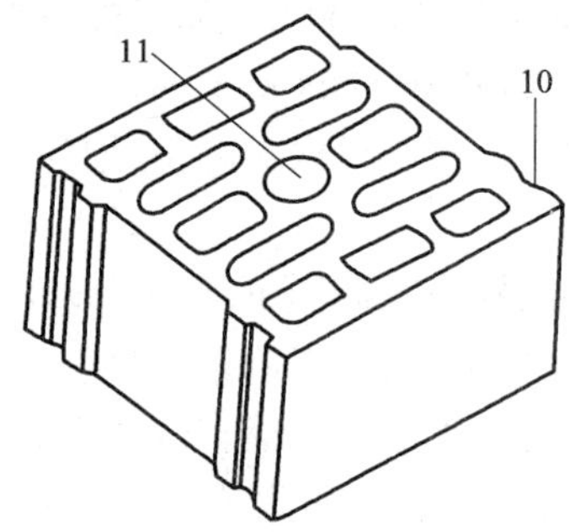

图 6-10　混凝土多孔砖示意图

1-条面；2-坐浆面（外壁、肋的厚度较小的面）；3-铺浆面（外壁、肋的厚度较大的面）；4-顶面；5-长度（L）；6-宽度（b）；7-高度（H）；8-外壁；9-肋；10-槽；11-手抓孔

1. 混凝土多孔砖的技术要求

混凝土多孔砖的外形为直角六面体，其长度、宽度、高度应符合下列要求，单位为毫米（mm）：

290，240，190，180；240，190，115，90；115，90。

矩形孔或矩形条孔（孔长与孔宽之比大于或等于 3）的 4 个角应为半径大于 8mm 的圆角，铺浆面为半盲孔。

混凝土多孔砖产品采用产品名称（CPB）、强度等级、质量等级、标准编号的顺序标记，如强度等级为 MU10，一等品的混凝土多孔砖，标记为：CPB　MU10　B　（JC 943—2004）。

根据标准《混凝土多孔砖》（JC 943—2004）的规定，混凝土多孔砖按其尺寸偏差、外观质量分为一等品（B）及合格品（C）两个质量等级。

混凝土多孔砖的主要规格尺寸为 240mm × 115mm × 90mm，砌筑时可配合使用半砖（120mm × 115mm × 903mm）、七分砖（180mm × 115mm × 90mm）或与主规格尺寸相同的实心砖等；按其强度等级分为 MU10、MU15、MU20、MU25 和 MU30 五个等级，其强度指标要求见表 6-11。混凝土多孔砖尺寸允许偏差、外观质量应符合表 6-12 的要求。混凝土多孔砖的最小壁厚不应小于 15mm，最小肋厚不应小于 10mm，其干燥收缩率不应大于 0.045%。

混凝土多孔砖的强度指标（JC 943—2004）　　表 6-11

强度等级	抗压强度（MPa）	
	平均值≥	单块最小值≥
MU10	10.0	8.0
MU15	15.0	12.0
MU20	20.0	16.0
MU25	25.0	20.0
MU30	30.0	24.0

2. 混凝土多孔砖的性能特点与应用

混凝土多孔砖兼具黏土砖和混凝土小砌块的特点，外形特征属于烧结多孔砖，材料与混凝土小型空心砌块类同，符合砖砌体施工习惯，各项物理、力学和砌体性能均具备代替烧结黏土砖的条件，可直接替代烧结黏土砖用于各类承重、保温承重和框架填充等不同建筑墙体结构中,具有广泛的推广应用前景。

混凝土多孔砖尺寸允许偏差、外观质量(JC 943—2004)　　表 6-12

项目名称		一等品(B)	合格品(C)
长度(mm)		±1	±2
宽度(mm)		±1	±2
高度(mm)		±1.5	±2.5
弯曲(mm)≤		2	2
掉角缺棱	个数(个)≤	0	2
	三个方向投影尺寸的最小值(mm)≤	0	20
裂纹延伸投影尺寸累计(mm)≤		0	20

混凝土多孔砖应按规格、等级分批分别堆放,不得混堆。混凝土多孔砖在堆放、运输时,应采取防雨水措施。混凝土多孔砖装卸时,严禁碰撞、扔摔,应轻码轻放,禁止翻斗倾卸。

混凝土多孔砖的应用,将有助于减少和杜绝烧结黏土砖的生产使用,对于改善环境,保护土地资源和推进墙体材料革新与建筑节能,以及“禁实”工作的深入开展具有十分重要的社会和经济意义。

【工程实例 6-1】 红砖墙体渗漏

【现象】 长江流域某农村红砖砌体住房在夏季大雨后出现墙体渗漏。

【原因分析】

(1)长江流域夏天气温高,受日光照射比较强烈的墙体,由于内外墙温差比较大,导致墙体受应力作用,出现了细微裂纹。

(2)红砖密实程度不高,不具备防水的功能。长江流域的大雨有时持续时间很长,在长期浸泡后出现墙体渗漏。

第二节　墙 用 砌 块

砌块是指砌筑用的人造块材,外形多为直角六面体,也有各种异形的。砌块系列中主规格的长度、宽度和高度至少有一项应大于 365mm、240mm 或 115mm,但高度不大于长度或宽度的 6 倍,长度不超过高度的 3 倍。

砌块的分类方法很多,按用途可分为承重砌块和非承重砌块;按有无孔洞可分为实心砌块(无孔洞或空心率小于 25%)和空心砌块(空心率等于或大于 25%);按产品规格可分为大型砌块(高度大于 980mm)、中型砌块(高度为 380 ~ 980mm)和小型砌块(高度大于 115mm 而又小于 380mm);按生产工艺可分为烧结砌块和蒸压蒸养砌块;按材质可分为轻骨料混凝土砌块、混凝土砌块、硅酸盐砌块、粉煤灰砌块、加气混凝土砌块等。

砌块是发展迅速的新型墙体材料,生产工艺简单、材料来源广泛、可充分利用地方资源和工业废料、节约耕地资源、造价低廉、制作使用方便,同时由于其尺寸大,可机械化施工,提高施工效率,改善建筑物功能,减轻建筑物自重。

目前,国家推广应用的常用砌块主要有:普通混凝土小型空心砌块、轻集料混凝土小型空心砌块、烧结空心砌块（以煤矸石、江河湖淤泥、建筑垃圾、页岩为原料）、蒸压加气混凝土砌块、石膏砌块、粉煤灰混凝土小型空心砌块。烧结空心砌块的引用标准、性能及应用与烧结空心砖完全相同，本节主要介绍其他5种常用砌块。

一 普通混凝土小型空心砌块

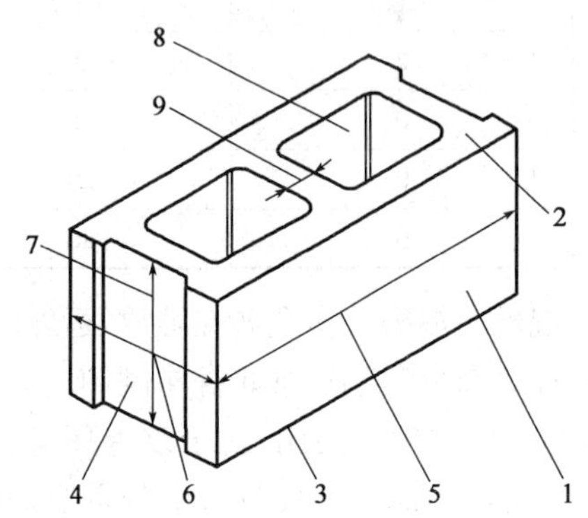

图6-11　普通混凝土小型空心砌块示意图
1-条面；2-坐浆面（肋厚较小的面）；3-铺浆面（肋厚较大的面）；4-顶面；5-长度；6-宽度；7-高度；8-壁；9-肋

普通混凝土小型空心砌块是以水泥为胶结材料，砂、碎石或卵石、煤矸石、炉渣为集料，经加水搅拌、振动加压或冲压成型、养护而成的空心砌块，空心率为25%～50%。普通混凝土小型空心砌块的主规格为390mm×190mm×190mm，配以3～4种辅助规格，即可组成墙用砌块基本系列，普通混凝土小型空心砌块的外形见图6-11。

（一）普通混凝土小型空心砌块的产品标记

按产品名称（代号NHB）、强度等级、外观质量等级和标准编号的顺序进行标记。

示例：强度等级为MU7.5，外观质量为优等品（A）的普通混凝土小型空心砌块，其标记为：

NHB　MU7.5　A　（GB 8239—1997）。

（二）普通混凝土小型空心砌块的现行标准与技术要求

普通混凝土小型空心砌块的技术性能应满足国家规范《普通混凝土小型空心砌块》（GB 8239—1997）的要求。其具体规定如下：

1. 质量等级

普通混凝土小型空心砌块按其尺寸偏差，外观质量分为：优等品（A）、一等品（B）及合格品（C）。尺寸允许偏差与外观质量应符合表6-13的规定。最小外壁厚应不小于30mm，最小肋厚应不小于25mm。

普通混凝土小型空心砌块尺寸允许偏差与外观质量（GB 8239—1997）　　表6-13

项目名称		优等品（A）	一等品（B）	合格品（C）
尺寸允许偏差	长度（mm）	±2	±3	±3
	宽度（mm）	±2	±3	±3
	高度（mm）	±2	±3	+3，-4
弯曲（mm）≤		2	2	3
掉角缺棱	个数（个）≤	0	2	2
	三个方向投影尺寸的最小值（mm）≤	0	20	30
裂纹延伸的投影尺寸累计（mm）≤		0	20	30

2. 强度等级

普通混凝土小型空心砌块按抗压强度分为：MU3.5、MU5.0、MU7.5、MU10.0、MU15.0 和 MU20.0 六个等级。强度等级应符合表 6-14 的规定。

普通混凝土小型空心砌块的强度指标(GB 8239—1997) 表 6-14

抗压强度(MPa)	MU3.5	MU5.0	MU7.5	MU10.0	MU15.0	MU20.0
平均值≥	3.5	5.0	7.5	10.0	15.0	20.0
单块最小值≥	2.8	4.0	6.0	8.0	12.0	16.0

(三)普通混凝土小型空心砌块的性能特点及应用

(1)普通混凝土小型空心砌块的导热系数随混凝土材料及孔型和空心率的不同而有差异，空心率为 50% 时，其导热系数约为 0.26W/(m·K)。对于承重墙和外墙砌块要求其干缩率小于 0.5mm/m；非承重墙和内墙砌块要求其干缩率小于 0.6mm/m。

(2)普通混凝土小型空心砌块一般用于地震设计烈度为 8 度或 8 度以下的建筑物墙体。在砌块的空洞内可浇注配筋芯柱，能提高建筑物的延性。

(3)普通混凝土小型空心砌块适用于各类低层、多层和中高层的工业与民用建筑承重墙、隔墙和围护墙，以及花坛等市政设施，也可用作室内、外装饰装修。

(4)普通混凝土小型空心砌块在砌筑时一般不宜浇水，但在气候特别干燥、炎热时，可在砌筑前稍喷水湿润。

(5)装饰混凝土小型空心砌块，外饰面有劈裂、磨光和条纹等面型，做清水墙时不需另作外装饰。

二 轻集料混凝土小型空心砌块

轻集料混凝土小型空心砌块是由轻集料混凝土拌和物，经砌块成型机成型、养护而制成的一种空心率大于 25%，表观密度小于 1400kg/m^3 的轻质墙体材料。轻集料混凝土小型空心砌块的主规格为 390mm×190mm×190mm。

轻集料混凝土小型空心砌块按所用原材料可分为天然轻集料(如浮石、火山渣)混凝土小砌块、工业废渣类集料(如煤渣、自燃煤矸石)混凝土小砌块、人造轻集料(如黏土陶粒、页岩陶粒、粉煤灰陶粒)混凝土小砌块；按孔的排数分为单排孔、双排孔、三排孔和四排孔四类。

(一)轻集料混凝土小型空心砌块的产品标记

按产品名称(代号 LHB)、孔类别、密度等级、强度等级、质量等级和标准编号的顺序进行标记。

示例：密度等级为 600 级、强度等级为 MU1.5，质量等级为一等品(B)的轻集料混凝土三排孔小型空心砌块，其标记为：

LHB(3)600 MU1.5 B (GB/T 15229—2002)。

(二)轻集料混凝土小型空心砌块的现行标准与技术要求

轻集料混凝土小型空心砌块的技术性能应满足国家规范《轻集料混凝土小型空心砌块》

(GB/T 15229—2002)的要求。其具体规定如下:

1. 质量等级

轻集料混凝土小型空心砌块按其尺寸允许偏差,外观质量分为:一等品(B)、合格品(C)。承重砌块最小外壁厚应不小于30mm,最小肋厚应不小于25mm。保温砌块最小外壁厚和肋厚不宜小于20mm。

2. 密度等级

轻集料混凝土小型空心砌块按干表观密度可分为500、600、700、800、900、1000、1200、1400八个等级。

3. 强度等级

轻集料混凝土小型空心砌块按抗压强度分为:MU1.5、MU2.5、MU3.5、MU5.0、MU7.5和MU10.0六个等级。强度等级应符合表6-15的规定。

轻集料混凝土小型空心砌块的强度等级(GB/T 15229—2002) 表6-15

抗压强度(MPa)	MU1.5	MU2.5	MU3.5	MU5.0	MU7.5	MU10.0
平均值≥	1.5	2.5	3.5	5.0	7.5	10.0
单块最小值≥	1.2	2.0	2.8	4.0	6.0	8.0
密度等级范围≤	600	800	1200		1400	

(三)轻集料混凝土小型空心砌块的性能特点及应用

轻集料混凝土小型空心砌块具有轻质、保温隔热性能好、抗震性能好等特点,在保温隔热要求较高的围护结构中应用广泛,是取代普通黏土砖的最有发展前途的墙体材料之一。

三 蒸压加气混凝土砌块

蒸压加气混凝土砌块是以钙质材料(水泥、石灰等)和硅质材料(砂、矿渣、粉煤灰等)加入加气剂(铝粉等),经配料、搅拌、浇注成型、发气(由化学反应形成孔隙)、预养切割、蒸压养护等工艺过程制成的多孔硅酸盐轻质块体材料。

(一)蒸压加气混凝土砌块的产品标记

按产品名称(代号ACB)、强度级别、干密度级别、规格尺寸、产品等级和标准编号的顺序进行标记。

示例:强度级别为A3.5、干密度级别为B05、优等品(A)、规格尺寸为600mm×200mm×250mm的蒸压加气混凝土砌块,其标记为:

ACB A3.5 B05 600×200×250 A (GB 11968—2006)。

(二)蒸压加气混凝土砌块的现行标准与技术要求

蒸压加气混凝土砌块的技术性能应满足国家规范《蒸压加气混凝土砌块》(GB 11968—2006)的要求,其具体规定如下:

1. 规格尺寸

蒸压加气混凝土砌块的规格尺寸应符合表6-16的要求。

蒸压加气混凝土砌块的规格尺寸(GB 11968—2006)　　表6-16

长度 L(mm)	宽度 B(mm)	高度 H(mm)
600	100　120　125	200　240　250　300
	150　180　200	
	240　250　300	

注:如需要其他规格,可由供需双方协商解决。

2. 砌块等级

蒸压加气混凝土砌块按其尺寸偏差、外观质量、干密度、抗压强度和抗冻性分为:优等品(A)、合格品(B)两个等级。不允许平面弯曲、表面疏松、层裂和表面油污。

3. 干密度

蒸压加气混凝土砌块按干密度级别可分为B03、B04、B05、B06、B07、B08六个等级,见表6-17。

蒸压加气混凝土砌块的干密度(GB 11968—2006)　　表6-17

干密度级别		B03	B04	B05	B06	B07	B08
干密度(kg/m^3)	优等品(A)≤	300	400	500	600	700	800
	合格品(B)≤	325	425	525	625	725	825

4. 抗压强度和强度级别

蒸压加气混凝土砌块按抗压强度分为:A1.0、A2.0、A2.5、A3.5、A5.0、A7.5和A10.0七个等级,见表6-18和表6-19。

蒸压加气混凝土砌块的抗压强度(GB 11968—2006)　　表6-18

强 度 级 别		A1.0	A2.0	A2.5	A3.5	A5.0	A7.5	A10.0
立方体抗压强度(MPa)	平均值≥	1.0	2.0	2.5	3.5	5.0	7.5	10.0
	单组最小值≥	0.8	1.6	2.0	2.8	4.0	6.0	8.0

蒸压加气混凝土砌块的强度级别(GB 11968—2006)　　表6-19

干密度级别		B03	B04	B05	B06	B07	B08
强度级别	优等品(A)	A1.0	A2.0	A3.5	A5.0	A7.5	A10.0
	合格品(B)			A2.5	A3.5	A5.0	A7.5

5. 干燥收缩、抗冻性和导热系数

蒸压加气混凝土砌块的干燥收缩、抗冻性和导热系数(干态)应符合表6-20的规定。

蒸压加气混凝土砌块干燥收缩、抗冻性、导热系数(GB 11968—2006)　　表6-20

干密度级别		B03	B04	B05	B06	B07	B08
干燥收缩值	标准法(mm/m)≤	0.50					
	快速法(mm/m)≤	0.80					

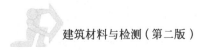

续上表

干密度级别			B03	B04	B05	B06	B07	B08
抗冻性	质量损失(%)≤		5.0					
	冻后强度(MPa)≥	优等品(A)	0.8	1.6	2.8	4.0	6.0	8.0
		合格品(B)			2.0	2.8	4.0	6.0
导热系数(干态)[W/(m.K)]≤			0.10	0.12	0.14	0.16	0.18	0.20

(三)蒸压加气混凝土砌块的性能特点及应用

(1)蒸压加气混凝土砌块质量轻,表观密度约为黏土砖和灰砂砖的1/3~1/4,普通混凝土的1/5,使用蒸压加气混凝土砌块可以使整个建筑的自重比普通砖混结构的自重降低40%以上。由于建筑自重减轻,地震破坏力小,所以大大提高建筑物的抗震能力。

(2)蒸压加气混凝土砌块导热系数小[0.10~0.28W/(m·K)],具有保温隔热、隔声、加工性能好、施工方便、耐火等特点。缺点是干燥收缩大,易出现与砂浆层黏结不牢现象。

图6-12 蒸压加气混凝土砌块砌筑的墙体

(3)蒸压加气混凝土砌块适用于低层建筑的承重墙,多层和高层建筑的隔离墙、填充墙以及工业建筑的围护墙体和绝热材料(图6-12)。作为保温隔热材料也可用于复合墙板和屋面结构中。

(4)在无可靠的防护措施时,蒸压加气混凝土砌块不得用于处于水中或高湿度和有侵蚀介质的环境中,也不得用于建筑物的基础和温度长期高于80℃的建筑部位。

四 石膏砌块

石膏砌块是以建筑石膏为主要原料,经加水搅拌、浇注成型和干燥制成的块状轻质建筑石膏制品。在生产中还可以加入各种轻集料、填充料、纤维增强材料等辅助材料,也可加入发泡剂、憎水剂等。

(一)石膏砌块的分类和产品标记

1. 产品分类

(1)按石膏砌块的结构分成空心石膏砌块和实心石膏砌块。

空心石膏砌块是带有水平或垂直方向预制孔洞的砌块,代号K;实心石膏砌块是无预制孔洞的砌块,代号S。

(2)按石膏砌块的防潮性能分成普通石膏砌块和防潮石膏砌块。

普通石膏砌块是在成型过程中未做防潮处理的砌块,代号P;防潮石膏砌块是在成型过程中经防潮处理,具有防潮性能的砌块,代号F。

石膏砌块的主要品种有磷石膏空心砌块、粉煤灰石膏内墙多孔砌块、植物纤维石膏渣空心砌块等。

2. 产品标记

按产品名称、类别代号、规格尺寸、标准编号的顺序进行标记。

示例：规格尺寸为666mm×500mm×100mm的空心防潮石膏砌块，其标记为：

石膏砌块　KF　666×500×100　(JC/T 698—2010)。

(二)石膏砌块的现行标准与技术要求

石膏砌块的技术性能应满足标准《石膏砌块》(JC/T 698—2010)的要求。石膏砌块的标准外形为长方体，纵横边缘分别设有榫头和榫槽，其推荐尺寸为长度600mm、666mm，高度500mm，厚度80mm、100mm、120mm、150mm，即三块砌块组成1m^2 墙面。

石膏砌块的外表面不应有影响使用的缺陷，其物理力学性能应符合表6-21的规定。

石膏砌块物理力学性能(JC/T 698—2010)　　表6-21

项　目		要　求
表观密度(kg/m^3)	实心石膏砌块	≤1100
	空心石膏砌块	≤800
断裂荷载(N)		≥2000
软化系数		≥0.6

(三)石膏砌块的性能特点及应用

(1)石膏砌块与混凝土相比，其耐火性能要高5倍；其导热系数一般小于0.15W/(m·K)，是良好的节能墙体材料且有良好的隔声性能；墙体轻，相当于黏土实心砖墙质量的1/4～1/3，抗震性好。石膏砌块可钉、可锯、可刨、可修补，加工处理十分方便，干法施工，施工速度快，石膏砌块配合精密，墙体光洁、平整，墙面不需抹灰；另外，石膏砌块具有“呼吸”水蒸气功能，提高了居住舒适度。

(2)在生产石膏砌块的原料中可掺加相当一部分粉煤灰、炉渣，除使用天然石膏外，还可以使用化学石膏，如烟气脱硫石膏、氟石膏、磷石膏等，使废渣变废为宝；其次，在生产石膏砌块的过程中，基本无三废排放；最后，在使用过程中，不会产生对人体有害的物质。因此，石膏砌块是一种保护和改善生态环境的绿色建材。

(3)石膏砌块强度较低，耐水性较差，主要用于框架结构和其他结构建筑的非承重墙体，一般作为内隔墙用。若采用合适的固定及支撑结构，墙体可以承受较重的荷载(如挂吊柜、热水器、厕所用具等)。掺入特殊添加剂的防潮砌块，可用于浴室、厕所等空气湿度较大的场合。

五　粉煤灰混凝土小型空心砌块

粉煤灰混凝土小型空心砌块是一种新型材料，是以粉煤灰、水泥、集料、水为主要组分(也可加入外加剂)制成的混凝土小型空心砌块，代号为FHB。其中粉煤灰用量不应低于原材料干质量的20%，也不高于原材料干质量的50%，水泥用量不低于原材料质量的10%。

粉煤灰混凝土小型空心砌块按砌块孔的排数分为单排孔(1)、双排孔(2)和多排孔(D)三

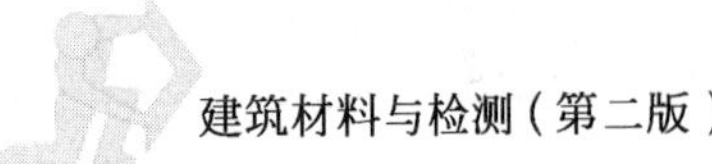

类。主规格尺寸为390mm×190mm×190mm,其他规格尺寸可由供需双方商定。

(一)粉煤灰混凝土小型空心砌块的产品标记

按产品名称(代号FHB)、分类、规格尺寸、密度等级、强度等级、质量等级和标准编号的顺序进行标记。

示例:规格尺寸为390mm×190mm×190mm、密度等级为800级、强度等级为MU5的双排孔粉煤灰混凝土小型空心砌块,其标记为:

FHB2 390mm×190mm×190mm 800 MU5 (JC/T 862—2008)。

(二)粉煤灰混凝土小型空心砌块的现行标准与技术要求

粉煤灰混凝土小型空心砌块的技术性能应满足标准《粉煤灰混凝土小型空心砌块》(JC/T 862—2008)的要求。粉煤灰混凝土小型空心砌块按砌块密度等级分为600、700、800、900、1000、1200、1400七个等级,按砌块抗压强度分为MU3.5、MU5、MU7.5、MU10、MU15和MU20六个等级。强度等级应符合表6-22的规定。

粉煤灰混凝土小型空心砌块的强度等级(JC/T 862—2008) 表6-22

抗压强度(MPa)	MU3.5	MU5	MU7.5	MU10	MU15	MU20
平均值≥	3.5	5.0	7.5	10.0	15.0	20.0
单块最小值≥	2.8	4.0	6.0	8.0	12.0	16.0

(三)粉煤灰混凝土小型空心砌块的性能特点及应用

粉煤灰混凝土小型空心砌块有较好的韧性,不易脆裂。抗震性能好,而且电锯切割开槽、冲击钻钻孔、人工钻凿洞时,均不易引起砌块破损,有利于装修及暗埋管线,同时运输装卸过程中不易损坏。有良好的保温性能和抗渗性,190系列的单排孔粉煤灰小型空心砌块的保温性能超过240黏土砖墙。粉煤灰小型空心砌块所用的原材料中,粉煤灰和炉渣等工业废料占80%,水泥用量比同强度的混凝土小型空心砌块少30%,因而成本低,具有良好的经济效益和社会效益。

【工程实例6-2】 混凝土小型空心砌块墙体细裂纹

【现象】 北京某小区混凝土小型空心砌块墙体局部出现细裂纹。

【原因分析】 混凝土小型空心砌块墙体局部出现细裂纹现象,主要是由于该处砌块含水率过高。虽然《普通混凝土小型空心砌块》(GB 8239—1997)对相对含水率作出了规定,但由于混凝土小型空心砌块在运至现场后敞开放置,并未密封,所以相对含水率随环境而变化,无法控制。个别砌块含水过多,干燥时收缩率比其他部位要大,导致开裂。

【工程实例6-3】 加气混凝土砌块墙抹面层易干裂或空鼓

【现象】 加气混凝土砌块墙体抹面时,采用与烧结普通砖墙体一样的方法,即往墙上浇水后即抹,发现一般的砂浆往往易被加气混凝土吸去水分而容易干裂或空鼓。

【原因分析】 加气混凝土砌块的气孔大部分是“墨水瓶”结构,只有小部分是水分蒸发形成的毛细孔,肚大口小,毛细管作用较差,故吸水速度缓慢。烧结普通砖淋水后易吸足水,而加气混凝土表面浇水不少,实则吸水不多。用一般的砂浆抹灰易被加气混凝土吸去水分,进而产生开裂或空鼓。所以加气混凝土砌块墙体可分多次浇水,宜采用保水性好、黏结强度高的抗裂砂浆。

第三节　墙用板材

随着建筑结构体系的改革、墙体材料的发展,各种墙用板材、轻质墙板也迅速兴起。以板材为主要围护墙体的建筑体系具有轻质、节能、施工便捷、开间布置灵活、节约空间等特点,具有很好的发展前景。

我国目前用于墙体的板材品种很多,主要有墙用条板、墙用薄板、复合墙板等品种。

一 建筑用轻质隔墙条板

建筑用轻质隔墙条板是指采用轻质材料或轻型构造制作,面密度不大于表6-25规定数值,长宽比不小于2.5,用于非承重内隔墙的预制条板。条板外形示意图如图6-13所示。

轻质条板按断面构造分为空心条板(K)、实心条板(S)和复合条板(F)三种类别。空心条板指沿板材长度方向留有若干贯穿孔洞的预制条板,如石膏空心条板、玻璃纤维增强水泥轻质多孔隔墙条板;实心条板指用同类材料制作的无孔洞预制条板,如石膏条板;复合条板指由两种或两种以上不同功能材料复合制成的预制条板,如陶粒轻质隔墙条板。

轻质条板按板的构件类型分为普通板(PB)、门窗框板(MCB)、异型板(YB)。

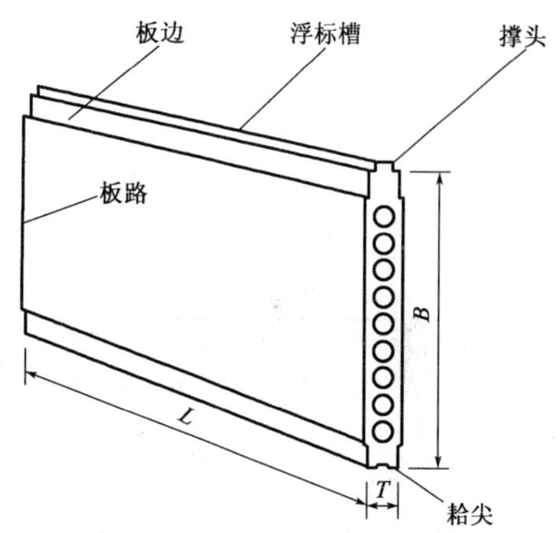

图6-13　条板外形示意图

(一)产品标记

按产品代号(K、S、F)、分类代号(PB、MCB、YB)、规格尺寸和标准编号的顺序进行标记。

示例:板长为2540mm,宽为600mm,厚为90mm的空心条板门窗框板,其标记为:

KMCB　2540mm×600mm×90mm　(GB/T 23451—2009)。

(二)现行标准与技术要求

建筑用轻质隔墙条板的技术性能应满足标准《建筑用轻质隔墙条板》(GB/T 23451—2009)的要求。

1. 规格尺寸

(1)长度尺寸 L 宜不大于3.3m,为层高减去楼板顶部结构件(如梁、楼板)厚度及技术处理空间尺寸,应符合设计要求,由供需双方协商确定。

(2)宽度尺寸 B,主规格为600mm。

（3）厚度尺寸 T，主规格为 90mm、120mm。

其他规格尺寸可由供需双方协商确定，其相关技术指标应符合相近规格产品的要求。

2. 物理性能

建筑用轻质隔墙条板的物理性能指标应符合表 6-23 的有关规定。

建筑用轻质隔墙条板的物理性能指标（GB/T 23451—2009）　　表 6-23

序号	项目	指标	
		板厚 90mm	板厚 120mm
1	抗冲击性能	经 5 次抗冲击试验后，板面无裂纹	
2	抗弯承载（板自重倍数）	≥1.5	
3	抗压强度（MPa）	≥3.5	
4	软化系数	≥0.80	
5	面密度（kg/m^3）	≤90	≤110
6	干燥收缩值（mm/m）	≤0.6	
7	吊挂力	荷载 1000N 静置 24h，板面无宽度超过 0.5mm 的裂缝	
8	空气声隔声量（dB）	≥35	≥40
9	耐火极限（h）	≥1	
10	燃烧性能	A1 或 A2 级	
11	含水率（%）	≤12	
12	抗冻性	不应出现可见的裂纹且表面无变化	

注：1. 防水石膏条板的软化系数不小于 0.60，普通石膏条板的软化系数不小于 0.40。
2. 夏热冬暖地区和石膏条板不检抗冻性。

（三）性能特点及应用

轻质隔墙条板共同特点：强度高、质量轻、保温效果好；可锯、刨、钉、钻孔，施工方便；墙板之间可横向、纵向穿管线，板与板之间的拼接处设计有公、母楔结构，结合牢固，抗震、抗冲击；拼接起来墙面平整，不开裂；可直接处理墙面，结构占地面积小，节约空间。

这类板材广泛应用于各类高、低层建筑的内外非承重墙、活动用房、旧房改造、装饰装修、厂区、商场、宾馆、写字楼等墙体隔断。

建筑用轻质隔墙条板的常见种类有石膏空心条板、加气混凝土条板、GRC 水泥多孔隔墙板，每种板材有特有的性能和应用。

1. 石膏空心条板

石膏空心条板以天然石膏为主要原料，添加适当的辅料，经搅拌、浇注成型、抽芯、干燥等工艺制成的轻质板材。石膏空心条板具有质量轻、强度高、隔热、隔声、防水等性能，可锯、可刨、可钻，施工简便。与纸面石膏板相比，石膏用量多、不用纸和胶黏剂、不用龙骨，工艺设备简单，所以比纸面石膏板造价低。石膏空心条板主要用于工业与民用建筑的内隔墙，其墙面可做喷浆、涂料、贴瓷砖、贴壁纸等各种饰面。

2. 玻璃纤维增强水泥轻质多孔隔墙条板(GRC)

是指以耐碱玻璃纤维与硫铝酸盐水泥为主要原料的预制非承重轻质多孔内隔墙条板,具有防老化、防水、防裂、耐火不燃及可锯切等优点,安装速度快,可提高工效,缩短工期,扩大室内使用空间,同时降低工程基础造价。

3. 蒸压加气混凝土板

是以水泥、石灰、硅砂等为主要原料,再根据结构要求配置添加不同数量经防腐处理的钢筋网片的一种轻质多孔新型绿色环保建筑材料。经高温高压、蒸汽养护,反应生成具有多孔状结晶的蒸压加气混凝土板,其内部含有大量微小非连通的气孔,孔隙率达70% ~80%。其密度较一般水泥质材料小,且具有良好的耐火、防火、隔声、隔热、保温等性能。

二 建筑平板

建筑平板主要以薄板和龙骨组成墙体。通常以墙体轻钢龙骨架或石膏龙骨为骨架,以矿棉、岩棉、玻璃棉、泡沫塑料等作为保温、吸声填充层,外覆以新型薄板。目前,薄板品种主要有纸面石膏板、石棉水泥板、纤维增强硅酸钙板等。这类墙体的主要特点是轻质、高强、应用形式灵活、施工方便。

1. 纤维增强水泥平板(TK 板)

纤维增强水泥平板是以低碱水泥、耐碱玻璃为主要原料,加水混合成浆,经制坯、压制、蒸养而成的薄型平板,其尺寸规格为:长 1200 ~ 3000mm,宽 800 ~ 900mm,厚 40mm、50mm、60mm、80mm。

纤维增强水泥平板质量轻、强度高,防火、防潮,不易变形,可加工性好,适用于各类建筑物的复合外墙和内墙及防潮、防火要求的隔墙。

2. 水泥刨花板

水泥刨花板是以水泥和木材加工的下脚料—刨花为主要原料,加入适量水和化学助剂,经搅拌、成型、加压、养护而成。具有自重轻、强度高、防水、防火、防蛀、保温、隔声等性能,可加工性好。主要用于建筑的内外墙板、天花板、壁橱板等。

3. 纸面石膏板

纸面石膏板以掺入纤维增强材料的建筑石膏作芯材,两面用纸做护面而成,有普通型、耐水型、耐火型、耐水耐火型四种。板的长度 1500 ~ 3660mm,宽度 600mm、900mm、1200mm 和 1220mm,厚度 9.5mm、12mm、15mm、18mm、21mm 和 25mm。

纸面石膏板具有表面平整、尺寸稳定、轻质、隔热、吸声、防火、抗震、施工方便、能调节室内湿度等特点。广泛应用于室内隔墙板、复合墙板内墙板、天花板等。

4. 石膏纤维板

石膏纤维板以建筑石膏、纸筋和短切玻璃纤维为原料,表面无护面纸,规格尺寸同纸面石膏板,抗弯强度高,性能同纸面石膏板,价格较便宜。可用于框架结构的内墙隔断。

5. 植物纤维复合板

植物纤维复合板主要是利用农作物的废弃物(如稻草、麦秸、玉米秆、甘蔗渣等)经适当处理后与合成树脂或石膏、石灰等胶结材料混合、热压而成。主要品种有稻草板、稻壳板、蔗渣板等。这类板材具有质量轻、保温隔声效果好、节能、废物利用等特点，适用于非承重的内隔墙、天花板以及复合墙体的内壁板。

三 复合墙板

为满足对墙体，特别是外墙的保温、隔热、防水、隔声和承重等多种功能的要求，采用两种以上的材料结合在一起构成复合墙板。复合墙板一般由结构层、保温层和装饰层组成，见图6-14，该墙体强度高，绝热性好，施工方便，使承重材料和轻质保温材料都得到应用，克服了单一材料强度高、不保温或保温好、不承重的局限性。目前我国已用于建筑的复合墙体材料主要有钢丝网架水泥夹芯板、混凝土岩棉复合外墙板、超轻隔热夹芯板等。

1. 钢丝网架水泥夹芯板

此类复合墙板的最典型产品是“泰柏板”。泰柏板又称舒乐舍板、3D板、三维板、节能型钢丝网架夹芯板轻质墙板，是一种新型建筑材料，选用强化钢丝焊接而成的三维笼为构架，阻燃EPS泡沫塑料或岩棉板芯材组成，两侧配以直径为2mm冷拔钢丝网片，钢丝网目50mm×50mm，腹丝斜插过芯板焊接而成，施工时直接拼装，不需龙骨，表面涂抹砂浆层后形成无缝隙的整体墙面，如图6-15所示。

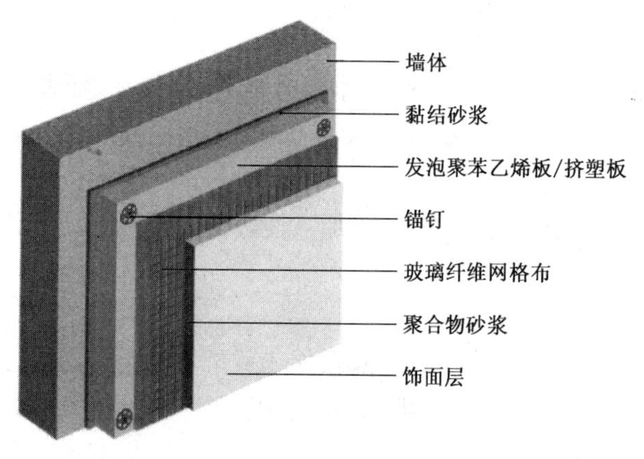

图6-14 复合墙板示意图

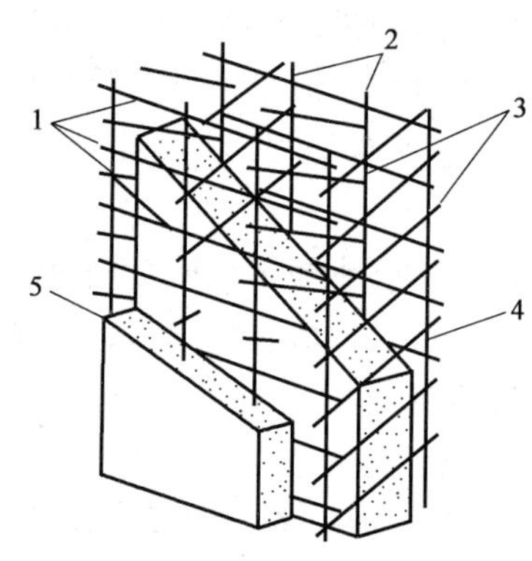

图6-15 泰柏板构造示意图

1-横丝；2-竖丝；3-斜丝；4-轻质芯材；5-水泥砂浆

泰柏板具有节能、质量轻、强度高、防火、抗震、隔热、隔声、抗风化、耐腐蚀的优良性能，并有组合性强、易于搬运、安装方便、速度快、节省工期的特点。使用该产品制作的墙体，整面墙为一整体，整体性能好。适用于高层建筑的内隔墙、多层建筑围护墙、复合保温墙体的外保温层、低层建筑或双轻体系（轻板、轻框架）的承重墙以及屋面、吊顶和新旧楼房加层。

钢丝网架水泥夹芯板于20世纪80年代初从国外引进我国，发展很快。后来又相继出现以整块聚苯泡沫保温板为芯材的“舒乐舍板”和以岩棉保温板为芯材的GY板（或称钢丝网岩棉夹芯复合板）。

2. 混凝土岩棉复合外墙板

混凝土岩棉复合外墙板的内外表面用20～30mm厚的钢筋混凝土，中间填以岩棉，内外两层面板用钢筋连接，见图6-16。

混凝土岩棉复合板按构造分为承重混凝土岩棉复合外墙板和非承重薄壁混凝土岩棉复合

外墙板。承重混凝土岩棉复合外墙板主要用于大模和大板高层建筑,非承重薄壁混凝土岩棉复合外墙板可用于框架轻板体系和高层大模体系建筑的外墙工程。其夹层厚度应根据热工计算确定。

3. 超轻隔热夹芯板

超轻隔热夹芯板是外层采用高强度材料的轻质薄板,内层以轻质的保温隔热材料为芯材,通过自动成型机,用高强度黏结剂将两者黏合,再经加工、修边、开槽、落料而成的复合板材(图 6-17)。用于外层的薄板主要有铝合金板、不锈钢板、彩色镀锌钢板、石膏纤维板等,芯材有玻璃棉毡、岩棉、阻燃型发泡聚苯乙烯、矿棉、硬质发泡聚氨酯等。一般规格尺寸为宽度 1000mm,厚度 30mm、40mm、50mm、60mm、80mm、100mm,长度按用户需要而定。

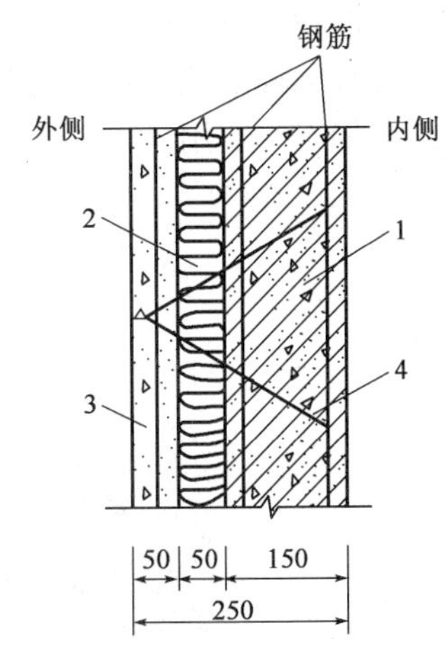

图 6-16　混凝土岩棉复合外墙板示意图(尺寸单位:mm)

1-钢筋混凝土结构承重层;2-岩棉保温层;3-混凝土外装饰保护层;4-钢筋连接件

图 6-17　超轻隔热夹芯板示例

超轻隔热夹芯板的最大特点就是质轻(每平方米重约 10 ~ 14kg)、隔热[导热系数为 0.031W/(m · K)],具有良好的防潮性能和较高的抗弯、抗剪强度,并且安装灵活便捷,可多次拆装重复使用,故广泛用于厂房、仓库和净化车间、办公室、商场等,还可用于加层、组合式活动房、室内隔断、天棚、冷库等。

【课外小知识 6-1】

近年来,在建筑保温技术不断发展的过程中,主要形成了外墙外保温和外墙内保温两种技术形式。

1. 外墙内保温体系

外墙内保温是在墙体结构内侧覆盖一层保温材料,通过黏结剂固定在墙体结构内侧,之后在保温材料外侧作保护层及饰面。目前内保温多采用粉刷石膏作为黏结和抹面材料,通过使用聚苯板或聚苯颗粒等保温材料达到保温效果。

2. 外墙外保温体系

所谓外墙外保温,是指在垂直外墙的外表面上建造保温层,该外墙用砖石或混凝土建造,此种外保温,可用于新建墙体,也可以用于既有建筑外墙的改造。由于是从外侧保温,其构造必须能满足水密性、抗风压以及湿度变化的要求，不致产生裂缝，并能抵抗外界可能产生的碰撞作用，还能与相邻部位（如门窗洞口、穿墙管道等）之间以及在边角处、面层装饰等方面，得到适当的处理。

本章小结

本章主要介绍了墙体材料的种类、性能特点和应用。

(1)国家推广使用的新型墙体材料种类及标准。

(2)烧结普通砖与烧结多孔砖、空心砖的性能特点与应用。

(3)灰砂砖、粉煤灰砖、混凝土空心砖等免烧砖的生产工艺、性能特点与应用。

(4)加气混凝土砌块、混凝土小型空心砌块、粉煤灰砌块、石膏砌块的性能特点与应用。

(5)建筑用轻质隔墙条板、墙用平板、复合墙板的种类、性能特点与应用。

第七章
建筑钢材

【职业能力目标】

通过对建筑钢材化学性质、力学性能、工艺性能的学习，使学生初步具有对建筑钢材技术指标的试验检测能力；具体做法有正确鉴别钢材质量和选择钢材的能力。

【学习要求】

掌握建筑钢材的主要技术性能（包括强度、冷弯性能、冲击韧性）检测方法及影响因素；掌握钢材冷加工、时效的原理、目的及应用；熟悉建筑钢材常用品种、牌号、技术性能、选用与防护等方面的知识；了解建筑钢材的组成、结构、构造与其性能之间的关系。

第一节　钢材的基本知识

建筑钢材具有较高的强度，有良好的塑性和韧性，能承受冲击和振动荷载；可焊接或铆接，易于加工和装配，是建筑工程的主要原材料之一。但钢材也存在易锈蚀及耐火性差等缺点。

现代建筑工程中大量使用的钢材主要有两类，一类是钢筋混凝土用钢材，与混凝土共同构成受力构件；另一类则为钢结构用钢材，充分利用其轻质高强的优点，用于建造大跨度、大空间或超高层建筑。

一　钢的分类

（一）按化学成分分类

钢是以铁为主要元素，含碳量为0.02%～2.06%，并含有其他元素的铁碳合金。钢按化学成分可分为碳素钢和合金钢两大类：

1. 碳素钢

碳素钢指含碳量为0.02%～2.06%的Fe-C合金。碳素钢根据含碳量可分为：

低碳钢，含碳量<0.25%；中碳钢，含碳量为0.25%～0.6%；高碳钢，含碳量>0.6%。

2. 合金钢

合金钢是在碳素钢中加入某些合金元素（锰、硅、钒、钛等），以改善钢的性能或使其获得某些特殊性能。合金钢按掺入合金元素的总量可分为：

低合金钢，合金元素总含量<5%；中合金钢，合金元素总含量为5%～10%；高合金钢，合金元素总含量>10%。

（二）按质量分类

普通钢，含硫量≤0.050%，含磷量≤0.045%；优质钢，含硫量≤0.035%，含磷量≤0.035%。高级优质钢，含硫量≤0.025%，含磷量≤0.025%。

（三）按用途分类

结构钢，钢结构用钢和混凝土结构用钢；工具钢，用于制作刀具、量具、模具等用钢；特殊钢，如不锈钢、耐酸钢、耐热钢、磁钢等。

（四）按炼钢过程中脱氧程度不同分类

沸腾钢，代号为F；镇静钢，代号为Z；特殊镇静钢，代号为TZ。

目前，在建筑工程中常用的钢种是普通碳素结构钢和普通低合金结构钢。

二 钢的化学成分对钢材的影响

用生铁冶炼钢材时，会从原料、燃料中引入一些其他元素，这些元素存在于钢材的组织结构中，对钢材的结构和性能有重要的影响，可分为两类：一类能改善钢材的性能称为合金元素，主要有硅、锰、钛、钒、铌等；另一类能劣化钢材的性能，属钢材的杂质元素，主要有氧、硫、氮、磷等。

1. 碳

碳是决定钢材性质的主要元素。钢材随含碳量的增加，强度和硬度相应提高，而塑性和韧性相应降低。当含碳量超过1%时，因钢材变脆，强度反而下降，同时，钢材的含碳量增加，还将使钢材冷弯性、焊接性及耐锈蚀性质下降，并增加钢材的冷脆性和时效敏感性，降低抗腐蚀性和可焊性。建筑工程用钢材含碳量不大于0.8%，含碳量对热轧碳素钢性能的影响如图7-1所示。

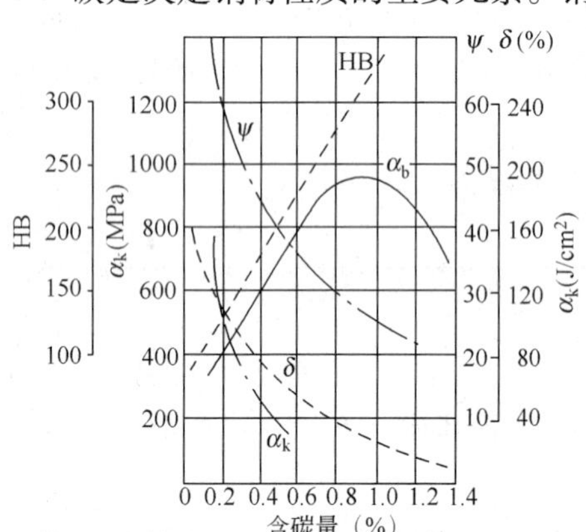

图7-1 含碳量对热轧碳素钢性能的影响

2. 硅、锰

硅和锰是在炼钢时为了脱氧去硫而加入的元素。硅是钢的主要合金元素，含量小于1%时，能提高钢材的强度，而对塑性和韧性没有明显影响。但硅含量超过1%时，冷脆性增加，可焊性变差。锰是低合金结构钢的主要合金元素，含量一般在1%～2%，能消除钢热脆性，改善热加工性质。

3. 硫、磷

硫、磷都是钢材的有害元素。硫和铁化合成硫化铁，散布在纯铁体层中，当温度在 800 ~ 1200℃时熔化而使钢材出现裂纹，称为“热脆”现象，使钢的焊接性变坏，硫还能降低钢的塑性和冲击韧性；磷使钢材在低温时韧性降低并容易产生脆性破坏，称为“冷脆”现象。

4. 氧、氮

氧、氮是在炼钢过程中进入钢液的，也是有害元素，可显著降低钢材的塑性、韧性、冷弯性及可焊性等。

5. 钛、钒、铌

钛、钒、铌均是钢的脱氧剂，也是合金钢常用的合金元素。可改善钢的组织、细化晶粒、改善韧性和显著提高钢材的强度。

第二节　建筑钢材性能

钢材的主要性能包括力学性能和工艺性能。力学性能是钢材最重要的使用性能，包括拉伸性能、塑性、韧性及硬度等。工艺性能表示钢材在各种加工过程中表现出的性能，包括冷弯性能和可焊性。

力学性能

（一）拉伸性能

钢材有较高的抗拉性能，拉伸性能是建筑用钢材的重要性能。

钢材受拉时，在产生应力的同时，相应地产生应变。应力和应变关系曲线反映出钢材的主要力学特征。以低碳钢的应力—应变曲线为例，如图 7-2 所示，低碳钢从开始受力至拉断可分为四个阶段：弹性阶段（OA）、屈服阶段（AB）、强化阶段（BC）、颈缩阶段（CD）。

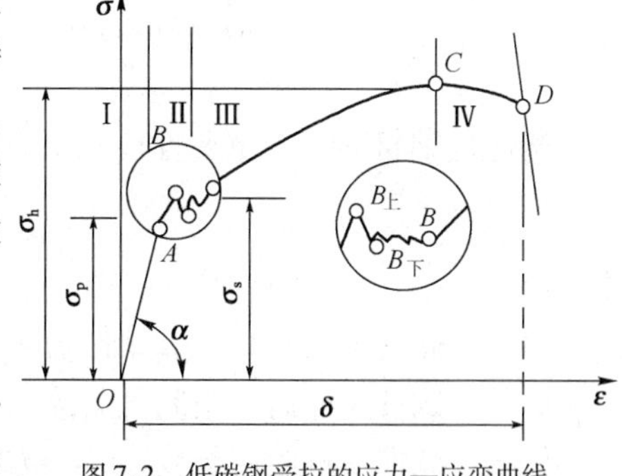

图 7-2　低碳钢受拉的应力—应变曲线

1. 弹性阶段

图中 OA 段，应力与应变成正比。此时若卸去外力，试件能恢复原来的形状。A 点对应的应力值称为弹性极限，用 σ_p 表示，应力与应变的比值为常数，称为弹性模量，用 E 表示，$E=\sigma/\varepsilon$，单位 MPa。弹性模量反映钢材的刚度，是计算结构受力变形的重要指标，建筑工程中常用钢材的弹性模量为$(2.0 \sim 2.1)\times 10^5$MPa。

2. 屈服阶段

当应力超过 A 点后，应力和应变失去线性关系，此时应变迅速增长，而应力增长滞后于应变增长，出现塑性变形，这种现象称为屈服。一般取波动应力相对稳定的 $B_下$ 点对应的应力作为材料的屈服强度（又称屈服点），用 σ_s 表示。

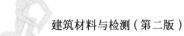

对于屈服现象不明显的钢材，如高碳钢，规范规定卸载后残余应变为0.2%时对应的应力值作为屈服强度，用$\sigma_{0.2}$表示，如图7-3所示。

钢材受力大于屈服点后，会出现较大的塑性变形，已不能满足使用要求，因此屈服强度σ_s是建筑设计中钢材强度取值的依据，是工程结构计算中非常重要的一个参数。

3. 强化阶段

当应力超过B点后，由于钢材内部晶格扭曲、晶粒破碎等原因，阻止了塑性变形的进一步发展，钢材抵抗外力的能力重新提高，如图7-2中的BC段，称为强化阶段。对应于最高点C点的应力称为极限抗拉强度，简称抗拉强度，用σ_b表示。

σ_b是钢材受拉时所能承受的最大应力值，屈服强度与抗拉强度的比值称屈强比σ_s/σ_b，反映钢材的利用率和结构安全可靠程度。屈强比越小，其结构的安全可靠程度越高，但屈强比过小，又说明钢材强度的利用率偏低，造成钢材浪费，建筑结构合理的屈强比为0.6～0.75。

4. 颈缩阶段

钢材受力达到C点后，试件薄弱处的断面将显著减小，塑性变形急剧增加，产生"颈缩"现象而断裂，如图7-4所示。

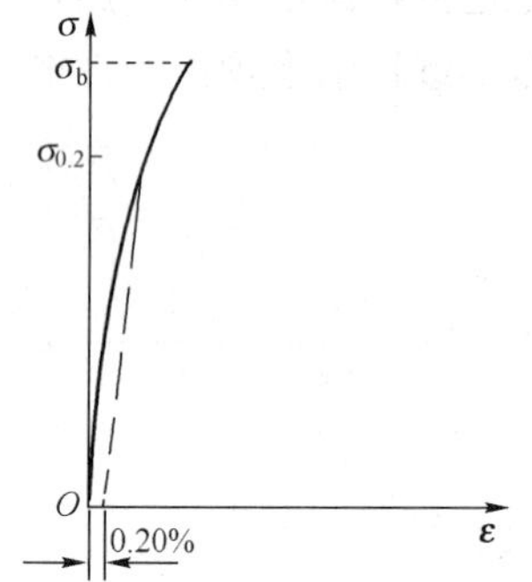

图7-3　中碳钢、高碳钢的应力—应变曲线

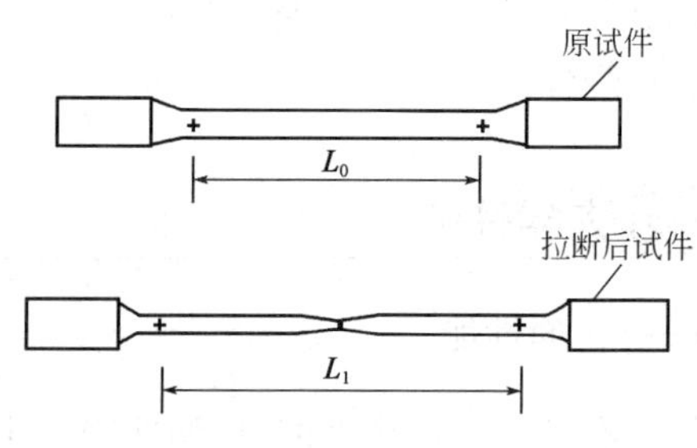

图7-4　试件拉伸前和断裂后标距的长度

塑性是钢材的一个重要性能指标，通常用伸长率δ来表示。计算如式(7-1)所示：

$$\delta = \frac{L_1 - L_0}{L_0} \times 100\% \tag{7-1}$$

式中：δ——伸长率（当$L_0 = 5d_0$时，为δ_5；当$L_0 = 10d_0$时，为δ_{10}）；

L_1——试件拉断后标距间的长度(mm)；

L_0——试件原标距间长度（$L_0 = 5d_0$或$L_0 = 10d_0$）(mm)。

伸长率δ是评定钢材塑性的指标，δ越大，表示钢材塑性越好。钢材拉伸试件通常取$L_0 = 5d_0$或$L_0 = 10d_0$，其伸长率分别以δ_5和δ_{10}表示。对于同一种钢材，$\delta_5 > \delta_{10}$。

（二）冲击韧性

冲击韧性是指钢材抵抗冲击荷载作用而不被破坏的能力。冲击韧性指标是通过冲击试验确定的，如图7-5所示。以摆锤冲击试件，试件冲断时缺口处单位面积上所消耗的功即为冲击韧性指标，用α_k表示。α_k值愈大，钢材的冲击韧性愈好。

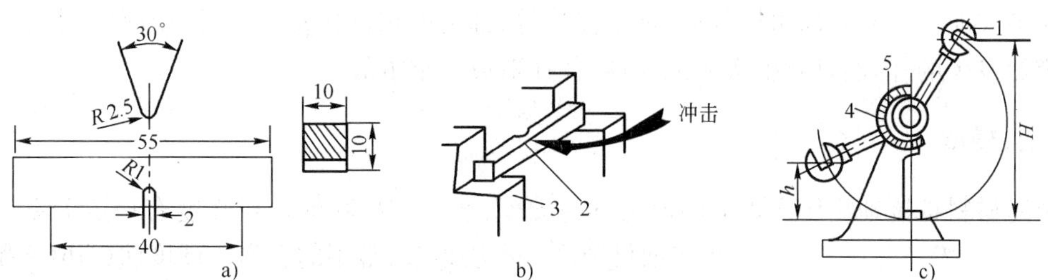

图 7-5　冲击韧性试验图(尺寸单位:mm)

a)试件尺寸;b)试验装置;c)试验机

1-摆锤;2-试件;3-试验台;4-刻度盘;5-指针;H-摆锤扬起高度;h-摆锤向后摆动高度

钢材的化学成分、内存缺陷、加工工艺及环境温度都会影响钢材的冲击韧性,钢材的冲击韧性受下列因素影响:

1. 钢材的化学组成与组织状态

钢材中硫、磷的含量高时,冲击韧性显著降低。细晶粒结构比粗晶粒结构的冲击韧性要高。

2. 钢材的轧制、焊接质量

沿轧制方向取样的冲击韧性高;焊接钢件处形成的热裂纹及晶体组织的不均匀,会使 α_k 显著降低。

3. 环境温度

当温度较高时,冲击韧性较大。试验表明,冲击韧性随温度的降低而下降,其规律是开始时下降较平缓,当达到一定温度范围时,冲击韧性会突然下降很多而呈现脆性,这种现象称为钢材的冷脆性。发生冷脆性的温度范围,称为脆性转变温度范围。钢材冲击韧性随温度变化如图 7-6 所示。其数值愈低,说明钢材的低温冲击性能愈好。所以在负温下使用的结构,应当选用脆性转变温度较工作温度低的钢材。对于直接承受动荷载而且可能在负温下工作的重要结构必须进行钢材的冲击韧性检验。

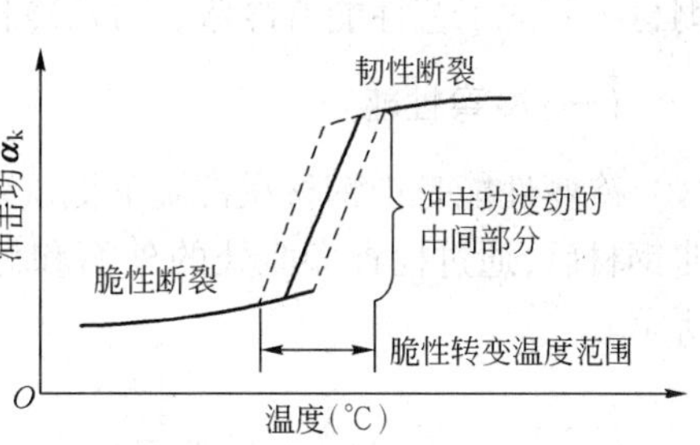

图 7-6　钢材冲击韧性随温度变化图

(三)疲劳强度

钢材在承受交变荷载反复作用时,可能在远低于屈服强度时突然发生破坏,这种破坏称为疲劳破坏。钢材疲劳破坏的指标即疲劳强度。试件在交变应力作用下,不发生疲劳破坏的最大应力值即为疲劳强度。一般把钢材承受交变荷载 $10^6 \sim 10^7$ 次时不发生破坏的最大应力作为疲劳强度。在设计承受反复荷载且须进行疲劳验算的结构时,应当了解所用钢材的疲劳强度。

钢材的疲劳破坏往往是由拉应力引起的,首先在局部开始形成微细裂纹,其后由于裂纹尖端处产生应力集中而使裂纹迅速扩张,直到钢材断裂。因此,钢材内部成分缺陷和夹杂物的多

少以及最大应力处的表面粗糙程度、加工损伤等，都是影响钢材疲劳强度的因素。疲劳破坏经常是突然发生的，因而具有很大的危险性，往往造成严重事故。

（四）硬度

金属材料抵抗硬物压入表面的能力称为硬度，通常与材料的抗拉强度有一定关系。目前测定钢材硬度的方法很多，常用的有洛氏硬度法（HRC）和布氏硬度法（HB）如图 7-7 所示。

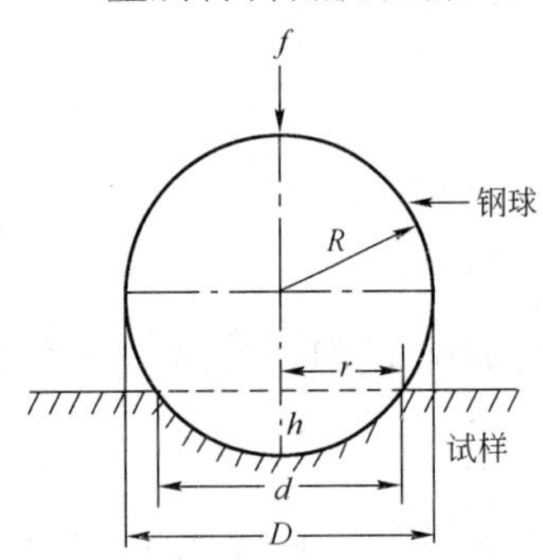

图 7-7　布氏硬度试验示意图

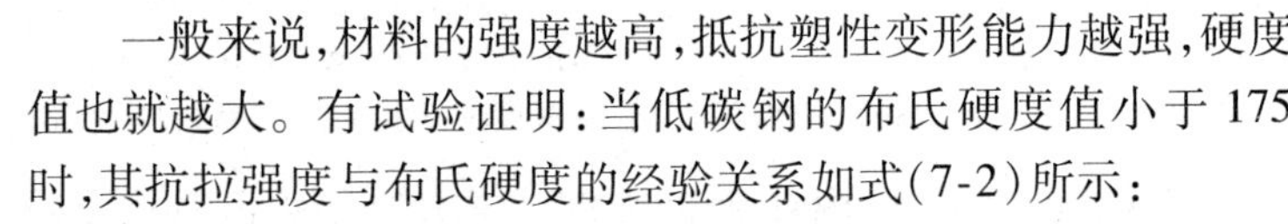

一般来说，材料的强度越高，抵抗塑性变形能力越强，硬度值也就越大。有试验证明：当低碳钢的布氏硬度值小于 175 时，其抗拉强度与布氏硬度的经验关系如式（7-2）所示：

$$\sigma_b = 3.6HB \tag{7-2}$$

根据这一关系，可以直接在钢结构上测出钢材的 *HB* 值，并估算该钢材的抗拉强度值。

二　工艺性能

良好的工艺性能，可以保证钢材顺利通过各种加工，而使钢材制品的质量不受影响。建筑钢材主要的工艺性能有冷弯、冷拉、冷拔和焊接等。

（一）冷弯性能

冷弯性能是指钢材在常温下抵抗弯曲变形的能力。按规定的弯曲角度 α 和弯心直径 d 弯曲钢材后，通过检查弯曲处的外面和侧面有无裂纹、起层或断裂等现象进行评定。如图 7-8 所示。

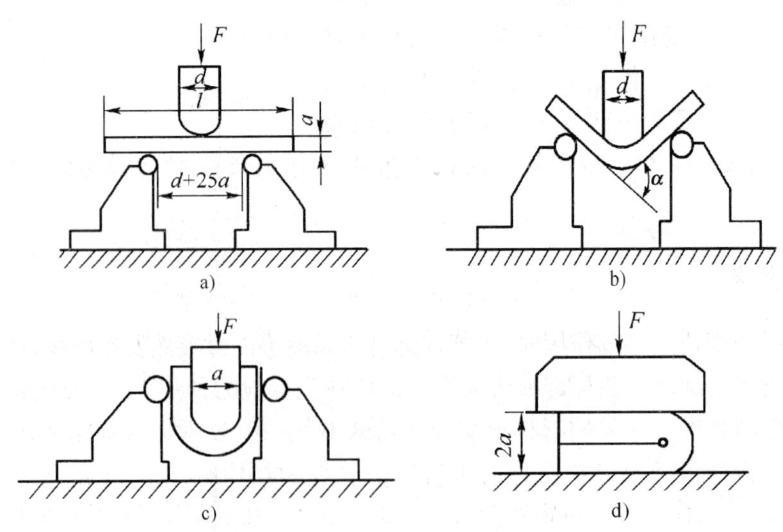

图 7-8　钢筋冷弯试验示意图

a）试件安装；b）弯曲 90°；c）弯曲 180°；d）弯曲至两面重合

若弯曲角度 α 越大，弯心直径与试件厚度(或直径)的比值(d/a)越小，则表明冷弯性能越好。如图 7-9 所示：

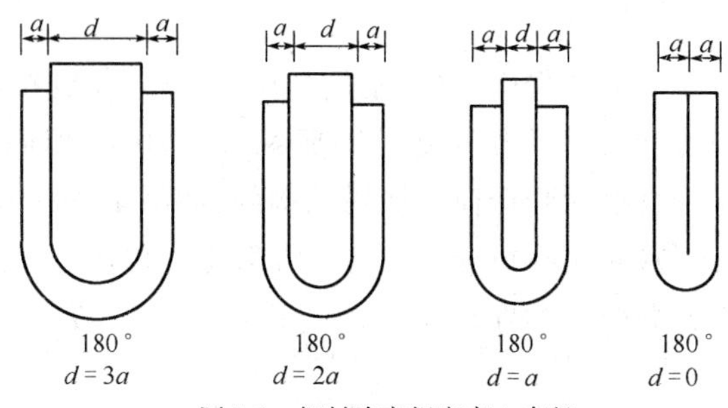

图 7-9 钢材冷弯规定弯心直径

冷弯性和伸长率都是评定钢材塑性的指标，而冷弯试验对钢材的塑性评定比拉伸试验更严格，更有助于揭示钢材是否存在内部组织不均匀、内应力和夹杂物等缺陷。并且能揭示焊件在受弯表面存在未熔合、微裂纹及夹杂物等缺陷。

(二)焊接性能

焊接是各种型钢、钢板、钢筋的重要连接方式。建筑工程的钢结构有 90% 以上是焊接结构。焊接质量取决于焊接工艺、焊接材料及钢材本身的焊接性能。焊接性能好的钢材，焊接后的焊头牢固，硬脆倾向小，强度不低于原有钢材。

钢材焊接性能主要受钢的化学成分及其含量的影响。碳含量高将增加焊接接头的硬脆性，碳含量小于 0.25% 的碳素钢具有良好的可焊性；硫含量高会使焊接处产生热裂纹，出现热脆性；杂质含量增加，也会使可焊性降低；其他元素(如硅、锰、钒)也将增大焊接的脆性倾向，降低可焊性。

钢筋焊接应注意的问题是：冷拉钢筋的焊接应在冷拉之前进行；焊接部位应清除铁锈、熔渣、油污等；应尽量避免不同国家的进口钢筋之间或进口钢筋与国产钢筋之间的焊接。

(三)钢材的冷加工、时效及热处理

将钢材在常温下进行冷拉、冷拔或冷轧使其产生塑性变形，从而提高屈服强度，降低塑性和韧性，称为冷加工。

1. 冷拉

冷拉是将钢筋拉至超过屈服点任一点处，然后缓慢卸去荷载，则当再度加载时，其屈服强度将有所提高，而其塑性变形能力将有所降低。钢筋经冷拉后，一般屈服强度可提高 20% ~ 25%。为了保证冷拉钢材质量，而不使冷拉钢筋脆性过大，冷拉操作应采用双控法，即控制冷拉率和冷拉应力，如冷拉至控制应力而未超过控制冷拉率，则属合格，若达到控制冷拉率，未达到控制应力，则钢筋应降级使用。

受低温、冲击荷载作用下冷拉钢筋会发生脆断，所以不宜使用。实践中，可将冷拉、除锈、调直、切断合并为一道工序，这样既简化了工艺流程，提高了效率；又可节约钢材，是钢筋冷加工的常用方法之一。

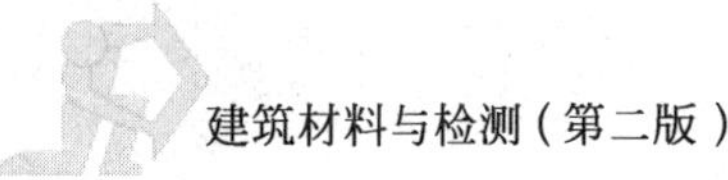

2. 冷拔

冷拔是在常温下，使钢筋通过截面小于直径的拔丝模，同时受拉伸和挤压作用，以提高屈服强度，如图 7-10 所示。

冷拔比冷拉作用强烈，在冷拔过程中，钢筋不仅受拉，同时还受到挤压作用，经过一次或数次的冷拔后得到的冷拔低碳钢丝，其屈服强度可提高 40% ~60% ，但同时失去软钢的塑性和韧性，具有硬钢的特点。对于直接承受动荷载作用的构件，如吊车梁、受振动荷载的楼板等，在无可靠试验或实践经验时，不宜采用冷拔钢丝预应力混凝土构件；处于侵蚀环境或高温下的结构，不得采用冷拔钢丝预应力混凝土构件。

3. 冷轧

将圆钢在轧钢机上轧成刻痕，可增大钢筋与混凝土间的黏结力。钢筋在冷轧时，纵向与横向同时产生变形，因而能较好地保持其塑性和内部结构均匀性。

钢筋采用冷加工强化具有明显的经济效益。经过冷加工的钢材，可适当减小钢筋混凝土结构设计截面，或减小混凝土中配筋数量，从而达到节约钢材的目的。钢筋冷拉还有利于简化施工工序。冷拉盘条钢筋可省去开盘和调直工序；冷拉直条钢筋则可与矫直、除锈等工序一并完成。但冷拔钢丝的屈强比较大，相应的安全储备较小。

4. 时效

钢材经冷加工后，在常温下存放 15 ~20d，或加热到 100 ~200℃并保持 2h 左右，钢材屈服强度和抗拉强度进一步提高，而塑性和韧性逐渐降低，这个过程称为时效。前者为自然时效，后者为人工时效。

如图 7-11 所示，经冷加工和时效后，其应力-应变曲线为 $O'K_1C_1D_1$，此时屈服强度点 K_1 和抗拉强度点 C_1 均较时效前有所提高。一般强度较低的钢材采用自然时效，而强度较高的钢材则采用人工时效。

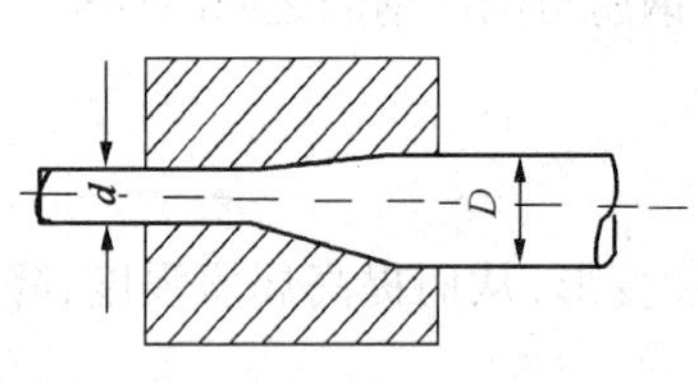

图 7-10　钢筋冷拔示意图

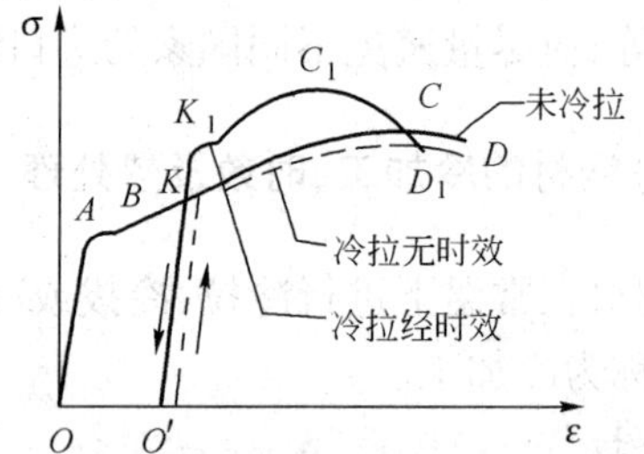

图 7-11　钢筋冷拉时效后应力—应变曲线

因时效而导致钢材性能改变的程度称为时效敏感性。时效敏感性大的钢材，经时效后，其韧性、塑性改变较大。因此，对受动荷载作用的钢结构，如锅炉、桥梁、钢轨和吊车梁等，为了避免其突然脆性断裂，应选用时效敏感性小的钢材。

5. 热处理

将钢材按一定规则加热、保温和冷却，获得需要性能的一种工艺过程称为热处理。热处理的方法有：退火、正火、淬火和回火。建筑工程所用钢材一般只在生产厂进行热处理，并以热处理状态供应。在施工现场，有时需对焊接钢材进行热处理。

【工程实例 7-1】 钢材的低温冷脆性

【现象】 “泰坦尼克号”于 1912 年 4 月 14 日夜晚,在加拿大纽芬兰岛大滩以南约 150 千米的海面上与冰山相撞后,船的右舷撕开了长 91.5 米的口子。

【原因分析】

钢材在低温下会变脆,在极低的温度下甚至像陶瓷那样经不起冲击和震动。当低于脆性转变温度时钢材的断裂韧度很低,因此对裂纹的存在很敏感,在受力不大的情况下,便导致裂纹迅速扩展造成断裂事故。

第三节 建筑工程常用钢材的品种与应用

建筑钢材可分为钢结构用型钢和混凝土结构用钢筋两大类。各种型钢和钢筋的性能主要取决于所用钢种及其加工方式。

 建筑常用钢种

(一)碳素结构钢

1. 牌号

根据国家标准《碳素结构钢》(GB 700—2006)的规定:碳素结构钢牌号由代表屈服点的字母(Q)、屈服点数值(MPa)、质量等级符号、脱氧程度符号等四部分按顺序组成。其中,屈服点的数值共分 195MPa,215MPa,235MPa 和 275MPa 四种;质量等级以硫、磷等杂质含量由多到少,分为 A,B,C,D 四个等级;按照脱氧程度不同分为沸腾钢(F),镇静钢(Z),特殊镇静钢(TZ),Z 和 TZ 在牌号表示法中予以省略。

例如:Q235-A · F 表示屈服点为 235MPa 的 A 级沸腾钢。

Q275-B 表示屈服点为 275MPa 的 B 级镇静钢。

钢材随着牌号的增大,含碳量增加,强度提高,塑性和韧性降低,冷弯性能逐渐变差。同一钢号内质量等级越高,钢材的质量越好。

2. 技术性能

根据国家标准《碳素结构钢》(GB 700—2006)的规定,碳素结构钢的化学成分、力学性质、冷弯性能应符合表 7-1 ~ 表 7-3 的规定。

碳素结构钢的化学成分(GB 700—2006) 表 7-1

牌号	统一数字代号[a]	等级	厚度或直径(mm)	制氧方法	化学成分(质量分数)(%),不大于				
					C	S_4	Mn	P	S
Q195	U11952	—		F、Z	0.12	0.30	0.50	0.035	0.040
Q215	U12152	A		F、Z	0.15	0.35	0.120	0.045	0.050
	U12155	B							0.045

续上表

牌号	统一数字代号[a]	等级	厚度或直径（mm）	制氧方法	化学成分（质量分数）（%），不大于				
					C	S_4	Mn	P	S
Q235	U12352	A	—	F、Z	0.22	0.35	1.40	0.045	0.050
	U12355	B			0.20[b]				0.045
	U12358	C		Z	0.17			0.040	0.040
	U12359	D		FZ				0.035	0.035
Q275	U1272	A	—	F、Z	0.24	0.35	1.50	0.045	0.050
	U12755	B	≤40	Z	0.21			0.045	0.045
			>40		0.22				
	U12758	C	—	Z	0.20			0.040	0.040
	U12759	D		1Z				0.035	0.035

注：a. 表中为镇静钢、特殊镇静钢牌号的统一数字，钢牌号的统一数字代号如下：

Q195F——U11950；

Q215AF——U12150，Q215BF——U12153；

Q235AF——U12350，Q235BF——U12353；

Q275AF——U12750。

b. 经反方同意，Q235B 的碳含量可不大于 0.22%。

碳素结构钢拉伸性能（GB 700—2006）　　表 7-2

标号	等级	屈服强度[a] R_{eH}（N/mm²），不小于						抗拉强度[b] R_m（N/mm²）	断后伸长率 A（%），不小于					冲击试验（V 型缺口）	
		厚度（或直径）（mm）							厚度（或直径）（mm）					温度（℃）	冲击吸收功（纵向）（J）不小于
		≤16	>16～40	>40～60	>60～100	>100～150	>150～200		<40	>40～60	>60～100	>100～150	>150～200		
Q195		195	185	—	—	—	—	315～430	33	—	—	—	—	—	—
Q215	A	215	205	195	185	175	165	335～450	31	30	29	27	26	—	—
	B													+20	27
Q235	A	235	225	215	215	105	185	370～500	26	25	24	22	21	—	—
	B													+20	27[c]
	C													0	
	D													−20	
Q275	A	275	265	255	245	225	216	410～540	22	21	20	18	17	0	—
	B													+20	27
	C													0	
	D													−20	

注：a. Q195 的屈服强度值仅供参考，不作交货条件。

b. 厚度大于 100mm 的钢材，抗拉强度下限允许降低 20N/mm²，宽带钢（包括剪切钢板）抗拉强度上限不作交货条件。

c. 厚度小于 25mm 的 Q235B 级钢材，如供方能保证冲击吸收功值合格，经需方同意，可不作检验。

碳素结构钢低合弯试验—指标(GB 700—2006)　　表7-3

牌　号	试样方向	冷弯试验180°, $B=2\alpha^{a}$	
		钢材厚度(或直径)[b](mm)	
		<60	>60~100
		弯心直径 d	
Q195	纵	0	—
	横	0.5	
Q215	纵	0.5a	1.5a
	横	a	2a
Q235	纵	a	2a
	横	1.5a	2.5a
Q275	纵	1.5a	2.5a
	横	2a	3a

注:a. B 为试样宽度,a 为试样厚度(或直径)。

b. 钢材厚度(或直径)大于100mm时,弯曲试验由双方协商确定。

3. 选用

碳素结构钢随牌号的增大,含碳量增加,强度和硬度相应提高,而塑性和韧性则降低。

Q195钢强度不高,塑性、韧性、加工性能与焊接性能较好,主要用于轧制薄板和盘条等。

Q215钢与Q195钢基本相同,其强度稍高,大量用作管坯、螺栓等。

Q235钢强度适中,有良好的承载性,又具有较好的塑性、韧性、可焊性和可加工性,且成本较低,是钢结构常用的牌号。大量制作成钢筋、型钢和钢板用于建造房屋和桥梁等。

Q275钢强度高、塑性和韧性稍差,不易冷弯加工,可焊性较差,可用于轧制钢筋、做螺栓配件等,但更多用于机械零件和工具等。

(二)低合金高强度结构钢

低合金高强度结构钢是在碳素钢的基础上添加总量小于5%的一种或多种合金元素的钢材。合金元素有:硅(Si)、锰(Mn)、钒(V)、铌(Nb)、铬(Cr)、镍(Ni)及稀土元素等。

1. 牌号及表示方法

根据国家标准《低合金高强度结构钢》(GB 1591—2008)的规定,低合金钢均为镇静钢,牌号由代表屈服点的字母(Q)、屈服点的数值(MPa)和质量等级(A、B、C、D、E)符号三部分组成。分为Q345,Q390,Q420、Q460、Q500,Q620和Q690共七个牌号。每个牌号根据硫、磷等有害杂质的含量由多到少,分为A、B、C、D和E五个等级。

如:Q345A表示屈服点为345MPa质量等级为A级的低合金高强度结构钢。

2. 技术性能

根据国家标准《低合金高强度结构钢》(GB 1591—2008)的规定,其化学成分、力学性质应符合表7-4~表7-7的规定。

低合金高强度结构钢的化学成分（GB/T 1591—2008）　表 7-4

牌号	质量等级	化学成分[a,b]（质量分数）（%）														
		C	Si	Mn	P	S	Nb	V	Ti	Cr	Ni	Cu	N	Mo	B	Als
		不大于														不小于
Q345	A	≤0.20	0.50	≤1.70	0.035	0.035	0.07	0.15	0.20	0.30	0.50	0.30	0.012	0.10	—	—
	B				0.035	0.035										
	C				0.030	0.030										0.015
	D	≤0.18			0.030	0.025										
	E				0.025	0.020										
Q390	A	0.20	≤0.50	0.170	0.035	0.035	0.07	0.20	0.20	0.30	0.80	0.30	0.016	0.20	—	—
	B				0.035	0.035										
	C				0.030	0.030										0.015
	D				0.030	0.025										
	E				0.025	0.020										
Q420	A	0.20	≤0.50	0.170	0.035	0.035	0.07	0.20	0.20	0.30	0.80	0.30	0.016	0.20	—	—
	B				0.035	0.035										
	C				0.030	0.030										0.015
	D				0.030	0.025										
	E				0.025	0.020										
Q460	C	0.20	≤0.60	≤1.80	0.030	0.030	0.11	0.12	0.20	0.60	0.80	0.55	0.015	0.20	0.004	0.015
	D				0.030	0.025										
	E				0.025	0.020										

续上表

牌号	质量等级	化学成分[a,b]（质量分数）（%）														
		C	Si	Mn	P	S	Nb	V	Ti	Cr	Ni	Cu	N	Mo	B	Als
					不大于											不小于
Q550	C				0.030	0.030										
	D	0.18	≤0.50	≤2.00	0.030	0.025	0.11	0.12	0.20	0.80	0.80	0.080	0.015	0.30	0.004	0.015
	E				0.025	0.020										
Q620	C				0.030	0.030										
	D	0.18	≤0.50	≤2.00	0.030	0.025	0.11	0.12	0.20	0.80	0.80	0.080	0.015	0.30	0.004	0.015
	E				0.025	0.020										
Q690	C				0.030	0.030										
	D	0.18	≤0.50	≤2.00	0.030	0.025	0.11	0.12	0.20	0.80	0.80	0.080	0.015	0.30	0.004	0.015
	E				0.025	0.020										

注：a. 型材及棒材 P、S 含量可提高 0.005%，其中 A 级钢上限可为 0.045%。

b. 当细化晶粒元素组合加入时，20(Nb + V + Ti) ≤0.22%；20(Mo + Cr) ≤0.30%。

低合金高强度结构钢的拉伸性能（GB/T 1591—2008） 表 7-5

牌号	质量等级	拉伸试验[a,b,c]																					
		以下公称厚度（直径，边长）抗拉强度（R）（MPa）									以下公称厚度（直径，边长）下屈服强度（R）（MPa）							断后伸长率（A）（%） 公称厚度（直径，边长）					
		≤16 mm	>16 mm ~ 40 mm	>40 mm ~ 63 mm	>63 ~ 80 mm	>80 ~ 100 mm	>100 mm ~ 150 mm	>150 ~ 200 mm	>200 ~ 250 mm	>250 ~ 400 mm	≤ 40mm	>40 mm ~ 63 mm	>63 mm ~ 80 mm	>80 mm ~ 100 mm	>100 mm ~ 150 mm	>150 mm ~ 200 mm	>200 mm ~ 250mm	>40 mm ~63 mm	>63 mm ~80 mm	>80 mm ~100 mm	>100 mm ~150 mm	>150 mm ~200 mm	>200 mm ~250 mm
Q345	A	≥345	≥335	≥325	≥335	≥305	≥285	≥275	≥265	—	470 ~ 630	470 ~ 630	470 ~ 630	470 ~ 630	450 ~ 600	450 ~ 600	—	≥20	≥29	≥19	≥18	≥17	—
	B																						
	C																						
	D									≥265							450 ~ 600	≥21	≥20	≥20	≥19	≥18	≥17
	E																						
Q390	A	≥390	≥370	≥350	≥330	≥330	≥310	—	—	—	490 ~ 650	490 ~ 650	490 ~ 650	490 ~ 650	470 ~ 620	—	—	≥20	≥19	≥19	≥18	—	—
	B																						
	C																						
	D																						
	E																						
Q420	A	420	≥400	≥380	≥360	≥360	≥340	—	—	—	520 ~ 680	520 ~ 680	520 ~ 680	520 ~ 680	500 ~ 650	—	—	≥19	≥18	≥18	≥18	—	—
	B																						
	C																						
	D																						
	E																						

表 7-5

牌号	质量等级	拉伸试验[a,b,c]																					
		以下公称厚度(直径,边长)抗拉强度(R)(MPa)									以下公称厚度(直径,边长)下屈服强度(R)(MPa)							断后伸长率(A)(%) 公称厚度(直径,边长)					
		≤16 mm	>16 mm ~ 40 mm	>40 mm ~ 63 mm	>63 ~ 80 mm	>80 ~ 100 mm	>100 mm ~ 150 mm	>150 ~ 200 mm	>200 ~ 250 mm	>250 ~ 400 mm	≤40mm	>40 mm ~ 63 mm	>63 mm ~ 80 mm	>80 mm ~ 100 mm	>100 mm ~ 150 mm	>150 mm ~ 200 mm	>200 mm ~ 250mm	>40 mm ~63 mm	>63 mm ~80 mm	>80 mm ~100 mm	>100 mm ~150 mm	>150 mm ~200 mm	>200 mm ~250 mm
Q460	A B C D E	≥460	≥440	≥420	≥400	≥400	≥380	—	—	—	550 ~ 720	550 ~ 720	550 ~ 720	550 ~ 720	530 ~ 700	—	—	≥17	≥16	≥16	≥16	—	—
Q500	C D E	≥500	≥480	≥470	≥450	≥440	—	—	—	—	610 ~ 770	600 ~ 760	590 ~ 750	540 ~ 730	—	—	—	≥17	≥17	≥17	—	—	—
Q550	C D E	≥550	≥530	≥520	≥500	≥490	—	—	—	—	670 ~ 830	620 ~ 810	600 ~ 790	590 ~ 780	—	—	—	≥16	≥16	≥16	—	—	—
Q620	C D E	≥620	≥600	≥590	≥570	—	—	—	—	—	710 ~ 880	590 ~ 880	670 ~ 860	—	—	—	—	≥15	≥15	≥15	—	—	—
Q690	C D E	≥690	≥670	≥660	≥540	—	—	—	—	—	770 ~ 940	750 ~ 920	730 ~ 900	—	—	—	—	≥14	≥14	≥14	—	—	—

注:a. 当屈服不明显时,可测量 $R_{p0.2}$ 代替下屈服强度。

b. 宽度不小于 600mm 扁平材,拉伸试验取横向试样;宽度小于 600mm 的扁平材、型材及棒材取纵向试样,断后伸长率最小值相应提高 1%(绝对值)。

c. 厚度 >250 ~400mm 的数值适用于扁平材。

3. 选用

低合金高强度结构钢具有轻质高强，耐蚀性、耐低温性好，抗冲击性强，使用寿命长等良好的综合性能，具有良好的可焊性及冷加工性，易于加工与施工。因此，低合金高强度结构钢可以用做高层及大跨度建筑（如大跨度桥梁、大型厅馆、电视塔等）的主体结构材料，与普通碳素钢相比可节约钢材，具有显著的经济效益。

低铝合金高强度结构钢主要用于轧制各种型钢、钢板、钢管和钢筋，广泛用于钢结构和钢筋混凝土结构中，特别适用于各种重型结构、高层结构、大跨度结构及桥梁工程等。

低合金高强度结构钢的冲击性能试验（GB 1591—2008） 表 7-6

牌号	质量等级	试验温度（℃）	冲击吸收能量（KV_2）[a]（J） 公称厚度（直径，边长）		
			12～150mm	>150～250mm	>250～400mm
Q345	B	+20	≥34	≥27	—
	C	0			
	D	-20			27
	E	-40			
Q390	B	+20	≥34	—	—
	C	0			
	D	-20			
	E	-40			
Q420	B	+20	≥34	—	—
	C	0			
	D	-20			
	E	-40			
Q480	C	0	≥34	—	—
	D	-20		—	—
	E	-40		—	—
Q500、Q550、Q620、Q690	C	0	≥55	—	—
	D	-20	≥47	—	—
	E	-40	≥31	—	—

注：a. 冲击试验取纵向试样。

当需方要求做弯曲试验时，弯曲试验应符合表 7-7 的规定。当供方保证弯曲合格时，可不做弯曲试验。

弯 曲 试 验　　表 7-7

牌号	试样方向	180°弯曲试验 [d=弯心直径,a=试样厚度(直径)]	
		钢材厚度(直径,边长)	
		≤16(mm)	>16~100(mm)
Q345 Q390 Q420 Q460	宽度不小于600mm扁平材,拉伸试验取横向试样;宽度小于600mm的扁平材、型材及棒材取纵向试样	2a	3a

二 钢结构用钢

钢结构构件一般直接选用各种型钢。构件之间可直接或附连接钢板进行连接。连接方式有铆接、螺栓连接或焊接。

(一)热轧型钢

钢结构常用的型钢有H形钢、T形钢、工字钢、槽钢、角钢、Z形钢、U形钢等,截面形式如图7-12所示。型钢由于截面形式合理,材料在截面上分布对受力最为有利,且构件间连接方便,所以它是钢结构中采用的主要钢材。

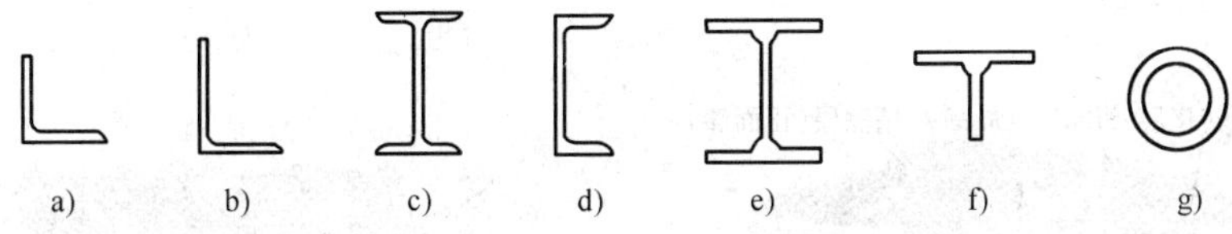

图7-12　热轧型钢的截面形式

H型钢由工字钢发展而来,优化了截面的分布。H型钢截面形状合理,力学性能好,常用于要求承载力大、截面稳定性好的大型建筑。T型钢由H型钢对半剖分而成。

H型钢、H型钢桩的规格标记采用:高度H×宽度B×腹板宽度t_1×翼缘厚度t_2表示。

如:H 340×250×9×14。

剖分T型钢的规格标记采用:高度H×宽度B×腹板宽度t_1×翼缘厚度t_2表示。

如:T 248×199×9×14。

(二)冷弯薄壁型钢

通常是用2~6mm薄钢板冷弯或模压而成,有角钢、槽钢等开口薄壁型钢及方形、矩形等空心薄壁型钢,截面形式如图7-13所示。主要用于轻型钢结构,其表示方法与热轧型钢相同。

(三)钢管、板材和棒材

1. 钢管

钢结构中常用钢管分为无缝钢管和焊接钢管两大类。焊接钢管采用优质带材焊接而成,表面镀锌或不镀锌。按其焊缝形式分为直纹焊管和螺纹焊管。焊管成本低,易加工,但一般抗压性能较差。无缝钢管多采用热轧—冷拔联合工艺生产,也可采用冷轧方式生产,但成本昂贵。热轧无缝钢管具有良好的力学性能与工艺性能。无缝钢管主要用于压力管道,在特定的钢结构中,往往也设计使用无缝钢管。

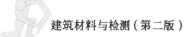

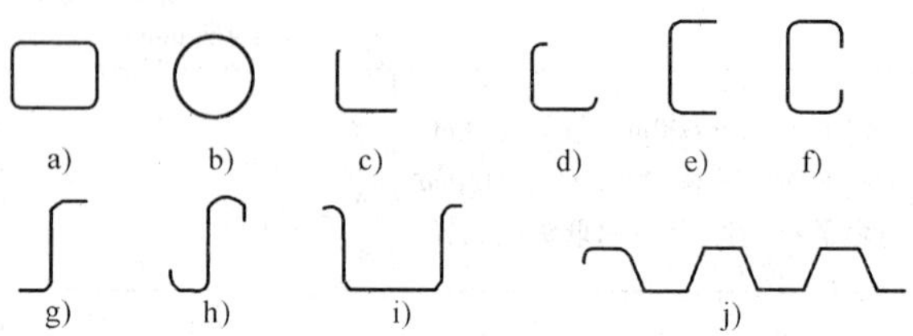

图 7-13　冷弯薄壁型钢的截面形式

a)~i)冷弯薄壁型钢;j)压型钢板

2. 板材

板材包括钢板、花纹钢板、建筑用压型钢板和彩色涂层钢板等,图 7-14 是彩色涂层钢板示意图,图 7-15 是彩色压型钢板示意图。钢板可由矩形平板状的钢材直接轧制而成或由宽钢带剪切而成,按轧制方式分为热轧钢板和冷轧钢板。钢板规格表示方法为宽度 × 厚度 × 长度(mm)。钢板分厚板(厚度 >4mm)和薄板(厚度 ≤4mm)两种。厚板主要用于结构,薄板主要用于屋面板、楼板和墙板等。在钢结构中,单块钢板一般较少使用,而是用几块板组合而成工字形、箱形等结构来承受荷载。

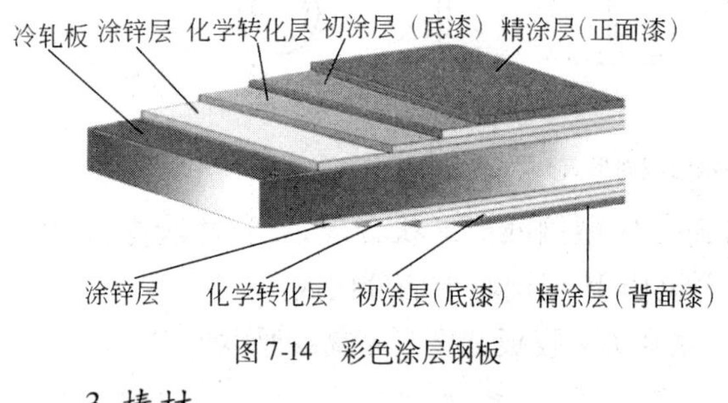

图 7-14　彩色涂层钢板

图 7-15　彩色压型钢板

3. 棒材

六角钢、八角钢、扁钢、圆钢和方钢是常用的棒材。热轧六角钢和八角钢是截面为六角形和八角形的和长条钢材,规格以"对边距离"表示。建筑钢结构的螺栓常以此种钢材为坯材。热轧扁钢是截面为矩形并稍带钝边的长条钢材,规格以"厚度 × 宽度"表示,规格范围为 3 × 10 ~ 60 × 150(单位为 mm)。扁钢在建筑上用作房架构件、扶梯、桥梁和栅栏等。

三 混凝土结构用钢筋

(一)热轧钢筋

热轧钢筋是建筑工程中用量最大的钢材品种之一,主要用于钢筋混凝土结构和预应力钢筋混凝土结构的配筋。热轧钢筋根据表面形状分为光圆钢筋和带肋钢筋,其中带肋钢筋有月

牙肋钢筋和等高肋钢筋等，如图 7-16 所示。带肋钢筋与混凝土的黏结力大，共同工作性更好。

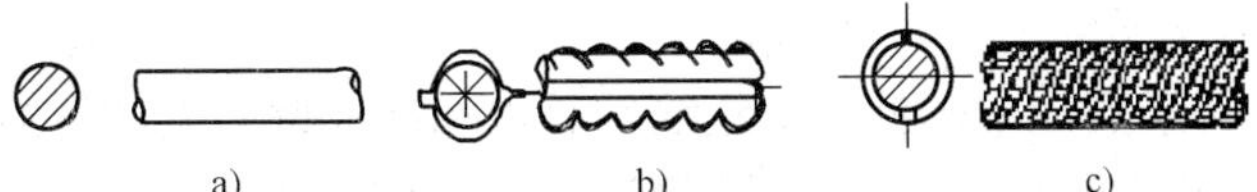

图 7-16　热轧钢筋外形示意图

a）光圆钢筋；b）月牙肋钢筋；c）等高肋钢筋

1. 牌号

根据国家标准《钢筋混凝土用钢：热轧光圆钢筋》（GB 149901—2008）和国家标准《钢筋混凝土用钢：热轧带肋钢筋》（GB 1499·2—2007）的规定，热轧光圆钢筋的牌号有 HPB235 和 HPB300，热轧带肋钢筋的牌号有 HRB335、HRBF330、HRB400、HRBF400 和 HRB500、HRBF500，其中 HRBF 是细晶粒热轧钢筋。热轧光圆钢筋由碳素结构钢轧制而成，表面光圆；热轧带肋钢筋由低合金钢轧制而成，外表带肋。

2. 技术性能

根据国家标准《钢筋混凝土用钢：热轧光圆钢筋》（GB 1499.1—2008）和国家标准《钢筋混凝土用钢：热轧带肋钢筋》（GB 1499.2—2007）的规定，热轧钢筋的力学性能和工艺性能如表 7-8 所示。

热轧钢筋的力学和工艺性能（GB 1499.1—2008）　　表 7-8

牌号	外形	钢种	公称直径（mm）	屈服强度（MPa）	抗拉强度（MPa）	伸长率（%）	冷弯性能	
				≥			角度（°）	弯心直径（mm）
HPB235	光圆	低碳钢	8～20	235	370	25	180	$d=a$
HPB300				300	420	25		
HRB335 HRBF300	月牙肋	低碳低合金钢	6～25	335	455	17	180	$d=a$
			25～50					$d=4a$
HRB400 HRBF400			6～25	400	540	16	180	$d=4a$
			28～50					$d=5a$
HRB500 HRBF500	等高肋	中碳低合金钢	6～25	500	630	15	180	$d=6a$
			28～50					$d=7a$

国家标准规定，有较高要求的抗震结构适用的钢筋牌号为：在表 7-8 中已有带肋钢筋牌号加 E（例如 HRB400E、HRBF400E）该类钢筋除满足带肋钢筋基本性能之外，还应满足：

①钢筋实测抗拉强度与实测屈服强度之比不小于 1.25。

②钢筋实测屈服强度与表 7-8 规定的屈服强度特征值之比不大于 1.30。

③钢筋的最大力总伸长率不小于 9%。

3. 选用

光圆钢筋的强度较低，但塑性及焊接性好，便于冷加工，广泛用作普通钢筋混凝土结构；HRB335 和 HRB400 带肋钢筋的强度较高，塑性及焊接性也较好，广泛用作大、中型钢筋混凝土结构的受力钢筋；HRB500 带肋钢筋强度高，但塑性和焊接性较差，适宜用作预应力钢筋。

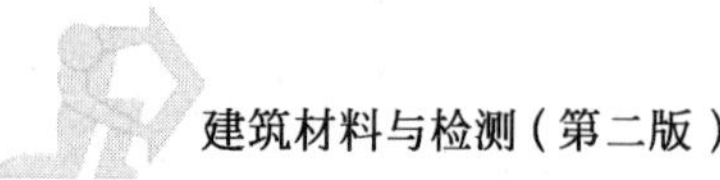

（二）热处理钢筋

热处理钢筋是由普通热轧中碳低合金钢筋经淬火和回火调质处理后的钢筋。它具有高强度、高韧性和黏结力及塑性降低少等优点，特别适用于预应力混凝土构件的配筋，但其对应力腐蚀及缺陷敏感性强，使用时应防止锈蚀及刻痕等。

热处理钢筋系成盘供应，开盘后能自然伸直，使用时应按所需长度切割，不能用电焊或氧气切割，也不能焊接，以免引起强度下降或脆断。热处理钢筋代号为"RB150"，后面阿拉伯数字150表示抗拉强度等级数值。热处理钢筋技术性能应符合我国现行标准《预应力混凝土用热处理钢筋》（GB 4463—84）的规定，热处理钢筋有$40Si_2Mn$、$48Si_2Mn$和$45Si_2Cr$三个牌号。按其外形又可分为有纵肋和无纵肋两种，但都有横肋，如图7-17所示。

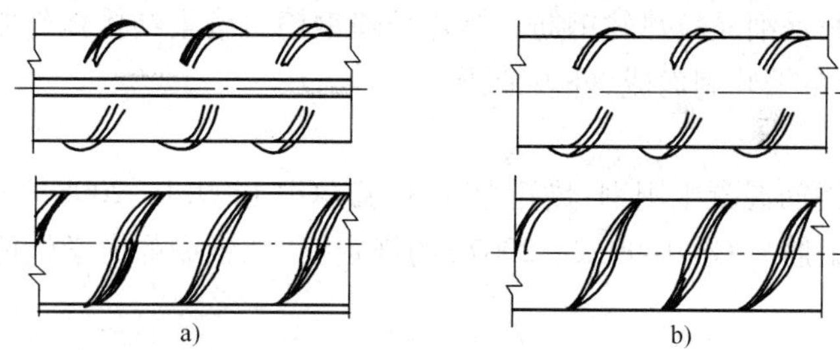

图7-17　热处理钢筋外形

a）有纵肋；b）无纵肋

热处理钢筋在预应力结构中使用，具有与混凝土黏结性能好，应力松弛率低，施工方便等优点。各牌号热处理钢筋的力学性质应符合表7-9的要求。

预应力混凝土用热处理钢筋的力学性质（GB 4463—1992）　　表7-9

公称直径（mm）	牌　号	屈服强度 $\sigma_{0.2}$（MPa）	抗拉强度 σ_b（MPa）	伸长率 δ_{10}（%）
		≥		
6	$40Si_2Mn$	135 （1325）	150 （1470）	6
8.2	$48Si_2Mn$			
10	$45Si_2Cr$			

（三）预应力混凝土用钢丝、钢绞线

1. 钢丝

预应力混凝土用钢丝是由优质碳素结构钢盘条为原料，经淬火、酸洗、冷拉制成。

根据国家标准《预应力混凝土用钢丝》（GB/T 5223—2002）规定，钢丝按加工状态分为冷拉钢丝和消除应力钢丝两类。消除应力钢丝按松弛性能分为低松弛级钢丝和普通松弛钢丝；按外形分为光圆钢丝、刻痕钢丝和螺旋肋钢丝三种。光圆钢丝代号为P，螺旋肋钢丝代号为H，刻痕钢丝代号为I。螺旋肋钢丝和三面刻痕钢丝外形示意图如图7-18所示。

预应力钢丝的抗拉强度比钢筋混凝土用热轧光圆钢筋、热轧带肋钢筋高许多，在构件中采用预应力钢丝可节省钢材、减少构件截面和节省混凝土。主要用于桥梁、吊车梁、大跨度屋架、管桩等预应力钢筋混凝土构件中。

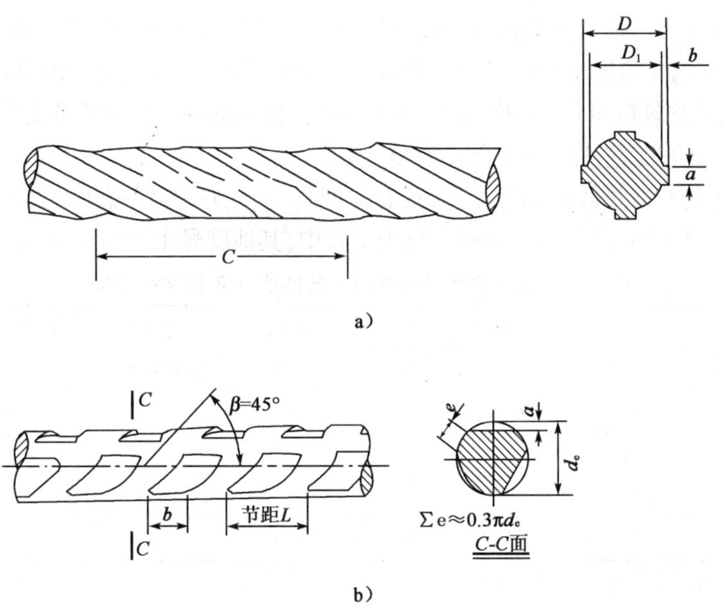

图 7-18 消除应力钢丝外形示意图

a)螺旋肋钢丝外形；b)三面刻痕钢丝外形

2. 钢绞线

预应力混凝土用钢绞线是以数根优质碳素结构钢钢丝经绞捻和消除内应力的热处理后制成。国家标准《预应力混凝土用钢绞线》(GB/T 5224—2003)规定：钢绞线按结构分为：两根光圆钢丝捻制的钢绞线，代号 1×2；三根光圆钢丝捻制的钢绞线，代号 1×3；三根刻痕钢线捻制的钢绞线，代号 1×31；七根光圆钢丝捻制的钢绞线，代号 1×7；七根光圆钢丝捻制又经模拔的钢绞线，代号(1×7)C，截面如图 7-19 所示。

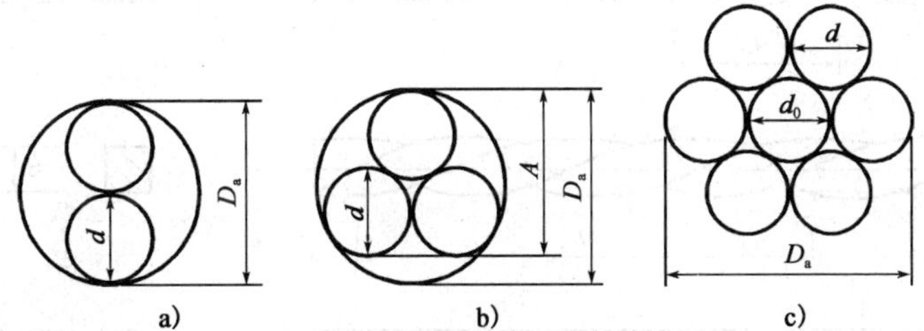

图 7-19 预应力钢绞线截面图

a)1×2 结构钢绞线；b)1×3 结构钢绞线；c)1×7 结构钢绞线

D_a-钢绞线直径(mm)；d_0-中心钢丝直径(mm)；

d-外据钢丝直径(mm)；A-1×3 结构钢绞线测量尺寸(mm)

钢绞线无接头、柔性好、强度高，主要用于大跨度、大负荷的桥梁、屋架、吊车梁等的曲线配筋及预应力钢筋。

(四)冷加工钢筋

1. 冷轧带肋钢筋

冷轧带肋钢筋是用低碳钢热轧圆盘条经冷轧后，在其表面冷轧成沿长度方向均匀分布的三

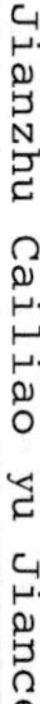

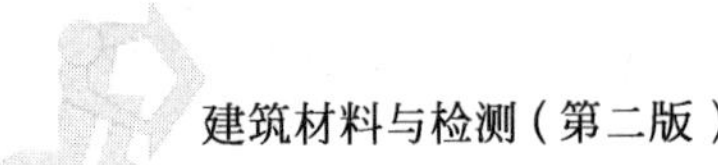

面或两面横肋的钢筋。根据国家标准《冷轧带肋钢筋》(GB 13788—2008)的规定，冷轧带肋钢筋的牌号由 CRB 和钢筋的抗拉强度最小值构成。分为 CRB550、CRB650、CRB800、CRB970 四个牌号，C、R、B 分别为冷轧(Cold rolled)、带肋(Ribbed)、钢筋(Bar)三个词的英文首位字母。冷轧带肋钢筋的力学性能和工艺性能应符合表 7-10 规定。

冷轧带肋钢筋与冷拔低碳钢丝相比，具有强度高、塑性好，与混凝土黏结牢固，节约钢材，质量稳定等优点。CRB550 广泛用于普通混凝土结构中，其他牌号主要用于中、小型预应力构件。

冷轧带肋钢筋的力学性能和工艺性能(GB 13788—2008)　　表 7-10

牌号	$R_{p0.2}$ (MPa)≥	R_m (MPa)≥	伸长率(%)≥		弯曲试验 180°	反复弯曲次数	松弛率(初始应力 $\sigma_{900}=0.7\sigma_b$)
			δ_{10}	δ_{100}			1000h(%)≤
CRH550	500	550	80	—	$D=3d$	—	—
CRB650	585	650	—	4.0	—	3	8
CRB800	720	800	—	4.0	—	3	8
CRB970	875	970	—	4.0	—	3	8

注：表中 D 为弯心直径，d 为钢筋公称直径。

2. 冷轧扭钢筋

冷轧扭钢筋是采用低碳钢热轨圆盘系经专用钢筋冷轧扭机调直、冷轧并冷扭(或冷滚)一次成型具有规定截面形式和相应节距的连续螺旋状钢筋，形状和尺寸如图 7-20 所示。该钢筋刚度大，不易变形，与混凝土的握裹力大，无需加工(预应力或弯钩)，可直接用于混凝土工程，节约钢材 30%。使用冷轧扭钢筋可免除现场加工钢筋，改变了传统加工钢筋占用场地、不利于机械化生产的弊端。

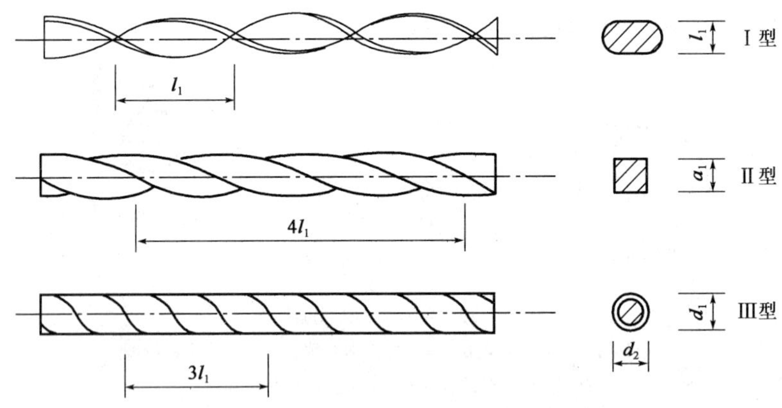

图 7-20　冷轧扭钢筋形状及截面控制尺寸

根据建筑工业行业标准《冷轧扭钢筋》(JG 190—2002)规定：冷轧扭钢筋力学性能指标如表 7-11 所示。

冷轧扭钢筋是适应我国国情的新品种钢筋，应用在工程中对节约钢材、降低工程成本效果明显。另外，冷轧扭钢筋有独特的螺旋形截面，可使钢筋骨架刚度增大，与混凝土的握裹力好，可防止钢筋的收缩裂缝，保证混凝土构件质量。

力学性能和工艺性能指标(JG 190—2002)　　表7-11

高度级别	型号	抗拉强度 δ_b (N/mm²)	伸长率 A %	180°弯曲试验 (弯心直径 $=3d$)	应力松弛率(%) (当 $\delta_{con}=0.7f_{ptk}$)	
					10h	100h
CTB500	Ⅰ	≥550	$A_{11.3}\geq4.5$	受弯曲部位钢筋表面不得产生裂纹	—	—
	Ⅱ	≥550	$A\geq10$		—	—
	Ⅲ	≥550	$A\geq12$		—	—
CTB650	Ⅲ	≥650	$A_{100}\geq4$		≤5	≤8

注:1. d 为冷轧扭钢筋标志直径。

2. A、$A_{11.3}$ 分别表示以标距 $5.65\sqrt{S_0}$ 或 $11.3\sqrt{S_0}$ (S_0 为试验原始截面面积)的试样拉断伸长率,A_{100} 表示标距为100mm 的试样拉断伸长率。

3. δ_{con} 为预应力钢筋张拉控制应力,f_{ptk} 为预应力冷轧扭钢筋抗拉强度标准值。

(五)钢材的选用原则

钢材的选用一般遵循下面原则:

(1)荷载性质:对于经常承受动力或振动荷载的结构,容易产生应力集中,从而引起疲劳破坏,需要选用材质高的钢材。

(2)使用温度:对于经常处于低温状态的结构,钢材容易发生冷脆断裂,特别是焊接结构更甚,因而要求钢材具有良好的塑性和低温冲击韧性。

(3)连接方式:对于焊接结构,当温度变化和受力性质改变时,焊缝附近的母体金属容易出现冷、热裂纹,促使结构早期破坏。所以焊接结构对钢材化学成分和机械性能要求应较严。

(4)钢材厚度:钢材力学性能一般随厚度增大而降低,钢材经多次轧制后、钢的内部结晶组织更为紧密,强度更高,质量更好。故一般结构用的钢材厚度不宜超过40mm。

(5)结构重要性:选择钢材要考虑结构使用的重要性,如大跨度结构、重要的建筑物结构,须相应选用质量更好的钢材。

第四节　建筑钢材的腐蚀与防护

 钢材的腐蚀

钢材表面与周围介质发生化学反应而引起破坏的现象称作腐蚀(锈蚀)。钢材腐蚀可发生在许多引起锈蚀的介质中,如湿润空气、土壤、工业废气等。腐蚀会显著降低钢的强度、塑性、韧性等力学性能。根据钢材表面与周围介质的不同作用,腐蚀分为化学腐蚀和电化学腐蚀。

(一)化学腐蚀

化学腐蚀指钢材与周围的介质(如氧气、二氧化碳、二氧化硫和水等)直接发生化学反应,生成疏松的氧化物而引起的腐蚀。在干燥环境中化学腐蚀的速度缓慢,但在温度高和湿度较

大时，腐蚀速度大大加快，如钢材在高温中氧化形成 Fe_3O_4 的现象。

在常温下，钢材表面被氧化，形成一层薄薄的、钝化能力很弱的 FeO 氧化保护膜，使化学腐蚀很缓慢，对保护钢筋是有利的。

（二）电化学腐蚀

钢材由不同的晶体组织构成，由于表面成分、晶体组织不同、受力变形、平整度差等的不均匀性，使邻近的局部产生电极电位的差别，因而构成许多“微电池”。整个电化学腐蚀过程如下：

阳极区：$Fe = Fe^{2+} + 2e$

阴极区：$2H_2O + 2e + 1/2O_2 = 2OH^- + H_2O$

溶液区：$Fe^{2+} + 2OH^- = Fe(OH)_2$

$4Fe(OH)_2 + O_2 + 2H_2O = 4Fe(OH)_3$

水是弱电解质溶液，而溶有 CO_2 的水则成为有效的电解质溶液，从而加速电化学腐蚀的过程。钢材在大气中的腐蚀，实际上是化学腐蚀和电化学腐蚀共同作用所致，但以电化学腐蚀为主。

二 钢材的防护

（一）钢材的防腐

钢材的腐蚀既有内因（材质），又有外因（环境介质的作用），因此要防止或减少钢材的腐蚀可以从改变钢材本身的易腐蚀性、隔离环境中的侵蚀性介质或改变钢材表面的电化学过程三方面入手。具体措施有：

1. 表面覆盖法

可采用耐腐蚀性的金属或非金属材料覆盖在钢材表面，提高钢材的耐腐蚀能力。金属覆盖中常用的方法有：镀锌（如白铁皮）、镀锡（如马口铁）、镀铜和镀铬等；非金属覆盖中有喷涂涂料、搪瓷和塑料等。

2. 添加合金元素

在碳素钢和低合金钢中加入少量铜、铬、镍、钼等合金元素，能制成耐候钢，大大提高钢材的耐腐蚀性。这种钢在大气作用下，能在表面形成一种致密的防腐保护层，起到耐腐蚀作用。耐候钢的强度级别与常用碳素钢和低合金钢一致，技术指标也相近，但其耐腐蚀能力却高出数倍。

3. 混凝土用钢筋的防锈

在正常的混凝土中 pH 值约为 12，这时在钢材表面能形成碱性氧化膜（钝化膜），对钢筋起保护作用。若混凝土碳化后，由于碱度降低（中性化）会失去对钢筋的保护作用。此外，混凝土中氯离子达到一定浓度，也会严重破坏钢筋表面的钝化膜。

为防止钢筋锈蚀，应保证混凝土的密实度以及钢筋外侧混凝土保护层的厚度，在二氧化碳浓度高的工业区采用硅酸盐水泥或普通硅酸盐水泥，限制含氯盐外加剂掺量并使用混凝土用钢筋防锈剂。预应力混凝土应禁止使用含氯盐的集料和外加剂。钢筋涂覆环氧树脂或镀锌也是一种有效的防锈措施。

【工程实例7-2】 “防冰盐”腐蚀

【现象】 为了防止冰雪对车辆行驶造成的事故危害,20世纪50~60年代,以美国为主的西方国家开始大量使用防冰盐。到了20世纪70~80年代,防冰盐所带来的腐蚀破坏大量表现出来,美国56.7万座高速公路桥已有半数以上遭腐蚀和需要修复。

【原因分析】 氯离子是一种穿透力极强的腐蚀介质,当接触到钢铁表面,便迅速破坏钢铁表面的钝化层,即使在强碱性环境中,氯离子引起的点锈腐蚀依然会发生。当氯离子渗透到达钢筋表面,氯离子浓度较高的局部保护膜破坏,成为活化态,在氧和水充足的条件下,活化的钢筋表面形成一个小阳极,未活化的钢筋表面成为阴极,结果阳极金属铁溶解,形成腐蚀坑,一般称这种腐蚀为点腐蚀。

(二)钢材的防火

钢是不燃性材料,但钢材在高温下力学强度会明显降低。钢材遇火后,力学性能变化主要有强度降低、变形加大。如普通低碳钢的抗拉强度在250~300℃时达到最大值。温度超过350℃,抗拉强度开始大幅度下降,在500℃时约为常温时的1/2,600℃时约为常温时的1/3。

钢材在高温下强度降低很快、塑性增大、导热系数增大,这是造成钢材在火灾发生时极易在短时间内破坏的主要原因。

钢结构防火保护的基本原理是采用绝热或吸热材料,阻隔火焰和热量,推迟钢结构的升温速率。防火方法以包裹法为主,即以防火涂料、不燃性板材或混凝土和砂浆将钢构件包裹起来。防火涂料是目前钢结构防火相对简单而有效的方法。

【工程实例7-3】 钢材耐火性

【现象】 2001年9月11日,美国纽约世贸大厦、五角大楼相继遭到被恐怖分子劫持的飞机的撞击,有110层、高410m的纽约世贸大厦在“隆隆”巨响中化做了尘烟。

【原因分析】 两座建筑物均为钢结构,钢材有一个致命的缺点,就是遇高温变软,丧失原有强度。一般的钢材超过300℃,强度就急降一半;500℃左右的燃烧温度,就足以让无防护的钢结构建筑完全垮塌。耐火性差成为超高层建筑无法回避的固有缺陷,使纽约世贸大楼这样由美国高强度的建筑钢材、高水平的结构设计技术建成的大楼还是未能躲过大火毁灭的命运。

本章小结

钢材是现代建筑工程中重要的结构材料,同时也是一种具有优良性能的材料。钢材的正确选用对工程质量影响巨大,因此应结合建筑工程中常用的钢材种类,掌握钢材的分类和命名方法。

钢材的性能主要决定于其中的化学成分。钢的化学成分主要是铁和碳,此外还有少量的硅、锰、磷、硫、氧、氮等杂质元素,这些元素的存在对钢材性能有不同的影响,其中碳的影响最大。

建筑用钢主要是以承受拉力、压力、弯曲、冲击等外力的作用,在这些力的作用下,既要有一定的强度和硬度,也要有一定的塑性和韧性。

结合钢材的拉伸试验,掌握屈服强度、极限强度、条件屈服强度、伸长率及断面收缩率等概

念。掌握钢材的冷拉工艺。

建筑钢材可分为钢结构用型钢和钢筋混凝土结构用钢筋两类。各种型钢和钢筋的性能主要取决于所用钢种及其加工方式。在建筑工程中，钢结构所用的各种型钢，钢筋混凝土结构所用的各种钢筋、钢丝、锚具等钢材，基本上都是普通碳素结构钢和低合金结构钢等钢种，经热轧或冷轧、冷拔及热处理等工艺加工而成的。应掌握热轧钢筋、冷轧钢筋、热处理钢筋及型钢等常用钢材的性能特点。

小知识

国家体育场将成为现今世界上最大的环保体育场

拥有9.1万个座位的国家体育场，可能是现今世界上最大的环保型体育场。体育场的外观之所以独创为一个没有完全密封的“鸟巢”状，就是考虑既能使自然空气流通，又能为观众和运动员遮风挡雨，充分体现了以人为本的思想。

国家体育场采用了新型大跨度钢结构，无论设计、材料选用、加工制作还是施工安装都难度大、要求高。令人欣喜的是，经过科研人员的技术攻关，工程所使用的钢材全部实现了国产化。比如，“鸟巢”需要使用一种钢结构板材，叫Q460的高强钢材，国内原本没有这种钢板，要从国外进口，这不仅给钢板运输、钢结构加工安装增添了较大困难，还使钢材成本高出一大截。最终在北京城建集团的支持下，河南舞阳钢铁厂研发成功Q460高强钢板，完全可以满足国家体育场使用要求，不仅为“鸟巢”建设赢得了时间，同时也填补了我国该项技术领域的空白。

练 习 题

1. 填空题

(1)低碳钢的受拉破坏过程，可分为________、________、________和________四个阶段。

(2)建筑工程中常用的钢种是________和________。

(3)普通碳素钢分为________个牌号，随着牌号的增大，其________和________提高，________和________降低。

2. 单项选择题

(1)下列碳素钢结构钢牌号中，代表屈服点为235MPa镇静钢的是________。

A. Q215-B·F　　B. Q235-A·F　　C. Q235-B·C　　D. Q275-A

(2)钢材冷加工后，下列哪种性能降低______。

A. 屈服强度　　B. 硬度　　C. 抗拉强度　　D. 塑性

(3)结构设计时，碳素钢以______作为设计计算取值的依据。

A. 弹性极限 σ_p　　　　B. 屈服强度 σ_s

C. 抗拉强度 σ_b　　　　D. 屈服强度 σ_s 和抗拉强度 σ_b

(4)钢筋冷拉后________强度提高。

A. 弹性极限 σ_p　　　　B. 屈服强度 σ_s

C. 抗拉强度 σ_b　　　　D. 屈服强度 σ_s 和抗拉强度 σ_b

3. 是非判断题

(1)屈强比越大,钢材受力超过屈服点工作时的可靠性越大,结构的安全性越高。(　　)

(2)一般来说,钢材硬度越高,强度也越大。(　　)

(3)钢材的品种相同时,其伸长率 $\delta_{10} > \delta_5$。(　　)

(4)钢含磷较多时呈热脆性,含硫较多时呈冷脆性。(　　)

(5)对钢材冷拉处理,是为提高其强度和塑性。(　　)

4. 问答

(1)低碳钢拉伸试验分成哪几个阶段,每个阶段的性能表征指标是什么?

(2)何谓钢材的冷加工和时效,钢材经冷加工和时效处理后性能如何变化?

(3)说明下列钢材牌号的含义 Q215-B·F、Q235-C·F、Q275-A。

5. 计算题

某建筑工地有一批碳素结构钢材料,其标签上牌号字迹模糊。为了确定其牌号,截取了两根钢筋做拉伸试验,测得结果如下:屈服点荷载分别为33.0kN,31.5kN;抗拉极限荷载分别为61.0kN,60.3kN。钢筋实测直径为12mm,标距为60mm,拉断时长度分别为72.0mm,71.0mm。计算该钢筋的屈服强度,抗拉强度及伸长率。并判断这批碳素结构钢的牌号。

第八章 防水材料

【职业能力目标】

通过本章内容的学习，使学生具有根据建筑物的防水等级、防水耐久年限、气候条件、结构形式和工程实际情况等因素来选择防水材料。

掌握石油沥青的基本组成、技术性质及测定方法；了解沥青的改性，了解主要沥青制品及其应用。熟悉常用防水卷材、防水涂料、密封材料的分类、特性及应用。

【学习要求】

防水材料品种很多，在工程实践中，若使用不当将难以保证工程质量，因此，必须了解各种防水材料的性质和使用范围。在学习时注意理论联系实际，通过实践，加深对各种防水材料性能特点的理解和掌握，以便合理选用各种防水材料。

防水材料是指应用于建筑物和构筑物中起着防潮、防漏，保护建筑物和构筑物及其构件不受水侵蚀破坏作用的一类建筑材料，它是建筑工程中应用最为广泛的功能材料之一。被广泛应用于建筑物的屋面、地面、墙面、地下室及其他有防水要求的工程部位。防水材料具有品种多、发展快的特点，有传统使用的沥青防水材料，也有正在发展的改性沥青防水材料和合成高分子防水材料，防水设计由多层向单层防水发展，由单一材料向复合多功能材料发展。防水材料按力学性能可分为刚性防水材料和柔性防水材料两类。本章主要介绍柔性防水材料。目前，常用的柔性防水材料按形态和功能可分为防水卷材、防水涂料、防水密封材料等几类。

第一节 沥 青

防水材料的基本原材料有石油沥青、煤沥青、改性沥青以及合成高分子材料等。本节主要介绍石油沥青和改性石油沥青。

一 沥青的分类

沥青材料是由高分子碳氢化合物及其非金属衍生物组成的复杂混合物。在常温下呈固态、半固态和液态。颜色为黑色或深褐色,不溶于水而几乎全溶于二硫化碳的非晶态有机材料。它的资源丰富、价格低廉、施工方便、实用价值很高。在建筑工程上主要用于屋面及地下建筑防水或用于耐腐蚀地面及道路路面等,也可用于制造防水卷材、防水涂料、嵌缝油膏、黏合剂及防锈防腐涂料。沥青种类很多,按产源可分为地沥青和焦油沥青两大类,其分类如表 8-1 所示。

沥 青 的 分 类　　表 8-1

沥青	地沥青	天然沥青	由地表或岩石中直接采集、提炼加工后得到的沥青
		石油沥青	由提炼石油的残留物制得的沥青,其中包含石油中所有的重组分
	焦油沥青	煤沥青	由煤焦油蒸馏后的残留物制取的沥青
		页岩沥青	由页岩焦油蒸馏后的残留物制取的沥青

二 石油沥青的组分

沥青的主要组分包括油分、树脂和地沥青质。石油沥青的性质与各组分之间的比例密切相关。液体沥青中油分、树脂多,流动性好;固体沥青中树脂、地沥青质多,热稳定性和黏性好。

1. 油分

油分为流动的黏稠状液体,颜色为无色至浅黄色,密度 0.6 ~ 1.0g/cm^3,分子量为 100 ~ 500,是沥青分子中分子量最低的化合物,能溶于二硫化碳、三氯甲烷等大多数有机溶剂,但不溶于酒精。在石油沥青中,油分的含量为 40% ~60%,油分赋予石油沥青流动性,含量多时,沥青的流动性增大,沥青的软化点降低,温度稳定性差。

2. 树脂

树脂为红褐色至黑褐色的黏稠状半固体,密度 1.00 ~1.10g/cm^3,分子量 650 ~1000,能溶于大多数有机溶剂,但在酒精和丙酮中的溶解度极低,熔点低于 100℃。在石油沥青中,树脂的含量为 15% ~30%,使石油沥青具有良好的塑性和黏结性。

3. 地沥青质

地沥青质为深褐色至黑色的硬、脆的无定形不溶性固体,密度 1.10 ~1.15g/cm^3,分子量 2000 ~6000。除不溶于酒精、石油醚和汽油外,易溶于大多数有机溶剂。在石油沥青中,地沥青质含量为 10% ~30%。地沥青质是决定石油沥青热稳定性和黏性的重要组分,含量越多,软化点越高。此外,石油沥青中往往还含有一定量的固体石蜡,它是沥青中的有害物质,会使沥青的黏结性、塑性、耐热性和稳定性变差。

石油沥青的性质与各组分之间的比例密切相关。液体沥青中油分、树脂多,流动性好;固体沥青中树脂、地沥青质多,特别是地沥青质多,所以热稳定性和黏性好。

煤沥青是由煤干馏得到的煤焦油再经蒸馏加工制成的沥青。煤沥青与石油沥青相比,在

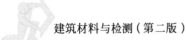

技术性质上有下列差异：温度稳定性较低，与矿质集料的黏附性较好，气候稳定性较差，以及含对人体有害成分较多、臭味较重。

三 石油沥青的主要技术性质

1. 黏滞性

黏滞性是指石油沥青在外力作用下抵抗变形的性能。当地沥青质含量较高，有适量树脂，但油分含量较少时，黏滞性较大。在一定温度范围内，温度升高，黏滞性随之降低；反之则增大。

对于液体沥青，表征沥青黏滞性的指标是黏滞度，它表示液体沥青在流动时的内部阻力。测试方法是液体沥青在一定温度（25℃或60℃）条件下，经规定直径（3.5mm或10mm）的孔漏下50mL所需的时间（s）。其测试示意如图8-1所示。黏滞度大时，表示沥青的稠度大，黏性高；表征半固体沥青、固体沥青黏滞性的指标是针入度，是指某种特定温度下的相对黏度，可看作是常温下的树脂黏度。测试方法是：在温度为25℃的条件下，以质量100g的标准针下沉，用经5s沉入沥青中的深度（每0.1mm称1度）来表示。针入度测定示意图如图8-2所示。针入度值大，说明沥青流动性大，黏滞性越小。针入度范围在（0～500）1/10mm之间。它是很重要的技术指标，是沥青划分牌号的主要依据。

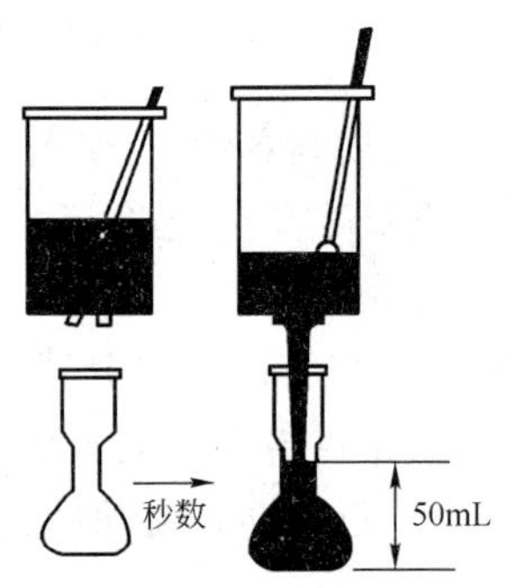

图8-1　黏滞度测定示意图

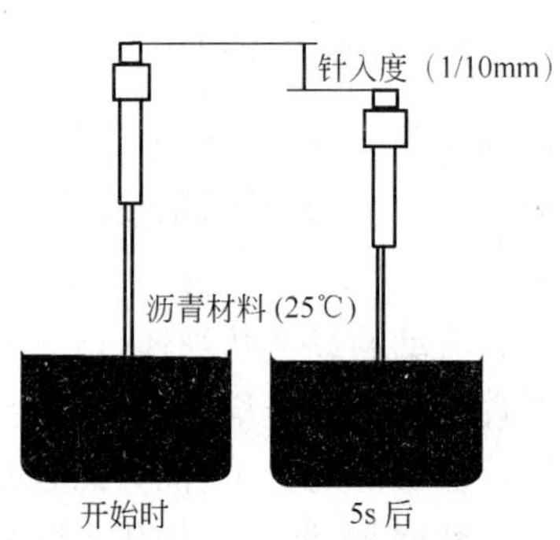

图8-2　针入度测定示意图

2. 塑性

塑性是指石油沥青在受外力作用时产生变形而不破坏的性能，沥青之所以能被制成性能良好的柔性防水材料，在很大程度上取决于这种性质。石油沥青中树脂含量大，其他组分含量适当，则塑性较高。温度及沥青膜层厚度也影响塑性，温度升高，则塑性增大；膜层增厚，则塑性也增大。在常温下，沥青的塑性较好，对振动和冲击作用有一定承受能力，因此常将沥青铺作路面。

沥青的塑性用延度（延伸度）表示，常用沥青延度仪来测定。具体测试是将沥青制成8字形试件，试件中间最窄处横断面积为$1cm^2$。一般在25℃水中，以每分钟5cm的速度拉伸，至拉断时试件的伸长值即为延度，单位为cm。其延度测试见图8-3。延度越大，说明沥青的塑性越好，变形能力强，在使用中能随建筑物的变形而变形，且不开裂。

3. 温度敏感性（温度稳定性）

温度敏感性是指石油沥青的黏滞性和塑性随温度升降而变化的性质。温度敏感性越大，则沥青的温度稳定性越低。温度敏感性大的沥青，在温度降低时，很快变成脆硬的物体，受外力作用极易产生裂缝以致破坏；而当温度升高时即成为液体流淌，失去防水能力。因此，温度敏感性是评价沥青质量的重要性质。

沥青的温度敏感性通常用“软化点”表示。软化点是指沥青材料由固体状态转变为具有一定流动性膏体的温度。软化点可通过“环球法”试验测定，见图8-4。不同的沥青软化点不同，大致在25～100℃之间。软化点高，说明沥青的耐热性好，但软化点过高，又不易加工；软化点低，夏季易产生变形，甚至流淌。当温度在非常低的范围时，整个沥青就好像玻璃一样的脆硬，一般称作“玻璃态”，沥青由玻璃态向高弹态转变的温度即为沥青的脆化点。所以，在实际应用中，总希望沥青具有高软化点和低脆化点。为了提高沥青的耐寒性和耐热性，常常对沥青进行改性，如在沥青中掺入增塑剂、橡胶、树脂和填料等。

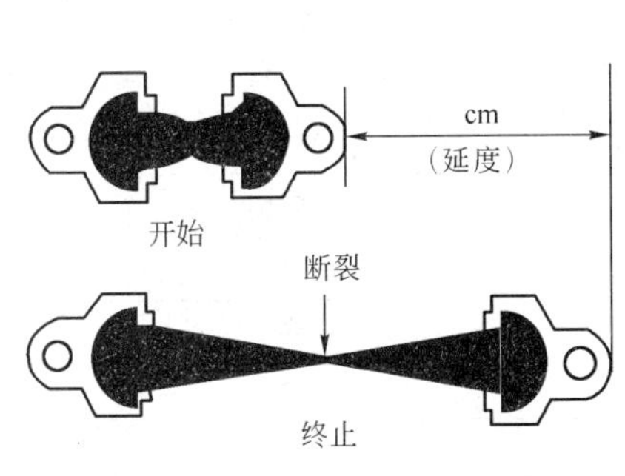

图8-3　延度测定示意图

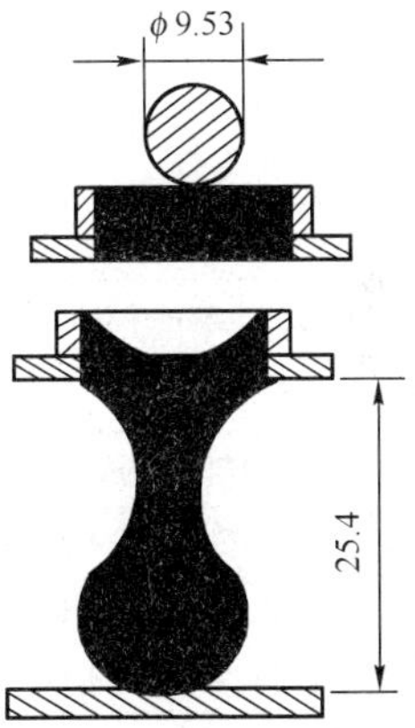

图8-4　软化点测定示意图（尺寸单位：mm）

4. 大气稳定性

大气稳定性是指石油沥青在热、阳光、水分和空气等大气因素作用下，性能保持稳定的能力，也即沥青的抗老化性能。在自然气候的作用下，沥青的化学组成和性能都会发生变化，低分子物质将逐渐转变为大分子物质，流动性和塑性逐渐减小，硬脆性逐渐增大，直至脆裂，甚至完全松散而失去黏结力的现象称为老化。

石油沥青的大气稳定性常用蒸发损失和针入度变化等试验结果进行评定。蒸发损失少，蒸发后针入度变化小，则大气稳定性高，即老化较慢。

5. 溶解度

溶解度指石油沥青在三氯乙烯、四氯化碳或苯中溶解的百分率，以表示石油沥青中有效物质的含量。不溶物会降低沥青的黏结性。

6. 闪点和燃点

沥青材料在使用时必须加热，当加热至一定温度时，沥青材料中挥发的油分蒸汽与周围空气组成混合气体，此混合气体遇火焰则易发生闪火。若继续加热，油分蒸汽的饱和度增加，由于此种蒸汽与空气组成的混合气体遇火焰极易燃烧而引起火灾。为此，必须测定沥青加热闪火和燃烧的温度，即所谓闪点和燃点。闪点和燃点是保证沥青加热质量和施工安全的一项重要指标。

四 石油沥青的技术标准与选用

(一)石油沥青的技术标准

不同建筑物或不同使用部位的工程对所用石油沥青的主要技术性能与指标要求不同。石油沥青按用途不同分为为建筑石油沥青、道路石油沥青、防水防潮石油沥青和普通石油沥青。石油沥青的牌号主要根据针入度、延度和软化点等指标划分,并以针入度值表示。

对建筑石油沥青,按沥青针入度划分为40号、30号和10号3个牌号,牌号越大,则针入度越大(黏性越小),延伸度越大(塑性越好),软化点越低(温度稳定性越差)。建筑石油沥青的技术性能应符合《建筑石油沥青》(GB/T 494—2010)的规定,其具体指标见表8-2。

石油沥青技术标准(GB/T 494—2010)　　表8-2

项　目	质量指标		
	10号	30号	40号
针入度(25℃,100g,5s),0.1mm	10~25	26~35	36~50
延伸度(25℃,5cm/min)不小于	1.5	2.5	3.5
软化点(环球法)(℃),不低于	95	75	60
溶解度(三氯乙烯、四氯化碳或苯),不小于(%)	99		
蒸发损失(183℃,5h)(%),不大于	1		
蒸发后针入度比,不小于(%)	65		
闪点(开口)(℃),不低于	260		
脆点(℃)	报告		

根据防水防潮石油沥青按针入度指数分为3号、4号、5号、6号4个牌号。技术性能应符合《防水防潮石油沥青》(SH 0002—1990)的规定,其具体指标见表8-3。

防水防潮石油沥青(SH 0002—1990)　　表8-3

项　目	质量指标			
牌号	3号	4号	5号	6号
软化点(℃),不低于	85	90	100	95
针入度,1/10mm	25~45	20~40	20~40	30~50
针入度指数不小于	3	4	5	6
蒸发损失(%)不大于	1	1	1	1
闪点(开口)(℃),不低于	250	270	270	270
溶解度(%)不小于	98	98	95	92
脆点(℃),不高于	-5	-10	-15	-20
垂度(mm)不大于	—	—	8	10
加热安定性(℃),不大于	5	5	5	5

(二)石油沥青的应用

选用沥青材料时,应根据工程性质、当地气候条件及所处工作环境来选用不同品种和牌号的沥青。选用的基本原则是:在满足黏性、塑性和温度敏感性等主要性质的前提下,尽量选用牌号较大的沥青。牌号较大的沥青,耐老化能力强,从而保证沥青有较长的使用年限。

建筑石油沥青常用作建筑防水卷材、防水涂料、冷底子油和沥青嵌缝油膏等防水材料的主要原料,主要用于屋面防水、地下防水及沟槽防水、防腐蚀等工程。需要指出的是由于黑色沥青表面是好的吸热体,一般同一地区的沥青屋面的表面温度比其他材料的都高,据高温季节测试,沥青屋面达到的表面温度比当地最高气温高 20 ~ 25℃,为避免夏季流淌,一般屋面用沥青材料的软化点应比本地区屋面最高温度高 20℃以上。

防水防潮石油沥青的技术性质与建筑石油沥青相近,而质量更好,适用于建筑屋面、防水防潮工程。其中 3 号感温性一般,质地较软,用于一般温度下室内及地下结构部分的防水;4 号感温性较小,用于一般地区可行走的缓坡屋顶防水;5 号感温性小,用于一般地区暴露屋顶或气温较高地区的屋顶;6 号感温性最小,且质地较软,除一般地区外,主要用于寒冷地区的屋顶及其他防水防潮工程。

道路石油沥青主要用来拌制沥青混凝土或沥青砂浆,主要用于道路路面或车间地面等工程。道路石油沥青的牌号较多,选用时应注意不同的工程要求、施工方法和环境温度差别等。根据工程需要还可以将建筑石油沥青与道路石油沥青掺和使用。

普通石油沥青含有较多的蜡,温度稳定性差,与软化点相同的建筑石油沥青相比,针入度较大、塑性较差,故在建筑工程上不宜直接使用,必须经过适当的改性处理后才能使用。

沥青作为防水材料其使用方法很多,按施工方法可分为热用和冷用两种。热用是指加热沥青使其软化流动,并趁热施工;冷用是将沥青加热溶剂或用乳化剂乳化成液体,于常温下施工。沥青除直接使用外,更多的是用以配制成各种防水材料制品。

五 改性石油沥青

在建筑工程中使用的沥青应具有良好的使用性能和耐久性。例如在低温条件下应具有良好的塑性和弹性;在高温条件下应具有足够的强度和温度稳定性;在使用期间应具有抗老化能力等等。这些性能靠石油沥青固有的性质是难以满足要求的,只有对现有的沥青加以改进才能满足工程需要。改性沥青是通过掺加橡胶、树脂、高分子聚合物、矿物填充料等改性剂,或对沥青采取轻度氧化加工等措施,从而使沥青性能得以改善。

1. 橡胶改性沥青

橡胶是石油沥青的重要改性材料,它与石油沥青有很好的混溶性,在沥青中掺入适量橡胶后,可使沥青的高温变形性小,常温弹性较好,低温塑性较好,克服了传统沥青热淌冷脆的缺点,提高了材料的强度、延伸率和耐老化性。橡胶的品种不同,掺入的方法也有差异。常用的橡胶改性沥青有氯丁橡胶改性沥青、丁基橡胶改性沥青、热塑性丁苯橡胶(SBS)、再生橡胶改性沥青等,其中 SBS 改性沥青是目前应用最广泛的改性沥青。

2. 树脂改性沥青

在沥青中掺入适量树脂后,可使沥青具有较好的耐寒性、耐热性、黏结性和不透气性,常用树脂有无规聚丙烯(APP)、聚乙烯、酚醛树脂等。

3. 橡胶和树脂共混改性沥青

在沥青中掺入适量的橡胶和树脂后,沥青兼具橡胶和树脂的特性,且橡胶和树脂间有较好的混溶性,常用有氯化聚乙烯—橡胶共混改性沥青和聚氯乙烯—橡胶共混改性沥青等。

4. *矿物填充料改性沥青*

在沥青中加入一定数量的矿物填充料,可以提高沥青的黏结能力、耐热性,减小沥青的温度敏感性。常用的矿物填充料大多是粉状或纤维状矿物,主要有滑石粉、石灰石粉、石棉和云母粉等。

矿物改性沥青的机理为:由于沥青对矿物填充料的湿润和吸附作用,沥青与矿粉发生交互作用,沥青在矿粉表面产生化学组分的重新排列,在矿粉表面形成一层稳定、牢固的沥青薄膜,带有沥青薄膜的矿物颗粒具有良好的黏结性和耐热性。

第二节 防水卷材

一 防水卷材

防水卷材是一种具有一定宽度和厚度的能够卷曲成卷状的带状定型防水材料。防水卷材是建筑防水工程中应用的主要材料,约占整个防水材料的90%。防水卷材的品种很多,根据防水卷材中构成防水膜层的主要原料,可以将防水卷材分成沥青防水卷材、高聚物改性沥青防水卷材和合成高分子防水卷材三类。

防水卷材要满足建筑防水工程的要求,必须具备以下性能:

(1)耐水性:指在受水的作用后其性能基本不变,在压力水作用下具有不透水性。常用不透水性、吸水性等指标表示。

(2)温度稳定性:指在一定温度变化下保持原有性能的能力。即在高温下不流淌、不起泡、不滑动,低温下不脆裂的性能。常用耐热度等指标表示。

(3)机械强度、延伸性和抗断裂性:指防水卷材能承受一定的力和变形或在一定变形条件下不断裂的性能。常用拉力、拉伸强度和断裂伸长率等指标表示。

(4)柔韧性:指在低温条件下保持柔韧性能,以保证施工和使用的要求。常用柔度、低温弯折等指标表示。

(5)大气稳定性:指在阳光、空气、水及其他介质长期综合作用的情况下,抵抗侵蚀的能力。常用耐老化性等指标表示。

(一)沥青防水卷材

凡用原纸或玻璃布、石棉布、棉麻织品等胎料浸渍石油沥青(或焦油沥青)制成的卷状材料,称为有胎卷材,通常称为油毡。将石棉、橡胶粉等掺入沥青材料中,经碾压制成的卷状材料称为辊压卷材(无胎卷材)。这两种卷材通称沥青防水卷材。

1. *石油沥青纸胎油毡*

石油沥青纸胎油毡是指以石油沥青浸渍原纸,再涂盖其两面,表面涂或撒隔离材料所制成的卷材。

《石油沥青纸胎油毡》(GB 326—2007)规定:油毡按卷重和物理性能分为Ⅰ型、Ⅱ型和Ⅲ

型。油毡幅宽为1000mm,其他规格可由供需双方商定。

石油沥青油毡按产品名称、类型和标准号顺序标记。示例:Ⅲ型石油沥青纸胎油毡标记为:油毡Ⅲ型(GB 326—2007)。

Ⅰ型、Ⅱ型油毡适用于辅助防水、保护隔离层、临时性建筑防水、防潮及包装等。Ⅲ型油毡适用于屋面工程的多层防水。

石油沥青油毡的每卷重如表8-4所示,物理性能如表8-5所示。

石油沥青油毡卷重(GB 326—2007) 表8-4

类 型	Ⅰ 型	Ⅱ 型	Ⅲ 型
卷重/(kg/卷) ≥	17.5	22.5	28.5

石油沥青油毡物理性能(GB 326—2007) 表8-5

项 目		Ⅰ 型	Ⅱ 型	Ⅲ 型
单位面积浸涂材料总量/g/m^2,≥		600	750	1000
不透水性	压力(MPa),≥	0.02	0.02	0.10
	保持时间/min,≥	20	30	30
吸水率(%),≤		3.0	2.0	1.0
耐热度(℃)		(85±2)℃ 受热2h涂盖层无滑动、流淌和集中性气泡		
拉力,纵向,N/50mm ≥		240	270	340
柔度		(18±2)℃绕ϕ20mm圆棒或弯板无裂纹		

注:本标准Ⅲ型产品物理性能要求为强度性的,其余为推荐性的。

《屋面工程技术》(GB 50345—2004)规定:沥青防水卷材仅适应于屋面防水等级为Ⅲ级(一般的建筑,合理使用年限为10年)和Ⅳ级(非永久性的建筑、防水层合理使用年限为5年)的屋面防水工程。

对于防水等级为Ⅲ级的屋面,应选用三毡四油沥青卷材防水;对于防水等级为Ⅳ级的屋面,可选用二毡三油沥青卷材防水。

2. 其他纤维胎油毡

这类油毡以玻璃纤维布、石棉布、麻布等为胎基,用沥青浸渍涂盖而成防水卷材。与纸胎油毡相比,其抗拉强度、耐腐蚀性、耐久性都有较大提高。

(1)石油沥青玻璃布油毡

采用玻璃布为胎基,浸涂石油沥青并在两面涂撒隔离材料所制成的一种防水卷材。玻璃布油毡幅宽为1000mm。玻璃布油毡按物理性能分为一等品(B)和合格品(C)。玻璃布油毡适用于铺设地下防水、防腐层,并用于屋面作防水层及金属管道(热管道除外)的防腐保护层。

沥青玻璃布油毡的物理性能应符合表8-6所规定的技术指标。

沥青玻璃布油毡物理性能（JC/T 84—1996）　表 8-6

项目		一等品	合格品
可溶物含量（g/m）≥		420	380
耐热度（85 ±2℃），2h		无滑动、起泡现象	
不透水性	压力（MPa）	0.2	0.1
	时间不小于15（min）	无渗漏	
拉力 25 ±2℃时纵向（N）≥		400	300
柔度	温度（℃）≤	0	5
	弯曲直径30mm	无裂纹	
耐霉菌腐蚀性	重量损失（%）≤	2.0	
	拉力损失（%）≤	15	

（2）沥青玻纤胎卷材

沥青玻纤胎卷材是以玻纤毡为胎基，浸涂石油沥青，两面覆以隔离材料制成的防水卷材。

沥青玻纤胎卷材按单位面积质量分为 15、25 号；按上表面材料分为 PE 膜、砂面、也可按生产厂要求采用其他类型的上表面材料；按力学性能分为Ⅰ、Ⅱ型，其指标应符合《石油沥青玻璃纤维胎防水卷材》（GB/T 14686—2008）的要求。

15 号沥青玻纤胎卷材适用于一般工业与民用建筑的多层防水，并用于包扎管道（热管道除外），作防腐保护层；25 号沥青玻纤胎卷材适用于屋面、地下、水利等工程的多层防水。

（二）高聚物改性沥青防水卷材

随着科技的发展，除了传统的沥青防水卷材外，近年来研制出不少性能优良的新型防水卷材，高聚物改性沥青防水卷材是其中之一。

高聚物改性沥青防水卷材是以改性沥青为浸涂材料，以纤维毡、纤维织物、聚酯复合或塑料薄膜为胎体，粉状、粒状、片状或塑料膜为覆面材料制成的可卷曲的片状防水材料。高聚合物改性沥青防水卷材包括弹性体、塑性体和橡塑共混体改性沥青防水卷材等三类。其中弹性体（SBS）改性沥青防水卷材和塑性体（APP）改性沥青防水卷材应用较多。

高聚物改性沥青防水卷材具有使用年限长、技术性能好、冷施工、操作简单、污染性低等特点，可以克服传统的沥青纸胎油毡低温柔性差、延伸率较低、拉伸强度及耐久性比较差等缺点，通过改善其各项技术性能，有效提高了防水质量。

1. SBS 改性沥青防水卷材

SBS 改性沥青防水卷材以聚酯毡、玻纤毡、玻纤增强聚酯毡为胎基，以苯乙烯—丁二烯—苯乙烯（SBS）热塑性弹性体作石油沥青改性剂，两面覆以隔离材料所制成的建筑防水卷材，简称 SBS 卷材。

SBS 卷材按胎基分为聚酯毡（PY）、玻纤毡（G）、玻纤增强聚酯毡（PYG）；按上表面隔离材料分为聚乙烯膜（PE）、细砂（S）、矿物粒料（M），按下表面隔离材料分为细砂（S）、聚乙烯膜（PE）；按材料性能分为Ⅰ型和Ⅱ型。SBS 改性沥青防水卷材性能见表 8-7。

SBS 改性沥青防水卷材性能(GB 18242—2008) 表 8-7

序号	项目		指标 I PY	指标 I G	指标 Ⅱ PY	指标 Ⅱ G	指标 Ⅱ PYG
1	可溶物含量(g/m²)≥	3mm	2100				—
		4mm	2900				—
		5mm	3500				
		试验现象	—	胎基不燃	—	胎基不燃	—
2	耐热性	℃	90		105		
		≤mm	2				
		试验现象	无流淌、滴落				
3	低温柔性(℃)		-20		-25		
			无裂缝				
4	不透水性 30min		0.3MPa	0.2MPa	0.3MPa		
5	拉力	最大峰拉力(N/50mm)≥	500	350	800	500	900
		次高峰拉力(N/50mm)≥	—	—	—	—	800
		试验现象	拉伸过程中,试件中部无沥青涂盖层开裂或与胎基分离现象				
6	延伸率	最大峰时延伸率(%)≥	30	—	40	—	—
		第二峰时延伸率(%)≥	—				15
7	人工气候加速老化	外观	无滑动、流淌、滴落				
		拉力保持率(%)≥	80				
		低温柔性(℃)	-15		-20		
			无裂缝				

2. APP 改性沥青防水卷材

APP 改性沥青防水卷材是以聚酯毡、玻纤毡、玻纤增强聚酯毡为胎基,以无规聚丙烯(APP)或聚烯烃类聚合物(APAO、APO 等)作石油沥青改性剂,两面覆以隔离材料制成的防水卷材,简称 APP 卷材。

APP 卷材按胎基分为聚酯毡(PY)、玻纤毡(G)、玻纤增强聚酯毡(PYG);按上表面隔离材料分为聚乙烯膜(PE)、细砂(S)、矿物粒料(M),下表面隔离材料为细砂(S)、聚乙烯膜(PE);按材料性能分为Ⅰ型和Ⅱ型。APP 卷材性能见表 8-8。

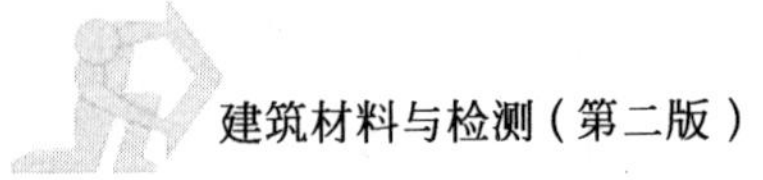

APP 改性沥青防水卷材性能(GB 18243—2008)　　表 8-8

序　号	项　　目		指标 I PY	指标 I G	指标 II PY	指标 II G	指标 II PYG
1	可溶物含量(g/m^2)≥	3mm	2100				—
		4mm	2900				—
		5mm	3500				
		试验现象	—	胎基不燃	—	胎基不燃	—
2	耐热性	℃	110		130		
		≤mm	2				
		试验现象	无流淌、滴落				
3	低温柔性(℃)		-7		-15		
			无裂缝				
4	不透水性 30min		0.3MPa	0.2MPa	0.3MPa		
5	拉力	最大峰拉力(N/50mm)≥	500	350	800	500	900
		次高峰拉力/(N/50mm)≥	—	—	—	—	800
		试验现象	拉伸过程中,试件中部无沥青涂盖层开裂或与胎基分离现象				
6	延伸率	最大峰时延伸率(%)≥	25	—	40	—	—
		第二峰时延伸率(%)≥	—				15
7	人工气候加速老化	外观	无滑动、流淌、滴落				
		拉力保持率(%)≥	80				
		低温柔性(℃)	-2		-10		
			无裂缝				

216

(三)高分子防水卷材

高分子防水卷材以合成橡胶、合成树脂或两者的共混体为基材,加入适量的化学助剂、填充料等,经过混炼、压延或挤出成型、硫化、定型等工序加工制成的防水卷材。高分子防水卷材具有拉伸强度高、断裂伸长率大、抗撕裂强度高、耐热性能好、低温柔性好、耐腐蚀、耐老化以及可以冷施工等一系列优异性能,是我国大力发展的新型高档防水卷材。

1. 高分子防水卷材的分类

根据《高分子防水卷材》(GB 18173.1—2006)第一部分片材的规定,高分子防水卷材分类如表 8-9 所示。

片材的分类(GB 18173.1—2006) 表 8-9

分类		代号	主要原材料
均质片	硫化橡胶类	JL1	三元乙丙橡胶
		JL2	橡胶(像塑)共混
		JL3	氯丁橡胶、氯磺化聚乙烯、氯化聚乙烯等
		JL4	再生胶
	非硫化橡胶类	JF1	三元乙丙橡胶
		JF2	橡胶(橡塑)共混
		JF3	氯化聚乙烯
	树脂类	JS1	聚氯乙烯等
		JS2	乙烯乙酸乙烯、聚乙烯等
		JS3	乙烯乙酸乙烯改性沥青共混等
复合片	硫化橡胶类	FL	三元乙丙、丁基、氯丁橡胶、氯磺化聚乙烯等
	非硫化橡胶类	FF	氯化聚乙烯、三元乙丙、丁基、氯丁橡胶、氯磺化聚乙烯等
	树脂类	FS1	聚氯乙烯等
		FS2	聚乙烯、乙烯乙酸乙烯等
点黏片	树脂类	DS1	聚氯乙烯等
		DS2	乙烯乙酸乙烯、聚乙烯等
		DS3	乙烯乙酸乙烯改性沥青共混物等

注:1. 均质片:以高分子材料为主材料,以压延法或挤出法生产的均质片材。
2. 复合片:以高分子材料复合(包括带织物加强层)的复合片材。
3. 点黏片:以高分子材料复合(包括带织物加强层)的均质片材点黏合织物等材料的点黏(合)片材。

2. 高分子防水卷材的规格

根据《高分子防水材料》(GB 18173.1—2006)第一部分片材的规定,高分子防水卷材的规格如表 8-10 所示。

片材的规格尺寸(GB 18173.1—2006) 表 8-10

项目	厚度(mm)	宽度(m)	长度(m)
橡胶类	1.0,1.2,1.5,1.8,2.0	1.0,1.1,1.2	20 以上
树脂类	0.5 以上	1.0,1.2,1.5,2.0	

注:橡胶类片材在每卷 20m 长度中允许有一处接头,且最小块长度应不小于 3m,并应加长 15cm 备作搭接;树脂类片材在每卷至少 20m 长度内不允许有接头。

3. 外观质量

(1)片材表面应平整、边缘整齐,不能有裂纹、机械损伤、折痕、穿孔及异常黏着部分等影响使用的缺陷。

(2)片材在不影响使用的条件下,表面缺陷应符合下列规定:

①凹痕,深度不得超过片材厚度的 30%;树脂类片材不得超过 5%;

②气泡,深度不得超过片材厚度的 30%,每 $1m^2$ 不得超过 $7mm^2$,但树脂类片材不允许出

现气泡。

4. 物理力学性能

高分子防水卷材的物理力学性能应符合表 8-11、表 8-12 的规定。

均质片的物理性能　　表 8-11

项目		指标									
		硫化橡胶类				非硫化橡胶类			树脂类		
		JL1	JL2	JL3	JL4	JF1	JF2	JF3	JS1	JS2	JS3
断裂拉伸强度(MPa)	常温 ≥	7.5	6.0	6.0	2.2	4.0	3.0	5.0	10	16	14
	60℃ ≥	2.3	2.1	1.8	0.7	0.8	0.4	1.0	4	6	5
扯断伸长率(%)	常温≥	450	400	300	200	400	200	200	200	550	500
	-20℃ ≥	200	200	170	100	200	100	100	15	350	300
撕裂强度(kN/m) ≥		25	24	23	15	18	10	10	40	60	60
不透水性(MPa)(30min 无渗漏)		0.3		0.2		0.3	0.2		0.3		
低温弯折温度(℃) ≤		-40	-30	-30	-20	-30	-20	-20	-20	-35	-35
人工气候老化	断裂拉伸强度保持率(%) ≥	80	80	80	80	80	70	80	80	80	80
	扯断伸长率保持率(%) ≥	70	70	70	70	70	70	70	70	70	70

复合片的物理性能　　表 8-12

项目		指标			
		硫化橡胶类	非硫化橡胶类	树脂类	
		FL	FF	FS1	FS3
断裂拉伸强度(N/cm)	常温 ≥	80	60	100	60
	60℃ ≥	30	20	40	30
扯断伸长率(%)	常温 ≥	300	250	150	400
	-20℃ ≥	150	50	10	10
撕裂强度(N) ≥		40	20	20	20
不透水性(0.3MPa,50min)		无渗漏	无渗漏	无渗漏	无渗漏
低温弯折温度(℃) ≤		-35	-20	-30	-20
人工气候老化	断裂拉伸强度保持率(%) ≥	80	70	80	80
	扯断伸长率保持率(%) ≥	70	70	70	70

5. 常用的高分子防水卷材

常用的高分子防水卷材如三元乙丙橡胶防水卷材、聚氯乙烯(PVC)防水卷材、氯化聚乙烯防水卷材、氯化聚乙烯—橡胶共混防水卷材等。

(1)三元乙丙橡胶防水卷材

三元乙丙橡胶防水卷材以三元乙丙橡胶为主体，掺入适量的丁基橡胶、硫化剂、软化剂、补强剂和填充剂等，经密炼、挤出（或压延）成型、硫化等工序加工制成，是高弹性防水材料。

三元乙丙橡胶防水卷材具有防水性能优异、耐候性好、耐臭氧及耐化学腐蚀性强、弹性和抗拉强度高，对基层材料的伸缩或开裂变形适应性强，具有质量轻、使用温度范围广（-60～+120℃）、使用年限长（30～50年）等优点。

三元乙丙橡胶防水卷材应用范围十分广泛，如各种屋面、地下建筑、桥梁、隧道及要求很高的防水工程。它是目前国内外普遍采用的高档防水材料。

（2）聚氯乙烯防水卷材

聚氯乙烯防水卷材是以聚氯乙烯为主要原料制成的防水卷材，包括无复合层、用纤维单面复合及织物内增强的聚氯乙烯卷材。是我国目前用量较大的一种卷材。这种卷材具有较高的抗拉伸和抗撕裂强度，延伸率较大，耐老化性能好，耐腐蚀性强，且其原料丰富，价格便宜，容易黏结。适用屋面、地下防水工程和防腐工程，单层或复合使用，可用冷粘法或热风焊接法施工。

（3）氯化聚乙烯防水卷材

氯化聚乙烯防水卷材是以氯化聚乙烯为主要原料制成的防水卷材，包括无复合层、用纤维单面复合及织物内增强的氯化聚乙烯防水卷材。属于非硫化型高档防水卷材。

氯化聚乙烯防水卷材按有无复合层分类，无复合层的为N类、用纤维单面复合的为L类、织物内增强的为W类。每类产品按理化性能分为Ⅰ型和Ⅱ型。Ⅰ型防水卷材是属于非增强型的；Ⅱ型是属于增强型的。

氯化聚乙烯防水卷材的物理力学性能应符合国家标准《氯化聚乙烯防水卷材》（GB 12953—2003）规定。

（4）氯化聚乙烯—橡胶共混防水卷材

氯化聚乙烯—橡胶共混防水卷材以氯化聚乙烯树脂与合成橡胶为主体，加入硫化剂、稳定剂、软化剂及填料等，是经塑炼、混炼、过滤、压延或挤出成型及硫化等工序制成的。

这类卷材既具有氯化聚乙烯的高强度和优异的耐久性，又具有橡胶的高弹性和高延伸性以及良好的耐低温性能。其性能与三元乙丙橡胶卷材相近，使用年限保证十年以上，但价格却低得多，属中、高档防水材料，可用于各种建筑、道路、桥梁、水利工程的防水，尤其是适用寒冷地区或变形较大的屋面。可以单层或复合使用，冷粘法施工。

（5）氯磺化聚乙烯防水卷材

氯磺化聚乙烯防水卷材以氯磺化聚乙烯橡胶为主体，加入适量的软化剂、交联剂、填料、着色剂等，经混炼、压延或挤出、硫化等工序加工而成。

氯磺化聚乙烯防水卷材的耐臭氧、耐老化、耐酸碱等性能突出，且拉伸强度高、耐高低温性好、断裂伸长率高，对防水基层伸缩和开裂变形的适应性强，使用寿命达15年以上，属于中高档防水卷材。氯磺化聚乙烯防水卷材可制成多种颜色，用这种彩色防水卷材做屋面可起到美化环境的作用。氯磺化聚乙烯防水卷材特别适宜用于有腐蚀介质影响的部位做防水与防腐处理，也可用于其他防水工程。

【工程实例8-1】 柔性防水层应有足够的厚度

【现象】 屋面防水层应具备足够的厚度，是延长防水寿命的重要条件。

【原因分析】

（1）延长了老化期。防水层的老化过程是由表及里进行的，虽然缓慢，但日久年深，增加防水层厚度,可以延长防水层寿命。

(2)对防止基层裂缝有利。如果防水层满粘在基层上,基层裂缝拉伸防水层。防水层很薄的材料,受拉不易剥离,容易断开,厚的防水材料,即使底表面已有裂纹,但上部还能延伸。

(3)有利于抵抗人为的破坏。防水层竣工后仍有人在上面行走、推车、搬运、堆放。薄的防水层易被破坏,厚的防水层则能够抵抗一些冲撞和扎轧。

(4)基层应平整清洁,但常常扫不净,留落砂砾。如果防水层较薄,很容易扎破防水层,而厚防水层则可免于伤害。

二 防水涂料

防水涂料是以沥青、合成高分子材料等为主体,在常温下呈无定型流态或半流态,涂刷在建筑物表面后,通过溶剂挥发或成膜物组分之间发生化学反应,能形成一层坚韧防水膜的材料总称。

(一)防水涂料的特点与分类

1.特点

(1)整体防水性好

能满足各类屋面、地面、墙面的防水工程的要求。在基层表面形状复杂的情况下,如管道根部、阴阳角处等,涂刷防水涂料较易满足使用要求。为了增加强度和厚度,还可以与玻璃布、无纺布等增强材料复合使用,如一布四涂、二布六涂等,增强了防水涂料的整体防水性和抵抗基层变形的能力。

(2)温度适应性强

因为防水涂料的品种多,用户选择余地很大,可以满足不同地区气候环境的需要。

(3)操作方便,施工速度快

涂料可喷可刷,节点处理简单,容易操作。可冷施工,不污染环境,比较安全。

(4)易于维修

当屋面发生渗漏时,不必完全铲除旧防水层,只需在渗漏部位进行局部修理,或在原防水层上重做一层防水处理。

2.组成

防水涂料通常由主要成膜物质、次要成膜物质、稀释剂和助剂等组成,将其直接涂刷在结构物表面后,其主要成分经过一定的物理、化学变化便可形成防水膜,并能获得预期的防水效果。

(1)主要成膜物质

主要成膜物质也称基料,其作用是在固化过程中起成膜和黏结填料的作用,防水涂料的主要成膜物质有:沥青、改性沥青、合成树脂和合成橡胶等。

(2)次要成膜物质

次要成膜物质也称填料,其作用是增加涂膜厚度、减少收缩和提高其稳定性等作用,且可降低成本。常用的填料有:滑石粉和碳酸钙粉等。

(3)稀释剂

主要起溶解或稀释基料的作用,可使涂料呈流动性以便于施工。

(4)助剂

起改善涂料或涂膜性能的物质。通常有乳化剂、增塑剂、增稠剂和稳定剂等。

3. 分类

防水涂料按成膜物质的主要成分可分为:沥青基防水涂料、高聚物改性沥青基防水涂料、合成高分子防水涂料;按液态类型可分为溶剂型、水乳型和反应型三种;根据涂层厚度又可分为薄质防水涂料和厚质防水涂料。

溶剂型防水涂料是将碎块沥青或热熔沥青溶于有机溶剂中,经强力搅拌而成。成膜的基本原理是涂料使用后溶剂挥发,沥青彼此靠拢而黏结。

水乳型涂料是沥青和改性材料经强力搅拌分散于水中或分散在有乳化剂的水中而形成的乳胶体。成膜的基本原理是涂料使用后,其中的水分逐渐散失,沥青微粒靠拢而将乳化剂薄膜挤破,从而相互团聚而黏结。

反应型涂料是组分之间能发生化学反应,并能形成防水膜的涂料。

(二)沥青基防水涂料

沥青基防水涂料以沥青为基料配制而成的水乳型或溶剂型防水涂料。水乳型沥青防水涂料是将石油沥青分散于水中所形成的水分散体。溶剂型沥青涂料是将石油沥青直接溶解于汽油等有机溶剂后制得的溶液。

1. 冷底子油

冷底子油是将建筑石油沥青或煤沥青溶于汽油或苯等有机溶剂中而得到的溶剂型沥青涂料。由于施工后形成的涂膜很薄,一般不单独使用,往往用做沥青类卷材施工时打底的基层处理,故称冷底子油。

冷底子油黏度小,涂刷后,能很快渗入混凝土、砂浆或木材等材料的毛细孔隙中,溶剂挥发,沥青颗粒则留在基底的微孔中,与基底表面牢固结合,并使基底具有一定的憎水性,若在冷底子油层上铺热沥青胶粘贴卷材时,可使防水层与基层粘贴牢固。

冷底子油应涂刷于干燥的基面上,不宜在有雨、雾、露的环境中施工,通常要求与冷底子油相接触的水泥砂浆的含水率 >10%。60% ~70% 的有机溶剂配制而成。配制法有热配法和冷配法两种。热配法是先将沥青加热熔化脱水后,待冷却至约 70℃ 时再缓缓加入溶剂,搅拌均匀而成;冷配法是将沥青打碎成小块后,按质量比加入溶剂中,不停搅拌至沥青全部溶化为止。

2. 沥青胶

沥青胶(玛蹄脂)是在沥青中加入填充料,如滑石粉、云母粉、石棉粉、粉煤灰等加工而成,适用于黏结防水卷材、油毡及各种墙面砖和地面砖等。该材料又分为冷热两种,前者称冷沥青胶或冷玛蹄脂,后者称热沥青胶或热玛蹄脂,两者又均有石油沥青胶及煤沥青胶两类。石油沥青胶适用于黏结石油沥青类卷材,煤沥青胶适用于粘贴煤沥青类卷材。

(三)高聚物改性沥青防水涂料

高聚物改性沥青防水涂料是以高聚物改性沥青为基料配制而成的水乳型或溶剂型防水涂料。常用高聚物为各类橡胶或胶乳。如再生橡胶沥青防水涂料(溶剂型)、氯丁橡胶沥青防水涂料(水乳型)、丁基橡胶沥青防水涂料(溶剂型)等。由于高聚物的改性作用,使得改性沥青防水涂料的性能优于沥青基防水涂料。

1. 溶剂型再生橡胶沥青防水涂料(JG-1 防水涂料)

溶剂型再生橡胶防水涂料是以沥青为主要成分,以再生橡胶为改性剂,汽油为溶剂,添加其他填料,经热搅拌而成。

再生橡胶掺入沥青中,改善沥青的性能,使其具有橡胶的一些特点。

(1)能在各种复杂表面形成无接缝的防水膜,具有一定的柔韧性和耐久性。

(2)一次涂刷成膜较薄,难形成厚涂膜。

(3)涂料干燥固化迅速。

(4)能在常温下及较低温下冷施工。

(5)以汽油为溶剂,在生产,储运和使用过程有燃爆危险并且对环境有一定污染。

JG-1 防水涂料的适用范围:工业及民用建筑混凝土屋面的防水层;楼层厕、浴、厨房间防水;旧油毡屋面维修和翻修;地下室、水池、冷库、地坪等抗渗、防潮等;一般工程的防潮层、隔气层。

2. 氯丁橡胶沥青防水涂料

氯丁橡胶沥青防水涂料可分为溶剂型和水乳型两种。

溶剂型氯丁橡胶防水涂料是氯丁橡胶和石油沥青溶于芳烃溶剂中形成一种混合胶体溶液;水乳型氯丁橡胶沥青防水涂料是以阳离子氯丁胶乳和阴离子沥青乳液混合而成。

由于高聚物改性沥青防水涂料品种繁多,在满足主要品种技术规范和相关涂料的技术标准条件下,《屋面工程质量验收规范》(GB 50207—2002)对改性沥青防水涂料的物理性能做了规定,如表 8-13 所示。

高聚物改性沥青防水涂料物理性能　　表 8-13

项　目		性能要求
固体含量(%)		≥43
耐热度(80℃,5h)		无流淌、起泡和滑动
柔性(-10℃)		3mm 厚,绕 ϕ20mm 圆棒无裂纹、断裂
不透水性	压力(MPa)	≥0.1
	保持时间(min)	≥30
延伸(20±2℃拉伸,mm)		≥4.5

其中"固体含量"是各类防水涂料的主要成膜物质,它的多少直接关系到防水涂膜质量的优劣;"耐热度"是保证防水涂料在太阳辐射条件下不产生流淌的基本要求;"柔性"是保证涂膜对低温有一定的适应性,以保证低温防水效果;"不透水性"是保证防水涂料所应有的防水效果;"延伸性"是为了保证涂膜具有适应基层变形的能力。

(四)高分子防水涂料

高分子防水涂料指以合成橡胶或合成树脂为主要成膜物质,加入其他辅料配制而成的单组分或多组分的防水涂料。由于其抗变形能力强、耐老化性能好,是目前常用的中高档防水涂料。

我国目前应用较多的高分子防水涂料有:聚氨酯防水涂料、硅橡胶防水涂料、氯磺化聚乙烯橡胶防水涂料和丙烯酸酯防水涂料等。高分子防水涂料的质量应符合《屋面工程质量验收规范》(GB 50207—2002)的相关规定，如表8-14所示。

高分子防水涂料物理性能 表8-14

项目		性能要求		
		反应固化型	挥发固化型	聚合物水泥涂料
固体含量(%)		≥94	≥65	≥65
拉伸强度(MPa)		≥1.65	≥1.5	≥1.2
断裂延伸率(%)		≥350	≥300	≥200
柔性(℃)		-30，弯折无裂纹	-20，弯折无裂纹	-10，绕 ϕ10mm弯折无裂纹
不透水性	压力(MPa)	≥0.3		
	保持时间(min)	≥30		

1. 聚氨酯防水涂料

聚氨酯防水涂料分单组分、多组分两种。多组分属反应型涂料，是由聚氨酯预聚体、固化剂等多种改性剂组成的液体，按一定的比例混合均匀，经过固化反应，形成富有弹性的整体防水膜。

聚氨酯防水涂料形成的薄膜具有优异的耐候性、耐油性、耐碱性、耐臭氧性、耐海水侵蚀性，使用寿命为10~15年，而且强度高、弹性好、延伸率大(可达350%~500%)，属于高档防水涂料，其物理性能应符合《聚氨酯防水涂料》(GB 19250—2003)的规定。

2. 丙烯酸酯防水涂料

丙烯酸酯防水涂料是以丙烯酸树脂乳液为主料，加入适量的颜料、填料等配制而成的水乳型防水涂料。具有耐高低温性好、不透水性强、无毒、无味、无污染、操作简单等优点，可在各种复杂的基层表面上施工，有白色、多种浅色及黑色等，使用寿命10~15年。丙烯酸防水涂料广泛应用于外墙防水装饰及各种彩色防水层。丙烯酸涂料的缺点是延伸率较小，对此可加入合成橡胶乳液予以改性，使其形成橡胶状弹性涂膜。

3. 硅橡胶防水涂料

硅橡胶防水涂料以硅橡胶乳液以及其他乳液的复合物为基料，掺入无机填料及各种助剂，配制成乳液型防水涂料。该涂料兼有涂膜防水和渗透性防水材料的优良特性，具有良好的防水性、渗透性、成膜性、弹性、黏结性、延伸性、耐高低温性、抗裂性、耐氧化性和耐候性。并且无毒、无味、不燃、使用安全。适用于地下室、卫生间、屋面以及地上地下构筑物的防水防渗和渗漏水修补等工程。

三 密封材料

防水密封材料是指嵌填于建筑物接缝、裂缝、门窗框和玻璃周边以及管道接头处起防水密封作用的材料。此类材料应具有良好的弹塑性、黏结性、施工性、耐久性、延伸性、水密性、气密性、贮存及耐化学稳定性，并能长期经受抗拉与压缩或振动的疲劳性能而保持黏附性。

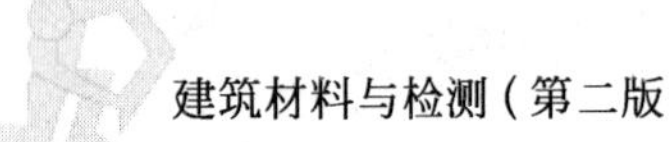

防水密封材料分为定型密封（密封带、密封条止水带等）与不定型密封材料（密封膏）。

不定型密封材料通常为膏状材料，俗称密封膏或嵌缝膏。该类材料应用非常广泛，如屋面、墙体等建筑物的防水堵漏，门窗的密封及中空玻璃的密封等。有时与定型密封材料配合使用既经济又有效。

（一）建筑防水沥青嵌缝油膏

建筑防水沥青嵌缝油膏是以石油沥青为基料，加入改性材料及填充料等，混合制成的冷用膏状材料。具有优良的防水防潮性能，黏结性好，延伸率高，能适应结构的适当伸缩变形。可用于嵌填建筑物的水平、垂直缝及各种构件的防水，使用很普遍。其性能应符合《建筑防水沥青嵌缝油膏》（JC/T 207—1996）的规定。

（二）丙烯酸酯建筑密封胶

丙烯酸酯建筑密封胶以丙烯酸乳液为胶结剂，掺入少量表面活性剂、增塑剂、改性剂及颜料、填料等，配制成单组分水乳型建筑密封胶。这种密封胶具有优良的耐紫外线性能和耐油性、黏结性、延伸性、耐低温性和耐老化性能，并且以水为稀释剂，黏度较小，无污染，无毒，不燃，安全可靠，价格适中，可配成各种颜色，操作方便，干燥速度快，保存期长。但是固化后有15% ~20% 的收缩率，应用时应予事先考虑。该密封胶应用范围广泛，可用于墙板、屋面板、门窗、卫生间等的接缝密封防水及裂缝修补。其性能应符合《丙烯酸酯建筑密封胶》（JC 484—2006）的规定。

（三）聚氨酯建筑密封胶

聚氨酯建筑密封胶由多异氰酸酯和聚醚通过加聚反应制成预聚体为主料，加入固化剂、助剂等，在常温下交联固化，是高弹性建筑用密封胶。这种密封胶能够在常温下固化，并有着优异的弹性、耐热耐寒性和耐久性，与混凝土、木材、金属、塑料等多种材料有着很好的黏结力，其技术性能应符合《聚氨酯建筑密封胶》（JC/T 482—2003）的规定。产品按流动性分为非下垂型（N）和自流平型（L）两个类型；按位移能力分为 25、20 两个级别；按拉伸模量分为高模量（HM）和低模量（LM）两个次级别。

聚氨酸酯建筑密封膏适用于各种装配式建筑的屋面板、楼地板、墙板、阳台、门窗框、卫生间等部位的接缝及施工密封，也可用于贮水池、引水渠等工程的接缝、伸缩缝的密封，混凝土修补等。

（四）聚硫建筑密封胶

聚硫建筑密封胶以液态聚硫橡胶为主剂，并和金属过氧化物等硫化剂反应，在常温下形成弹性体，有单组分和双组分两类。我国制定了双组分型《聚硫建筑密封胶》（JC/T 483—1997）的行业标准。产品按伸长度和模量分为 A 类和 B 类。A 类是指高模量低伸长率的聚硫密封胶；B 类是指高伸长率低模量的聚硫密封胶。这类密封膏具有优良的耐候性、耐油性、耐水性和低温柔性，能适应基层较大的伸缩变形，施工适用期可调整，垂直使用不流淌，水平使用时有自流平性，属于高档密封材料。除适用于标准较高的建筑密封防水外，还用于高层建筑的接缝及窗框周边防水、防尘密封；中空玻璃、耐热玻璃周边密封；游泳池、贮水槽、上下管道、冷库等接缝密封。

第三节　防水材料的选用

屋面工程的防水设防，应根据建筑物的防水等级、防水耐久年限、气候条件、结构形式和工程实际情况等因素来确定防水设计方案和选择防水材料，并应遵循“防排并举、刚柔结合、嵌涂合一、复合防水、多道设防”的总体方针进行设防。

一　根据防水等级进行防水设防和选择防水材料

对于重要或特别重要的防水等级为Ⅰ级、Ⅱ级的建筑物，除了应做二道、三道或三道以上复合设防外，每道不同材质的防水层都应采用优质防水材料来铺设。这是因为，不同种类的防水材料，其性能特点、技术指标、防水机理都不尽相同，将几种防水材料进行互补和优化组合，可取长补短，达到理想的防水效果。多道设防，既可采用不同种防水卷材（或其他同种防水卷材）进行多叠层设防，又可采用卷材、涂膜、刚性材料进行复合设防。当采用不同种类防水材料进行复合设防时，应将耐老化、耐穿刺的防水材料放在最上面。面层为柔性防水材料时，一般还应用刚性材料作保护层。

对于防水等级为Ⅲ级、Ⅳ级的一般工业与民用建筑、非永久性建筑，可按《屋面工程质量验收规范》（GB 50207—2002）中规定的进行选择。其具体规定如表8-15所示。

屋面防水等级和设防要求　　表8-15

项　目		屋面防水等级			
		Ⅰ	Ⅱ	Ⅲ	Ⅳ
功能性质	建筑物类别	特别重要的民用建筑和对防水有特殊要求的工业建筑	重要的工业与民用建筑、高层建筑	一般工业与民用建筑	非永久性的建筑
	防水层耐用年限	25年以上	15年以上	10年以上	5年以上
防水措施选择	防水层选用材料	宜选用合成高分子防水卷材、高聚物改性沥青防水卷材、合成高分子防水涂料、细石防水混凝土等材料	宜选用高聚物改性沥青防水卷材、合成高分子防水卷材、高聚物改性沥青防水涂料、细石防水混凝土、平瓦等材料	宜选用三毡四油沥青防水卷材、高聚物改性沥青防水卷材、合成高分子防水卷材、高聚物改性沥青防水涂料、合成高分子防水涂料、沥青基防水涂料、刚性防水层、平瓦、油毡瓦等材料	可选用二毡三油沥青防水卷材、高聚物改性沥青防水涂料、沥青基防水涂料、波形瓦等材料

续上表

项目		屋面防水等级			
		Ⅰ	Ⅱ	Ⅲ	Ⅳ
防水措施选择	设防要求	三道或三道以上防水设防，其中必须有一道合成高分子防水卷材且只能有一道 2mm 以上厚的合成高分子防水涂膜	二道防水设防，其中必须有一道防水卷材，也可采用压型钢板进行一道设防	一道防水设防，或两种防水材料复合使用	一道防水设防

二 根据气候条件进行防水设防和选择防水材料

一般来说，北方寒冷地区可优先考虑选用三元乙丙橡胶防水卷材、氯化聚乙烯—橡胶共混防水卷材等合成高分子防水卷材，或选用 SBS 改性沥青防水卷材、焦油沥青耐低温卷材，或选用具有良好低温柔韧性的合成高分子防水涂料、高聚物改性沥青防水涂料等防水材料。南方炎热地区可选择 APP 改性沥青防水卷材、合成高分子防水卷材和具有良好耐热性的合成高分子防水涂料。

三 根据湿度条件进行防水设防和选择防水材料

对于我国南方处于梅雨区域的多雨、高湿地区，宜选用吸水率低、无接缝、整体性好的合成高分子涂膜防水材料作防水层，或采用以排水为主、防水为辅的瓦屋面结构形式，或采用补偿收缩水泥砂浆细石混凝土刚性材料作防水层。如采用合成高分子防水卷材作防水层，则卷材搭接边应切实黏结紧密，搭接缝应用合成高分子密封材料封严；如用高聚物改性沥青防水卷材作防水层，则卷材的搭接边宜采用热熔焊接，尽量避免因接缝不好而产生渗漏。多雨地区不得采用石油沥青纸胎油毡作防水层，因纸胎吸油率低，浸渍不透，长期遇水，会造成纸胎吸水腐烂变质而导致渗漏。

四 根据结构形式进行防水设防和选择防水材料

对于结构较稳定的钢筋混凝土屋面，可采用合成高分子防水卷材、高聚物改性沥青防水卷材、沥青防水卷材作防水层。

对于预制化、异型化、大跨度、频繁振动的屋面，容易增大移动量和产生局部变形裂缝，可选择高强度、高延伸率的三元乙丙橡胶防水卷材和氯化聚乙烯—橡胶共混防水卷材等合成高分子防水卷材或具有良好延伸率的合成高分子防水涂料等防水材料作防水层。

五 根据防水层暴露程度进行防水设防和选择防水材料

用柔性防水材料作防水层，一般应在其表面用浅色涂料或刚性材料作保护层。用浅色涂料作保护层时，防水层呈“外露”状态而长期暴露于大气中，所以应选择耐紫外线、热老化保持率高和耐霉烂性相适应的各类防水卷材或防水涂料作防水层。

六 根据不同部位进行防水设防和选择防水材料

对于屋面工程来说，细部构造（如檐沟、变形缝、女儿墙、水落口、伸出屋面管道、阴阳角等）是最易发生渗漏的部位。对于这些部位应加以重点设防，即使防水层由单道防水材料构成，细部构造部位亦应进行多道设防。贯彻“大面防水层单道构成，局部（细部）构造复合防水多道设防”的原则。对于形状复杂的细部构造基层（如圆形、方形、角形等），当采用卷材作大面防水层时，可用整体性好的涂膜作附加防水层。

七 根据环境介质进行防水设防和选择防水材料

对于某些生产酸、碱化工产品或用酸、碱产品作原料的工业厂房或贮存仓库，空气中散发出一定量的酸碱气体介质，这对柔性防水层有一定的腐蚀作用，所以应选择具有相应耐酸、耐碱性能的柔性防水材料作防水层。

【工程实例 8-2】 夏季中午铺设沥青防水卷材

【现象】 某住宅工程屋面防水层铺设沥青防水卷材，施工是在 7 月份施工，并且铺贴沥青防水卷材全是白天施工，以后卷材出现鼓化、渗漏，请分析原因。

【原因分析】 夏季中午炎热，屋顶受太阳照射，温度较高。此时铺贴沥青防水卷材，基层中的水汽会蒸发，集中于铺贴的卷材内表面，并会使卷材鼓泡。此外，高温时沥青防水卷材软化，卷材膨胀，当温度降低后卷材产生收缩，导致断裂，致使屋面出现渗漏。

本章小结

本章讨论了石油沥青组分、主要技术性质、改性石油沥青、三类防水材料以及其选用。其中石油沥青组分、石油沥青的主要技术性质、改性石油沥青是本章内容的基础；三类防水材料技术性能和使用范围以及质量要求是合理选用材料的依据，而防水材料的选用是本章的归宿，对此，应深入理解和领会。

燃点，它们是石油沥青的牌号选择的依据。

改性沥青是采用各种措施使沥青的性能得到改善的沥青。改性石油沥青可分为三类：橡胶改性沥青、树脂改性沥青、橡胶树脂共混改性沥青。

防水材料主要类型有防水卷材、防水涂料、密封材料。侧重掌握各类防水材料的主要品种、性能特点及应用。

防水材料的选用及屋面工程的防水设防，应根据建筑物的防水等级、防水耐久年限、气候条件、结构形式和工程实际情况等因素来确定。

练 习 题

1. 填空题

(1)石油沥青的主要组分是______、______和______。

(2)液态沥青的黏滞性用______表示,固态、半固态沥青的黏滞性用______表示。

(3)______是沥青划分牌号的主要依据。

(4)石油沥青的塑性是指________________,用______来表示,该值越大,塑性______。

(5)石油沥青的温度敏感性是指沥青的______和______随温度变化而改变的性能。温度敏感性越大,沥青的温度稳定性______ 。石油沥青的温度敏感性通常用______表示。

(6)防水施工时,石油沥青油毡应采用______沥青粘贴,煤沥青油毡要用______沥青粘贴。

(7)根据防水卷材中构成防水膜层的主要原料,可以将防水卷材分成______、______和______三类。

(8)SBS卷材主要用于屋面及地下室防水,尤其适用于______地区;APP卷材适用于工业与民用建筑的屋面和地下室防水工程及道路、桥梁等建筑物的防水,尤其适用于______环境的建筑防水。

(9)防水涂料通常由______、______、______和______等组成。

(10)屋面工程的防水设防,应根据建筑物的______、______、______、______和______等因素来确定防水设计方案和选择防水材料。

(11)屋面用的沥青,软化点应高于本地区屋面最高温度______℃以上,以免夏季流淌。

2. 选择题

(1)______小的沥青不会因温度较高而流淌,也不会因温度低而脆裂。

A. 大气稳定性　　B. 温度敏感性　　C. 黏性　　D. 塑性

(2)沥青的牌号是根据______技术指标来划分的。

A. 针入度　　B. 延度　　C. 软化点　　D. 闪点

3. 简答题

(1)为什么石油沥青使用若干年后会逐渐变得脆硬,甚至开裂?

(2)请比较煤沥青与石油沥青的性能与应用的差别。

(3)建筑工程中选用石油沥青牌号的原则是什么？在地下防潮工程中,如何选择石油沥青的牌号?

(4)怎样根据屋面防水等级来选择防水材料?

第九章
合成高分子材料

【职业能力目标】

通过对合成高分子材料的学习，使学生能熟练掌握常用合成高分子材料的性质和用途。

掌握塑料的定义、组成、性质以及黏结剂定义、黏结机理、组成材料；了解高分子材料的基本知识，聚合物组成、反应类型和分类，热塑性树脂与热固性树脂的性能差异；熟悉土木工程中常用的塑料以及常用的黏结剂。

【学习要求】

在学习时要理解合成高分子材料的基本性质，通过工程实践了解新型合成高分子材料的基本性能及适用范围。

合成高分子材料是指由人工合成的高分子化合物组成的材料。合成有机高分子材料具有许多优良的性能，因而在建筑中得到了较为广泛的应用，如塑料、黏结剂、合成橡胶、涂料、高分子防水材料等主要建筑材料。

第一节　合成高分子材料基础知识

合成高分子材料是以人工合成的高分子化合物为基础材料加工制成的。

高分子化合物一般是由一种或几种小分子化合物（单体）通过化学聚合反应以共价键结合形成的，其相对分子质量特别大，具有重复结构单元，所以常称为高聚物或聚合物。

高分子化合物的相对分子质量虽然很大，但组成并不复杂，它们的分子往往都是由特定的结构单元通过共价键多次重复连接而成。

合成高分子化合物最基本的聚合反应有两类：一类叫缩合聚合反应（简称缩聚反应），另一类叫加成聚合反应（简称加聚反应）。

高分子化合物的分子结构可以分为两种基本类型：第一种是线型结构，称为线型高分子化合物；第二种是体型结构，称为体型高分子化合物（图9-1）。此外，有些高分子是带有支链的，称为支链高分子，也属于线型结构范畴。有些高分子虽然分子链间有交联，但交联较少，这种结构称为网状结构，属体型结构范畴。

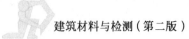

建筑塑料、涂料、胶黏剂等均由高分子化合物组成。

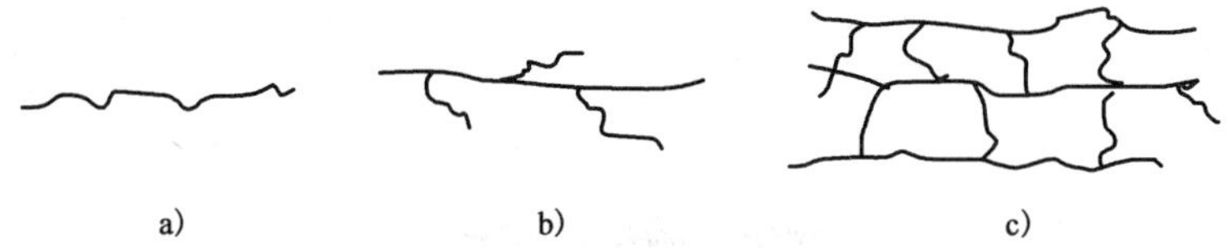

图 9-1　高分子化合物分子结构示意图
a)线型结构;b)支链型结构;c)体型结构

第二节　常用合成高分子材料

一 建筑塑料

高分子材料主要包括树脂、合成橡胶、合成纤维三大类。其中以合成树脂产量最大,应用最广。塑料就是以树脂(通常为合成树脂)为基本材料或基体材料,加入适量的填料和添加剂后而制得的材料和制品。塑料在建筑中主要用作工程结构材料、装饰材料、保温材料、地面材料。

(一)塑料的基本组成

1. 合成树脂

合成树脂是由低分子化合物聚合而成的高分子化合物,是塑料的基本组成材料,在制品的成型阶段为具有可塑性的黏稠状液体,在制品的使用阶段则为固体。在塑料中起着黏结作用,约占塑料重量的 40% ~100% 。塑料的性质主要取决于合成树脂的种类、性质和数量。因此,塑料的名称常用其原料树脂的名称来命名。如聚氯乙烯塑料、酚醛塑料等。

常用于塑料的树脂主要有聚乙烯、聚氯乙烯、聚苯乙烯、酚醛树脂、不饱和聚酯树脂、环氧树脂、有机硅树脂等。

2. 填充料

填充料又称填料或增强材料。在塑料中填料的主要作用是减少树脂的用量以降低塑料的成本,可提高塑料的强度,硬度及耐热性,并减少塑料制品的收缩。对填充料的要求是:易被树脂润湿,与树脂有很好的黏附性,性质稳定,价格便宜,来源广泛。

填充料的种类很多,按化学成分可分为有机填充料(如木粉、棉布、纸屑等)和无机填充料(如石棉、云母、滑石粉、玻璃纤维等);按形状可分为粉状填充料(如木粉、滑石粉、石灰石粉、炭黑等)和纤维状填充料(如玻璃纤维)。

3. 增塑剂

增塑剂是一种能使高分子材料增加塑性的化合物。它可提高塑料在高温加工条件下的可塑性,有利于塑料的加工;并能降低塑料的硬度和脆性,使塑料制品在使用条件下具有较好的韧性和弹性;还有改善塑料低温脆性的作用。

4. 稳定剂

在高聚物的加工及其制品的使用过程中,因受热、氧气或光的作用,会发生降解或交联等现象,造成颜色变深、性能降低。加入稳定剂,可提高塑料制品的质量,延长使用寿命。

常用稳定剂有:抗氧剂(能防止塑料在加工和使用过程中的氧化、老化现象);光稳定剂(能阻止紫外线对高聚物的老化作用);热稳定剂(主要用于聚氯乙烯和其他含氯聚合物,使塑料在加工和使用过程中提高其热稳定性)。

5. 固化剂

固化剂又称硬化剂,其主要作用是使线型高聚物交联成体型高聚物,使树脂具有热固性。

6. 着色剂

着色剂可使塑料具有鲜艳的颜色,改善塑料制品的装饰性。着色剂应该色泽鲜艳、着色力强与聚合物相融、稳定、耐温度和耐光性好。常用的着色剂是一些有机和无机颜料。

除此之外,为使塑料制品适合各种使用要求和具有各种特殊性能,常常还加入一定量的其他添加剂,如使用发泡剂可以获得泡沫塑料,使用阻燃剂可以获得阻燃塑料。

(二)塑料的性能特点

建筑塑料与传统建筑相比,具有以下优良性能:

1. 密度小、比强度高

塑料的密度一般为 0.90 ~ 2.20g/cm^3,与木材相近,均为铝的 1/2,混凝土的 1/3,钢材的 1/4。比强度高于钢材和混凝土,属于轻质高强材料,使用塑料有利于减轻建筑物自重。

2. 导热性低

塑料的导热系数小,一般为 0.024 ~ 0.810W(m · k),是良好的保温绝热材料。

3. 化学稳定性好

一般塑料对酸、碱等化学药品的耐腐蚀性均比金属和一些无机材料好,因此大量应用于民用建筑的上下水管材和管件以及有酸碱等化学腐蚀的工业建筑的门窗、地面及墙体等。

4. 电绝缘性好

一般塑料都是电的不良导体,广泛用于电器线路、控制形状电缆等方面。

5. 耐水性强

一般塑料的吸水率和透气性都很低,可用于防水防潮工程。

6. 富有装饰性

塑料制品不仅可以着色,而且色泽鲜艳耐久,还可进行印刷、电镀、压花等加工。

7. 加工性好

塑料可以用多种方法加工成型工序简单,设备利用率高,生产成本低,适合大规模机械化生产。

塑料还具有节能、减振、吸声、耐磨、耐光、功能可设计等优点。但塑料也具有弹性模量小、刚度差、易老化、易燃、变形大等缺点,使用时应注意合理选择。

(三)塑料的分类

塑料的品种繁多,常用的分类方法有两种:

1. 按使用特性来分

(1)通用塑料

是指产量大、用途广、价格低的一类塑料。主要包括五大品种,即,聚烯烃、聚氯乙烯、聚苯乙烯、酚醛塑料和氨基塑料,它们的产量占塑料总产量的75%以上。

(2)工程塑料

是指机械强度好,能做工程材料和代替金属制造各种设备和零件的塑料。主要品种有聚碳酸酯、聚酰胺塑料、聚甲醛和氯化聚醚等。

(3)特种塑料

是指具有特种性能和特种用途的塑料。如氟塑料、有机硅树脂、环氧树脂、有机玻璃、离子交换树脂等。

2. 按理化特性来分

(1)热塑性塑料

其特点是受热时软化或熔融,冷却后硬化,再加热时又可软化,冷却后又硬化。常用的热塑性塑料有聚乙烯、聚丙烯、聚氯乙烯、聚苯乙烯等。

(2)热固性塑料

其特点是受热软化或熔融,可塑造成型,随着进一步加热,硬化成不熔的塑料制品。该过程不能反复进行。常用的热固性塑料有酚醛塑料、有机硅树脂和环氧树脂等。

(四)常用建筑塑料

塑料在建筑上可用作装饰材料、绝热材料、吸声材料、防火材料、墙体材料、管道及卫生洁具等。

1. 塑料管道

(1)硬聚氯乙烯(PVC-U)管:管径通常为40~100mm,内壁光滑阻力小、不结垢、无毒、无污染、耐腐蚀、抗老化性能好、难燃,可采用橡胶圈柔性接口安装。通常用于给水管道(非饮用水)、排水管道、雨水管道等。

(2)氯化聚氯乙烯(PVC-C)管:高温机械强度高,适于受压场合;使用温度高达90℃左右;寿命可达50年;阻燃、防火、导热性能低,管道热损小。管道内壁光滑、抗细菌的孳生性能优于铜、钢及其他塑料管道。热膨胀系数低,产品尺寸全(可做大口径管材),安装附件少,安装方便、费用低,连接方法为溶剂粘接、螺纹连接、法兰连接和焊条连接,但要注意使用的脱水有毒性。主要用于冷热水管、消防水管系统、工业管道系统等。

(3)无规共聚聚丙烯管(PP-R管):无毒,无害,不生锈,有高度的耐酸性和耐氯化物性,耐腐蚀性好,不会孳生细菌,无电化学腐蚀,保温性能好,膨胀力小,耐热性能好,工作压力不超过0.6MPa时,长期工作水温为70℃,短期使用水温可达95℃,软化温度为140℃,使用寿命长达50年以上。管材内壁光滑,不结垢,水流阻力小,采用热熔方式连接,牢固不漏,适合采用嵌墙和地坪面层内直埋暗敷方式,施工便捷,对环境无污染,绿色环保,配套齐全,价格适中。PP-R管的缺点是规格少(外径20~110mm),抗紫外线能力差,在阳光长期照射下易老化;属可燃材料,不得用于消防给水系统;刚性和抗冲击性能比金属管道差,线膨胀系数较大,明敷或架空敷设所需支架较多,影响美观等。主要用于饮用水管、冷热水管。

(4)丁烯管(PB管):具有较高的强度,韧性好,无毒,长期工作水温为90℃左右,最高使用温度可达110℃;缺点是易燃,热膨胀系数大,价格高。主要用于饮用水、冷热水管。特别适用于薄壁小口径压力管道,如地板辐射采暖系统的盘管。

(5)交联聚乙烯管(PEX 管):无毒,卫生,透明,有折弯记忆性,不可热熔连接,热蠕动较小,低温抗脆性较差,原料较便宜,使用寿命可达 50 年。可输送冷、热水、饮用水及其他液体。主要用于地板辐射采暖系统的盘管。

(6)铝塑复合管:是指以焊接铝管或铝箔为中层,内外层均为聚乙烯材料(常温使用),或内外层均为高密度交联聚乙烯材料(冷热水使用),通过专用机械加工方法复合成一体的管材。铝塑复合管长期使用温度(冷热水管)为 80℃,短时最高温度为 95℃,安全无毒,耐腐蚀,不结垢,流量大,阻力小,寿命长,柔性好,弯曲后不反弹,安装简单,主要用于饮用水、冷、热水管。

(7)塑覆铜管:双层结构,内层为纯铜管,外层覆裹高密度聚乙烯或发泡高密度聚乙烯保温层。特性:无毒,抗菌卫生,不腐蚀,不结垢,水质好,流量大,强度高,刚性大,耐热,抗冻,耐久,长期作用温度范围宽(-70~100℃),比铜管保温性能好。可刚性连接亦可柔性连接,安全牢固,不渗漏。初装价格较高,但寿命长,不需维修。主要用作工业及生活饮用水,冷、热水输送管道。

2. 塑料装饰板材

塑料装饰板材是指以树脂为浸渍材料或以树脂为基材,采用一定的生产工艺制成的具有装饰功能的普通或异形断面的板材。按结构和断面形式可分为平板、波形板、实体异形断面板、中空异形断面板、格子板、夹芯板等。

(1)三聚氰胺层压板:是以厚纸为骨架,浸渍三聚氰胺热固性树脂,多层叠合经热压固化而成的薄型贴面材料,即由表层纸、装饰纸和底层纸构成。三聚氰胺层压板耐热性优良(100℃不软化、开裂、起泡),耐烫,耐燃,耐磨,耐污,耐湿,耐擦洗,耐酸、碱、油脂及酒精等溶剂的侵蚀,经久耐用;按表面的外观特性分为光型、柔光型、双面型、滞燃型;按用途分为平面板、平衡面板。常用于墙面、柱面、台面、家具、吊顶等饰面工程。

(2)铝塑复合板:是一种以 PVC 塑料作芯板,正背两表面为铝合金薄板的复合材料,厚度为 3mm、4 mm、6 mm、8 mm。铝塑复合板重量轻,坚固耐久,耐候性好,抗冲击性和抗凹陷性比铝合金强很多,可自由弯曲且弯后不反弹,可加工性较好,易保养,易维修,板材表面铝板经阳极氧化和着色处理后,色泽鲜艳。广泛用于建筑幕墙,室内外墙面、柱面、顶面的饰面处理。

3. 塑料壁纸

塑料壁纸是以纸为基材,以聚氯乙烯塑料为面层,经压延或涂布以及印刷、轧花、发泡等工艺制成的双层复合贴面材料。因其所用的树脂大多数为聚氯乙烯,所以也称聚氯乙烯壁纸。

塑料壁纸分为纸基壁纸、发泡壁纸和特种壁纸。

塑料壁纸有一定的伸缩性和耐裂强度,装饰效果好,性能优越,粘贴方便,使用寿命长,易维修保养,是目前国内外广泛使用的一种室内墙面装饰材料,也可用于顶棚、梁柱等处的贴面装饰。

4. 塑料地板

塑料地板是以高分子合成树脂为主要材料,加入其他辅助材料,经一定制作工艺制成的预制板块、卷材状或现场铺涂整体状的地面材料。

塑料地板按外形可分为块材地板和卷材地板;按组成和结构特点可分为单色地板、透底花纹地板、印花压花地板;按材质的软硬程度分为硬质地板、半硬质地板和软质地板;按采用的树脂类型可分为聚氯乙烯(PVC)地板、聚丙烯地板和聚乙烯—醋酸乙烯酯地板等,国内普遍采用的是硬质 PVC 塑料地板和半硬质 PVC 塑料地板。

塑料地板种类花色繁多,装饰性良好,性能多变,适应面广,质轻,耐磨,脚感舒适,施工、维修、保养方便。

5. 塑钢门窗

塑钢门窗是以强化聚氯乙烯(UPVC)树脂为基料,以轻质碳酸钙做填料,掺以少量添加剂,经挤出法制成各种截面的异形材,并采用与其内腔紧密吻合的增强型钢做内衬,再根据门窗品种,选用不同截面的异形材组装而成。

塑钢门窗色泽鲜艳,不需油漆,耐腐蚀,抗老化,保温,防水,隔声,在 30 ~ 50℃ 的环境下不变色,不降低原有性能,防虫蛀,不助燃。适用于工业与民用建筑,是建筑门窗的换代产品。平开门窗的气密性、水密性等综合性能要比推拉门窗好。

6. 玻璃纤维增强塑料(GRP)

玻璃纤维增强塑料俗称玻璃钢,是以合成树脂为基体,以玻璃纤维或其制品为增强材料,经成型、固化而成的固体材料,按采用的合成树脂不同,可分为不饱和聚酯型、酚醛树脂型和环氧树脂型。

玻璃钢制品具有良好的透光性和装饰性,强度高,重量轻,是典型的轻质高强材料,成型工艺简单,可制成复杂的构件,具有良好的耐化学腐蚀性和电绝缘性,耐湿,防潮,功能可设计等优良特性。主要应用如下:

(1)承载结构

用作承载结构的复合材料建筑制品有:柱、桁架、梁、基础、承重折板、屋面板、楼板等,这些玻璃钢构件,主要用于化学腐蚀厂房的承重结构、高层建筑及全玻璃钢—复合材料楼房大板结构。

(2)围护结构

玻璃钢围护结构制品有各种波纹板、夹层结构板,各种不同材料玻璃钢复合板,整体式和装配式折板结构和壳体结构。用作壳体结构的板材,它既是围护结构,又是承重结构。这些构件可用作工业及民用建筑的外墙板、隔墙板、防腐楼板、屋顶结构、遮阳板、天花板、薄壳结构和折板结构的组装构件。

(3)采光制品

透光建筑制品有透明波形板、半透明夹层结构板、整体式和组装式采光罩等,主要用于工业厂房、民用建筑、农业温室及大型公用建筑的天窗、屋顶及围护墙面采光等。

(4)门窗装饰材料

属于此类材料制品有门窗断面玻璃钢拉挤型材、平板、浮雕板、复合板等,一般窗框型材用树脂玻璃钢。复合材料门窗防水、隔热、耐化学腐蚀。用于工业及民用建筑,装饰板用作墙裙、吊顶、大型浮雕等。

(5)给排水工程材料

市政建设中给水、排水及污水处理工程中已大量使用复合材料制品,如各种规格的给水玻璃钢管、高位水箱、化粪池、防腐排污管等。

(6)卫生洁具材料

属于此类产品的有浴盆、洗面盆、坐便盆,各种整体式、组装式卫生间等,广泛用于各类建筑的卫生工程和各种卫生间。

(7)采暖通风材料

属此类复合材料制品有冷却塔、管道、板材、栅板、风机、叶片及整体成型的采暖通风制品。工程上应用的中央空调系统中的通风橱、送风管、排气管、防腐风机罩等。

(8)高层楼房屋顶建筑

如旋转餐厅屋盖、异形尖顶装饰屋盖、楼房加高、球形屋盖、屋顶花园、屋顶游泳池、广告牌和广告物等。

(9)特殊建筑

大跨度飞机库、各种尺寸的冷库、活动房屋、岗亭、仿古建筑、移动剧院、透微波塔楼、屏蔽房、防腐车间、水工建筑、防浪堤、太阳能房、充气建筑等。

(10)其他

玻璃钢在建筑中的其他用途还很多,如各种家具、马路上的阴井盖、公园和运动场座椅、海滨浴场活动更衣室、公园仿古凉亭等。

二 黏结剂

黏结剂是一种能将各种材料紧密地黏结在一起的物质,又称为胶黏剂或黏合剂。黏结剂黏结材料时具有工艺简单、省工省料、接缝处应力分布均匀、密封和耐腐蚀等优点。在建筑工程中主要用于室内装修,预制构件组装,室内设备安装等,此外,混凝土裂缝和破损也常用黏结剂进行修补。黏结剂的用途越来越广,品种和用量也日益增加,已成为建筑材料中的一种不可缺少的组成部分。

(一)黏结剂的基本要求

为将材料牢固地黏结在一起,黏结剂都必须具备以下基本要求:

(1)具有浸润被黏结物表面的浸润性和流动性。

(2)不因温度及环境条件作用而迅速老化。

(3)便于调节硬化速度和黏结性。

(4)膨胀及收缩值较小。

(5)黏结强度较大。

(二)黏结剂的组成与分类

1. 黏结剂的组成

组成黏结剂的材料有:黏料、固化剂、填料、稀释剂等。

1)黏料

黏料是黏结剂的基本组成成分,又称基料,对黏结剂的黏结性能起决定性的影响。合成黏结剂的黏料,可用合成树脂、合成橡胶,也可采用两者的共聚体。用于结构受力部位的黏结剂以热固性树脂为主;用于非结构受力部位和变形较大部位的黏结剂以热塑性树脂和橡胶为主。

2)固化剂

固化剂又称硬化剂。它能使线型分子形成网状或体型结构,从而使胶黏剂固化。

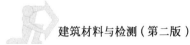

3）填料

填料一般在胶黏剂中不发生化学反应，但加入填料可以改善胶黏剂的机械性能。同时填料价格便宜，可显著降低胶黏剂的成本。

4）稀释剂

为了改善工艺性（降低黏度、增强浸润性）和延长使用期，常加入稀释剂。稀释剂分为活性和非活性两种，前者参加固化反应；后者不参加固化反应，只起稀释作用。稀释剂需按黏料的品种来选择。一般来说，稀释剂的用量越大，则黏结强度越小。常用的稀释剂有：环氧丙烷、丙酮等。

其他助剂有增韧剂、阻聚剂及抗老化剂等。

2. 黏结剂的分类

建筑黏结剂品种繁多，分类方法亦多。

（1）按黏结剂主要成分分类。

黏结剂可分为无机胶（磷酸盐、硼酸盐、硅酸盐等）和有机胶两部分。有机胶又可分为天然胶和合成胶；天然胶有机动物胶（骨胶、皮胶、虫胶等）和植物胶（淀粉胶、大豆胶等）两类；合成胶有树脂胶（环氧树脂胶、酚醛树脂胶等），橡胶胶（硅橡胶胶、聚硫橡胶胶等），混合胶（环氧一丁腈胶、酚醛一氯丁胶）三类。

（2）按固化型式分类有溶剂挥发型、乳液型、反应型、热熔型四种。

（3）按外观分类可分为液态、膏状、固态等。

（三）常用黏结剂

1. 热固性树脂黏结剂

1）环氧树脂黏结剂

环氧树脂黏结剂的组成材料为合成树脂、固化剂、填料、稀释剂、增韧剂等。此种黏结剂具有黏结强度高，耐热、耐化学腐蚀，柔韧等特点。广泛地用于黏接金属、非金属材料及建筑物的修补，有“万能胶”之称。

2）不饱和聚酯树脂黏结剂

不饱和聚酯树脂是由不饱和二元酸、饱和二元酸组成的混合酸与二元醇起反应制成线型聚酯，再用不饱和单体交联固化后，即形成体型结构的热固性树脂，主要有黏结强度高，耐热性、耐水性较好等特点。广泛应用于制造玻璃钢，但也可用于黏接陶瓷、玻璃钢、金属、木材、人造大理石和混凝土。

2. 热塑性合成树脂黏结剂

1）聚醋酸乙烯黏结剂

聚醋酸乙烯乳液（常称白胶）由醋酸乙烯单体、水、分散剂、引发剂以及其他辅助材料经乳液聚合而得。是一种使用方便，价格便宜，应用普遍的非结构黏结剂。它对于各种极性材料有较好的黏附力，以黏接各种非金属材料为主，如玻璃、陶瓷、混凝土、纤维织物和木材。它的耐热性在40℃以下，对溶剂作用的稳定性及耐水性均较差，且有较大的徐变，多作为室温下工作的非结构胶。如粘贴塑料墙纸、聚苯乙烯或软质聚氯乙烯塑料板以及塑料地板等。

2）聚乙烯醇缩甲醛胶黏剂

该胶黏剂是以聚乙烯醇与甲醛在酸性介质缩聚而得的一种易溶于水的无色透明胶体。聚乙烯醇缩甲醛胶黏剂在建筑工程中具有很高的使用价值，它不仅是胶黏剂，而且还能用于调制腻子、聚合物水泥浆，改进传统的饰面做法。

聚乙烯醇缩甲醛胶黏剂具有一定的耐水性、防菌性，并且抗老化性能也较好。

聚乙烯醇缩甲醛胶黏剂也可作为粘贴塑料壁纸、玻璃纤维贴墙布等的胶黏剂，也可用于配制聚合物水泥砂浆用作内外墙的装饰，粘贴瓷砖、地板砖、马赛克等，可提高黏结强度，还可配制聚合物净水泥浆，用于新、老水泥地面装饰。若在聚乙烯醇缩甲醛胶黏剂中加入适当的填充料、颜料后，可配制成各种颜色的内墙涂料。

3. 合成橡胶胶黏剂

1）氯丁橡胶胶黏剂

氯丁橡胶胶黏剂是目前橡胶胶黏剂中广泛应用的溶液型胶。它是由氯丁橡胶、氧化锌、氧化镁、防老剂、抗氧剂及填料等混炼后溶于溶剂而成。这种胶黏剂对水、油、弱酸、弱碱、脂肪烃和醇类都有良好的抵抗性，具有较高的黏接力和内聚强度，但有徐变性，易老化。多用于结构黏接或不同材料的黏接。建筑上常用在水泥砂浆墙面或地面上粘贴塑料和橡胶制品。

2）丁腈橡胶胶黏剂

丁腈橡胶是丁二烯和丙烯腈共聚产物。丁腈橡胶粘剂主要用于橡胶制品，以及橡胶与金属、织物、木材的黏接。它的最大特点是耐油性能好，抗剥离强度高，加上橡胶的高弹性，所以更适于柔软的或热膨胀系数相差悬殊的材料之间的黏接，如黏合聚氯乙烯板材、聚氯乙烯泡沫塑料等。

【工程实例】 PVC 水管代替铸铁水管的原因分析

【现象】 某施工单位建造第一批建筑时，使用铸铁管作为水管，施工麻烦，而且其住户经常反映水管水流不畅、堵塞等现象。后来，该施工单位建造第二批建筑时，整个小区水管全部换成 PVC 水管 ，施工方便，缩短了工期，住户对水管也无上述反映。

【原因分析】 PVC 水管与铸铁水管相比：具有耐腐蚀性，阻力系数小，管流速度快等优点；此外，其施工方法简单，特别是下水管连接不用再缠丝、灌铅等工序，由于其质量轻，搬运也省时省力。故提高了工作效率，缩短了工期。

本章小结

本章简要阐述合成高分子材料基本知识：聚合物与聚合反应类型，以及聚合物结构特征。在此基础上介绍：塑料的组成、主要性质及常用品种，黏结的基本概念、黏结剂的组成及主要品种。

小知识

“生物降解塑料”英文缩写为“BDP”，全称 biodegradable plastics，指废弃后可以在堆肥条件下被微生物分解为的二氧化碳、水等小分子的一类塑料。这类材料最初的意图是解决石油基塑料多数无法在自然环境下消解的问题。该产品有望在今后大量使用以解决“白色污染”的问题。

练　习　题

1.填空题

(1)合成高分子化合物最基本的反应类型包括______反应和______反应。

(2)高分子化合物的分子结构可以分为 ______结构和______结构。

(3)高分子材料主要包括______、______、______三大类。

(4)塑料根据受热时所发生的变化不同,可分为______塑料和______塑料两类。

(5)塑料的主要组成包括合成树脂、______ 、______和______等。

(6)以聚甲基丙烯酸甲脂(PMMA)制成的单组分塑料,俗称______ 。

(7)用于地板辐射采暖系统盘管的管材包括______和______。

2.选择题

(1)下列______属于热塑性塑料。

①聚乙烯塑料 ②酚醛塑料 ③聚苯乙烯塑料 ④有机硅塑料

A.①②　　B.①③　　C.③④　　D.②③

(2)用于结构非受力部位的黏结剂是 ______。

A.热固性树脂　B.热塑性树脂　C.橡胶　　D.B+C

3.问答题

(1)塑料的组成有哪些?分别起何作用?

(2)与传统建筑材料相比较,建筑塑料有哪些优缺点?

(3)热塑性树脂与热固性树脂主要有什么不同?

(4)热塑性塑料和热固性塑料主要有哪些品种?

(5)玻璃纤维增强复合材料的主要优点及应用有哪些?

(6)工程所有黏结剂必须具备哪些条件?

第十章 建筑功能材料

【职业能力目标】

通过对建筑装饰材料、绝热及吸声材料的主要类型、品种以及性能特点的学习，使学生具备合理使用各种建筑功能材料，明确建筑功能材料的发展方向的能力。

【学习要求】

了解建筑装饰材料的主要类型及性能特点；了解绝热材料、吸声材料的主要类型及性能特点；了解新型功能材料的新进展。

建筑功能材料在建筑物中主要起装饰、保温隔热、吸声、采光、防火和防腐蚀等改进建筑物功能的作用。随着人民生活水平的逐步提高，人们对建筑物的质量要求越来越高，这在很大程度上要靠功能材料来完成。因此，建筑功能材料的地位和作用已越来越受到人们的关注和重视。

第一节 建筑装饰材料

在建筑上，把铺设、粘贴或涂刷在建筑物内外表面，主要起装饰和美化环境作用的材料称为装饰材料。建筑装饰工程的总体效果及功能的实现，无一不是通过运用装饰材料及其配套设备的形体、质感、图案、色彩、功能等所体现出来。另外，装饰材料常兼有绝热、防火、防潮、吸声、隔音等功能，并能起到改善和保护主体结构、延长建筑物使用寿命的作用。

一 建筑装饰材料的种类及其功能要求

建筑装饰材料按照在建筑中的装饰部位可分为外墙装饰材料、内墙装饰材料、地面装饰材料及顶棚装饰材料。

(1)外墙装饰材料。如玻璃制品、外墙涂料、彩色水泥、铝塑复合板、外墙面砖、花岗岩、装

饰混凝土等。

外墙装饰的目的不仅使建筑物的色彩与周围环境协调、统一，显出美观和质感，提高建筑物的使用价值和有利于环境保护，而且起到保护墙体结构，防止直接受到风吹、日晒、雨淋等侵袭，以及空气中腐蚀气体和微生物的作用。因此，外墙装饰材料的质量，直接影响到了建筑物的质量、成本和维修费用。

建筑物的外观效果主要取决于总的建筑体型、比例、虚实对比、线条等平面和立面的设计手法，而外墙装饰的处理效果则是通过质感、线型和色彩来反映的。为了使建筑物具有丰富、活泼的色彩，往往通过饰面材料或涂刷面层材料来增加外墙装饰的效果。

一些新型装饰材料，不但起到了保护及装饰作用，而且兼有某些使用功能。如现代建筑中大量采用的吸热玻璃和热反射玻璃，它可以吸收太阳辐射热能的50% ~70%，从而起到节约能源的作用。

(2)内墙装饰材料。如墙纸与墙布、内墙涂料、浮雕艺术装饰板、防火内墙装饰板、金属吸音板、复合制品等。

内墙装饰的目的是保护墙体和保证室内良好的使用条件，创造一个舒适、美观、整洁的工作和生活环境。

内墙装饰在一般情况下并不承担墙体的热工功能，但当墙体本身热工性能不能满足使用要求时，也可以在内墙面安装保温装饰制品或涂抹保温砂浆等。传统的抹灰层能起到“呼吸”的作用，即湿度较大时，能吸收一定湿气，使内墙面不至于马上出现凝结水，而当室内空气过于干燥时，则释放出一定湿气，从而调节室内空气的相对湿度，起到改善环境的作用。

内墙装饰的另一功能是反射声波、吸声、隔声等作用。内墙的装饰效果同样也是由质感、线型及色彩3个因素构成的。所不同的是人对内墙面的距离较近，所以质感要细腻逼真，线型可以是细腻也可以是粗犷有力等不同风格，色彩主要根据主人的爱好及房间的内在性质和功能决定，至于明亮度可以用浅淡明亮或平整无反光的装饰材料。

(3)地面装饰材料。如塑料地板、地面涂料、陶瓷地砖、花岗岩、木地板、地毯、彩色复合材料等。

地面装饰的目的是为了保护基底材料或楼板，达到装饰功能，并满足使用要求。

地面装饰材料的选择，除应综合考虑建筑环境、建筑功能等因素外，还有一个非常重要的性能要求是要具有良好的耐磨性。从色彩效果而言，地面色彩对于室内气氛及空间感影响较大，它具有衬托家具和墙面的作用。

(4)顶棚装饰材料。如塑料吊顶、铝合金吊顶、石膏装饰板、涂料、复合吊顶等。

顶棚是内墙的一部分，由于所处的位置特殊，不仅要满足保护顶棚及装饰的目的，而且需具有一定的防水、耐燃、表观密度小等性能。

顶棚装饰材料的色彩应选用浅淡，柔和的色调，给人以华贵大方之感，不宜采用浓艳的色调。常见的顶棚多用浅色，以增强光线反射能力，增加室内亮度。顶棚装饰还应与灯饰相协调。除平板式顶棚制品外，还可采用轻质浮雕顶棚装饰材料。

二 饰面石材

(一) 天然石材

天然石材是指从天然岩体中开采出来的毛料，经过加工制成的板状或块状材料。天然石材结构致密、抗压强度高、耐水、耐磨、装饰性好、耐久性好。由于石材具有特有的色泽和纹理美，作为高级饰面材料，颇受人们欢迎，许多商场、宾馆等公共建筑均使用石材作为墙面、地面等装饰材料，使得其在室内外装饰中得到了更为广泛的应用。常用的装饰天然石材有天然大理石板材和天然花岗石板材。

1. 天然大理石板材

建筑工程上通常所说的大理石是指具有装饰功能，可锯切、研磨、抛光的各种沉积岩或变质岩。属沉积岩的大致有：致密石灰岩、砂岩、白云岩等；属变质岩的大致有：大理岩、石英岩、蛇纹岩等。

(1) 天然大理石板材的产品分类及等级

根据《天然大理石建筑板材》(GB/T 19766—2005)的规定，天然大理石板材按形状分为普型板材(PX)和圆弧板材(HM)。普型板材是指正方形或长方形的板材；圆弧板材是指装饰面轮廓线的曲率半径处处相同的板材；其他形状的板材为异型板。

天然大理石板材按板材的规格尺寸允许偏差、平面度允许极限公差、角度允许极限公差、外观质量和镜面光泽度等因素分为优等品(A)、一等品(B)、合格品(C)三个等级，各等级的技术要求应符合《天然大理石建筑板材》(GB/T 19766—2005)相应的规定。

(2) 天然大理石板材的性能特点及应用

大理石结构致密，吸水率小，抗压强度高，但硬度不大，较易雕琢和磨光等加工。

天然大理石板主要用于建筑物室内饰面，如地面、柱面、墙面、造型面、酒吧台侧立面与台面、服务台立面与台面、电梯间门口等；大理石磨光板有美丽多姿的花纹，常用来镶嵌或刻出各种图案的装饰品；天然大理石板还被广泛地用于高档卫生间的洗漱台面及各种家具的台面。

大理石饰面材料的主要成分碳酸钙属于碱性物质，不耐大气中酸雨的腐蚀，当用于室外时，又因其抗风化能力差，易受空气中二氧化硫的腐蚀而使其表层失去光泽、变色并逐渐破损。所以除了少数几个含杂质少、质地较纯的品种(汉白玉、艾叶青等)外，天然大理石板材一般不宜用于室外装饰装修工程。

2. 天然花岗石板材

建筑工程上通常所说的花岗石是广义的，是指具有装饰功能，可锯切、研磨、抛光的各种岩浆岩或少数其他类岩石，主要是指岩浆岩中的深成岩和部分喷出岩及变质岩。属深成岩的有：花岗岩、闪长岩、正长岩、辉长岩等；属喷出岩的有：辉绿岩、玄武岩、安山岩等；属变质岩的有片麻岩等。

(1) 天然花岗石板材的产品分类及等级

根据《天然花岗石建筑板材》(GB/T 18601—2009)的规定，天然花岗石板材按形状分为毛光板(MG)、普型板(PX)、圆弧板(HM)和异型板(YX)；按表面加工程度分为镜面板(JM)、细面板(YG)、粗面板(CM)。镜面板饰面平整光滑、具有镜面光泽，是经过研磨、抛光加工制成的，其晶体裸露，色泽鲜明；细面板又称作亚光板，饰面平整细腻，能使光线产生漫反射现象；粗面板饰面粗糙规则有序，端面锯切整齐，如机刨板、剁斧板、锤击板、烧毛板等。

毛光板按板材的厚度偏差、平面度公差、外观质量等因素分为优等品（A）、一等品（B）、合格品（C）三个等级；普型板按板材的规格尺寸偏差、平面度公差、角度公差、外观质量等因素分为优等品（A）、一等品（B）、合格品（C）三个等级；圆弧板按板材的规格尺寸偏差、直线度公差、线轮廓度公差、外观质量等因素分为优等品（A）、一等品（B）、合格品（C）三个等级。各等级的技术要求应符合《天然花岗石建筑板材》（GB/T 18601—2009）相应的规定。

（2）天然花岗石板材的性能特点及应用

花岗石构造非常致密，吸水率极低，材质坚硬，抗压强度高，耐磨性很强，耐冻性强，化学稳定性好，抗风化能力强，耐腐蚀性及耐久性很强。花岗石质感丰富，磨光后色彩斑斓。

花岗石的缺点是自重大，用于房屋建筑与装饰会增加建筑物的质量；硬度大，给开采和加工造成困难；质脆，耐火性差，因为石英在高温时会发生晶型转变产生膨胀而破坏岩石结构；某些花岗岩含有微量放射性元素，应根据花岗石石材的放射性强度水平确定其应用范围。

天然花岗石属于高级建筑装饰材料，主要应用于大型公共建筑或装饰等级要求较高的室内外装饰工程。一般镜面花岗石板材和细面花岗石板材表面整洁光滑，质感细腻，多用于室内墙面和地面、部分建筑的外墙面装饰；粗面花岗石板材表面质感粗糙、粗犷，主要用于室外墙基础和墙面装饰，有一种古朴、回归自然的亲切感；花岗石饰面石材抗压强度高，耐磨性、耐久性高，不论用于室内或室外的使用年限都很长。

3. 天然石材的选用原则

建筑工程选用天然石料时，应根据建筑物的类型，使用要求和环境条件等综合考虑，一般应考虑以下几点：

（1）适用性。在选用石材时，根据其在建筑物中的用途和部位，选定其主要技术性能能满足要求的石材。如承重用石材，主要应考虑强度、耐水性、抗冻性等技术性能；饰面用石材，主要考虑表面平整度、光泽度、色彩与环境的协调、尺寸公差、外观缺陷及加工性等技术要求；围护结构用石材，主要考虑其导热性；用作地面、台阶等的石材应坚韧耐磨；用在高温、高湿、严寒等特殊环境中的石材，还分别考虑其耐久性、耐水性、抗冻性及耐化学腐蚀性等性能。

（2）经济性。由于天然石材表观密度大，不宜长途运输，应综合考虑地方资源，尽可能做到就地取材，降低成本。天然岩石一般质地坚硬，雕琢加工困难，加工费工耗时，成本高。一些名贵石材价格昂贵，因此，选择石材时必须予以慎重考虑。

（3）色彩。石材装饰必须要与建筑环境相协调，其中色彩相融尤其重要，因此，选用天然石材时，必须认真考虑所选石材的颜色与纹理。

（4）环保性。在选用室内装饰石材时，应注意其放射性指标是否合格。

（二）人造石材

人造石材是以天然石材碎料、石英砂、石渣等为骨料，树脂、聚酯树脂或水泥等为胶结材料，经拌合、成型、聚合或养护后，打磨抛光切割而成。一般指人造大理石和人造花岗石，其色彩和花纹均可根据要求设计制作，如仿大理石、仿花岗石、仿玛瑙石等。根据生产所用材料的不同，人造石材一般可分为树脂型人造石材、水泥型人造石材、复合型人造石材和烧结型人造石材四类。

(1)树脂型人造石材。这种人造石材一般以不饱和树脂为胶黏剂,石英砂、大理石碎粒或粉等无机材料为集料,经搅拌混合、浇筑成型、固化、脱模、烘干、抛光等工序制成。不饱和树脂的黏度低,易于成型,且可在常温下快速固化,产品光泽好,基色浅,可调制成各种鲜艳的颜色。

(2)水泥型人造石材。它是以各种水泥为胶黏剂,与砂和大理石或花岗石碎粒等,经配料、搅拌、成型、养护、磨光、抛光等工序制成。如果采用铝酸盐水泥和表面光洁的模板,则制成的人造石材表面无须抛光即可具有较高的光泽度,这是由于铝酸盐水泥的主要矿物 CA($CaO \cdot Al_2O_3$)水化后生成大量的氢氧化铝凝胶,这些水化产物与光滑的模板相接触,形成致密结构而具有光泽。这类人造石材的耐腐蚀性能较差,且表面容易出现龟裂和泛霜,不宜用作卫生洁具,也不宜用于外墙装饰。

(3)复合型人造石材。这类人造石材所用的胶黏剂中,既有有机聚合物树脂,又有无机水泥。其制作工艺可采用浸渍法,即将无机材料(如水泥砂浆)成型的坯体浸渍在有机单体中,然后使单体聚合。对于板材,基层一般用性能稳定的水泥砂浆,面层用树脂和大理石碎粒或粉调制的浆体制成。

(4)烧结型人造石材。烧结型的生产工艺类似于陶瓷,是把高岭土、石英、斜长石等混合材料,制成泥浆,成型后经1000℃左右的高温焙烧而成。

人造石材具有天然石材的质感,而且重量轻,强度高,耐腐蚀,耐污染,可锯切、钻孔,施工方便。适用于墙面、门套或柱面装饰,也可用作工厂、学校等的工作台面及各种卫生洁具,还可加工成浮雕、工艺品等。与天然石材相比,人造石材是一种比较经济的饰面材料。

 建筑玻璃

在建筑工程中,玻璃是一种重要的装饰材料。传统意义上的玻璃是典型的脆性材料,在冲击荷载作用下极易破碎,热稳定性差,遇沸水易破裂。但是,随着现代科学技术和玻璃技术的发展及人民生活水平的提高,建筑玻璃的品种日益增多,其功能日渐优异。除了过去单纯的透光、围护等最基本功能外,现在还具有控制光线、调节热量、节约能源、控制噪声、安全(防弹、防盗、防火、防辐射、防电磁波干扰)、提高装饰艺术等功能。多功能的玻璃制品为现代建筑设计和装饰设计提供了更大的选择余地。

常用的建筑玻璃按其功能一般分为五类:平板玻璃、节能玻璃、安全玻璃、饰面玻璃和玻璃制品。

(一)平板玻璃

平板玻璃又称为白片玻璃或净片玻璃,是指未经其他加工的平板状玻璃制品。成型方法常采用垂直引上法(简称引上法)和浮法生产。引上法是利用拉引机械从玻璃溶液表面垂直向上引拉玻璃带,经冷却变硬而成玻璃平板的方法,其特点是成型容易控制,可同时生产不同宽度和厚度的玻璃,但宽度和厚度也受到成型设备的限制,产品质量不是很高,易产生波筋、线道、表面不平整等缺陷;浮法平板玻璃的生产,是将熔融的玻璃液流入锡槽,在干净的锡液表面上自由摊平成型,逐渐降温退火,即可获得表面十分平整光洁,且无波筋、波纹,光学性能优良

的平板玻璃。

平板玻璃是建筑中使用最多，应用最广泛的玻璃。根据《平板玻璃》（GB 11614—2009）的规定，平板玻璃按公称厚度分为：2mm、3mm、4mm、5mm、6mm、8mm、10mm、12mm、15mm、19mm、22mm、25mm 十二种；按颜色属性分为无色透明平板玻璃和本体着色平板玻璃；按其外观质量分为合格品、一等品和优等品三个等级。各等级平板玻璃的尺寸偏差、对角线差、厚度偏差、厚薄差、外观质量和弯曲度的要求应符合《浮法玻璃》（GB 11614—1989）的要求。

普通平板玻璃透视又透光，透光率可高达 85% 左右，并能隔声，有较高的化学稳定性，有一定的隔热保温性和机械强度，但其质脆，怕敲击、强震，主要用于装配门窗，起透光、挡风雨、保温隔声等作用。

（二）节能玻璃

节能玻璃是集节能和装饰于一体的玻璃，除用于一般门窗外，常用于建筑物的玻璃幕墙，可以起到显著的节能效果，现已被广泛的应用于各种高级建筑物之中。常用的节能玻璃主要有：吸热玻璃、热反射玻璃、中空玻璃等。

1. 吸热玻璃

吸热玻璃能吸收大量红外辐射能，又有保持良好的光透过率。其制作方法有两种：一种是在普通平板玻璃中加入一定量的有吸热性能的着色剂，如氧化铁、氧化钴等；另一种是在玻璃表面喷涂有强烈吸热性能的氧化物薄膜，如氧化锡、氧化锑等。

吸热玻璃广泛应用于现代建筑物的门窗和外墙，以及用作车、船等的挡风玻璃等，起到采光、隔热、防眩作用。吸热玻璃的色彩具有极好的装饰效果，已成为一种新型的外墙和室内装饰材料。

吸热玻璃只能节省夏天透入室内的太阳辐射热所耗费的空调费用，而在严寒地区，反而阻挡了和煦阳光进入室内。因此，吸热玻璃对全年日照率较低的西南地区和尚无采暖设施的长江中下游地区是不利的。

2. 热反射玻璃

热反射玻璃又称镀膜玻璃，既具有较高的热反射能力，又有保持良好的透光性的作用。热反射玻璃是在玻璃表面用加热、蒸汽、化学等方法喷涂金、银、铜、铝、铁等金属氧化物，或粘贴有机薄膜，或以某种金属离子置换玻璃表面中原有离子而制成。

热反射玻璃不同于吸热玻璃，两者可以根据玻璃对太阳辐射能的吸收系数和反射系数来进行区分，当吸热系数大于反射系数时为吸热玻璃，反之为热反射玻璃。

热反射玻璃反射率为 30% ~40%，装饰性好，具有单向透像作用，还有良好的耐磨性、耐化学腐蚀性和耐候性。热反射玻璃越来越多地用作高层建筑的幕墙。

低辐射镀膜玻璃又称 Low-E 玻璃，是一类多功能的热反射玻璃，是在玻璃表面镀上多层金属或其他化合物组成的膜系产品。对可见光具有较高的透射率，对红外线（尤其是中红外线）有很高的反射率，因此具有良好的隔热性能。根据不同地区的节能需求，可采用高透性 Low-E 玻璃、遮阳型 Low-E 玻璃或双银 Low-E 玻璃。高透性 Low-E 玻璃有较高的可见光透视率，采光自然、通透；较高的太阳能透过率，透过玻璃的热辐射多；极高的中远红外线反射率，具有较低的传热系数，优良的隔热性能，适用于寒冷的北方地区，冬季太阳热辐射透过玻璃进入室内增加室内的热能，又将室内暖气、家电及人体发出的远红外辐射热返回室内，从而有效地降低供暖费用；外观设计透明，高通透性，有效地避免了光污染。遮阳型 Low-E 玻璃具有适宜的可见光透过率，对室外的视线具有一定的遮蔽性；较低的太阳能透过率，有效阻止太阳辐射热进入室内；极高的中远红外线反射率，主要适用于南方地区。双银 Low-E 玻璃因其膜层中有双层银层面而得名，属于 Low-E 玻璃膜系结构中较复杂的一种，是高级 Low-E 玻璃，它突出了玻璃对太阳热辐射的遮蔽效果，将玻璃的高透过性与太阳热辐射的低透过性巧妙的结合起来，它的使用不受地区限制，适合不同气候特点的广大地区。

3. 中空玻璃

中空玻璃由两片或多片平板玻璃构成，用边框隔开，四周边缘部分用密封胶密封，玻璃层间充有干燥气体。构成中空玻璃的玻璃原片有平板玻璃、钢化玻璃、吸热玻璃、热反射玻璃等。

中空玻璃的特性是保温绝热，隔声性能优良，并能有效地防止结露，非常适合在住宅中使用。中空玻璃主要用于需要采暖、空调、防止噪声、结露及需要无直射阳光和需特殊光线的建筑上，如住宅、饭店、宾馆、办公楼、学校、医院、商店等。

(三)安全玻璃

安全玻璃指具有良好安全性能的玻璃，其特点是力学强度较高，抗冲击能力较好，经剧烈震动或撞击不破碎，即使破碎也不易伤人，并兼有防火的功能。安全玻璃的主要品种有钢化玻璃、夹丝玻璃、夹层玻璃等。

1. 钢化玻璃

钢化玻璃又称为强化玻璃，它是利用加热到一定温度后迅速冷却的方法或化学方法进行特殊处理的玻璃。钢化玻璃强度约为普通玻璃的 3 ~ 5 倍，抗冲击性能好、弹性好、热稳定性高，当玻璃破碎时，裂成圆钝的小碎片不致伤人。

钢化玻璃可用于窗用玻璃、幕墙玻璃、全玻门、玻璃隔墙、浴室玻璃、商店橱窗、自动扶梯围栏、建筑屏蔽、球场后挡、架子搁板、桌面玻璃、柜台、电话亭等。

钢化玻璃一旦局部破碎，则易造成整体呈发散状破坏，钢化后的玻璃不能直接钻孔，应先钻孔，后再进行钢化处理。

2. 夹丝玻璃

夹丝玻璃也称为钢丝玻璃，又称防碎玻璃，是玻璃内部夹有金属丝(网)的玻璃。生产时将普通平板玻璃加热至红热状态，再将预热的金属丝网压入而制成。

夹丝玻璃受到冲击作用或温度剧变时，玻璃裂而不散，碎片仍附在金属丝上，从而避免了玻璃碎片飞溅伤人。此外还能较好地隔绝火焰，起到防火的作用，具有防火性，夹丝玻璃因而也属于安全玻璃。

夹丝玻璃的缺点：因金属丝网的热膨胀系数和导热系数与玻璃相差较大，在遇水后易产生锈蚀，并且锈蚀会向内部延伸，锈蚀物体逐渐增大而产生开裂，此种现象通常在 1 ~ 2 年后出现，呈现出自下而上的弯弯曲曲的裂纹，故夹丝玻璃的切割口处应涂防锈涂料(或贴异丁烯片)以阻止锈裂，同时还应防止水进入门窗框槽内。

夹丝玻璃主要用于厂房天窗、各种采光屋顶和防火门窗等。

3. 夹层玻璃

夹层玻璃也称夹胶玻璃，是通过先进的专用设备将透明或有色（乳白、绿色、古铜色、花纹色等）PVB 胶片夹在两层或多层玻璃中间，经预热预压后进入高压釜内热压成型而成，可生产平、弯夹层玻璃，防爆、防弹和冰花等夹层玻璃。

夹层玻璃破碎时不裂成分离的碎片，只有辐射状的裂纹和少量玻璃碎屑，碎片黏贴在膜片上不致伤人；具有较高的耐震、防盗、防暴及防弹性能；具有良好的隔热功能，可节省能源；夹层玻璃中的 PVB 胶片对声波有阻尼作用，是良好的隔音材料；夹层玻璃中的 PVB 胶片有阻挡紫外线的功能，可防室内家具、物品的褪色。夹层玻璃主要用于建筑物的门、窗、天花板、玻璃幕墙、船舶、水槽、车辆、金融、珠宝、商行等防盗防弹玻璃、家具用玻璃。

防弹玻璃属夹层玻璃的一种，由三层玻璃与 PVB 胶片组成，可以有效抵御子弹及子弹击碎的玻璃片的穿透。玻璃的防弹性能很大程度上取决于它的总厚度和子弹能量。

（四）饰面玻璃

1. 磨砂玻璃

又称为毛玻璃、暗玻璃，采用机械喷砂、手工研磨或氢氟酸溶液磨蚀等方法将普通平板玻璃表面处理成均匀毛面，具有透光不透视，使室内光线不炫目、不刺眼的特点。常用于需要隐蔽的浴室、卫生间、办公室的门窗及隔断，还可用作黑板。

2. 磨光玻璃

又称为白片玻璃，是用平板玻璃经过抛光后制得的玻璃。分单面磨光和双面磨光两种。磨光玻璃具有表面平整光滑且有光泽，物像透过玻璃不变形，透光率大等特点。

经过机械研磨和抛光的磨光玻璃，虽质量较好，但既费工又不经济，自浮法工艺出现之后，作为一般建筑和汽车工业用的磨光玻璃用量已逐渐减少。

3. 花纹玻璃

花纹玻璃根据加工方法的不同，可分为压花玻璃、喷花玻璃和刻花玻璃三种。

压花玻璃又称滚花玻璃，是在玻璃硬化前，用刻有花纹的滚筒，在玻璃单面或双面上压有深浅不同的各种花纹图案。由于花纹凹凸不同使光线漫射而失去透视性，透过率减低为 60% ~ 70%，具有花纹美丽、透光不透视的特点。压花玻璃适用于要求采光，但需隐秘的建筑物门窗以及有装饰效果的半透明室内隔断，还可作为卫生间、游泳池等处的装饰和分割材料，使用时应将花纹朝向室内。

喷花玻璃又称为胶花玻璃（或喷砂玻璃），是在平板玻璃表面贴上花纹图案，抹上护面层，经过喷砂处理制成，其性能和装饰效果与压花玻璃相同，适用于门窗装饰和采光。

刻花玻璃是在普通平板玻璃上用机械加工的方法或化学腐蚀的方法制出图案或花纹的玻璃。该玻璃透光不透明，有明显的立体层次感，装饰效果高雅。

4. 彩色玻璃

又称为有色玻璃（或颜色玻璃），分透明和不透明两种。透明彩色玻璃是在原料中加入着色金属氧化物使玻璃带色。不透明彩色玻璃又称之为釉面玻璃，是在一定形状的玻璃表面，喷以色釉，经过烘烤而成。

彩色玻璃适用于各种内外墙面、柱面的装饰，它除了具有美丽的颜色外，往往还具有导电、吸热、热反射、吸收紫外线等功能，还可用作信号玻璃和滤光玻璃等。

5. 冰花玻璃

是一种用平板玻璃经特殊处理形成自然的冰花纹理的玻璃。冰花玻璃可用无色平板玻璃制造，也可用茶色、蓝色、绿色等彩色平板玻璃制造，装饰效果比压花玻璃更好，是一种新型的室内装饰玻璃。

6. 镜面玻璃

是采用高质量平板玻璃，采用化学镀方法，在玻璃表面镀上银膜、铜膜、然后淋上一层或二层漆膜，该玻璃从进入端经清洗、镀银、镀铜、淋漆、烘干一次完成。

(五)玻璃制品

1. 玻璃空心砖

玻璃空心砖一般是由两块压铸成凹形的玻璃镜熔接或胶结成整块的空心砖。砖面可为光滑平面，也可在内外压铸多种花纹。砖内腔可为空气，也可填充玻璃棉等。玻璃空心砖具有透光不透视，抗压强度较高，保温隔热性、隔声性、防火性、装饰性好等特点，可用来砌筑透光墙壁、隔断、门厅、通道等。

2. 玻璃马赛克

玻璃马赛克又称玻璃锦砖(或锦玻璃)，是一种小规格的饰面玻璃。其颜色有红、黄、蓝、白、黑等多种。玻璃马赛克具有色调柔和、朴实典雅、美观大方、化学稳定性好、冷热稳定性好、不变色、易清洗、便于施工等优点。适用于宾馆、医院、办公楼、礼堂、住宅等建筑的内外墙饰面。

3. 泡沫玻璃

又称多孔玻璃，是利用废玻璃、碎玻璃经一定的加工工艺过程，在发泡剂的作用下制得的一种多孔轻质玻璃，一般气孔率可达80%~90%，孔径为0.5~5.0mm或更小。泡沫玻璃密度仅为普通玻璃的1/10，自重小，导热系数小、保温隔热效果好，吸声效果好，机械强度高，不透气、不透水、耐酸、耐碱、防火，可以锯、钉、钻并可以制成各种颜色，因而用途广泛，是具有多种优异功能的装饰材料，主要用于各种建筑墙面和工业设备吸声、保温隔热和装饰材料。

四 建筑陶瓷

传统的陶瓷产品如日用陶瓷、建筑陶瓷、电力陶瓷等是用黏土类及其他天然矿物原料经过粉碎加工、成型、煅烧等过程而得到的。随着材料科学的发展，陶瓷的基本原料组成发生了巨大的变化和革新，一些化工矿物原料也成为陶瓷制品的原料。

传统的陶瓷制品主要功能是制造艺术品和容器。进入现代之后，随着建筑及装饰业发展，陶瓷在保留原有功能的同时，越来越向建筑装饰材料领域发展，并成为其中重要的一员。随着人民生活水平的提高，建筑陶瓷的应用更加广泛，其品种、花色和性能也有很大的变化。其中以陶瓷墙地砖的使用最为广泛，它以成本低廉、施工简易、外形美观和容易清洁等特点，体现出建筑装饰设计所追求的“实用、经济、美观”的基本原则。由于广泛地应用高科技生产技术和先进的生产设备与工艺，使得陶瓷产品不断更新，高档次产品的生产比重不断加大。

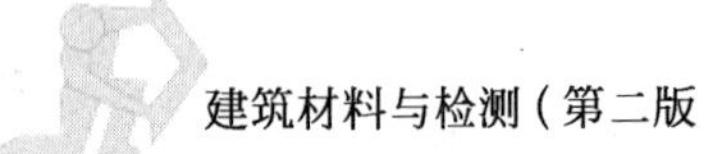

陶瓷是陶器、炻器和瓷器的总称。炻器是介于陶器与瓷器之间的一类产品，或称其为半瓷、石胎瓷等。三类陶瓷的原料和制品性能的变化是连续和相互交错的，很难有明确的区分界限。从陶器、炻器到瓷器，其原料是从粗到精，烧成温度由低到高，坯体结构由多孔到致密。陶质制品主要以陶土、沙土为原料配以少量的瓷土或熟料等，经1000℃左右的温度烧制而成，通常有一定的吸水率，为多孔结构，通常吸水率较大，断面粗糙无光，不透明，敲之声音暗哑。瓷质制品是以粉碎的岩石粉（如瓷土粉、长石粉、石英粉等）为主要原料经1300～1400℃高温烧制而成，其结构致密、吸水率极小、色彩洁白、具有一定的半透明性。炻器结构比陶质致密，略低于瓷质，一般吸水率较小，其坯体多数带有颜色而且呈半透明状。其他方面性能见表10-1。

建筑陶瓷的分类 表10-1

产品种类		颜色	质地	烧结程度	吸水率（%）	主要产品
陶器	粗陶	有色	多孔坚硬	较低	10～22	砖、瓦、陶管
	精陶	白色或象牙色				釉面砖、美术（日用陶瓷）
炻器	粗炻器	有色	致密坚硬	较充分	4～8	外墙面砖、地砖
	细炻器	白色			1～3	外墙面砖、地砖、锦砖、陈列品
瓷器		白色半透明	致密坚硬	充分	<1	锦砖、茶具、美术陈列品

建筑物不同部位使用的陶瓷制品，对其技术性能要求不同，应针对不同环境和不同部位应选择相应的陶瓷制品，常用的建筑陶瓷装饰制品有釉面内墙砖、陶瓷墙地砖、陶瓷锦砖和琉璃制品等。

（一）釉面内墙砖

釉面内墙砖简称内墙砖，属于多孔精陶或炻质釉制品，通常称为瓷砖。以烧结后成白色的耐火黏土、叶腊石或高岭土等为原料制成坯体，面层为釉料，经高温烧结而成。

釉面内墙砖按釉面颜色分为单色（含白色）、花色和图案砖三种；按正面形状分为正方形、长方形和异形配件砖。釉面内墙砖种类繁多，规格不一，可按需要选配。

釉面内墙砖色泽柔和、典雅、朴实大方，热稳定性好，防火、防潮、耐酸碱，表面光滑、耐污性好、便于清洗，因此常被用在对卫生要求较高的室内环境中，如厨房、卫生间、浴室、实验室、精密仪器车间及医院等处。由于釉面内墙砖的花色品种很多、装饰性较好和易清洗的特点，现在一些室内台面、墙面的装饰也会使用一些花色品种好的高档釉面内墙砖。

由于釉面内墙砖为多孔坯体，坯体吸水率较大，会产生湿胀现象，而其表面釉层的吸水率和湿胀性又很小，再加上冻胀现象的影响，会在坯体和釉层之间产生应力，当坯体内产生的胀应力超过釉层本身的抗拉强度时，就会导致釉层开裂或脱落，严重影响饰面效果。因此釉面内墙砖不宜用在室外。

釉面内墙砖在粘贴前通常要求浸水2h以上，取出晾干至表面干燥，才可进行粘贴。否则，因干坯吸走水泥浆中的大量水分，影响水泥浆的凝结硬化，降低黏结强度，造成空鼓、脱落等现象。另外，通常在水泥浆中掺入一定量的建筑胶水，以改善水泥浆的和易性，延缓水泥的凝结时间，从而提高铺贴质量，提高与基层的黏结强度。

(二)陶瓷墙地砖

陶瓷墙地砖包括建筑物外墙装饰贴面用砖和室内外地面装饰铺贴用砖,由于目前这类砖的发展趋向为墙地两用,故称为墙地砖。陶瓷墙地砖属炻质或瓷质陶瓷制品,是以优质陶土为主要原料,加入其他辅助材料配成生料,经半干压后在1100℃左右的温度环境中焙烧而成。

陶瓷墙地砖主要有彩色釉面陶瓷墙地砖、无釉陶瓷墙地砖以及劈离砖、玻化砖、陶瓷麻面砖、陶瓷壁画(壁雕)、金属釉面砖、黑瓷钒钛装饰板等新型墙地砖。

1. 彩色釉面陶瓷墙地砖

彩色釉面陶瓷墙地砖是可用于外墙面和地面的有彩色釉面的陶瓷质砖,简称彩釉砖。彩色釉面陶器墙地砖的色彩图案丰富多样,表面光滑,且表面可制成平面、压花浮雕面、纹点面以及各种不同的釉饰,因而具有优良的装饰性。此外,彩釉砖还具有坚固耐磨、易清洗、防水、耐腐蚀等优点,可用于各类建筑的外墙面及地面装饰。

2. 无釉陶瓷墙地砖

无釉陶瓷墙地砖简称无釉砖,是表面无釉的耐磨陶瓷质砖。按表面情况分为无光和有光两种,后者一般为前者经抛光而成。无釉砖的颜色品种较多,但一般以单色、色斑点为主,表面可制成平面、浮雕面、防滑面等。具有坚固、抗冻、耐磨、易清洗、耐腐蚀等特点,适用于建筑物地面、道路、庭院等的装饰。

3. 新型墙地砖

(1)劈离砖。因熔烧后可劈开分离而得名,是一种炻质墙地通用饰面砖,又称劈裂砖、劈开砖等。劈离砖是将一定配比的原料,经粉碎、炼泥、真空挤压成型、干燥、高温煅烧而成。劈离砖烧成阶段的坯体总表面积仅为成品坯体总表面积的一半,大大节约了窑内放置坯体的面积,提高了生产效率。与传统方法生产的墙地砖相比,它具有强度高、耐酸碱性强等优点。劈离砖的生产工艺简单、效率高、原料广泛、节能经济,且装饰效果优良,因此得到广泛应用。劈离砖适用于各类建筑物外墙装饰,也适合用作楼堂馆所、车站、候车室、餐厅等处室内地面铺设。较厚的砖适合于广场、公园、停车场、走廊、人行道等露天地面铺设,也可作游泳池、浴池池底和池岩的贴面材料。

(2)玻化砖。也称为瓷质玻化砖、瓷质彩胎砖,是坯料在1230℃以上的高温下,使砖中的熔融成分成玻璃态,具有玻璃般亮丽质感的一种新型高级铺地砖。玻化砖的表面有平面,浮雕两种,又有无光与磨光、抛光之分。玻化砖的色彩多为浅色的红、黄、蓝、灰、绿、棕等基色,纹理细腻,色彩柔和莹润,质朴高雅。玻化砖的吸水率小于1%,抗折强度大于27MPa,具有耐腐蚀、耐酸碱、耐冷热、抗冻等特性。广泛地用于各类建筑的地面及外墙装饰,是适用于各种位置的优质墙地砖。

(3)陶瓷麻面砖。表面酷似人工修凿过的天然岩石,它表面粗糙,纹理质朴自然,有白、黄等多种颜色。它的抗折强度大于20MPa,抗压强度大于250MPa,吸水率小于1%,防滑性能良好,坚硬耐磨。薄型砖适用于外墙饰面,厚型砖适用于广场、停车场、人行道等地面铺设。陶瓷麻面砖一般规格较小,有长方形和异形之分。异形麻面砖很多是广场砖,在铺设广场地面时,经常采用鱼鳞形铺砌或圆环形铺砌方法,如果加上不同色彩和花纹的搭配,铺砌的效果十分美观且富有韵律。

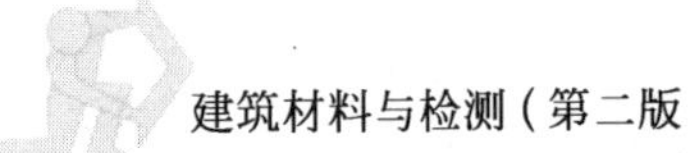

(4)陶瓷壁画、壁雕。是以凹凸的粗细线条、变幻的造型、丰富的色调，表现出浮雕式样的瓷砖。陶瓷壁雕砖可用于宾馆、会议厅等公共场合的墙壁，也可用于公园、广场、庭院等室外环境的墙壁。同一样式的壁画、壁雕砖可批量生产，使用时与配套的平板墙面砖组合拼贴，在光线的照射下，形成浮雕图案效果。当然，使用前应根据整体的艺术设计，选用合适的壁雕砖和平板陶瓷砖，进行合理的拼装和排列，来达到原有的艺术构思。由于壁画砖铺贴时需要按编号粘贴瓷砖，才能形成一幅完整的壁画。因此要求粘贴必须严密、均匀一致。每块壁画、壁雕在制作、运输、储存各个环节，均不得损坏，否则造成画面缺损，将很难补救。

(5)金属釉面砖。运用金属釉料等特种原料烧制而成，是当今国内市场的领先产品。金属釉面砖具有光泽耐久、质地坚韧、网纹淳朴等优点赋予墙面装饰动态的美，还具有良好的热稳定性、耐酸碱性、易于清洁和装饰效果好等性能。金属光泽釉面砖是采用钛的化合物，以真空离子溅射法使釉面砖表面呈现金黄、银白、蓝、黑等多种色彩，光泽灿烂辉煌，给人以坚固豪华的感觉。这种砖耐腐蚀、抗风化能力强，耐久性好，适用于高级宾馆、饭店以及酒吧、咖啡厅等娱乐场所的墙面、柱面、门面的铺贴。

(6)黑瓷钒钛装饰板。是以稀土矿物为原料研制成功的一种高档墙地饰面板材。黑瓷钒钛装饰板是一种仿黑色花岗岩板材，具有比黑色花岗岩更黑、更硬、更亮的特点，其硬度、抗压强度、抗弯强度、吸水率均好于天然花岗岩，同时又弥补了天然花岗岩由于黑云母脱落造成的表面凹坑的缺陷。黑瓷钒钛装饰板适用于宾馆饭店等大型建筑物的内、外墙面和地面装饰，也可用作台面、铭牌等。

陶瓷墙地砖通过垂直或水平、错缝或齐缝、宽缝或密缝等不同排列组合，可获得各种不同的装饰效果。用于室外铺装的墙地砖吸水率一般不宜大于6%，严寒地区吸水率应更小。

(三)陶瓷锦砖

陶瓷锦砖也称陶瓷马赛克，是以优质瓷土烧制成的，长边小于50mm的片状小瓷砖。陶瓷锦砖有挂釉和不挂釉两种，现在的主流产品大部分不挂釉。陶瓷锦砖的规格较小，直接粘贴很困难，故在产品出厂前按各种图案粘贴在牛皮纸上（正面与纸相粘），每张牛皮纸制品为一“联”。联的边长有284.0mm、295.0mm、305.0mm、325.0mm四种。应用基本形状的锦砖小块，每联可拼贴成变化多端的拼画图案，具体使用时，联和联可连续铺粘形成连续的图案饰面。

陶瓷锦砖具有美观、不吸水、防滑、耐磨、耐酸、耐火以及抗冻性好等性能。陶瓷锦砖由于块小，不易踩碎，因此主要用于室内地面装饰，如浴室、厨房、卫生间等环境的地面工程。陶瓷锦砖也可用于内、外墙饰面，并可镶拼成有较高艺术价值的陶瓷壁画，提高其装饰效果并增强建筑物的耐久性。由于陶瓷锦砖在材质、颜色方面选择种类多样，可拼装图案相当丰富，为室内设计师提供了很好的发挥创造力的空间。

陶瓷锦砖在施工时反贴于砂浆基层上，把牛皮纸润湿，在水泥初凝前把纸撕下，经调整、嵌缝，即可得到连续美观的饰面。为保证在水泥初凝前将衬材撕掉，露出正面，要求正面贴纸陶瓷锦砖的脱纸时间不大于40min。陶瓷锦砖与铺贴衬材应粘接合格，将成联锦砖正面朝上两手捏住联一边的两角，垂直提起，然后放平反复3次，锦砖不掉为合格。

（四）琉璃制品

琉璃制品是我国陶瓷宝库中的古老珍品，是我国古建筑中最具代表性和特色的部分。在古建筑中，它的使用按照建筑形式和等级，有着严格的规定，在搭配、组装上也有极高的构造要求。

琉璃制品是以难熔黏土做原料，经配料、成型、干燥、素烧、表面涂以琉璃釉料后，再经烧制而成。琉璃制品属于精陶瓷制品，颜色有金、黄、绿、蓝、青等。品种分为三类：瓦类（板瓦、筒瓦、沟头）、脊类和饰件类（吻、博古、兽等）。其主要产品有琉璃瓦、琉璃砖、琉璃兽、琉璃花窗、栏杆等装饰制件，还有琉璃桌、绣墩、鱼缸、花盆、花瓶等陈设用的建筑工艺品。琉璃制品的性能应符合《建筑琉璃制品》（JC/T 765—2006）的规定。

琉璃制品表面光滑、色彩绚丽、造型古朴、坚实耐用、富有民族特色。其彩釉不易剥落，装饰耐久性好，比瓷质饰面材料容易加工，且花色品种很多。主要用于具有民族风格的房屋材料，如板瓦、筒瓦、滴水、勾头以及飞禽走兽等用作檐头和屋脊的装饰物，还可用于建筑园林中的亭、台、楼阁等，以增加园林的特色。

五 建筑涂料

涂料是指涂敷于物体表面，并能与物体表面材料很好黏结形成连续性薄膜，从而对物体起到装饰、保护或使物体具有某些特殊功能的材料。涂料在物体表面干结形成的薄膜称为涂膜，又称涂层。一般将用于建筑物内墙、外墙、顶棚、屋面及地面的涂料称为建筑涂料。

（一）建筑涂料基本组成

建筑涂料由主要成膜物质、次要成膜物质、分散介质和助剂组成。

1. 主要成膜物质

主要成膜物质又称为基料、黏结剂或固着剂，是将涂料中的其他组分黏结在一起，并能牢固附着在基层表面形成连续均匀、坚韧的保护膜。主要成膜物质是涂料中最重要的组成部分，对涂料的性能起着决定性的作用。

主要成膜物质一般为高分子化合物或成膜后形成高分子化合物的有机物质。目前我国建筑涂料所用的成膜物质主要以合成树脂为主。

2. 次要成膜物质

次要成膜物质是指涂料中的各种颜料和填料，本身不具备成膜能力，但它可以依靠主要成膜物质黏结成为涂膜的组成部分，可以改善涂膜的性能、增加涂膜质感、增加涂料的品种。

颜料又称为着色颜料，在涂料中的主要作用是使涂膜具有一定的遮盖力和提供所需要的各种色彩，同时也具有一定的耐候性、耐碱性。因外墙涂料直接暴露于大气中，还直接涂刷在呈碱性的水泥砂浆表面，因而宜选用耐候性、耐碱性较好的颜料。白色颜料主要是钛白粉。钛白粉分为金红石型和锐钛型两种。锐钛型的耐候性差，只能用在内墙涂料中。彩色颜料主要包括炭黑、氧化铁红、氧化铁黄、酞菁蓝、酞菁绿，以及常见的鲜艳有机颜料，如大红、耐晒黄、永固紫等。其中前五种颜料成本低、保色性强，是涂料配色的首选，后三种颜料色泽鲜艳、保色性较好，但遮盖力差、成本高，目前主要靠进口。

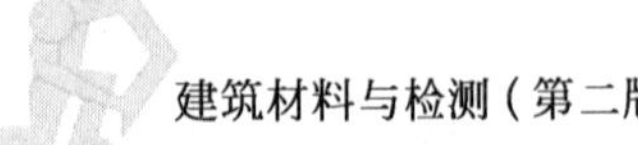

填料又称为体质颜料，主要起填充作用，填料能有效改善涂料的贮存稳定性和漆膜的相关性能，如提高涂膜的耐久性、耐热性和表面硬度，降低涂膜的收缩等。常用的填料有碳酸钙、滑石粉、煅烧高岭土、沉淀硫酸钡、硅酸铝等。

3. 分散介质

分散介质又称稀释剂，包括有机溶剂和水，是涂料的挥发性组分，它的主要作用是使涂料具有一定的黏度，以符合施工工艺的要求。常用的有机溶剂有二甲苯、乙醇、正丁醇、丙酮、乙酸乙酯和溶剂油等。

分散介质最后并不留在涂膜中，因此称为辅助成膜物质。它与涂膜质量和涂料的成本有很大关系，选用溶剂一般要考虑其溶解能力、挥发率、易燃性和毒性等问题。有机溶剂几乎是易燃液体，一般认为，闪点在25℃以下的溶剂为易燃品。

4. 助剂

助剂是为改善涂料的性能、提高涂料的质量而加入的辅助材料，加入量很少，但种类很多，对改善涂料性能的作用显著。

常用的助剂中提高固化前涂料性质的有分散剂、乳化剂、消泡剂、增稠剂、防流挂剂、防沉降剂和防冻剂等；提高固化后涂膜性能的有增塑剂、稳定剂、抗氧剂、紫外光吸收剂等。此外尚有催化剂、固化剂、催干剂、中和剂、防霉剂、难燃剂等。

（二）建筑涂料的分类

涂料的品种很多，各国分类方法也不尽相同，习惯分类方法有下列几种。

1. 按主要成膜物质的化学组成分类

建筑涂料分为有机涂料、无机涂料、复合涂料三类。

（1）有机涂料。由于其使用的溶剂不同，有机涂料又分为溶剂型涂料、水溶性涂料和乳液型涂料三种类型。

溶剂型涂料是以高分子合成树脂为主要成膜物质，有机溶剂为稀释剂，加入适量的颜料、填料（体质颜料）及辅助材料，经研磨而成的涂料。此种涂料产生的涂膜细腻而坚韧，且耐水性、耐化学药品性和耐老化性能均较好。另一个优点是，这种涂料的成膜温度可以低到零摄氏度。其主要缺点是价格昂贵、易燃、挥发的有机溶剂对人体健康有害。常用品种有过氯乙烯、聚乙烯醇缩丁醛、氯化橡胶、丙烯酸酯等。

水溶性涂料是以水溶性合成树脂为主要成膜物质，以水为稀释剂，加入适量的颜料、填料及辅助材料，经研磨而成的涂料。此种涂料通常其耐水性和耐污染性较差，一般只用于内墙涂料。常用品种有聚乙烯醇水玻璃内墙涂料、聚乙烯醇甲醛类涂料等。

乳液型涂料又称乳胶漆。它是由合成树脂借助乳化剂的作用，以0.1～0.5μm的极细微粒子分散于水中构成乳液，并以乳液为主要成膜物质，加入适量的颜料、填料及辅助材料经研磨而成的涂料。常用品种有聚醋酸乙烯乳液、乙烯—醋酸乙烯、醋酸乙烯—丙烯酸酯、苯乙烯—丙烯酸酯等共聚乳液。

（2）无机涂料。目前所使用的无机涂料是以水玻璃、硅溶胶、水泥等为基料，加入颜料、填料、助剂等经研磨、分散等而成的涂料。

无机涂料的价格低，资源丰富，无毒、不燃，具有良好的遮盖力，对基层材料的处理要求不高,可在较低温度下施工,涂膜具有良好的耐热性、保色性、耐久性等。

(3)复合涂料。不论是有机涂料还是无机涂料,在单独使用时,都存在一定的局限性。为克服其缺点,发挥各自的长处,出现了无机和有机复合的涂料。如聚乙烯醇水玻璃内墙涂料就比聚乙烯醇有机涂料的耐水性好。此外,以硅溶胶、丙烯酸系列复合的外墙涂料在涂膜的柔韧性及耐候性方面更能适应气候的变化。

2. 按建筑物的使用部位分类

建筑涂料分为外墙涂料、内墙涂料、地面涂料、顶棚涂料和屋面涂料等。

3. 按涂膜状态分类

建筑涂料可分为薄质涂料、厚质涂料、彩色复层凹凸花纹外墙涂料、砂壁状涂料等。

4. 按使用功能分类

建筑涂料可分为普通涂料、防水涂料、防火涂料、防霉涂料、保温涂料等。

(三)建筑涂料的技术性质

建筑涂料的技术性质主要包括施工前涂料的性能及施工后涂膜的性能两个方面。施工前涂料的性能对涂膜的性能有很大影响,施工条件及施工工艺操作对涂膜的质量影响也较大。

1. 施工前涂料的性能

施工前涂料的性能主要包括涂料在容器中的状态、施工操作性能、干燥时间、最低成膜温度和含固量等。

容器中的状态主要指储存稳定性及均匀性。储存稳定性是指涂料在运输和存放过程中不产生分层离析、沉淀、结块、发霉、变色及改性等。均匀性是指每桶溶液内上、中、下三层的颜色、稠度及性能均匀性,以及桶与桶、批与批和不同存放时间因素的均匀性。这些性能的测试主要采用肉眼观察。其包括低温(-5℃)、高温(50℃)和常温(23℃)储存稳定性。

施工操作性能主要包括涂料的开封、搅匀、提取方便与否、是否有流挂、油缩、拉丝、涂刷困难等现象,还包括便于重涂和补涂的性能。由于施工操作或其他原因,建筑物的某些部位(如阴阳角等)往往需要重涂或补涂,因此要求硬化涂膜与涂料具有很好的相溶性,形成良好的整体。这些性能主要与涂料的黏度有关。

干燥时间分为表干时间与实干时间。表干是指以手指轻触标准试样涂膜,如感到有些发粘,但无涂料黏在手指上,即认为表面干燥,时间一般不得超过 2h。实干时间一般要求不超过 24h。

最低成膜温度规定了涂料的施工作业最低温度,水性及乳液型涂料的最低成膜温度一般大于0℃,否则水有可能结冰而难以施工。溶剂型涂料的最低成膜温度主要与溶剂的沸点及固化反应特性有关。

含固量指涂料在一定温度下加热挥发后余留部分的含量。它的大小对涂膜的厚度有直接影响,同时影响涂膜的致密性和其他性能。

此外,涂料的细度对涂膜的表面光洁度及耐污染性等有较大影响。有时还测定建筑涂料的 pH 值、保水性、吸水率以及易稀释性和施工安全性等。

2. 施工后涂膜的性能

(1)遮盖率。反映涂料对基层颜色的遮盖能力。涂膜即把涂料均匀地涂刷在黑白格玻璃

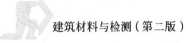

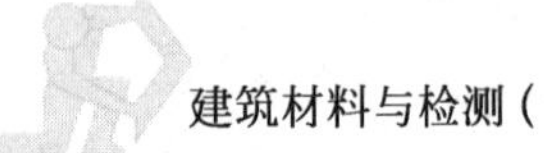

板上，使其底色不再呈现的最小用料量，以“g/m^2”表示。影响遮盖率的主要因素在于组成涂膜的各种材料对光线的吸收、折射和反射作用以及涂料的细度及涂膜的致密性。

（2）外观质量。涂膜与标准样板相比较，观察其是否符合色差范围，表面是否平整光洁，有无结皮、皱纹、气泡及裂痕等现象。

（3）附着力与黏结强度。即为涂膜与基层材料的黏附能力，能与基层共同变形不致脱落。

（4）耐磨损性。建筑涂料在使用过程中要受到风沙雨雪的磨损，尤其是地面涂料，摩擦作用更加剧烈。一般采用漆膜耐磨仪在一定荷载下磨转一定次数后，以质量损失克数表示耐磨损性。

（5）耐老化性。建筑涂料的耐老化性能直接影响到涂料的使用年限，即耐久性。老化因素主要来自涂料品种及质量、施工质量以及外界条件。

（四）常用的几种建筑涂料

1. 外墙涂料

外墙涂料的主要功能是装饰和保护建筑物的外墙，使建筑物外观整洁美观，达到美化环境的作用，延长其使用时间。由于直接暴露在大气中，并且受阳光、温度变化、干湿变化、外界有害介质的侵蚀等作用，因此要求外墙涂料在具有良好装饰性的同时还要兼具良好的耐水性、耐候性、耐久性、防污性等性能。常用的外墙涂料类型有：溶剂型外墙涂料、乳液型外墙涂料、复层外墙涂料、无机外墙涂料等。

（1）溶剂型外墙涂料。是以合成树脂溶液为主要成膜物质，有机溶剂为稀释剂，加入适量的颜料、填料及助剂，经混合溶解、研磨后配制而成的一种挥发性涂料。溶剂型外墙涂料具有较好的硬度、光泽、耐水性、耐酸碱性及良好的耐候性、耐污染性等特点。目前国内外使用较多的溶剂型外墙涂料主要有丙烯酸酯外墙涂料、聚氨酯系外墙涂料等。

丙烯酸酯外墙涂料是以热塑性丙烯酸酯合成树脂为主要成膜物质，加入溶剂、颜料、填料、助剂等，经研磨而成的一种溶剂型涂料。丙烯酸酯外墙涂料的特点是无刺激性气味，耐候性好，不易变色、粉化或脱落；耐碱性好，且对墙面有较好的渗透作用，涂膜坚韧，附着力强；施工方便，可刷、滚、喷，也可根据工程需要配制成各种颜色。主要适用于民用、工业、高层建筑及高级宾馆等内外装饰。

聚氨酯系外墙涂料是以聚氨酯树脂或聚氨酯与其他树脂复合物为主要成膜物质，加入颜料、填料、助剂等配制而成的优质外墙涂料。聚氨酯外墙涂料包括主涂层涂料和面涂层涂料。这种涂料的特点是近似橡胶弹性的性质，对基层的裂缝有很好的适应性；耐候性好；极好的耐水、耐碱、耐酸等性能；表面光洁度好，呈瓷状质感，耐污性好，使用寿命可达 15 年以上。主要用于高级住宅、商业楼群、宾馆等的外墙装饰。该系列中常用的为聚氨酯—丙烯酸酯涂料。

（2）乳液型外墙涂料。是以高分子合成树脂乳液为主要成膜物质的外墙涂料。按照涂料的质感可分为薄质乳液涂料（乳胶漆）、厚质涂料、彩色砂壁状涂料等。乳液型外墙涂料主要特点：以水为分散介质，涂料中无有机溶剂，因而不会对环境造成污染，不易燃，毒性小；施工方便，可刷涂、滚涂、喷涂，施工工具可以用水清洗；涂料透气性好，可以在稍湿的基层上施工；耐候性好。目前，薄质外墙涂料有乙—丙乳液涂料、乙—顺乳液涂料、苯—丙乳液涂料、聚丙烯酸酯乳液涂料等；厚质涂料有乙—丙厚质涂料、氯—偏厚质涂料、砂壁状涂料等。

苯—丙乳液涂料是以苯乙烯—丙烯酸酯共聚物为主要成膜物质，加入颜料、填料及助剂等，经分散、混合配制而成的乳液型外墙涂料。纯丙烯酸酯乳液配制的涂料，具有优良的耐候性、保光和保色性，适于外墙装饰。

乙—丙乳液涂料是由醋酸乙烯和一种或几种丙烯酸酯类单体、乳化剂、引发剂，通过乳液聚合反应制得的共聚乳液，称为乙—丙共聚乳液。然后将这种乳液作为主要成膜物质，掺入颜料、填料、成膜助剂、防霉剂等，经分散、混合配制而成的乳液型涂料，称为乙—丙乳液涂料。适用于住宅、商店、宾馆和工业建筑的外墙装饰。

聚丙烯酸酯乳液涂料或称纯丙烯酸聚合物乳胶漆，是由甲基丙烯酸甲酯、丙烯酸丁酯、丙烯酸乙酯等丙烯酸系单体加入乳化剂、引发剂等，经过乳液聚合反应而得到的。然后以该乳液为主要成膜物质，加入颜料、填料及其他助剂，经分散、混合、过滤而成的乳液型涂料。该涂料在性能上较其他共聚乳胶漆要好，最突出的优点是涂膜光泽柔和，耐候性与保光性都很优异。

乙—丙乳液厚质涂料，是以醋酸乙烯—丙烯酸共聚物乳液为主要成膜物质，掺入一定量的粗骨料组成的一种厚质外墙涂料。这种涂料具有膜质厚实、质感强，耐候性、耐水性、冻融稳定性均较好，且保色性好，附着力强，施工速度快，操作简单，可用于各种建筑物外墙。

彩色砂壁状外墙涂料又称彩砂涂料，是以合成树脂乳液和着色骨料为主体，外加增稠剂及各种助剂配制而成。彩砂涂料的主要成膜物质有醋酸乙烯—丙烯酸酯共聚乳液、苯乙烯—丙烯酸酯共聚乳液、纯丙烯酸酯共聚乳液等。彩砂涂料中的骨料分为着色骨料和普通骨料两种。

(3)复层外墙涂料。也称凹凸花纹涂料或浮雕涂料、喷塑涂料，它是由两种以上涂层组成的复合涂料。复层涂料是由底层涂料、主层涂料和罩面涂料三部分组成。按主层涂料主要成膜物质的不同，可分为聚合物水泥系复层涂料(CE)、硅酸盐系复层涂料(Si)、合成树脂乳液系复层涂料(E)、反应固化型合成树脂乳液系复层涂料(RE)四大类。复层涂料适用于多种基层材料。

(4)无机外墙涂料。是以碱金属硅酸盐或硅溶胶为主要成膜物质，加入填料、颜料、助剂等配制而成的建筑外墙涂料。按其主要成膜物质的不同可分为两类：一类是以碱金属硅酸盐为主要成膜物质；另一类是以硅溶胶为主要成膜物质。广泛用于住宅、办公楼、商店、宾馆等的外墙装饰，也可用于内墙和顶棚等的装饰。

2. 内墙涂料

也可用作顶棚涂料，它的主要功能是装饰及保护内墙墙面及顶棚，建立一个美观舒适的生活环境。内墙涂料应具有的性能有：色彩丰富、细腻、协调；耐碱、耐水性好，不易粉化；好的透气性、吸湿排湿性；涂刷方便、重涂性好；无毒、无污染。常用的内墙涂料类型有：合成树脂乳液内墙涂料、溶剂型内墙涂料、水溶性内墙涂料、多彩内墙涂料、幻彩内墙涂料以及其他内墙涂料等。

(1)合成树脂乳液内墙涂料。又称乳胶漆，是以合成树脂乳液为基料(成膜材料)的薄型内墙涂料。一般用于室内墙面装饰，但不宜用于厨房、卫生间、浴室等潮湿墙面。目前，常用的品种有苯丙乳胶漆、乙丙乳胶漆、聚醋酸乙烯乳胶内墙涂料、氯—偏共聚乳胶内墙涂料等。

苯丙乳胶漆内墙涂料是由苯乙烯、甲基丙烯酸等三元共聚乳液为主要成膜物质，掺入适量的填料、少量的颜料和助剂，经研磨、分散后配制而成的一种各色无光的内墙涂料。用于内墙装饰，其耐碱、耐水、耐久性及耐擦性都优于其他内墙涂料，是一种高档内墙装饰涂料，同时也

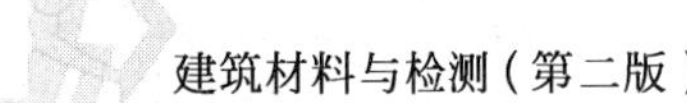

是外墙涂料中较好的一种。

乙丙乳胶漆是以聚醋酸乙烯与丙烯酸酯共聚乳液为主要成膜物质，掺入适量的填料及少量的颜料及助剂，经研磨、分散后配制成的半光或有光的内墙涂料。用于建筑内墙装饰，其耐碱性、耐水性和耐久性都优于聚醋酸乙烯乳胶漆，并具有光泽，是一种中高档的内墙涂料。

聚醋酸乙烯乳胶漆内墙涂料是以聚醋酸乙烯乳液为主要成膜物质，加入适量填料、少量的颜料及其他助剂经加工而成的水乳型涂料。它具有无味、无毒、不燃、易于施工、干燥快、透气性好、附着力强、耐水性好、颜色鲜艳、装饰效果明快等优点，适用于装饰要求较高的内墙。

氯—偏乳液涂料属于水乳型涂料，它是以氯乙烯—偏氯乙烯共聚乳液为主要成膜物质，添加少量其他合成树脂水溶液共聚液体为基料，掺入不同品种的颜料、填料及助剂等配制而成。

(2)溶剂型内墙涂料。与溶剂型外墙涂料基本相同。目前主要用于大型厅堂、室内走廊、门厅等部位。可用作内墙装饰的溶剂型涂料主要有过氯乙烯墙面涂料、聚乙烯醇缩丁醛墙面涂料、氯化橡胶墙面涂料、丙烯酸酯墙面涂料、聚氨酯系墙面涂料及聚氨酯—丙烯酸酯系墙面涂料等。

(3)水溶性内墙涂料。是以水溶性化合物为基料，加入适量的填料、颜料和助剂，经过研磨、分散后制成的，属低档涂料，可分为Ⅰ类和Ⅱ类。目前，常用的水溶性内墙涂料有聚乙烯醇水玻璃内墙涂料、聚乙烯醇缩甲醛内墙涂料和改性聚乙烯醇系内墙涂料。

聚乙烯醇水玻璃内墙涂料是以聚乙烯醇和水玻璃为基料，加入一定量的颜料、填料和适量的助剂，经溶解、搅拌、研磨而成的水溶性内墙涂料。聚乙烯醇水玻璃内墙涂料被广泛用于住宅、普通公用建筑等的内墙、顶棚等，但不适合用于潮湿环境。

聚乙烯醇缩甲醛内墙涂料又称 803 内墙涂料，是以聚乙烯醇与甲醛进行不完全缩合醛化反应生成的聚乙烯醇缩甲醛水溶液为基料，加入颜料、填料及助剂经搅拌、研磨、过滤而成的水溶性内墙涂料。聚乙烯醇缩甲醛内墙涂料可广泛用于住宅、一般公用建筑的内墙和顶棚。提高聚乙烯醇系内墙涂料耐水性和耐洗刷性的措施有：提高聚乙烯醇缩醛胶的缩醛度、采用乙二醛或丁醛部分代替或全部代替甲醛作聚乙烯醇的胶联剂、加入某些活性填料等。另外，在聚乙烯醇内墙涂料中加入 10% ~20% 的其他合成树脂的乳液，也能提高其耐水性。

(4)多彩内墙涂料。简称多彩涂料，是一种国内外较为流行的高档内墙涂料，它是经一次喷涂即可获得具有多种色彩的立体涂膜的涂料。多彩内墙涂料按其介质可分为水包油型、油包水型、油包油型和水包水型四种。多彩内墙涂料的涂层由底层、中层、面层涂料复合而成，适用于建筑物内墙和顶棚水泥、混凝土、砂浆、石膏板、木材、钢、铝等多种基面的装饰。

(5)幻彩内墙涂料。又称梦幻涂料、云彩涂料、多彩立体涂料，是目前较为流行的一种装饰性内墙高档涂料。幻彩涂料是用特种树脂乳液和专门的有机、无机颜料制成的高档水性内墙涂料。幻彩内墙涂料按组成的不同主要有：用特殊树脂与专门的有机、无机颜料复合而成的；用特殊树脂与专门制得的多彩金属化树脂颗粒复合而成的；用特殊树脂与专门制得的多彩纤维复合而成的等。幻彩涂料的成膜物质是经特殊聚合工艺加工而成的合成树脂乳液，具有良好的触变性及适当的光泽，涂膜具有优异的抗回黏性。幻彩涂料具有无毒、无味、无接缝、不起皮等优点，并具有优良的耐水性、耐碱性和耐洗刷性，主要用于办公、住宅、宾馆、商店、会议室等的内墙、顶棚等的装饰。幻彩涂料适用于混凝土、砂浆、石膏、木材、玻璃、金属等多种基层材料。幻彩涂料施工首先是封闭底涂，其主要作用是保护涂料免受墙体碱性物质的侵蚀。中层涂层一是增加基层材料与面层的黏结,二是可作为底色。中层涂料可采用水性合成乳胶涂料、半光或有光乳胶涂料。中层涂料干燥后,再进行面层涂料的施工。面层涂料可单一使用,也可套色配合使用。施工方式有喷、涂、刷、辊、刮等。

(6)其他内墙涂料。静电植绒涂料是利用高压静电感应原理,将纤维绒毛植入涂胶表面而成的高档内墙涂料,它主要由纤维绒毛和专用胶黏剂等组成。纤维绒毛可采用胶黏丝、尼龙、涤纶、丙纶等纤维。主要用于住宅、宾馆、办公室等的高档内墙装饰。

仿瓷涂料又称瓷釉涂料,是一种质感与装饰效果酷似陶瓷釉面层饰面的装饰涂料。仿瓷涂料分为溶剂型和乳液型两种。溶剂型仿瓷涂料是以常温下产生交联固化的树脂为基料;乳液型仿瓷涂料是以合成树脂乳液(主要使用丙烯酸树脂乳液)为基料。可用于公共建筑内墙、住宅内墙、厨房、卫生间等处,还可用于电器、机械及家具的表面防腐与装饰。

天然真石漆是以天然石材为原料,经特殊加工而成的高级水溶性涂料,以防潮底漆和防水保护膜为配套产品,在室内外装饰、工艺美术、城市雕塑上有广泛的使用前景。天然真石漆具有阻燃、防水、环保等特点。基层可以是混凝土、砂浆、石膏板、木材、玻璃、胶合板等。

彩砂涂料是由合成树脂乳液、彩色石英砂、着色颜料及各种助剂组成。该种涂料无毒、不燃、附着力强,保色性及耐候性好,耐水性、耐酸碱腐蚀性也较好。彩砂涂料的立体感较强,色彩丰富,适用于各种场所的室内外墙面装饰。

3. 地面涂料

地面涂料是采用耐磨树脂和耐磨颜料制成的用于地面涂刷的涂料。与一般涂料相比,地面涂料的耐磨性和抗污染性特别突出,因此广泛用于商场、车库、跑道、工业厂房等地面装饰。

最常见的地面涂料有环氧地面涂料和聚氨酯地面涂料,其中环氧地面涂料分为两种类型:溶剂型和无溶剂自流平型。溶剂型用于薄涂,耐磨性符合一般需求;无溶剂自流平用于厚涂,符合高标准的耐磨性要求。如果在环氧地面涂料中加入功能性材料,则可制成功能性涂料,如抗静电地坪涂料、砂浆型防滑地坪涂料。环氧地面涂料只适用于室内地面装饰。聚氨酯地坪涂料是可以在户外使用的地面涂料,尤其是弹性聚氨酯地坪涂料,广泛应用在跑道、过街天桥等地面装饰。

(五)建筑涂料的使用及发展方向

正确选用建筑涂料应从以下三个方面考虑:

(1)基层材料对涂料性能的影响。如混凝土、砂浆为基层的涂料,应具有较好的耐碱性。要考虑经济原则,选用的涂料品级档次与其他装饰材料要相匹配。

(2)装饰部位不同对涂料性能的要求不同。按不同使用部位,正确选用涂料以保证涂膜的装饰性和耐久性。

(3)环境条件的影响。涂料在使用时,根据环境条件、施工季节等,选择合适的涂料品种,以充分发挥涂料功能。因此,要求施工方便、重涂性好。

目前建筑涂料的主要发展方向是研制和生产水乳型合成树脂涂料以及硅溶胶无机外墙涂料,努力提高涂料的耐久性。主要考虑以下几方面的性能:

(1)低 VOC(有机挥发物)。

(2)功能化、复合化。

(3)高性能、高档次。

(4)水性化。

(5)通过在内墙涂料中加入某种特殊材料,从而达到吸收室内有毒有害气体、消除室内异味、净化空气的目的。

【工程实例 10-1】 外墙乳胶出现较多的裂纹

【现象】 北方某住宅工地因抢工期,在 12 月涂外墙乳胶。后来发现有较多的裂纹,请分析原因。

【原因分析】 每种乳液都有相应的最低成膜温度。若达不到乳液的成膜温度,乳液不能形成连续涂膜,导致外墙乳液涂料出现裂纹。一般宜避免在 10℃以下施工,若必须于较低温度下施工,应提高乳液成膜助剂的用量。此外,若涂料或第一道涂层施涂过厚,又未完全干燥,由于内外干燥速度不同,造成涂膜开裂。

【工程实例 10-2】 红的大理石变色、褪色

【现象】 色彩绚丽的大理石特别是红色的大理石用作室外墙柱装饰,为何过一段时间后会逐渐变色、褪色。

【原因分析】 大理石主要成分是碳酸钙,当与大气中的二氧化硫接触会生成硫酸钙,使大理石变色,特别是红色大理石最不稳定,更易于反应从而更快变色。

第二节 绝热及吸声材料

在建筑中,习惯上把用于控制室内热量外流的材料叫做保温材料;把防止室外热量进入室内的材料叫做隔热材料。保温、隔热材料统称为绝热材料。绝热材料主要用于墙体和屋顶保温隔热,以及热工设备、采暖和空调管道的保温,在冷藏设备中则大量用作保温。在建筑中合理采用绝热材料,能提高建筑物使用效能,保证正常的生产、工作和生活,能减少热损失,节约能源。据统计,具有良好的绝热功能的建筑,其能源可节省 25% ~50%。因此,在建筑工程中,合理地使用绝热材料具有重要意义。

吸声材料是一种能在较大程度上吸收由空气传递的声波能量、减低噪声性能的材料。为了改善声波在室内传播的质量,保持良好的音响效果和减少噪声的危害,在音乐厅、影剧院、大会堂、播音室及噪声大的工厂车间等室内的墙面、地面、顶棚等部位,应选用适当的吸声材料。

 绝热材料

(一)绝热材料基本要求

绝热材料的基本要求是:导热系数不宜大于 0.23W/(m·K),表观密度不宜大于 $600kg/m^3$,抗压强度则应大于 0.3MPa,构造简单,施工容易,造价低等。由于绝热材料的强度一般都很低,因此,选用时除了能单独承重的少数材料外,在围护结构中,经常把绝热材料层与承重结构材料层复合使用。如建筑外墙的保温层通常做在内侧,以免受大气的侵蚀,但应选用不易破碎

的材料,如软木板、木丝板等;如果外墙为砖砌空斗墙或混凝土空心制品,则保温材料可填充在墙体的空隙内,此时可采用散粒材料,如矿渣、膨胀珍珠岩等。屋顶保温层则以放在屋面板上为宜,这样可以防止钢筋混凝土屋面板由于冬夏温差引起裂缝,但保温层上必须加做效果良好的防水层。总之,在选用绝热材料时,应结合建筑物的用途、围护结构的构造、施工难易程度、材料来源和经济核算等因素综合考虑。对于一些特殊建筑物,还必须考虑绝热材料的使用温度条件、不燃性、化学稳定性及耐久性等。

(二)常用绝热材料

绝热材料按化学成分可分为有机绝热材料和无机绝热材料两大类;按材料的构造可分为纤维状、松散粒状和多孔状三种。通常可制成板、片、卷材或管壳等多种型式的制品。一般来说,无机绝热材料的表观密度较大,但不易腐朽,不会燃烧,有的能耐高温。有机绝热材料则质轻,绝热性能好,但耐热性较差。现将建筑工程中常用的绝热材料简介如下:

1. 纤维状保温隔热材料

这类材料主要是以矿棉、石棉、玻璃棉及植物纤维等为主要原料,制成板、筒、毡等形状的制品,广泛应用于住宅建筑和热工设备、管道等的保温隔热。这类绝热材料通常也是良好的吸声材料。

(1)石棉及其制品。石棉是一种天然矿物纤维,主要化学成分是含水硅酸镁,具有耐火、耐热、耐酸碱、绝热、防腐、隔音及绝缘等特性。常制成石棉粉、石棉纸板、石棉毡等制品。由于石棉中的粉层对人体有害,因此民用建筑中已很少使用,目前主要用于工业建筑的隔热、保温及防火覆盖等。

(2)矿棉及其制品。矿棉一般包括矿渣棉和岩石棉。矿渣棉所用原料有高炉硬矿渣、铜矿渣等,并加一些调节原料(钙质和硅质原料);岩石棉的主要原料为天然岩石(白云石、花岗石、玄武岩等)。上述原料经熔融后,用喷吹法或离心法制成细纤维。矿棉具有轻质、不燃、绝热和电绝缘等性能,且原料来源广,成本较低。可制成矿棉板、矿棉毡及管壳等。可用作建筑物的墙壁、屋顶、天花板等处的保温隔热和吸声材料,以及热力管道的保温材料。

(3)玻璃棉及其制品。玻璃棉是用玻璃原料或碎玻璃经熔融后制成纤维状材料,包括短棉和超细棉两种。短棉的表观密度为 40 ~ 150kg/m^3,导热系数为 0.035 ~ 0.058W/(m·K),价格与矿棉相近,可制成沥青玻璃棉毡、板及酚酞玻璃棉毡、板等制品,广泛用在温度较低的热力设备和房屋建筑中的保温隔热,同时它还是良好的吸声材料;超细棉直径在 4μm 左右,表观密度可小至 18kg/m^3,导热系数为 0.028 ~ 0.037W/(m·K),绝热性能更为优良。

(4)植物纤维复合板。是以植物纤维为主要材料加入胶结材料和填料而制成的一种轻质、吸声、保温材料。如木丝板是以木材下脚料制成木丝,加入硅酸钠溶液及普通硅酸盐水泥混合,经成型、冷压、养护、干燥而制成;甘蔗板是以甘蔗渣为原料,经过蒸制、加压、干燥等工序制成。其表观密度为 200 ~ 1200kg/m^3,导热系数为 0.058W/(m·K),可用于墙体、地板、顶棚等,也可用于冷藏库、包装箱等。

(5)陶瓷纤维绝热制品。陶瓷纤维是以氧化硅、氧化铝为主要原料,经高温熔融、蒸汽(或压缩空气)喷吹或离心喷吹(或溶液纺丝再经烧结)而制成,表观密度为 140 ~ 150kg/m^3,导热系数为 0.116 ~ 0.186W/(m·K),最高使用温度为 1100 ~ 1350℃,耐火度 1770℃,可加工成纸、绳、带、毯、毡等制品,供高温绝热或吸声使用。

2. 散粒状保温隔热材料

散粒状保温隔热材料包括膨胀蛭石、膨胀珍珠岩等。

(1)膨胀蛭石及其制品。蛭石是一种天然矿物,经850~1000℃燃烧,体积急剧膨胀(可膨胀5~20倍)而成为松散颗粒,其堆积密度为80~200kg/m³,导热系数0.046~0.07W/(m·K),可在1000~1100℃温度下使用,不蛀、不腐,但吸水性较大。用于填充墙壁、楼板及平屋顶,绝热、隔声效果很好。使用时应注意防潮,以免吸水后影响绝热效果。

膨胀蛭石也可与水泥、水玻璃等胶凝材料配合,制成砖、板、管壳等用于围护结构及管道的保温。水泥膨胀蛭石制品通常用10%~15%体积的水泥,85%~90%体积的膨胀蛭石,适量的水经拌合、成型、养护而成。其制品的表观密度为300~550kg/m³,相应的导热系数为0.08~0.10W/(m·K),抗压强度为0.2~1.0MPa,耐热温度为600℃。水玻璃膨胀蛭石制品是以膨胀蛭石、水玻璃和适量氟硅酸钠(Na_2SiF_6)配制而成。其表观密度为300~550kg/m³,相应的导热系数为0.079~0.084W/(m·K),抗压强度为0.35~0.65MPa,最高耐热温度为900℃。

(2)膨胀珍珠岩及其制品。膨胀珍珠岩是由天然珍珠岩、黑耀岩或松脂岩为原料,经煅烧体积急剧膨胀(约20倍)而得蜂窝泡沫状的白色或灰白色松散颗料。其堆积密度为40~300kg/m³,导热系数0.025~0.048W/(m·K),可在-200~800℃温度下使用,具有吸湿小、无毒、不燃、抗菌、耐腐、施工方便等特点,为高效能保温保冷填充材料。建筑上广泛用作围护结构、低温及超低温保冷设备、热工设备等的绝热材料,也可用于制作吸声制品。

膨胀珍珠岩制品是以膨胀珍珠岩为骨料,配以适量胶凝材料(水泥、水玻璃、磷酸盐、沥青等),经拌和、成型、养护(或干燥,或焙烧)后制成的板、砖、管等产品。

3. 多孔性板块绝热材料

(1)微孔硅酸钙制品。微孔硅酸钙制品是用粉状二氧化硅材料(硅藻土)、石灰、纤维增强材料及水等经搅拌、成型、蒸压处理和干燥等工序而制成。以托贝莫来石为主要水化产物的微孔硅酸钙,表观密度约为200kg/m³,导热系数为0.047W/(m·K),最高使用温度约为650℃。以硬硅钙石为主要水化产物的微孔硅酸钙,其表观密度约为230kg/m³,导热系数为0.056W/(m·K),最高使用温度可达1000℃。微孔硅酸钙制品用于围护结构及管道保温,效果较水泥膨胀珍珠岩和水泥膨胀蛭石更好。

(2)泡沫玻璃。它是采用玻璃粉加入1%~2%发泡剂(石灰石或碳化钙),经粉磨、混合、装模,在800℃下烧成后形成含有大量封闭而孤立小气泡(直径0.1~5mm)的制品。泡沫玻璃气孔率为80%~95%,表观密度为150~600kg/m³,导热系数为0.058~0.128W/(m·K),抗压强度为0.8~15.0MPa。采用普通玻璃粉制成的泡沫玻璃最高使用温度为300~400℃,若用无碱玻璃粉生产时,则最高使用温度可达800~1000℃。泡沫玻璃具有导热系数小、抗压强度和抗冻性高、耐久性好等特点,且易于进行锯切、钻孔等机械加工,为高级保温材料,也常用于冷藏库隔热。

(3)泡沫混凝土。是由水泥、水、松香泡沫剂混合后,经搅拌、成型、养护而制成的一种多孔轻质、保温、绝热、吸声的材料。也可用粉煤灰、石灰、石膏和泡沫剂制成粉煤灰泡沫混凝土。泡沫混凝土的表观密度为300~500kg/m³,导热系数为0.082~0.186W/(m·K)。

(4)加气混凝土。是由水泥、石灰、粉煤灰和发泡剂(铝粉)配制而成。是一种保温绝热性能优良的轻质材料。由于加气混凝土的表观密度为300～800kg/m³，导热系数为0.10～0.20W/(m·K)，要比烧结普通砖小许多，因而24cm厚的加气混凝土墙体，其保温绝热效果优于37cm厚的砖墙。此外加气混凝土的耐火性能良好。

(5)泡沫塑料。泡沫塑料是以合成树脂为基料，加入一定剂量的发泡剂、催化剂、稳定剂等辅助材料经加热发泡而制成的轻质保温、防震材料。目前我国生产的有聚苯乙烯、聚氯乙烯、聚氨酯及脲醛树脂等泡沫塑料。聚苯乙烯泡沫塑料表观密度为15～60kg/m³，导热系数为0.038～0.047W/(m·K)，最高使用温度为70℃；聚氯乙烯泡沫塑料表观密度为12～75kg/m³，导热系数为0.031～0.045W/(m·K)，最高使用温度为70℃，遇火能自行熄灭；聚氨酯泡沫塑料表观密度为24～80kg/m³，导热系数为0.035～0.042W/(m·K)，最高使用温度可达120℃，最低使用温度为-60℃。该类绝热材料可用于复合墙板及屋面板的夹芯层、冷藏及包装等绝热的需要。由于这类材料造价高，且具有可燃性，因此应用上受到一定限制。今后随着这类材料性能的改善，将向着高效、多功能方向发展。

二 吸声材料

(一)吸声材料基本要求

衡量材料吸声性能的重要指标是吸声系数。当声波遇到材料表面时，一部分被反射，另一部分穿透材料，其余的声能转化为热能而被吸收。被材料吸收的声能(包括部分穿透材料的声能在内)与原先传递给材料的全部声能之比，称为吸声系数(a)。假如入射声能的60%被吸收，40%被反射，则该材料的吸声系数就等于0.6。当入射声能100%被吸收而无反射时，吸声系数等于1。当门窗开启时，吸声系数相当于1。一般材料的吸声系数在0～1。

吸声系数与声音的频率及声音的入射方向有关。因此吸声系数用声音从各方向入射的吸收平均值表示，并应指出是对哪一频率(通常采用125、250、500、1000、2000、4000Hz六个频率)的吸收。任何材料对声音都能吸收，只是吸收程度有很大的不同。通常把对六个频率平均吸声系数大于0.2的材料认为是吸声材料。

(二)常用吸声材料

吸声材料大多为疏松多孔的材料，如矿渣棉、毯子等，其吸声机理是声波深入材料的孔隙，且孔隙多为内部互相贯通的开口孔，受到空气分子摩擦和黏滞阻力，以及使细小纤维作机械振动，从而使声能转变为热能。这类多孔性吸声材料的吸声系数，一般从低频到高频逐渐增大，故对高频和中频的声音吸收效果较好。建筑工程中常用吸声材料有：石膏砂浆、水泥膨胀珍珠岩板、矿渣棉、沥青矿渣棉毡、玻璃棉、起细玻璃棉、泡沫玻璃、泡沫塑料、软木板、木丝板、穿孔纤维板、工业毛毡、地毯、帷幕等。

除了采用多孔吸声材料吸声外，还可将材料组成不同的吸声结构，达到更好的吸声效果。常用的吸声结构形式有薄板共振吸声结构和穿孔板吸声结构。薄板共振吸声结构系采用薄板钉牢在靠墙的木龙骨上，薄板与板后的空气层构成了薄板共振吸声结构；穿孔板吸声结构是用穿孔的胶合板、纤维板、金属板或石膏板等为结构主体，与板后的墙面之间的空气层(空气层

中有时可填充多孔材料）构成吸声结构。该结构吸声的频带较宽，对中频的吸声能力最强。

【工程实例10-3】 绝热材料的应用

【现象】 某冰库绝热采用多种绝热材料、多层隔热，以聚苯乙烯泡沫作为墙体隔热夹芯板，在内墙喷涂聚胺酯泡沫层作绝热材料，取得了良好的效果。

【原因分析】 应用于墙体、屋面或冷藏库等处的绝热材料包括：以酚醛树脂黏结岩棉，经压制而成的岩棉板；以玻璃棉、树脂胶等为原料的玻璃棉毡；以碎玻璃、发泡剂等经熔化、发泡而得的泡沫玻璃；以水泥、水玻璃等胶结膨胀蛭石而成的膨胀蛭石制品；或者以聚苯乙烯树脂、发泡剂等经发泡而得的聚苯乙烯泡沫塑料等材料。其中岩棉板、膨胀蛭石制品和聚苯乙烯泡沫塑料等绝热材料还可应用于热力管道中。

【工程实例10-4】 吸声材料在工程中的应用

广州地铁坑口车站为地面站，一层为站台，二层为站厅。站厅顶部为纵向水平设置的半圆形拱顶，长84m，拱跨27.5m。离地面最高点10m，最低点4.2m为钢筋混凝土结构。在未作声学处理前该厅严重的声缺陷是低频声的多次回声现象。发一次信号枪，枪声就像轰隆的雷声，经久才停。声学工程完成以后声环境大大改善，经电声广播试验后，主观听声效果达到听清分散式小功率扬声器播音。总之，声学材料需根据其所用的结构、环境选用。

第三节 建筑功能材料的新发展

建筑功能材料发展迅速，且在三方面有较大的发展：一是注重环境协调性，注重健康、环保，即绿色化；二是复合功能；三是智能化。

一 绿色建筑功能材料

绿色建材又称生态建材、环保建材等，其本质内涵是相通的，即采用清洁生产技术，少用天然资源和能源，大量使用工农业或城市废弃物生产无毒害、无污染、达生命周期后可回收再利用，有利于环境保护和人体健康的建筑材料。

在当前的科学技术和社会生产力条件下，已经可以利用各类工业废渣生产水泥、砌块、装饰砖和装饰混凝土等；利用废弃的泡沫塑料生产保温墙体材料；利用无机抗菌剂生产各种抗菌涂料和建筑陶瓷等各种新型绿色功能建筑材料。

二 复合多功能建材

复合多功能建材是指材料在满足某一主要的建筑功能的基础上，附加了其他使用功能的建筑材料。例如抗菌自洁涂料，它既能满足一般建筑涂料对建筑主体结构材料的保护和装饰墙面的作用，同时又具有抵抗细菌的生长和自动清洁墙面的附加功能，使得人类的居住环境质量进一步提高，满足了人们对健康居住环境的要求。又如铝塑复合板是以塑料为芯层，外贴铝板的三层复合板材，并在表面施加装饰材料或保护性涂层，具有质量轻、装饰性强、施工方便的特点。铝塑复合板这种高分子复合材料已在土木工程应用中显示出了很大的优势，并得到越来越广泛的应用。

三 智能化建材

所谓智能化建材是指材料本身具有自我诊断和预告失效、自我调节和自我修复的功能,并可继续使用的建筑材料。当这类材料的内部发生异常变化时,能将材料的内部状况反映出来,以便在材料失效前采取措施,甚至材料能够在材料失效初期自动进行自我调节,恢复材料的使用功能。如自动调光玻璃,根据外部光线的强弱,自动调节透光率,保持室内光线的强度平衡,既避免了强光对人的伤害,又可调节室温和节约能源。

【工程实例 10-5】 热弯夹层纳米自洁玻璃

在长春市最古老的商业街—长江路,以热弯夹层自洁玻璃作采光棚顶。该玻璃充分利用纳米 TiO_2 材料的光催化活性,把纳米 TiO_2 镀于玻璃表面,在阳光照射下,可分解黏在玻璃上的有机物,在雨、水冲刷下自洁。

【工程实例 10-6】 自愈合混凝土

相当部分建筑物在完工,尤其受到动荷载作用后,可能会产生不利的裂纹,对抗震尤其不利。自愈合混凝土有可能克服此缺点,大幅度提高建筑物的抗震能力。把低模量黏接剂填入中空玻璃纤维,并使黏接剂在混凝土中长期保持性能。当结构开裂,玻璃纤维断裂,黏接剂释放,黏接裂缝。为防玻璃纤维断裂,将填充了黏接剂的玻璃纤维用水溶性胶黏接成束,平直地埋入混凝土中。

本章小结

本章主要介绍了建筑装饰材料、绝热与吸声材料的主要类型及性能特点和应用、建筑功能材料的新发展。本章的重点是各种建筑功能材料的性能特点和应用,难点是绝热与吸声材料部分,建议课外查看相关资料。

建筑装饰材料主要有饰面石材、建筑玻璃、建筑陶瓷、建筑涂料,了解各种装饰材料性能特点及使用要求是合理应用的基础。

绝热材料主要有纤维状、松散粒状和多孔状三种;吸声材料除多孔吸声材料外,还可将材料组成不同的吸声结构,达到更好的吸声效果。常用的吸声结构形式有薄板共振吸声结构和穿孔板吸声结构。

建筑功能材料发展态势:一是注重环境协调性,注重健康、环保,即绿色化;二是复合功能;三是智能化。

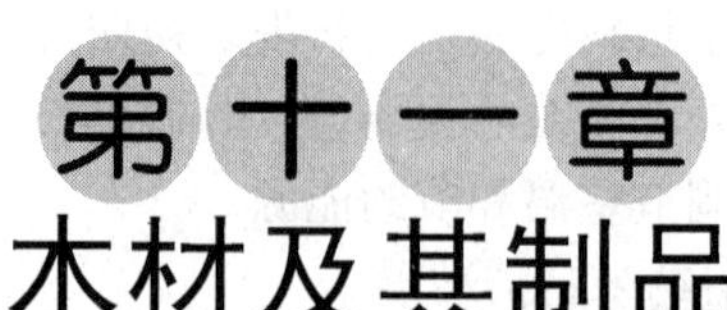

第十一章 木材及其制品

【职业能力目标】

通过对木材结构的物理、力学性质的学习，使学生能正确选择和合理使用木材及其制品，使木材在合理条件及状态下工作，发挥其最大使用价值；通过对木材主要缺点和防护方法的学习，掌握木材的保存和防腐处理的方法。

通过本章学习，掌握木材的物理、力学性质及其影响因素，理解造成木材腐蚀的原因、条件和措施，了解木材宏观和微观构造，了解木材及其制品在工程中的综合应用。

【学习要求】

本章围绕木材的分类、构造、性质、加工、保管等的相关知识展开，在学习过程中要求注意知识的连贯，例如木材的构造对其各向强度及变形特点的影响，木材的含水率和木材防腐处理之间的联系，普通木材的优缺点和木材制品优缺点的比较等等。对理论知识需要深入理解其内在含义，同时注重与实际工程密切相关的能力的培养和锻炼。

木材是取自于树木躯干或枝干的材料。它是典型的天然有机高分子材料，是建筑工程中应用最早和性能优良的建筑材料之一。木材是纤维结构材料，具有明显的各向异性。

第一节 木材的分类与构造

一 木材的分类

木材按其基本性能可分为软木材和硬木材，主要取决于树木的种类。

1. 软木材

软木材多取自于针叶树，如松、柏、杉等。针叶树树干通直而高大，易得大材，纹理平顺，材质均匀，木质较软而易于加工。软木材的强度较高，表观密度较小，耐腐蚀性较好，在使用环境条件下的胀缩变形较小，多用作承重构件，是建筑工程中应用很广泛的材料。

2. 硬木材

硬木材是取自于阔叶树的木材，如榆木、水曲柳、柞木等。阔叶树树身弯曲多节，树干通直部分一般较短，其木质较硬，疤结较多，难以加工。硬木材的表观密度较大，强度较高，经湿度变化后变形较大，容易产生翘曲或开裂，使用时需精心加工。有些树种具有美丽的纹理，适于作内部装修、家具及胶合板等。其中如栎、水青冈、黄檀等树木又硬又重，又称硬阔叶材；而椴木、泡桐等较轻软，又称软阔叶材。

二 木材的构造

木材的性质和应用与木材的构造有着密切关系，根据不同的分析层次，可从宏观与微观两方面考察木材的构造。

1. 木材的宏观构造

木材的宏观构造是指用肉眼或借助放大镜能观察到的构造特征。

木材在各个方向上的构造是不一致的，因此要了解木材构造必须从三个切面进行观察，如图 11-1 所示。

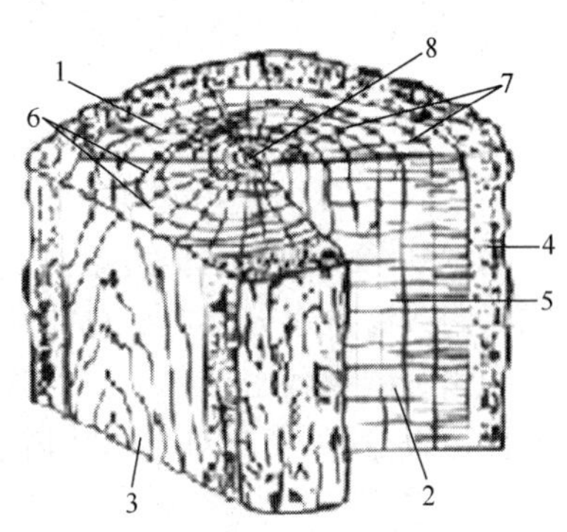

图 11-1 树干的三个切面

1-横切面；2-径切面；3-弦切面；4-树皮；5-木质部；6-年轮；7-髓线；8-髓心

横切面：与树干主轴或木纹相垂直的切面，在这个面上可观察若干以髓心为中心呈同心圈的年轮（生长轮）以及木髓线。

径切面：通过树轴的纵切面。年轮在这个面上呈互相平行的带状。

弦切面：平行于树轴的切面。年轮在这个面上成"V"字形。

从横切面上可以看到树木的树皮、木质部、年轮和髓心，有的木材还可看到放射状的髓线。

树皮：覆盖在木质部的外表面，起保护树木的作用。厚的树皮有内外两层，外层即为外皮（粗皮），内层为韧皮，紧靠着木质部。

木质部：髓心和树皮的部分，是工程使用的主要部分。靠近树皮的部分，材色较浅，水分较多，称为边材；在髓心周围部分，材色较深、水分较少，称为芯材。芯材材质较硬，密度增大，渗透性降低，耐久性、耐腐性均较边材高。

在横切面上所显示的深浅相间的同心圈为年轮，一般树木每年生长一圈。在同一年轮中，春天生长的木质，色较浅，质松软，强度低，称为春材（早材）；夏秋二季生长的木质，色较深，质坚硬，强度高，称为夏材（晚材）。相同树种，年轮越密而均匀，材质越好，夏材部分越多，木材强度越大。

髓心：形如管状，纵贯整个树木的干和枝的中心，是最早生成的木质部分，质松软、强度低、易腐朽。

髓线：以髓心为中心，呈放射状分布。髓线的细胞壁很薄，质软，它与周围细胞的结合力弱，木材干燥时易沿髓线开裂。

2. 木材的微观构造

木材的微观构造是指木材在显微镜下可观察到的组织结构。在微观状态下，木材是由大量的紧密联结的冠状细胞构成的，且细胞沿纵向排列成纤维状，其构造如图 11-2、图 11-3

所示。

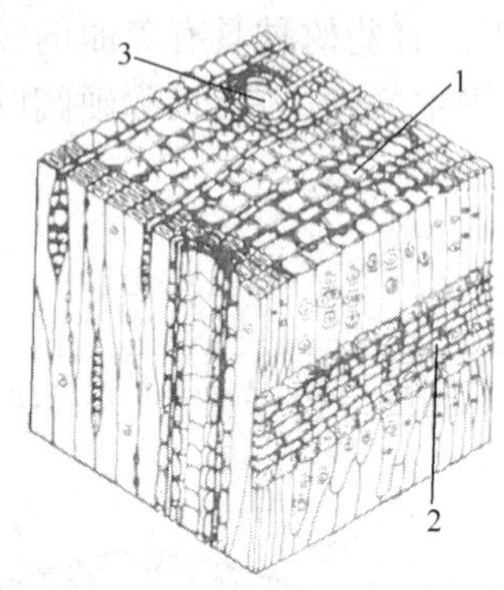

图 11-2　马尾松的显微构造

1-管胞;2-髓线;3-树脂道

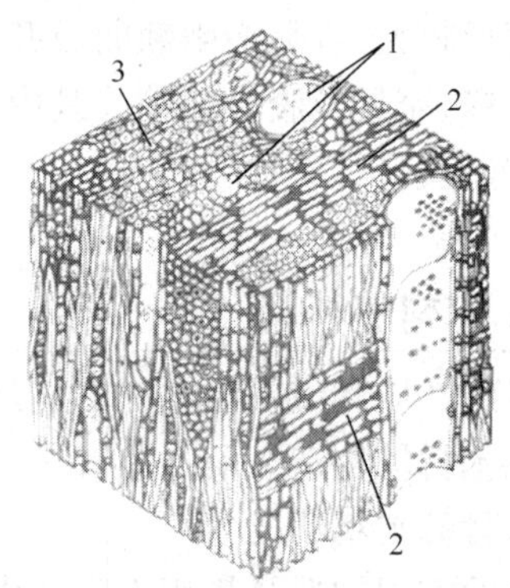

图 11-3　柞木的显微构造

1-导管;2-髓线;3-木纤维

木纤维中的细胞是由细胞壁与细胞腔构成的,细胞壁是由更细的纤维组成的,各纤维间可以吸附或渗透水分,构成独特的壁状结构。构成木材的细胞壁越厚时,细胞腔的尺寸就越小,表现出细胞越致密,承受外力的能力越强,细胞壁吸附水分的能力也越强,从而表现出湿胀干缩性更大,这种情况对于阔叶树最为明显。

第二节　木材的主要性质

一　化学性质

木材细胞主要由纤维素、半纤维素、木质素组成,其中纤维素占 50% 左右。此外,还有少量的油脂、树脂、果胶质、蛋白质、无机物等。

木材的化学性质复杂多变。在常温下木材对稀的盐溶液、稀酸、弱碱有一定的抵抗能力,但在强酸、强碱作用下,会使木材发生变色、湿胀、水解、氧化、酯化、降解交联等反应。随着温度升高,木材的抵抗能力显著降低,即使是中性水也会使木材发生水解等反应。

木材的上述化学性质也正是木材进行处理、改性以及综合利用的工艺基础。

二　物理性质

(一)密度与表观密度

木材的密度各树种相差不大,一般为 1.48 ~ 1.56g/cm^3。

木材的表观密度则随木材孔隙率、含水率以及其他一些因素的变化而不同。一般有气干表观密度、绝干表观密度和饱水表观密度之分。木材的表观密度愈大,其湿胀干缩率也愈大。

(二)吸湿性与含水率

由于纤维素、半纤维素、木质素的分子均含有羟基(- OH 基),所以木材易从周围环境中吸附水分。木材中所含的水根据其存在形式可分为三类:

结合水:结合水是木纤维中有机高分子形成过程中所吸收的化学结合水,是构成木材必不可少的组分,也是木材中最稳定的水分。

吸附水:吸附水是吸附在木材细胞壁内各木纤维之间的水分。其含量多少与细胞壁厚度有关。木材受潮时,细胞壁会首先吸水而使体积膨胀;而木材干燥时吸附水会缓慢蒸发而使体积收缩。因此,吸附水含量的变化将直接影响木材体积的大小和强度的高低。

自由水:自由水是填充与细胞腔或细胞间隙中的水分,木细胞对其约束很弱。当木材处于较干燥环境时,自由水首先蒸发。通常自由水含量随环境湿度的变化幅度很大,它会直接影响木材的表观密度、抗腐蚀性和燃烧性。

1. 木材的纤维饱和点

结合水是构成木材的必要成分,正常状态下的木材中结合水应是饱和的,它的存在并不影响木材的纤维结构状态。但是随着含水率的增大,多余的水分就以吸附水的形式存在于细胞壁内各纤维之间,致使细胞壁变形和细胞腔增大。当含水率增大至吸附水达到饱和状态时,细胞变形的程度也会达到最大。此后,木材的含水率增大时,多余的水分就会以自由水的形式存在,不再影响木细胞的变形。

木材的纤维饱和点是指木材中吸附水达到饱和,并且尚无自由水时的含水率。木材的纤维饱和点是木材性能变化规律的转折点,对一般木材多为25% ~35%,平均为30%左右。

木材含水率与木材的表观密度、强度、耐久性、加工性、导热性、导电性等有着一定关系,尤其是纤维饱和点是木材物理性质发生变化的转折点。

2. 木材的平衡含水率

当木材含水率较低时,会吸收潮湿环境空气中的水分;当木材的含水率较高时,其中的水分就会向周围较干燥的环境中释放水分。当木材长时间处于一定温度和湿度的空气中,则会达到相对稳定的含水率,亦即水分的蒸发和吸收趋于平衡,此时木材的含水率称为平衡含水率。

新伐木材含水率常在35%以上,风干木材含水率为15% ~25%,室内干燥的木材含水率常为8% ~15%。平衡含水率随大气的温度和相对湿度的变化而变化。

3. 湿胀干缩

木材具有显著的湿胀干缩性。当木材从潮湿状态干燥至纤维饱和点时,自由水蒸发其尺寸不改变,继续干燥,亦即当细胞壁中吸附水蒸发时,则发生体积收缩。反之,干燥木材吸湿时,将发生体积膨胀,直到含水量达纤维饱和点为止,此后,木材含水量继续增大,也不再膨胀,木材含水率与胀缩变形的关系如图11-4所示。

木材的这种湿胀干缩性随树种而有差异,一般来讲,表现密度大的,夏材含量多的,胀缩就较大。

木材由于构造不均匀,使各方向胀缩也不一样,在同一木材中,这种变化沿弦向最大,径向次之,纤维方向最小。木材干燥时,弦向干缩约为6% ~12%,径向干缩3% ~6%,纤维方向0.1% ~0.35%,这主要是受髓线影响所致。木材干燥后的干缩变形如图11-5所示。

木材的湿胀干缩对木材的使用有严重的影响,干缩使木结构构件连接处发生缝隙而松弛,湿胀则造成凸起。为了避免这种情况,可预先将木材进行干燥,使木材的含水率与其使用环境湿度相适应。

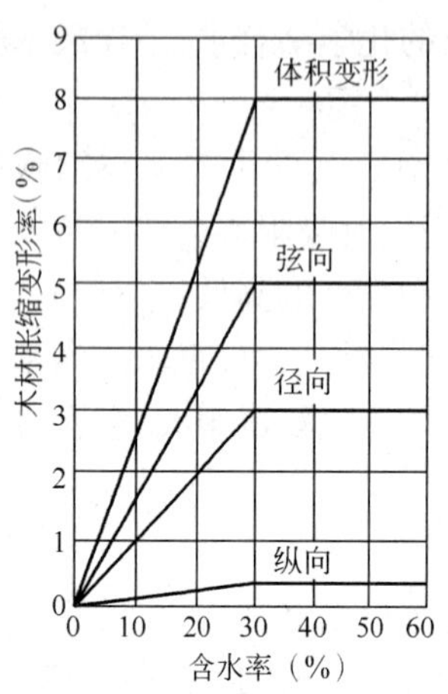

图 11-4　木材含水率与胀缩变形

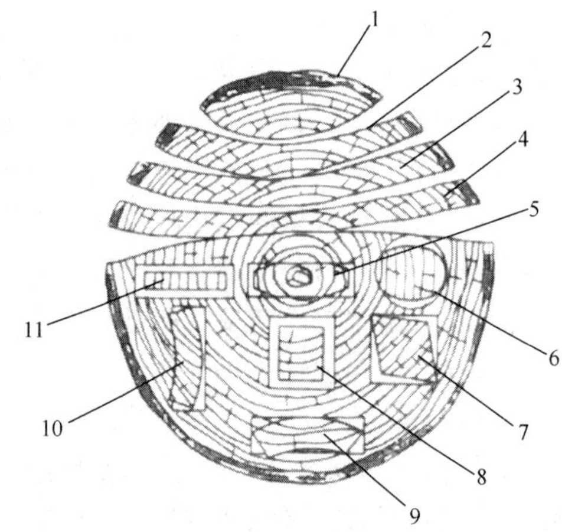

图 11-5　木材的干缩变形

1-边板呈橄榄核形；2、3、4、9-弦锯板呈瓦形反翘；5-通过髓心的径锯板呈纺锤形；6-圆形变椭圆形；7-与年轮成对角线的正方向变菱形；8-两边与年轮平行的正方形变长方形；10-与年轮成 40°角的长方形呈不规则翘曲；11-边材径锯板收缩较均匀

三　木材的力学性质

木材构造的不均质性，使木材的力学性质也具有明显的方向性，建筑工程中的木材所受荷载种类主要有压、拉、弯、剪等。

1. 抗压强度

木材的顺纹抗压强度较高，仅次于顺纹抗拉和抗弯强度，且木材的疵病对其影响较小。顺纹受压破坏是木材细胞壁丧失稳定性的结果，并非纤维的断裂。工程中常用柱、桩、斜撑及桁架等构件均为顺纹受压。木材横纹受压时，开始细胞壁产生弹性变形，变形与外力成正比。当超过比例极时，细胞壁失去稳定，细胞腔被压扁，随即产生大量变形。所以，木材的横纹抗压强度以使用中所限制的变形量来决定，通常取其比例极限作为横纹抗压强度极限指标。木材横纹抗压强度比顺纹抗压强度低得多。通常只有其顺纹抗压强度的 10% ~20% 。

2. 抗拉强度

木材的顺纹抗拉强度是木材各种力学强度中最高的。顺纹受拉破坏时往往不是纤维被拉断而是纤维间被撕裂。顺纹抗拉强度为顺纹抗压强度的 2 ~3 倍。但强度值波动范围大。木材的疵病如木节、斜纹、裂缝等都会使顺纹抗拉强度显著降低。同时，木材受拉杆件连接处应力复杂，这是使顺纹抗拉强度难以被充分利用的原因。木材的横纹抗拉强度很小，仅为顺纹抗拉强度的 1/10 ~1/40，因为木材纤维之间的横向联结薄弱。

3. 抗弯强度

木材受弯曲时内部应力十分复杂，上部是受到顺纹抗压，下部为顺纹抗拉，而在水平面中则有剪切力。木材受弯破坏时，通常在受压区首先达到强度极限，开始形成微小的不明显的皱纹，但不会立即破坏，随着外力增大，皱纹慢慢在受压区扩展，产生大量塑性变形，以后当受拉区内许多纤维达到强度极限时，则因纤维本身及纤维间联结的断裂而最后破坏。

木材的抗弯强度很高，为顺纹抗压强度的 1.5 ~2 倍，因此在建筑工程中应用很广，如用于桁架、梁、桥梁、地板等。但木节、斜纹等对木材抗弯强度影响很大,特别是当它们分布在受拉区时尤为显著。

4.剪切强度

木材的剪切有顺纹剪切、横纹剪切和横纹切断三种,如图11-6所示。

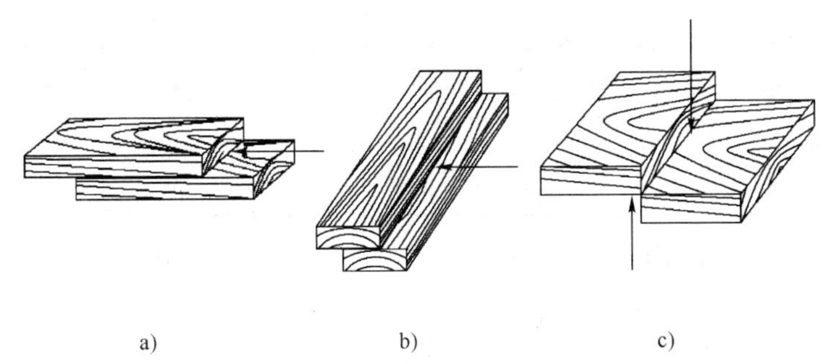

图11-6 木材的剪切

a)顺纹剪切;b)横纹剪切;c)横纹切断

顺纹剪切时,绝大部分纤维本身并不发生破坏,而只是破坏剪切面中纤维间的联结。所以木材的顺纹抗剪强度很小,一般为同一方向抗压强度(顺纹抗压强度)的15%~30%。横纹剪切破坏剪切面中纤维的横向联结,因此木材的横纹剪切强度比顺纹剪切强度还要低。而横纹切断破坏是将木纤维切断,因此强度较大,一般为顺纹剪切强度的4~5倍。

为了便于比较,现将木材各种强度间数值大小关系列于表11-1中。

木材各种强度间数值大小关系　　表11-1

抗压		抗拉		抗弯	抗剪	
顺纹	横纹	顺纹	横纹		顺纹	横纹切断
1	$\frac{1}{10}\sim\frac{1}{3}$	2~3	$\frac{1}{20}\sim\frac{1}{3}$	$1\frac{1}{2}\sim2$	$\frac{1}{7}\sim\frac{1}{3}$	$\frac{1}{2}\sim1$

建筑工程上常用树种的木材主要物理和力学性能见表11-2。

常用树种的木材主要物理和力学性能　　表11-2

树种名称	产地	气干表观密度(g/cm^3)	干缩系数		顺纹抗压强度(MPa)	顺纹抗拉强度(MPa)	抗弯强度(MPa)	顺纹剪切强度(MPa)	
			径面	弦面				径面	弦面
针叶树									
杉木	湖南	0.317	0.123	0.277	38.8	77.2	63.8	4.2	4.9
	四川	0.416	0.136	0.286	39.1	93.5	68.4	6.0	5.0
红松	东北	0.440	0.122	0.321	32.8	98.1	65.3	6.3	6.9
马尾松	安徽	0.533	0.140	0.270	41.9	99.0	80.7	7.3	7.1
落叶松	东北	0.641	0.168	0.398	55.7	129.9	109.4	8.5	6.8
鱼鳞云杉	东北	0.451	0.171	0.349	42.4	100.9	75.1	6.2	6.5
冷杉	四川	0.433	0.174	0.341	38.8	97.3	70.0	5.0	5.5

续上表

树种名称	产　地	气干表观密度 (g/cm^3)	干缩系数		顺纹抗压强度 (MPa)	顺纹抗拉强度 (MPa)	抗弯强度 (MPa)	顺纹剪切强度(MPa)	
			径　面	弦　面				径　面	弦　面
阔叶树									
柞栎	东北	0.766	0.199	0.316	55.6	155.4	124.0	11.8	12.9
麻栎	安徽	0.930	0.210	0.389	52.1	155.4	128.6	15.9	18.0
水曲柳	东北	0.686	0.197	0.353	52.5	138.1	118.6	11.3	10.5
榔榆	浙江	0.818	—	—	49.1	149.4	103.8	16.4	18.4

含水率对木材强度的影响如图 11-7 所示。

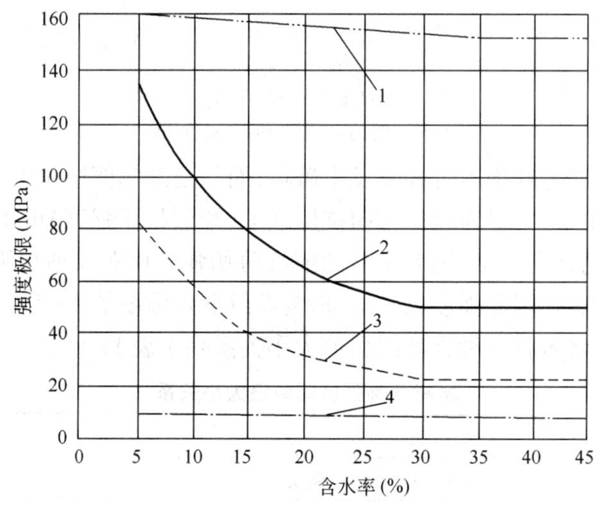

图 11-7　含水率对木材强度的影响

1-顺纹受拉;2-弯曲;3-顺纹受压;4-顺纹受剪

5. 影响木材强度的主要因素

1）含水率的影响

木材的强度随其含水率变化而异。含水率在纤维饱和点以上变化时,木材强度不变,在纤维饱和点以下时,随含水率降低,即吸附水减少,细胞壁趋于紧密,木材强度增大,反之强度减小。实验证明,木材含水率的变化,对木材各种强度的影响是不同的,对抗弯和顺纹抗压影响较大,对顺纹抗剪影响较小,而对顺纹抗拉几乎没有影响,如图 11-7 所示。故此对木材各种强度的评价必须在统一的含水率下进行,目前采用的标准含水率为 12%。

2）负荷时间的影响

木材对长期荷载的抵抗能力与对暂时荷载的不同。木材在外力长期作用下,只有当其应力远低于强度极限的某一范围以下时,才可避免木材因长期负荷而破坏。这是因为木材在外力作用下产生等速蠕滑,经过长时间以后,急剧产生大量连续变形的结果。

木材在长期荷载作用下不致引起破坏的最大强度,称为持久强度。木材的持久强度比极限强度小得多,一般为极限强度的 50% ~60%。

一切木结构都处于某一种负荷的长期作用下，因此在设计木结构时，应考虑负荷时间对木材强度的影响。

3）温度的影响

木材的强度随环境温度的升高而降低。当木材长期处于40℃～60℃的环境中，木材会发生缓慢的炭化。当温度在100℃以上时，木材中部分组成会分解、挥发，木材颜色变黑，强度明显下降。因此如果环境温度可能长期超过50℃时，不应采用木结构。

4）疵病的影响

木材在生长、采伐、保存过程中，所产生的内部或外部的缺陷，统称为疵病。木材的疵病主要有木节、斜纹、裂纹、腐朽和虫害等。一般木材或多或少都存在一些疵病，使木材的物理力学性能受到影响。

木节可分为活节、死节、松软节、腐朽节等几种。活节影响较小，木节使木材顺纹抗拉强度显著降低，对顺纹抗压强度影响较小。在木材受横纹抗压和剪切时，木节反而增加其强度。

斜纹为木纤维与树轴成一定夹角，斜纹木材严重降低其顺纹抗拉强度，抗弯次之，对顺纹抗压影响较小。

裂纹、腐朽、虫害等疵病，会造成木材构造的不连续性或破坏其组织，因此严重的影响木材的力学性质，有时甚至能使木材完全失去使用价值。

四 木材的韧性

木材的韧性较好，因而木结构具有较好的抗震性。木材的韧性受到很多因素影响，如木材的密度越大，冲击韧性越好；高温会使木材变脆，韧性降低；任何缺陷的存在都会严重影响木材的冲击韧性。

五 木材的硬度和耐磨性

木材的硬度和耐磨性主要取决于细胞组织的紧密度，各个截面上相差显著。木材横截面上的硬度和耐磨性都较径切面和弦切面为高。木髓线发达的木材弦切面的硬度和耐磨性比径切面高。

【工程实例11-1】 木材的含水率对其变形影响

【现象】

南方某潮湿多雨的林场木材加工场所制作的木家具手工精细、款式新颖，在当地享有盛誉，但运至西北后出现较大裂纹。

【原因分析】

西北地区空气湿度很小，与南方地区空气湿度相差较大。受所处环境湿度的影响，在南方制作的木家具所用木材的含水率比较高，而此时的含水率一般高于木材的纤维饱和点。当被运至西北地区以后，环境湿度急剧下降，木材中的水分会向空气中散发，以达到新的平衡含水率。但是此平衡含水率一般都要小于木材的纤维饱和点，木材的含水率由纤维饱和点下降到新的平衡含水率的过程中，会发生很大的收缩变形，即产生大量裂纹。

第三节　木材及其制品的性能及应用

一 木材产品

木材按照加工程度和用途的不同分为：原条、原木、锯材和枕木四类，见表 11-3。

木材产品的分类　　表 11-3

分类名称	说　明	主要应用
原条	是指去皮、根、树梢的木材，但尚未按一定尺寸加工成规定直径和长度的材料	建筑工程的脚手架、建筑用材、家具制作等
原木	已经除去皮、根、树梢的木材，并且按一定尺寸加工成规定直径和长度的材料	1. 直接使用的原木：用于建筑结构中的结构构件以及桩木、电杆、坑木等； 2. 加工原木：用于加工胶合板、造船、车辆、机械模型及一般加工用材等
锯材	是指已经加工锯解成材的木料。以宽厚比等于 3 为界限，小于 3 的称为枋材，其余的为板材	建筑工程（图 11-8）、桥梁、家具、造船、车辆、包装箱板等
枕木	是指按枕木断面和长度加工而成的成材	铁道工程中铁轨的铺设

常用的锯材按照厚度和宽度分为薄板、中板和厚板，见表 11-4。

锯材尺寸表　　表 11-4

树木种类	锯材分类	厚度（mm）	宽度（mm）		长度（m）
			尺寸范围	进　级	
针叶树	薄板	12、15、18、21	50～240	10	1～8
	中板	25、30	50～260		
阔叶树	厚板	40、50、60	60～300		1～6

针叶树和阔叶树锯材按照其缺陷状况进行等级划分，其等级标准见表 11-5。

针叶树和阔叶树锯材等级标准　　表 11-5

缺　陷	检量方法	允许限度			
		特等锯材	普通锯材		
			一　等	二　等	三　等
活节、死节	最大尺寸不得超过材宽的 任意材长 1 米范围内的个数不得超过	10% 3(2)	20% 5(4)	40% 10(6)	不限
腐朽	面积不得超过所在材面面积的	不许有	不许有	10%	25%
裂纹夹皮	长度不得超过材长的	5%（10）	10%（15）	30%（40）	不限
虫害	任意材长 1 米范围内的个数不得超过	不许有	不许有	15(8)	不限
钝棱	最严重缺角尺寸不得超过材宽的	10%（15）	25%	50%	80%
弯曲	横弯不得超过	0.3%（0.5）	0.5%（1）	2%	3%（4）
	顺弯不得超过	1%	2%	3%	不限
斜纹	斜纹倾斜高不得超过水平长的	5%	10%	20%	不限

建筑工程中用枋材如图 11-8 所示。

图 11-8　建筑工程中用枋材

二 人造板材

我国是木材资源贫乏的国家。为了保护和扩大现有森林面积,必须合理综合地利用木材。充分利用木材加工后的边角废料以及废木材,加工制成各种人造板材是综合利用木材的主要途径。

人造板材幅面宽、表面平整光滑、不翘曲、不开裂,经加工处理后具有防水、防火、耐酸等性能。现对常用的人造板材简介如下:

(一)胶合板

胶合板是由木段旋切成单板(图 11-9)或方木刨成薄木,再用胶黏剂胶合而成的三层以上的板状材料。

为了改善天然木材各向异性的特性,使胶合板性质均匀、形状稳定,一般胶合板在结构上都要遵守两个基本原则:一是对称,二是相邻层单板纤维相互垂直。对称原则就是要求胶合板对称中心平面两侧的单板,无论木材性质、单板厚度、层数、纤维方向、含水率等,都应该互相对称。在同一张胶合板中,可以使用单一树种和厚度的单板,也可以使用不同树种和厚度的单板,但对称中心平面两侧任何两层互相对称的单板树种和厚度要一样。

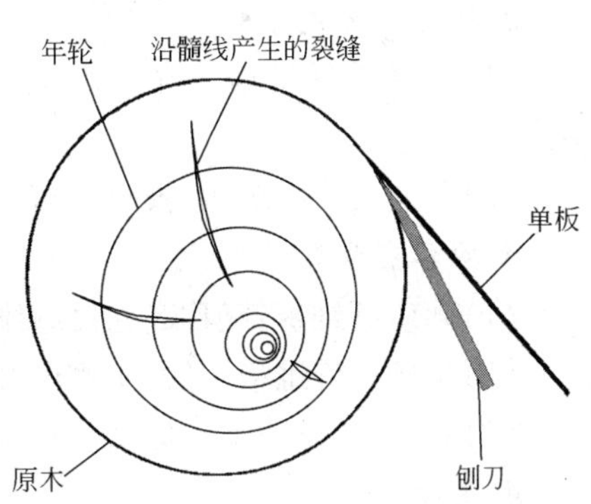

图 11-9　木段旋切成单板示意图

胶合板的层数为 3 ~ 13 层不等,常见的为三层、五层、七层等。胶合板各层的名称是:表层单板称为表板,里层单板称为芯板;正面的表板叫面板,背面的表板叫背板;芯板中,纤维方向与表板平行的叫长芯板或中板。在组成胶合板板坯时,面板和背板必须紧面朝外。

各类胶合板的幅面尺寸、分类、特性及适用范围见表 11-6、表 11-7。

(二)纤维板

纤维板是用木材或植物纤维作为主要原料,经机械分离成单体纤维,加入添加剂制成板坯，通过热压或胶黏剂组合成人造板。厚度主要有3mm、4mm、5mm三种。纤维板因做过防水处理，其吸湿性比木材小，形状稳定性、抗菌性都较好。生产纤维板可使木材的利用率达90%以上。纤维板构造均匀，克服了木材各向异性和有天然疵病的缺陷，不易翘曲和开裂，表面适于粉刷各种涂料或粘贴装裱。

胶合板的幅面尺寸　　表11-6

宽度(mm)	长度(mm)				
	915	1220	1830	2135	2440
915	915	1220	1830	2135	—
1220	—	1220	1830	2135	2440

胶合板分类、特性及适用范围　　表11-7

分　类	名　称	特　性	适用范围
Ⅰ类	耐气候胶合板	耐久、耐热、通过沸煮试验	室外工程
Ⅱ类	耐水胶合板	耐冷水浸泡、通过(63±3)℃热水浸渍试验	潮湿条件下使用，混凝土模板常用
Ⅲ类	不耐潮胶合板	有一定胶合强度但不耐水	室内工程一般常态下使用，要求环境干燥

纤维板的分类：

1.按原料分类

纤维板分为木质纤维板和非木质纤维板。木质纤维板是用木材加工废料加工制成的。非木质纤维模式以是由芦苇、秸秆、稻草等草本植物和竹材等加工制成。

2.按处理方式分类

(1)特硬质纤维板。经过增强剂或浸油处理的纤维板，强度和耐水性好，室内外均可使用。

(2)普通硬质纤维板，没有经过特殊处理的纤维板。

3.按容重分类

(1)硬质纤维板：又称高密度纤维板。密度大于800kg/m^3。

(2)半硬质纤维板：又称中密度纤维板，密度为500～700kg/m^3。

(3)软质纤维板：又称低密度纤维板，密度小于400kg/m^3。

4.用途

硬质纤维板，强度高，在建筑工程应用最广，它可代替木板使用，主要用作室内壁板、门板、地板、家具等，通常在板表面施以仿木油漆处理，可达到以假乱真的效果；半硬质纤维板，常制成带有一定孔型的盲孔板，板表面常施以白色涂料，这种板兼具吸声和装饰效果，多用于宾馆等室内顶棚材料；软质纤维板具有良好吸声和隔热性能，主要用于高级建筑的吸声结构或作保温隔热材料。

(三)刨花板

刨花板是利用木材或木材加工剩余物作原料，加工成刨花(或碎料)，再加入一定数量的胶黏剂，在一定的温度和压力作用下压制而成的一种人造板材，简称刨花板，又称碎料板。刨花板中间层为木质长纤维，两边为组织细密的木质纤维，经压制成板，如图 11-10 所示。

刨花板具有以下特点：有良好的吸声和隔声性能；各方向的性能基本相同，结构比较均匀；加工性能好，可按照需要加工成较大幅面的板件；刨花板表面平整，纹理逼真，耐污染，耐老化，美观，可进行油漆和各种贴面；不需经干燥，可以直接使用。缺点是密度较重，因而用其加工制作的家具重量较大；边缘粗糙，容易吸湿。

刨花板属于低档次的装饰材料，且强度较低，一般主要用作绝热、吸声材料，用于地板的基层、吊顶、隔墙、家具等。

(四) 细木工板

细木工板，俗称大芯板。是由两片单板中间黏压拼接木板而成，如图 11-11 所示。其竖向（以芯材走向区分）抗弯压强度差，但横向抗弯压强度较高。

图 11-10　刨花板实例

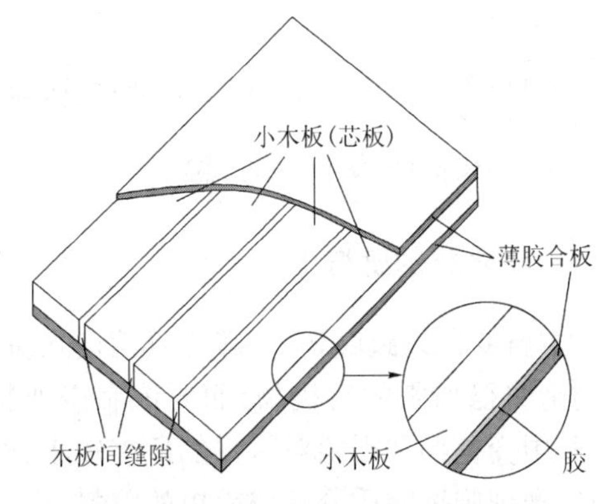

图 11-11　细木工板组成示意图

细木工板按结构分实芯和空芯两类：实芯细木工板，所用的树种以针叶树材及软阔叶树材为主，南方常用松木、杉木及一些软木等，小批量生产时，可利用木材加工厂加工剩余物作芯板。同用木条胶拼制成的细木工板相比，实芯细木工板力学强度佳。

空芯细木工板是用两张约 3mm 厚胶合板作表板和背板，中间夹着一块较厚的轻质芯板，芯板材料有木质空芯木框、轻木等。

由于芯板是用已处理过的小木条拼成，因此，它的特点是结构稳定，不像整板那样易翘曲变形，上下面复以单板或胶合板，所以强度高。与同厚度的胶合板相比，耗胶量少，重量轻，成本低等，可利用木材加工厂内的加工剩余物或小规格材作芯板原料，节省了材料，提高了木材利用率。空芯细木工板具有质坚，体轻，抗弯强度和硬度高等特性。因此，它们均是一种很有发展前途的产品。

(五) 木丝板、木屑板

木丝板、木屑板是分别以刨花渣、短小废料刨制的木丝、木屑等为原料，经干燥后拌入胶凝材料，再经热压而制成的人造板材。所用胶凝材料可以是合成树脂，也可为水泥、菱苦土等无机胶凝材料。

这类板材一般体积密度小，强度低，主要用做绝热和吸声材料，也可做隔墙。其中热压树脂刨花板和木屑板，其表面可黏贴塑料贴面或胶合板做饰面层，这样既增加了板材的强度，又使板材具有装饰性，可用做吊顶、隔墙、家具等材料。

【工程实例 11-2】 胶合板的选用

【现象】 某工地购得一批混凝土模板用胶合板，使用一定时间后发现其质量明显下降。经送检，发现该胶合板的胶黏剂是豆胶。

【原因分析】

胶合板所使用的胶黏剂对其性能影响极大。对于混凝土模板用胶合板，应采用酚醛树脂、脱水脲醛树脂胶或其他性能相当的胶黏剂，具有耐气候、耐水性，能适应在室外及潮湿环境当中使用。而豆胶胶黏剂尽管便宜，但不适于作室外使用，又不耐水，故其寿命短。

第四节　木材的防护

木材易腐蚀及易燃是其主要缺点，因木材在加工与应用时，应该考虑防腐和防火问题。

一　木材的腐朽与防腐

（一）木材的腐朽

木材变色以致腐朽，一般为真菌侵入所形成。真菌的特点是它的细胞没有叶绿素，因此不能制造自己所需的有机物，而要依靠侵蚀其他植物来吸取养料。真菌分变色菌、霉菌和腐朽菌，其中变色菌和霉菌对木材的危害较小，而腐朽菌寄生在木材的细胞壁中，它能分泌出一种酵素，把细胞壁物质分解成简单的养料，供自身在木材中生长繁殖，从而使木材产生腐朽，并逐渐破坏。真菌在木材中生存和繁殖，须同时具备三个条件：

1. 温度

一般真菌能够生长的温度为 3 ~ 38℃，最适应的温度为 25 ~ 30℃，当温度低于 5℃时，真菌停止繁殖，而高于 60℃时，真菌不能生存。

2. 水分

木材的含水率在 20% ~ 30% 时最适宜真菌繁殖生存，若低于 20% 或高于纤维饱和点，不利于腐朽菌的生长。

3. 空气

真菌生殖和繁殖需要氧气，所以完全浸入水中或深埋在泥土中的木材则因缺氧而不易腐朽。

（二）木材的防腐措施

防止木材腐朽的措施主要有以下两种：

1. 对木材进行干燥处理

木材加工使用之前，为提高木材的耐久性，必须进行干燥，将其含水率降至 20% 以下。木制品和木结构在使用和储存中必须注意通风、排湿，使其经常处于干燥状态。对木结构和木制品表面进行油漆处理，油漆涂层即使木材隔绝了空气和水分，又增添了美观。

2. 对木材进行防腐剂处理

用化学防腐剂对木材进行处理，使木材变为有毒的物质而使真菌无法寄生。木材防腐剂种类很多，一般分为水溶性、油质和膏状三类。水溶性防腐剂常用品种有氟化钠、氯化锌、硼酚合剂、硅氟酸钙、氟砷铬合剂等，这类防腐剂主要用于室内木结构的防腐处理。油质防腐剂常用品种有煤焦油、煤焦油—杂酚油混合防腐油、强化防腐油等。这类防腐剂毒杀伤效力强，毒性持久，有刺激性臭味，处理后木材变黑。常用于室外、地下或水下木构件，如枕木、木桩等。膏状防腐剂由粉状防腐剂、油质防腐剂，填料和胶结料（煤沥青、水玻璃等）按一定比例配制而成，用于室外木结构防腐。

对木材进行防腐处理的方法很多，主要有涂刷或喷涂法、压力渗透法、常压浸渍法、冷热槽浸透法等。其中表面涂刷或喷涂法简单易行，但防腐剂不能渗入木材内部，故防腐效果较差。

二 木材的燃烧及防火

木材易燃是其主要缺点之一。木材的防火，是指用具有阻燃性能的化学物质对木材进行的一种处理，经处理后的木材变成难燃的材料，以达到遇小火能自熄，遇大火能延缓或阻止燃烧蔓延，从而赢得补救时间的目的。

木材燃烧及阻燃机理为：木材在热的作用下发生热分解反应，随着温度升高，热分解加快，当温度升高至220℃以上达木材燃点时，木材燃烧放出大量可燃气体，这些可燃气体中有着大量高能量的活化基，活化基氧化燃烧后继续放出新的活化基，如此形成一种燃烧链反应，于是火焰在链状反应中得到迅速传播，使火越烧越旺，此称气相燃烧。当温度达450℃以上时，木材形成固相燃烧。在实际火灾中，木材燃烧温度可达800 ~ 1000℃。

由上可知，要阻止和延缓木材燃烧，可有以下几种措施：

1. 抑制木材在高温下的热分解

实践证明，某些含磷化合物能降低木材的热稳定性，使其在较低温度下即发生分解，从而减少可燃气体的生成，抑制气相燃烧。

2. 阻止热传递

实践证明，一些盐类，特别是含有结晶水的盐类，具有阻燃作用。例如含结晶水的硼化物、氢氧化钙、含水氧化铝和氢氧化镁等，遇热后则吸收热量而放出蒸汽，从而减少了热量传递。磷酸盐遇热缩聚成强酸，使木材迅速脱水碳化，而木炭的导热系数仅为木材的1/3 ~ 1/2，从而有效抑制了热的传递。同时，磷酸盐在高温下形成玻璃状液体物质覆盖在木材表面，也起到隔热层的作用。

3. 增加隔氧作用

稀释木材燃烧面周围空气中的氧气和热分解产生的可燃气体，增加隔氧作用。如采用含结晶水的硼化物和含水氧化铝等，遇热放出水蒸气，能稀释氧气及可燃气体的浓度，从而抑制木材的气相燃烧。而磷酸盐和硼化物等在高温下形成玻璃状覆盖层，则阻止了木材的固相燃烧。另外，卤化物遇热分解生成的卤化氢能稀释可燃气体，卤化氢还可与活化基作用而切断燃烧链，阻止气相燃烧。

一般情况下，木材阻燃措施不单独采用，而是多种措施并用，亦即在配制木材阻燃剂时，通常选用两种以上的成分复合使用，使其互相补充，增强阻燃效果，以达到一种阻燃剂可同时具有几种阻燃作用。

木材防火处理方法有表面涂敷法和溶液浸注法：

(1)表面涂敷法，即在木材表面涂敷防火涂料，即防火又具有防腐和装饰作用。

(2)溶液浸注法，分常压浸注和加压浸注两种，后者阻燃剂吸入量及透入深度均大大高于前者。浸注处理前，要求木材必须达到充分气干，并经初步加工成型，以免防火处理后进行大量锯、刨等加工，使木料中具有阻燃剂的部分被除去。

本章小结

本章介绍了木材的分类和构造、基本性质、木材制品分类以及木材的防护方面的知识。

木材一般分为软木材和硬木材两种。木材的构造包括宏观构造和微观构造两部分，重点应掌握木材的宏观构造。木材的性质主要包括化学性质、物理性质、力学性质、木材的韧性和耐磨性。其中含水率对木材性质的影响、纤维饱和点、平衡含水率等内容需要深入理解和掌握。

木材的制品主要介绍了锯材、枋材和人造板材。人造板材主要包括胶合板、纤维板、刨花板、细木工板等。要了解各种木材制品的性能和适用范围。

木材的防护主要介绍针对木材可能出现的破坏形态，可采用的防护方法，以及各种防护方法的原理。

小知识

木材防腐师

木材防腐师就是利用化学或物理等专业技术手段，对各类木材进行防腐处理的人员。从事的主要工作内容：

(1)识别木材质量等级，根据木材品种、规格等进行分类。

(2)识别木材防腐药剂，掌握使用方法，并按标准要求对木材防腐产品使用的防腐剂进行配比。

(3)操作、维护木材防腐处理设备。

(4)对加压处理机组各种运行设备、仪器仪表进行保养和一般维修。

(5)测定木材防腐处理后防腐药剂渗透的深度和药剂保留量，对木材防腐产品质量进行评估。

(6)对木材防腐处理环境和产品使用环境进行维护和评估，保障人身和环境安全。木材防腐师是一类最新的职业。

练 习 题

1. 填空题

(1)新伐木材,在干燥过程中,当含水率大于纤维饱和点时,木材的体积________,若继续干燥,当含水率小于纤维饱和点时,木材的体积________。

(2)木材干燥时,首先是________水蒸发,而后是________水蒸发。

(3)木材周围空气的相对湿度为________时,木材的平衡含水率等于纤维饱和点。

2. 单项选择题

木材含水率在纤维和点以内改变时,产生的变形与含水率________。

A. 成正比　B. 成反比　C. 不成比例地增长　D. 不成比例地减少

3. 是非判断题

(1)木材的湿胀变形是随着其含水率的提高而增大的。　(　)

(2)木材胀缩变形的特点是径向变化率最大,顺纹方向次之,弦向最小。　(　)

4. 简答题

(1)影响木材强度的主要因素有哪些?这些因素是如何影响木材强度的?

(2)木材防腐的常用方法有哪些?

附录 建筑材料试验

【职业能力目标】

（1）具备水泥、砂、石子、普通混凝土、砂浆、砖、钢筋、沥青及防水卷材等材料的试验仪器选择、试样制备、测试技术的能力。

（2）具备上述材料合格性判定和评定材料质量优劣的能力。

（3）具有对上述材料在使用过程中出现的质量问题，进行初步分析问题和解决问题的能力。

（4）使学生对材料有直观的认识，丰富与巩固课堂学习的基本理论知识。

（5）熟悉上述工程材料现行技术标准要求。

【学习要求】

（1）试验前做好相关内容的预习，了解试验目的、原理、方法及操作要点，并对试验所用的仪器、材料有基本了解。

（2）在试验的整个过程中，严格遵守试验操作规程，建立严密的科学工作秩序，注意观察试验过程中出现的各种现象，并详细做好试验记录。

（3）按要求对试验结果进行处理，并及时完成试验报告的填写和整理工作。

需要指出的是，本教材所列试验是按照课程教学大纲要求选材，根据现行的国家标准和行业标准编写的。内容包括建筑材料的基本性质试验以及水泥、建筑用砂、建筑用卵石（碎石）、普通混凝土、建筑砂浆、烧结普通砖、钢筋、石油沥青、弹性体改性沥青防水卷材等主要材料的试验，并不包括所有工程材料试验，在今后的学习和工作中如需要其他材料试验时，可参考相关的标准、规程、规范等资料。另外，由于科学技术水平和生产条件的不断发展，材料标准每隔一定时期要进行重新修订和完善，应用材料标准时要做到与时俱进。

在进行建筑材料试验时，应注意三个方面的技术问题：

1. 抽样技术

所选试样必须具有代表性，各种材料的取样方法，在有关国家标准和行业技术规范中均有规定，取样时应严格执行，不得任意取样。

2. 测试技术

包括仪器的选择、试样的制备、测试条件及测试方法，均应按照标准试验方法中的规定进行。

3. 处理试验数据及分析试验结果技术

试验结果需按有关理论、公式进行数据处理，包括计算方法、数字精度确定、有效数字取舍、对结果进行判定、得出结论等。

试验一　建筑材料的基本性质试验

建筑材料基本性质的试验项目较多，对于各种不同的材料，测试的项目也不相同。本试验包括材料的密度、表观密度、堆积密度和吸水率的测定。

一 密度试验

(一)试验目的

测定材料在绝对密实状态下，单位体积的质量，即密度。据此用来计算材料的孔隙率和密实度。

(二)试验原理

将干燥状态下的固体材料磨成细粉，细粉的体积即是材料在绝对密实状态下的体积，通过排液体体积法测定材料的体积，利用天平测定材料的质量，计算得出材料的密度。

(三)试样制备

将试样研碎，通过 900 孔/cm^2 的筛，除去筛余物，放在 105 ~ 110℃ 的烘箱中，烘干至恒质量，再放入干燥器中冷却至室温备用。

(四)主要仪器

密度瓶(如附图 1 所示，又名李氏瓶)、量筒、烘箱、干燥器、天平(1kg，感量 0.01g)、温度计、漏斗和小勺等。

(五)试验步骤

(1)在李氏瓶中注入不与试样发生化学反应的液体，使液面达到突颈下部 0 ~ 1mL 刻度之间。

(2)将密度瓶置于盛水的玻璃容器中，使刻度部分完全进入水中，并用支架夹住以防密度瓶浮起或歪斜。容器中的水温应保持在(20 ± 2)℃。经 30min，读出密度瓶内液体凹液面的刻度值 V_1(精确至 0.1mL，以下同)。

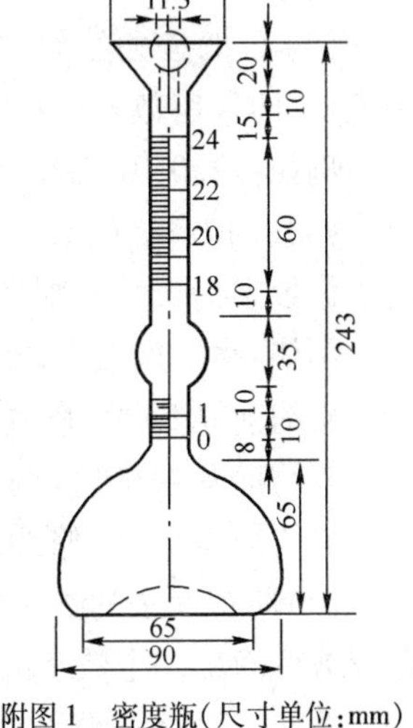

附图 1　密度瓶(尺寸单位：mm)

（3）用天平称取60～90g试样，用小勺和漏斗小心地将试样徐徐送入密度瓶中，要防止在密度瓶喉部发生堵塞，直至液面上升到20mL刻度左右为止。再称剩余的试样质量，计算出装入瓶内的试样质量m(g)。

（4）将密度瓶倾斜一定角度并沿瓶轴旋转，使试样粉末中的气泡逸出，再将密度瓶放入盛水的玻璃容器中（方法同上），经30min，待瓶中液体温度与水温相同后，读出密度瓶内液体凹液面的刻度值V_2(mL)。

（六）试验结果

（1）密度ρ按下式计算，精确至0.01g/cm^3，如式（1）：

$$\rho = \frac{m}{V} \tag{1}$$

式中：m——密度瓶中试样粉末的质量(g)；

V——装入密度瓶中试样粉末的绝对密实状态下的体积(cm^3)，即两次液面读数之差，$V = V_2 - V_1$。

（2）以两次试验结果的平均值作为密度的测定结果。两次试验结果的差值不得大于0.02g/cm^3，否则应重新取样进行试验。

（七）数字修约规则

（1）在拟舍去的数字中，保留数后边第一个数字小于5（不包括5）时，则舍去。保留数的末位数字不变。

例如：23.644保留两位数，修约为26.64。

（2）在拟舍去的数字中，保留数后边第一个数字大于5（不包括5）时，则进一。保留数的末位数字加一。

例如：12.356保留两位数，修约为12.36。

（3）在拟舍去的数字中，保留数后边第一个数字等于5，5后面的数字并非全部为零时。则进一，即保留数末位数字加一。

例如：12.0501保留一位数，修约为12.1。

（4）在拟舍去的数字中，保留数后边第一个数字等于5，5后面的数字全部为零时，保留数的末位数字为奇数时则进一；若保留数的末位数字为偶数（包括0），则不进。

例如：将下列数字修约到保留一位小数。

修约前0.3500，修约后0.4。

修约前0.4500，修约后0.4。

修约前1.0500，修约后1.0。

（5）所拟舍去的数字，若为两位以上的数字，不得连续进行多次（包括两次）修约。应根据保留数后面第一个数字的大小，按上述规定一次修约出结果。

例如：13.2567修约成整数为13。

二 表观密度试验

(一)试验目的

测定材料在自然状态下,单位体积的质量,即表观密度。通过表观密度可以估计材料的强度、导热性、吸水性、保温隔热等性质,亦可用来计算材料的孔隙率、体积及结构自重等。

(二)试验原理

对于形状规则的材料,用游标卡尺测出试件尺寸,计算其自然状态下的体积;对于不规则材料,通过蜡封后测定其自然状态下的体积。用天平来称量材料质量,计算得出材料的表观密度。

(三)主要仪器

游标卡尺(精度0.1mm)、天平(感量0.1g)、液体静力天平、烘箱、干燥器等。

(四)试验步骤与结果计算

1. *形状规则材料(如砖、石块、砌块等)*

(1)将欲测材料的试件放入(105 ±5)℃的烘箱中烘干至恒质量,取出在干燥器内冷却至室温,称其质量 m(g)。

(2)用游标卡尺量出试件的尺寸,并计算出自然状态下的体积 V_0(cm^3)。

①对于六面体试件,长、宽、高各方向上需测量三处,分别取其平均值 a、b、c,如式(2):

$$V_0 = a \times b \times c \tag{2}$$

②对于圆柱体试件,在圆柱体上、下两个平行切面上及腰部,按两个互相垂直的方向量其直径,求六次的平均值 d,再在互相垂直的两直径与圆周交界的四点上量其高度,求四次的平均值 h,如式(3):

$$V_0 = \frac{\pi d^2}{4} \times h \tag{3}$$

(3)结果计算。

①表观密度 ρ_0 按下式计算,精确至10kg/m³ 或0.01g/cm³,如式(4):

$$\rho_0 = \frac{m}{V_0} \tag{4}$$

式中:m——试件在干燥状态下的质量(g);

V_0——试件的表观体积(cm^3)。

②试件结构均匀者,以三个试件结果的算术平均值作为试验结果,各次结果的误差不得超过20kg/m³ 或0.02g/cm³;如试件结构不均匀,应以五个试件结果的算术平均值作为试验结果,并注明最大、最小值。

2. *形状不规则材料*

(1)将试件加工成(或选择)长约20~50mm 的试件5~7个,置于(105 ±5)℃的烘箱内烘干至恒质量,并在干燥器内冷却至室温。

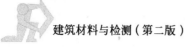

（2）取出 1 个试件，称出试件的质量 m，精确至 0.1g（以下同）。

（3）将试件置于熔融的石蜡中 1 ~ 2s 取出，使试件表面沾上一层蜡膜（膜厚不超过 1mm）。

（4）称出封蜡试件的质量 m_1（g）。

（5）用液体静力天平称出封蜡试件在水中的质量 m_2（g）。

（6）检定石蜡的密度 $\rho_{蜡}$（一般为 0.93g/cm^3）。

（7）结果计算。

①表观密度 ρ_0 按下式计算，精确至 10kg/m^3 或 0.01g/cm^3，如式（5）：

$$\rho_0 = \frac{m}{m_1 - m_2 - \dfrac{m_1 - m}{\rho_{蜡}}} \tag{5}$$

式中：m——试件质量（g）；

m_1——封蜡试件的质量（g）；

m_2——封蜡试件在水中的质量（g）。

②试件结构均匀者，以三个试件结果的算术平均值作为试验结果，各次结果的误差不得超过 20kg/m^3 或 0.02g/cm^3；如试件结构不均匀，应以五个试件结果的算术平均值作为试验结果，并注明最大、最小值。

 三 堆积密度试验

（一）试验目的

测定粉状、粒状或纤维状材料在堆积状态下，单位体积的质量，即堆积密度。它可以用来估算散粒材料的堆积体积及质量，考虑运输工具，估计材料级配情况等。

（二）试验原理

将干燥材料按规定的方法装入容积已知的容量筒中，再用天平称出容量筒中材料的质量，计算得出材料的堆积密度。

（三）主要仪器

标准容器（容积已知）、天平（感量 0.1g）、烘箱、干燥器、漏斗、钢尺等。

（四）试样制备

将试样放在 105 ~ 110℃ 的烘箱中，烘干至恒质量，再放入干燥器中冷却至室温。

（五）试验步骤

1. 材料松散堆积密度的测定

称量标准容器的质量 m_1（kg）。将材料试样经过标准漏斗或标准斜面，徐徐地装入容器内，漏斗口或斜面底距容器口为 5cm，待容器顶上形成锥形，将多余的材料用钢尺沿容器口中心线向两个相反方向刮平（试验过程应防止触动容量筒），称得容器和材料总质量为 m_2（kg）。

2. 材料紧密堆积密度的测定

称量标准容器的质量 m_1(kg)。取另一份试样,分两层装入标准容器内。装完一层后,在筒底垫放一根 ϕ10mm 钢筋,将筒按住,左右交替颠击地面各 25 下,再装第二层,把垫着的钢筋转 90°,同法颠击。加料至试样超出容器口,用钢尺沿容器口中心线向两个相反方向刮平,称得容器和材料总质量为 m_2(kg)。

(六)试验结果

(1)松散堆积密度和紧密堆积密度 ρ_0' 均按下式计算,精确至 10kg/m³,如式(6):

$$\rho_0' = \frac{m_2 - m_1}{V_0'} \tag{6}$$

式中:m_2——容器和试样总质量(kg);

m_1——容器质量(kg);

V_0'——容器的容积(m³)。

(2)以两次试验结果的算术平均值作为松散堆积密度和紧密堆积密度测定的结果。

四 吸水率试验

(一)试验目的

材料的吸水率是指材料在吸水饱和状态下,吸入水的质量或体积与材料干燥状态下质量或体积的比。材料吸水率的大小对其强度、抗冻性、导热性等性能影响很大,测定材料的吸水率,可估计其各项性能。

(二)试验原理

材料吸水饱和状态下的质量与其干质量质量之差即为材料所吸收的水量,所吸收的水量与材料干质量的比值为材料的质量吸水率。

(三)主要仪器

天平(称量 1000g,感量 0.1g)、水槽、烘箱、干燥器等。

(四)试验步骤

(1)将试件置于烘箱中,以不超过 110℃ 的温度将试件烘干至恒质量,再放入干燥器中冷却至室温,称其质量 m(g)。

(2)将试件放入水槽中,试件之间应留 1 ~2cm 的间隔,试件底部应用玻璃棒垫起,避免与槽底直接接触。

(3)将水注入水槽中,使水面至试件高度的 1/4 处,2h 后加水至试件高度的 1/2 处,隔 2h 再加入水至试件高度的 3/4 处,又隔 2h 加水至高出试件 1 ~2cm,再经 24h 后取出试件。这样逐次加水能使试件孔隙中的空气逐渐逸出。

(4)取出试件后,用拧干的湿毛巾轻轻抹去试件表面的水分(不得来回擦拭)。称其质量,称量后仍放回槽中浸水。

以后每隔1昼夜用同样方法称取试样质量,直至试件浸水至恒定质量为止(质量相差不超过0.05g),此时称得试件质量为 m_1(g)。

(五)试验结果

(1)质量吸水率 $W_{质}$(%)及体积吸水率 $W_{体}$(%)按式(7)和式(8)计算:

$$W_{质} = \frac{m_1 - m}{m} \times 100\% \tag{7}$$

$$W_{体} = \frac{V_1}{V_0} \times 100\% = \frac{m_1 - m}{m} \cdot \frac{\rho_0}{\rho_{H_2O}} \times 100\% = W_{质} \cdot \rho_0 \tag{8}$$

式中:m_1——材料吸水饱和时的质量(g);

m——材料干燥状态时的质量(g);

V_1——材料吸水饱和时水的体积(cm^3);

V_0——干燥材料自然状态时的体积(cm^3);

ρ_0——试样的干体积密度(g/cm^3);

ρ_{H_2O}——水的密度,常温时 $\rho_{H_2O} = 1g/cm^3$。

(2)取三个试件吸水率的算术平均值作为结果。

【观察与思考】

(1)在测定材料密度时,为什么需要将试样磨细?

(2)在测定材料吸水率时,水面为何不一次加够,而要分次逐步添加?

试验二　水泥技术性质检测试验

一　一般规定

(一)试验前的准备及注意事项

(1)当试验水泥从取样至试验要保持24h以上时,应把它贮存在基本装满和气密的容器里,这个容器应不与水泥起反应,并在容器上注明生产厂名称、品种、强度等级、出厂日期、送检日期等。

(2)试验室温度为(20±2)℃,相对湿度应不低于50%,养护箱的温度为(20±1)℃,相对湿度不低于90%。试体养护池水温度应在(20±1)℃范围内。

(3)检测前,一切检测用材料(水泥、标准砂、水等)均应与试验室温度相同,即达到(20±2)℃,试验室空气温度和相对温度及养护池水温在工作期间每天至少记录一次。

(4)养护箱或雾室的温度与相对湿度至少每4h记录一次,在自动控制的情况下记录次数可以减至一天记录两次。

(5)检测用水必须是洁净的饮用水,如有争议时应以蒸馏水为准。

(二)水泥现场取样方法

1. 散装水泥

对同一水泥厂生产的同期出厂的同品种、同强度等级的散装水泥,以一次进场的同一出厂编号的水泥为一批,且总量不超过 500t,随机从不少于 3 个罐车中采取等量水泥,经混拌均匀后称取不少于 12kg。取样工具见附图 2。

$$L = 1000 \sim 2000\text{mm}$$

2. 袋装水泥

对同一水泥厂生产的同期出厂的同品种、同强度等级的散袋水泥,以一次进场的同一出厂编号的水泥为一批,且总量不超过 100t。取样应有代表性,可以从 20 个不同部位的袋中取等量样品水泥,经混拌均匀后称取不少于 12kg。取样工具见附图 3。

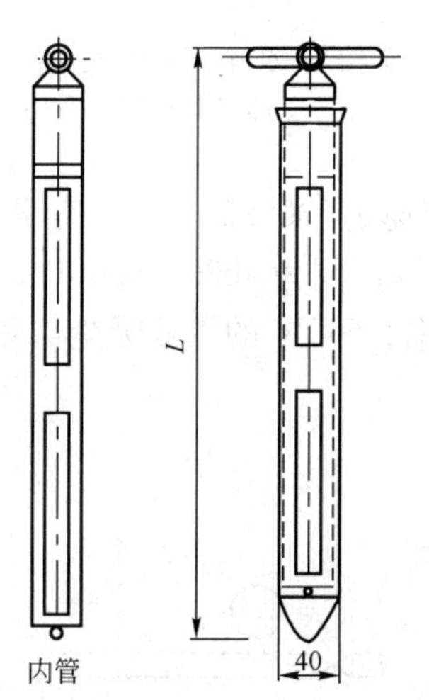

附图 2 散装水泥取样管(尺寸单位:mm)

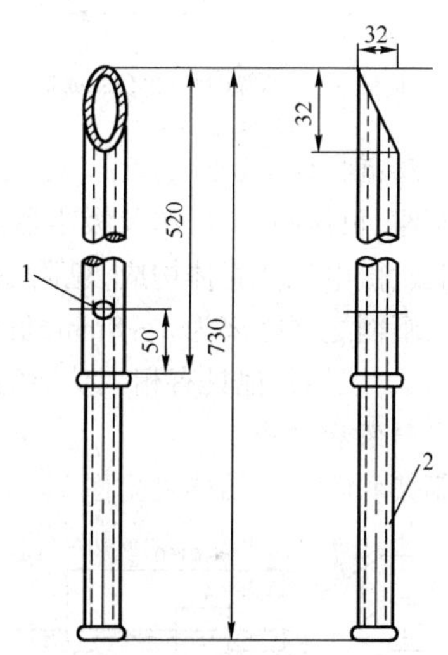

附图 3 袋装水泥取样管(尺寸单位:mm)
1-气孔;2-手柄

检测前,把按上述方法取得的水泥样品,按标准规定将其分成两等份。一份用于标准检测,另一份密封保管三个月,以备有疑问时同时复验。

对水泥质量发生疑问需作仲裁检验时,应按仲裁检验的办法进行。

二 细度检测(GB/T 1345—2005)

(一)试验目的

通过筛析法测定水泥的细度,为判定水泥质量提供依据。

(二)试验原理

采用 45μm 方孔筛和 80μm 方孔筛对水泥试样进行筛析试验,用筛上筛余物的质量百分数来表示水泥样品的细度。

（三）主要仪器

1. 试验筛

试验筛分负压筛和水筛两种，其结构尺寸见附图4和附图5。筛网应紧绷在筛框上，筛网和筛框接触处应用防水胶密封，防止水泥嵌入。

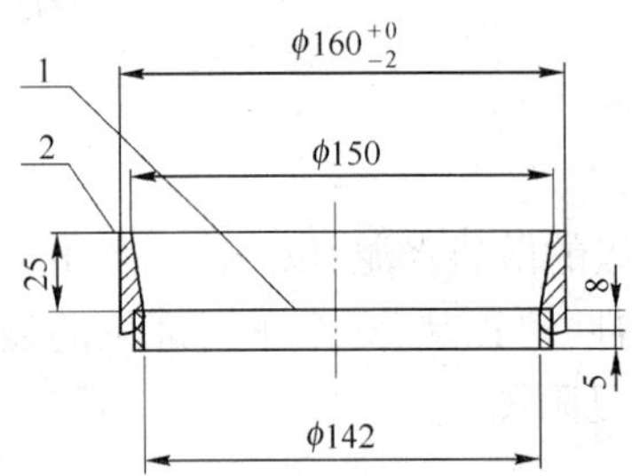

附图4　负压筛（尺寸单位：mm）
1-筛网；2-筛框

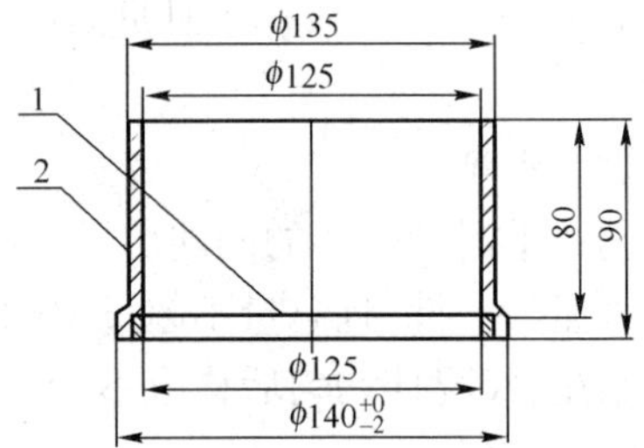

附图5　水筛（尺寸单位：mm）
1-筛网；2-筛框

2. 负压筛析仪

由筛座、负压筛、负压源及吸尘器组成，其中筛座由转速为(30±2)r/min的喷气嘴、负压表、控制板、微电机及壳体构成，见附图6。筛析仪负压可调范围为4000~6000Pa。喷气嘴上口平面与筛网之间距离为2~8mm，负压源和吸尘器由功率≥600W的工业吸尘器和小型旋风吸尘筒组成，或用其他具有相当功能的设备。

3. 水筛架和喷头

水筛架和喷头的结构见附图7。

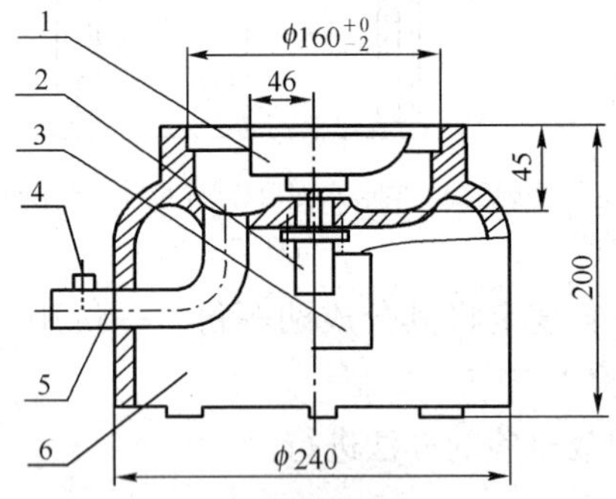

附图6　负压筛座（尺寸单位：mm）
1-喷气嘴；2-微电机；3-控制板开口；4-负压表接口；5-负压源及吸尘器接口；6-壳体

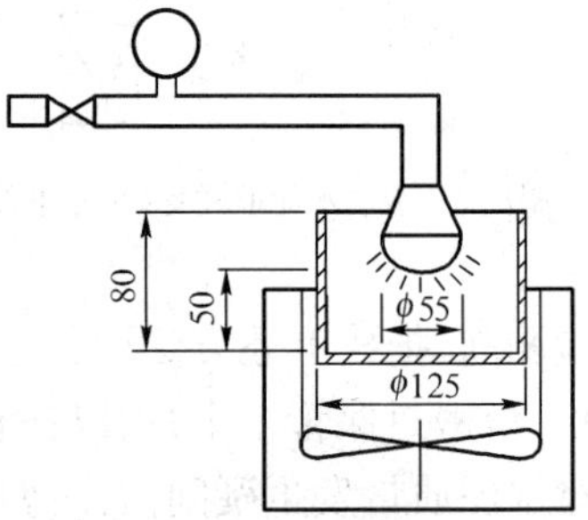

附图7　水筛架和喷头（尺寸单位：mm）

4. 天平

最小分度值不大于0.01g。

（四）试验步骤

1. 负压筛析法

(1)筛析试验前，应把负压筛放在筛座上，盖上筛盖，接通电源，检查控制系统，调节负压到4000～6000Pa范围内。

（2）称取试样，80μm筛析试验称取试样25g，45μm筛析试验称取试样10g，置于洁净的负压筛中，盖上筛盖，放在筛座上，开动筛析仪连续筛析2min，在此期间如有试样附着在筛盖上，可轻轻敲击，使试样落下。

（3）筛毕，用天平称取筛余物的质量。当工作负压小于4000Pa时，应清理吸尘器内水泥，使负压恢复正常。

2. 水筛法

（1）筛析试验前，调整好水压及水筛架的位置，使其能正常运转，喷头底面和筛网之间距离为35～75mm。

（2）称取试样，80μm筛析试验称取试样25g，45μm筛析试验称取试样10g，置于洁净的水筛中，立即用淡水冲洗至大部分细粉通过后，放在水筛架上，用水压为（0.05±0.02）MPa的喷头连续冲洗3min。

（3）筛毕，用少量水把筛余物冲至蒸发皿中，等水泥颗粒全部沉淀后，小心倒出清水，烘干并用天平称量筛余物，精确至0.01g。

（4）试验筛必须经常保持洁净，筛孔通畅，使用10次后要进行清洗。金属框、铜丝筛网清洗时应用专门的清洗剂，不可用弱酸浸泡。

3. 手工干筛法

（1）在没有负压筛析仪和水筛的情况下，允许用手工干筛法测定，称取水泥试样的规定同前。将试样倒入干筛内，用一只手执筛往复摇动，另一只手轻轻拍打，拍打速度为每分钟约120次，每40次向同一方向转动60°，使试样均匀分布在筛网上，直至每分钟通过的试样不超过0.03g为止。

（2）称量筛余物，称量精确至0.01g。

（五）结果评定

（1）水泥试样筛余百分数按式（9）计算（结果精确至0.1%）：

$$F = R_t / W \times 100\% \tag{9}$$

式中：F——水泥试样的筛余百分数；

R_t——水泥筛余物的质量（g）；

W——水泥试样的质量（g）。

（2）筛余结果修正，为使试验结果可比，应采用试验筛修正系数方法修正上述计算结果，修正系数的确定按《水泥细度检验方法　筛析法》（GB/T 1345—2005）中附录A进行。

（3）负压筛法与水压筛法或手工干筛法测定的结果发生争议时，以负压筛法为准。

三 标准稠度用水量测定（标准法）（GB/T 1346—2011）

（一）试验目的

水泥的标准稠度用水量，是指水泥净浆达到标准稠度的用水量，以水占水泥质量的百分数

表示。通过试验测定水泥的标准稠度用水量,拌制标准稠度的水泥净浆,为测定水泥的凝结时间和安定性提供依据。

(二)试验原理

水泥净浆对标准试杆的下沉具有一定的阻力。不同含水量的水泥净浆对试杆的阻力不同,通过试验确定达到水泥标准稠度时所需加入的水量。

(三)主要仪器

(1)水泥净浆搅拌机,符合《水泥净浆搅拌机》(JC/T 729—2005)的要求。

(2)标准法维卡仪,见附图8。标准稠度测定用试杆[见附图8c)]有效长度为(50 ±1)mm,由直径为 ϕ(10 ±0.05)mm 的圆柱形耐腐蚀金属制成。滑动部分的总质量为(300 ±1)g。与试杆、试针联结的滑动杆表面应光滑,能靠重力自由下落,不得有紧涩和旷动现象。

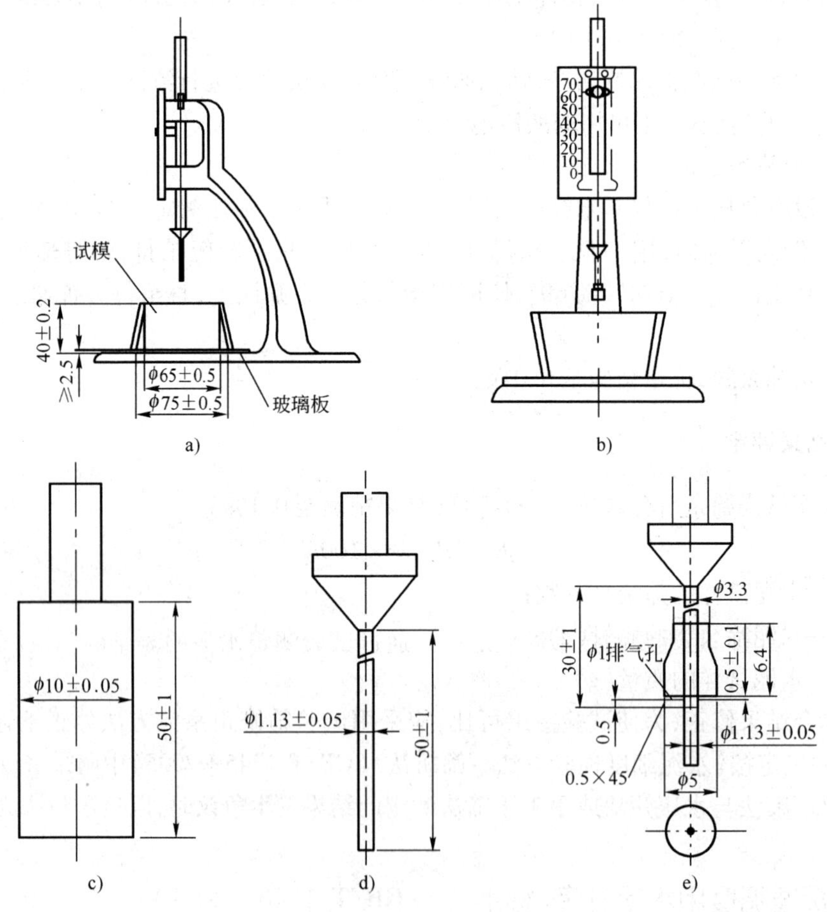

附图8　测定水泥标准稠度和凝结时间用的维卡仪(尺寸单位:mm)

a)初凝时间测定用立式试模的侧视图;b)终凝时间测定用反转试模的前视图;c)标准稠度试杆;d)初凝用试针;e)终凝用试针

盛装水泥净浆的试模[见附图 8a)]应由耐腐蚀的、有足够硬度的金属制成。试模为深(40 ±0.2)mm、顶内径 ϕ(65 ±0.5)mm、底内径 ϕ(75 ±0.5)mm 的截顶圆锥体。每只试模应配备一个大于试模、厚度≥2.5mm 的平板玻璃底板。

(3)量水器,最小刻度 0.1ml,精度 1%。

(4)天平,最大称量不小于 1000g,分度值不大于 1g。

(四)试验步骤

(1)试验前必须做到维卡仪的滑动杆能自由滑动,调整至试杆接触玻璃板时指针应对准零点,净浆搅拌机能正常运行。

(2)用净浆搅拌机搅拌水泥净浆。搅拌锅和搅拌叶片先用湿布擦过,将拌和水倒入搅拌锅内,然后在 5 ~10s 内小心将称好的 500g 水泥加入水中,防止水泥和水溅出;拌和时,先将锅放在搅拌机的锅座上,升至搅拌位置,启动搅拌机,低速搅拌 120s,停 15s,同时将叶片和锅壁上的水泥浆刮入锅中间,接着高速搅拌 120s 后停机。

(3)拌和结束后,立即将拌制好的水泥净浆装入已置于玻璃底板上的试模中,用小刀插捣,轻轻振动数次,刮去多余的水泥净浆;抹平后迅速将试模和底板移到维卡仪上,并将其中心定在试杆下,降低试杆直至与水泥净浆表面接触,拧紧螺丝 1 ~2s 后,突然放松,使试杆垂直自由地沉入水泥净浆中;在试杆停止沉入或释放试杆 30s 时记录试杆距底板之间的距离,升起试杆后,立即擦净;整个操作应在搅拌后 1.5min 内完成。

(五)结果评定

以试杆沉入净浆距底板(6 ±1)mm 的水泥净浆为标准稠度净浆,其拌和水量为该水泥的标准稠度用水量,按水泥质量的百分比计。如测试结果不能达到标准稠度,应增减用水量,并重复以上步骤,直至达到标准稠度为止。

四 凝结时间测定(GB/T 1346—2011)

(一)试验目的

水泥的凝结时间是重要的技术性质之一。通过试验测定水泥的凝结时间,评定水泥的质量,确定其能否用于工程中。

(二)试验原理

通过试针沉入标准稠度净浆一定深度所需的时间来表示水泥初凝和终凝时间。

(三)主要仪器设备

1. 水泥净浆搅拌机

符合《水泥净浆搅拌机》(JC/T 729—2005)的要求。

2. 标准法维卡仪

见附图 8,测定凝结时间时取下试杆,用试针代替试杆。试针由钢制成,其有效长度初凝

针为(50±1)mm、终凝针为(30±1)mm、直径 ϕ(1.13±0.05)mm 的圆柱体。滑动部分的总质量为(300±1)g。与试杆、试针联结的滑动杆表面应光滑,能靠重力自由下落,不得有紧涩和旷动现象。

3. 盛装水泥净浆的试模

见附图 8a),其要求见标准稠度用水量内容。

4. 量水器

最小刻度 0.1ml,精度 1%。

5. 天平

最大称量不小于 1000g,分度值不大于 1g。

(四)试件制备

按标准稠度用水量试验的方法制成标准稠度的净浆,将净浆一次装满试模,振动数次刮平,立即放入湿气养护箱中。记录水泥全部加入水中的时间作为凝结时间的起始时间。

(五)试验步骤

1. 调整凝结时间测定仪

测定仪的试针接触玻璃板时,指针对准零点。

2. 初凝时间测定

试模在湿气养护箱中养护至加水后 30min 时进行第一次测定。测定时,从湿气养护箱中取出试模放到试针下,降低试针使之与水泥净浆表面接触。拧紧螺丝 1~2s 后,突然放松,试针垂直自由地沉入水泥净浆。观察试针停止下沉或释放试针 30s 时指针的读数。当试针沉至距底板 4±1mm 时,为水泥达到初凝状态;由水泥全部加入水中至初凝状态的时间为水泥的初凝时间,用"min"表示。

3. 终凝时间的测定

为了准确观测试针沉入的状况,在试针上安装了一个环形附件见附图 8。在完成初凝时间测定后,立即将试模连同浆体以平移的方式从玻璃板取下,翻转 180°,直径大端向上,小端向下放在玻璃板上,再放入湿气养护箱中继续养护,临近终凝时间时,每隔 15min 测定一次,当试针沉入试体 0.5mm 时,即环形附件开始不能在试体上留下痕迹时,为水泥达到终凝状态,由水泥全部加入水中至终凝状态的时间为水泥的终凝时间,用"min"表示。

注意:在最初测定的操作时应轻轻扶持金属柱,使其徐徐下降,以防试针撞弯,但结果以自由下落为准,在整个测试过程中试针沉入的位置至少要距试模内壁 10mm。临近初凝时,每隔 5min 测定一次,临近终凝时,每隔 15min 测定一次,到达初凝或终凝时应立即重复测一次,当两次结论相同时才能定为到达初凝或终凝状态。每次测定不能让试针落入原针孔,每次测试完毕须将试针擦净并将试模放回湿气养护箱内,整个测试过程要防止试模受振。

五 安定性测定(GB/T 1346—2011)

(一)试验目的

水泥体积安定性是重要的技术性质之一。通过试验测定水泥的体积安定性,评定水泥的质量,确定其能否用于工程中。

(二)试验原理

雷氏法:通过测定雷氏夹沸煮后两个试针的相对位移来衡量标准稠度水泥试件的膨胀程度,以此评定水泥浆硬化后体积变化是否均匀。

试饼法:观测沸煮后标准稠度水泥试饼外形的变化程度,评定水泥浆硬化后体积是否均匀变化。

(三)主要仪器设备

1. 水泥净浆搅拌机

符合《水泥净浆搅拌机》(GB 33508—89)的要求。

2. 沸煮箱

有效容积终为410mm×240mm×310mm,篦板结构应不影响试验结果,篦板与加热器之间的距离大于50mm。箱的内层由不易锈蚀的金属材料制成,能在(30±5)min内将箱内的试验用水由室温加热至沸腾并可保持沸腾状态3h以上,整个试验过程中不需要补充水量。

3. 雷氏夹

由铜质材料制成,其结构见附图9。当一根指针的根部先悬挂在一根金属丝或尼龙丝上,另一根指针的根部再挂上300g质量的砝码时,两根针尖距离增加应在(17.5±2.5)mm范围以内,即$2x=(17.5\pm2.5)$mm,见附图10;当去掉砝码后针尖的距离能恢复至挂砝码前的状态。每个雷氏夹需配备质量约75~85g的玻璃板两块。

4. 雷氏夹膨胀值测定仪

见附图11,标尺最小刻度为0.5mm。

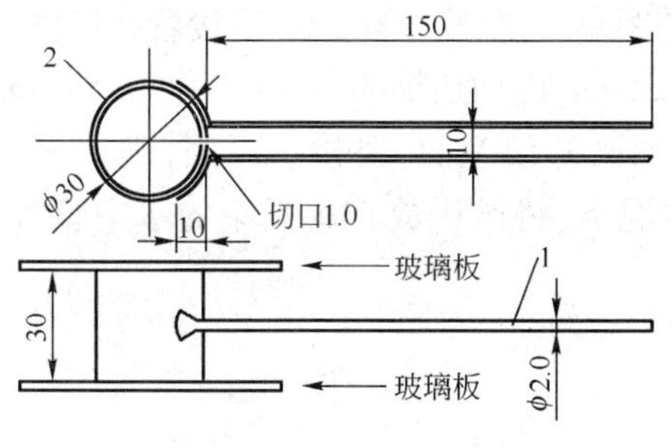

附图9 雷氏夹(尺寸单位:mm)
1-指针;2-环模

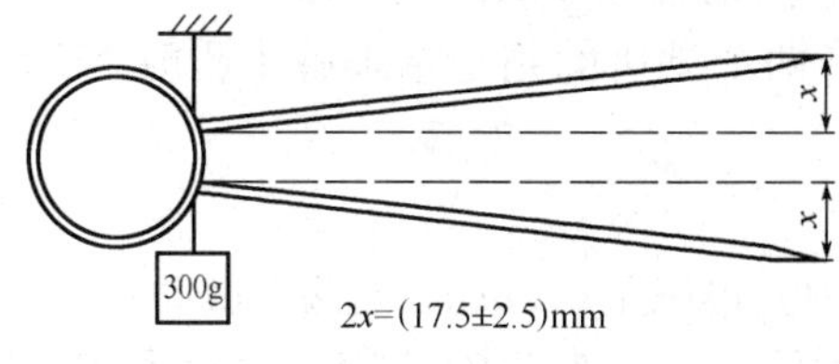

附图10 雷氏夹受力示意图

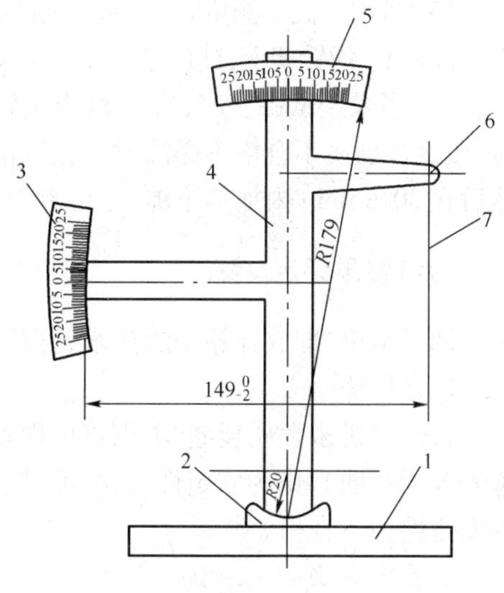

附图11 雷氏夹膨胀值测定仪(尺寸单位:mm)
1-底座;2-模子座;3-测弹性标尺;4-立柱;5-测膨胀值标尺;6-悬臂;7-悬丝

5. 其他设备

量水器（最小刻度为0.1ml，精度1%）、天平（感量1g）、湿气养护箱（20±1）℃，相对湿度不低于90%。

（四）试样制备

1. 水泥标准稠度净浆的制备

以标准稠度用水量加水，按标准稠度测定方法制成标准稠度的水泥净浆。

2. 试饼的成型

将制好的净浆取出一部分分成两等份，使之呈球形，放在预先准备好的玻璃板上，轻轻振动玻璃板并用湿布擦过的小刀由边缘向中央抹动，做成直径70～80mm、中心厚约10mm、边缘渐薄、表面光滑的试饼，接着将试饼放入湿气养护箱内养护（24±2）h。

3. 雷氏夹试件成型

将预先准备好的雷氏夹放在已擦油的玻璃板上，并立即将已制好的标准稠度净浆一次装满雷氏夹，装浆时一只手轻轻扶持试模，另一只手用宽约10mm的小刀插捣数次后抹平后，盖上稍涂油的玻璃板，接着立刻将试件移至湿气养护箱内养护（24±2）h。

（五）试验步骤

（1）安定性的测定，可以采用试饼法和雷氏法，雷氏法为标准法，试饼法为代用法。雷氏法是测定水泥净浆在雷氏夹中沸煮后的膨胀值。试饼法是观察水泥净浆试件沸煮后的外形变化来检验水泥的体积安定性。当两种方法发生争议时，以雷氏法测定结果为准。

（2）调整好沸煮箱内水位，使水能保证在整个沸煮过程中都超过试件，不需中途添补试验用水，同时又能保证在30±5min内升至沸腾。

（3）当用雷氏法测量时，先测量试件指针尖端间的距离A，精确至0.5mm。接着将试件放入水中篦板上，指针朝上，试件之间互不交叉，然后在30±5min内加热至沸，并恒沸180±5min。

（4）当采用试饼法时，应先检查试饼是否完整，如已开裂翘曲，要检查原因，确证无外因时，该试饼已属不合格不必沸煮。在试饼无缺陷的情况下，将试饼放在沸煮箱的水中篦板上，然后在30±5min内加热至沸，并恒沸180±5min。

（六）结果评定

沸煮结束，即放掉箱中的热水，打开箱盖，等箱体冷却至室温，取出试件进行判定。

1. 试饼法

目测试饼未发现裂缝，用钢直尺检查也没有弯曲（使钢直尺和试饼底部紧靠，以两者间不透光为不弯曲），则为安定性合格，反之为不合格。当两个试饼的判定结果有矛盾时，该水泥的安定性为不合格。

2. 雷氏夹法

测量试件针尖端之间的距离C，记录至小数点后一位，准确至0.5mm。当两个试件煮后增加距离（C-A）的平均值不大于5.0mm时，即认为该水泥的体积安定性合格；当两个试件的（C-A）值相差超过4.0mm时，应用同一样品立即重做一次试验。再如此，则认为该水泥安定性不合格。

六 胶砂强度检测(GB/T 17671—1999)

(一)试验目的

通过试验测定水泥的胶砂强度,评定水泥的强度等级或判定水泥的质量。

(二)试验原理

通过测定标准方法制作的胶砂试块的抗压破坏荷载及抗折破坏荷载,确定其抗压强度、抗折强度。

(三)主要仪器设备

1. 试验筛

金属丝网试验筛应符合《试验筛技术要求和试验》(GB/T 6003)要求,其筛孔尺寸见附表1。

试 验 筛　　附表1

系　列	网眼尺寸(mm)	系　列	网眼尺寸(mm)
R20	2.0	R20	0.5
	1.6		0.16
	1.0		0.08

2. 胶砂搅拌机

行星式胶砂搅拌机,应符合《行星式胶砂搅拌机》(JC/T681—2005)要求,见附图12,用多台搅拌机工作时,搅拌锅与搅拌叶片应保持配对使用。叶片与锅之间的间隙,是指叶片与锅壁最近的距离,应每月检查一次。

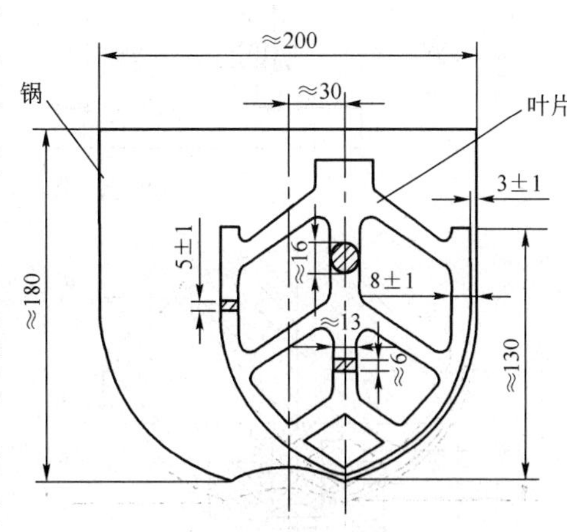

附图12　胶砂搅拌机(尺寸单位:mm)

3. 试模

由三个水平的模槽组成,见附图13。可同时成型三条截面为:40mm×40mm,长160mm的棱形试体,其材质和制造尺寸应符合《水泥胶沙试模》(JC/T726—2005)要求。成型操作时,应在试模上面加有一个壁高20mm的金属模套。为了控制料层厚度和刮平胶砂,应备有两个播料器和一个刮平直尺,见附图14。

4. 振实台

振实台应符合《水泥胶砂试体成型振实台》(JC/T 682—2005)要求。振实台应安装在高度约400mm的混凝土基座上。混凝土体积约为0.25m^3,重约600kg。将仪器用地脚螺丝固定在基座上,安装后设备成水平状态,仪器底与基座之间要铺一层砂浆以保证它们完全接触。

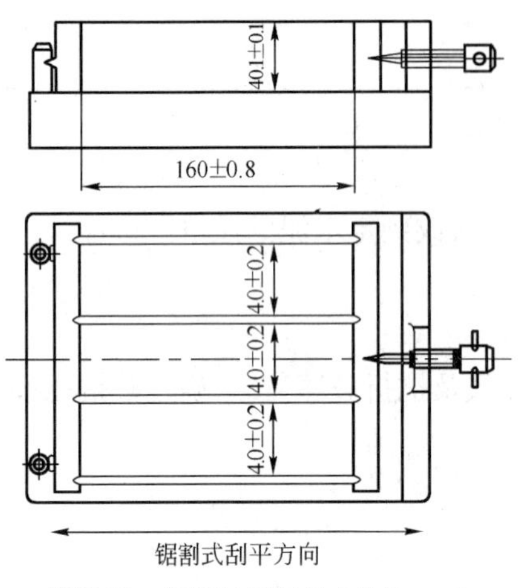

附图 13　典型的试模（尺寸单位：mm）

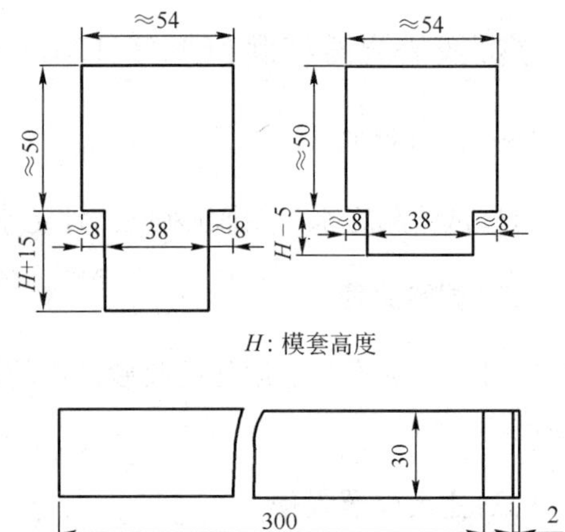

附图 14　典型的播料器和刮平直尺（尺寸单位：mm）

5. 抗折强度试验机

应符合《水泥胶砂电动抗折试验机》（JC/T724—2005）的要求。试件在夹具中的受力状态见附图 15。

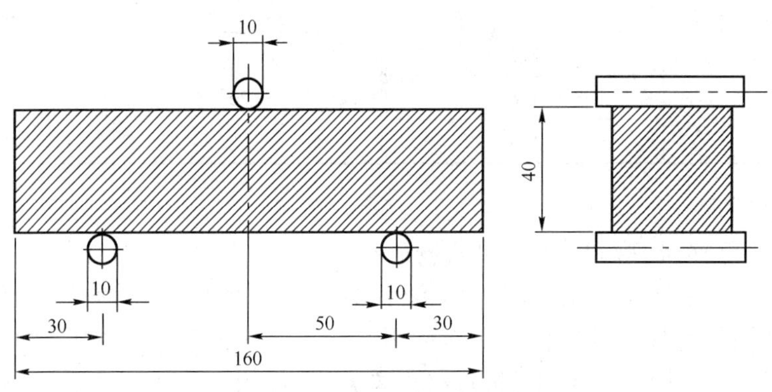

附图 15　抗折强度测定示意图（尺寸单位：mm）

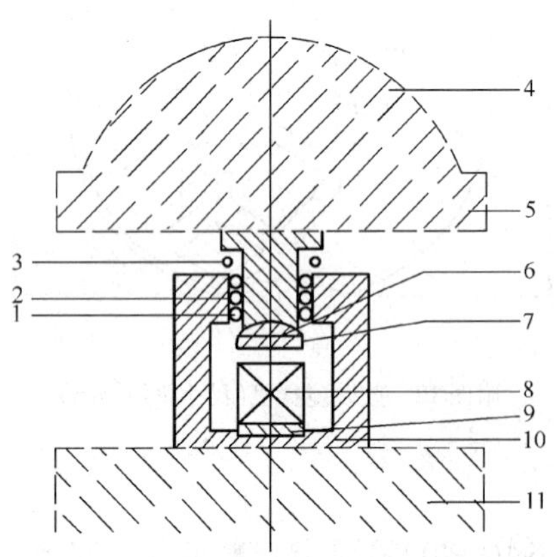

附图 16　典型的抗压强度试验机用夹具

1-滚珠轴承；2-滑块；3-复位弹簧；4-压力机球座；5-压力机上压板；6-夹具球座；7-夹具上压板；8-试体；9-底板；10-夹具下垫板；11-压力机下压板

6. 抗压强度试验机

在较大的五分之四量程范围内使用时记录的荷载应有 ±1% 精度，并具有按（2400 ± 200）N/s 速率的加荷能力。

7. 抗压强度试验机用夹具

需要使用夹具时，应把它放在压力试验机的上下压板之间并与试验机处于同一轴线，以便将试验机的荷载传递至胶砂试件的表面。夹具应符合《40mm × 40mm 水泥抗压夹具》（JC/T 683—2005）的要求，受压面积为 40mm × 40mm。夹具在试验机上的位置见附图 16，夹具要保持清洁，球座应能转动以使其上压板能从一开始就适应试体的形状并在试验中保持不变。

(四)试件制备

1. 材料准备

(1)中国 ISO 标准砂,应完全符合附表 2 规定的颗粒分布和湿含量。可以单级分包装,也可以各级预混合以(1350 ±5)g 量的塑料袋混合包装,但所用塑料袋材料不得影响试验结果。

ISO 标准砂颗粒分布 附表 2

方孔边长(mm)	累计筛余(%)	方孔边长(mm)	累计筛余(%)
2.0	0	0.5	67 ±5
1.6	7 ±5	0.16	87 ±5
1.0	33 ±5	0.08	99 ±1

(2)水泥,从取样至试验要保持 24h 以上时,应贮存在基本装满和气密的容器内,容器不得与水泥起反应。

(3)水,仲裁检验或其他重要检验用蒸馏水,其他试验可用饮用水。

2. 胶砂的制备

(1)配合比

胶砂的质量配合比应为一份水泥、三份标准砂和半份水(水灰比为 0.50)。一锅胶砂成型三条试体,每锅材料需要量见附表 3。

每锅胶砂的材料质量 附表 3

材料 / 水泥品种	水泥(g)	标准砂(g)	水(g)
硅酸盐水泥 普通硅酸盐水泥 矿渣硅酸盐水泥 粉煤灰硅酸盐水泥 复合硅酸盐水泥	450 ±2	1350 ±5	225 ±1

(2)配料

水泥、标准砂、水和试验仪器及用具的温度应与试验室温度相同,应保持在(20 ±2)℃,相对湿度应不低于 50%。称量用天平的精度应为 ±1g。当用自动滴管加 225ml 水时,滴管精度应达到 ±1ml。

(3)搅拌

每锅胶砂采用胶砂搅拌机进行机械搅拌。先将搅拌机处于待工作状态,然后按以下的程序进行操作:把水加入锅里,再加入水泥,把锅放在固定架上,上升至固定位置,然后立即开动机器,低速搅拌 30s 后,在第二个 30s 开始的同时均匀地将砂子加入。当各级砂是分装时,从最粗粒级开始,依次将所需的每级砂量加完。把机器转至高速再拌 30s,停拌 90s。在第一个 15s 内用一胶皮刮具将叶片和锅壁上的胶砂刮入锅中间,在高速下继续搅拌 60s。各个搅拌阶段,时间误差应在 ±1s 以内。

3. 试件制作

（1）用振实台成型

胶砂制备后立即成型。将空试模和模套固定在振实台上，用一个适当勺子直接从搅拌锅里将胶砂分两层装入试模，装第一层时，每个槽里放约300g胶砂，用大播料器垂直架在模套顶部沿每个模槽来回一次将料层播平，接着振实60次。再装入第二层胶砂，用小播料器播平，再振实60次。移走模套，从振实台上取下试模，用一金属直尺以近似90°的角度架在试模模顶的一端，然后沿试模长度方向以横向锯割动作慢慢向另一端移动，一次将超过试模部分的胶砂刮去，并用同一直尺以近似水平的情况下将试体表面抹平。在试模上作标记标明试件编号和试件相对于振实台的位置。

（2）用振动台成型

使用代用振动台时，在搅拌胶砂的同时将试模和下料斗卡紧在振动台的中心。将搅拌好的胶砂均匀地装入下料斗中，开动振动台，胶砂通过漏斗流入试模。振动（120±5）s停止。振动完毕，取下试模，用刮尺以规定的刮平手法刮去高出试模的胶砂并抹平。接着在试模上作标记或用字条标明试件编号。

4. 试件养护

（1）脱模前的处理和养护

去掉留在试模四周的胶砂。立即将作好标记的试模放入雾室或湿气养护箱的水平架子上养护，湿空气应能与试模各边接触，雾室或湿气养护箱温度应控制在（20±1）℃，相对湿度不低于90%。养护时不应将试模放在其他试模上。一直养护到规定的脱模时间取出脱模。脱模前，用防水墨汁或颜料笔对试体进行编号和做其他标记。两个龄期以上的试体，在编号时应将同一试模中的三条试体分在两个以上的龄期内。

（2）脱模

脱模时可用塑料锤或橡皮榔头或专门的脱模器。对于24h龄期的，应在破型试验前20min脱模。对于24h以上龄期的，应在成型后20～24h之间脱模。已确定作为24h龄期试验的已脱模试体，应用湿布覆盖至做试验时为止。

（3）水中养护

将做好标记的试件立即水平或竖直放在（20±1）℃水中养护，水平放置时刮平面应朝上。试件放在不易腐烂的篦子上，并彼此间保持一定间距，以让水与试件的六个面接触。养护期间试件之间间隔或试体上表面的水深不得小于5mm。每个养护池只养护同类型的水泥试件，不允许在养护期间全部换水。除24h龄期或延迟至48h脱模的试体外，任何到龄期的试体应在试验（破型）前15min从水中取出。揩去试体表面沉积物，并用湿布覆盖至做试验时为止。

（4）强度试验试体的龄期

试体龄期从水泥加水开始算起。不同龄期强度试验在下列时间里进行：24h±15min；48h±30min；72h±45min；7d+2h；大于28d±8h。

（五）试验步骤

1. 总体部署

用抗折强度试验机以中心加荷法测定抗折强度。在折断后的棱柱体上进行抗压试验，受压面是试体成型时的两个侧面，面积为 40mm × 40mm。当不需要抗折强度数值时，抗折强度试验可以省去，但抗压强度试验应在不使试件受有害应力情况下折成的两截棱柱体上进行。

2. 抗折强度测定

将试体一个侧面放在试验机支撑圆柱上，试体长轴垂直于支撑圆柱，通过加荷圆柱以(50 ± 10)N/s 的速率均匀地将荷载垂直地加在棱柱体相对侧面上，直至折断，分别记下三个试件的抗折破坏荷载 F。保持两个半截棱柱体处于潮湿状态直至抗压试验。

3. 抗压强度测定

抗压强度在试件的侧面进行。半截棱柱体试件中心与压力机压板受压中心差应在 ±0.5mm内，棱柱体露在压板外的部分约有 10mm。在整个加荷过程中以(2400 ± 200)N/s 的速率均匀地加荷直到破坏，分别记下抗压破坏荷载 F。

(六)结果评定

1. 抗折强度

(1)每个试件的抗折强度 R_f 按式(10)计算(精确至 0.1MPa)：

$$R_f = \frac{3F_f L}{2b^3} \tag{10}$$

式中：R_f——折断时施加于棱柱体中部的荷载(N)；

L——支撑圆柱体之间的距离(mm)；

b——棱柱体截面正方形的边长(mm)。

(2)以一组三个棱柱体抗折结果的平均值作为试验结果。当三个强度值中有一个超出平均值 ±10% 时，应剔除后再取平均值作为抗折强度试验结果。

2. 抗压强度

(1)每个试件的抗压强度 R_C 按式(11)计算(MPa，精确至 0.1MPa)：

$$R_C = \frac{F_C}{A} \tag{11}$$

式中：F_C——试件最大破坏荷载(N)；

A——受压部分面积(mm^2)(40mm × 40mm = 1600mm^2)。

(2)以一组三个棱柱体上得到的六个抗压强度测定值的算术平均值作为试验结果。如六个测定值中有一个超出六个平均值的 ±10% 的，就应剔除这个结果，而以剩下五个的平均数为结果。如果五个测定值中再有超过它们的平均数 ±10% 的，则此组结果作废。试验结果精确至 0.1MPa。

【观察与思考】

(1)测定水泥凝结时间和体积安定性时，为什么必须采用标准稠度的水泥净浆？

(2)测定水泥胶砂强度时，为什么必须采用标准砂？若采用普通砂对结果有何影响？

(3)测定水泥体积安定性时，为何要将试饼或试件沸煮 3.5h？

试验三　建筑用砂、建筑用卵石(碎石)试验

一 砂的颗粒级配和粗细程度试验(JGJ 52—2006)

(一)试验目的

评定普通混凝土用砂的颗粒级配,计算砂的细度模数并评定其粗细程度。

(二)试验原理

将砂样通过一套由不同孔径组成的标准套筛,测定砂样中不同粒径砂的颗粒含量,以此判定砂的粗细程度和颗粒级配。

(三)主要仪器

1. 方孔筛

应满足《金属丝编织网试验筛》(GB/T 6003.1—2012)和《金属穿孔板试验筛》(GB/T 6003.2—1997)中方孔试验筛的规定,方孔筛筛孔边长为150μm、300μm、600μm、1.18mm、2.36mm、4.75mm及9.50mm的筛各一只,并附有筛底和筛盖。

2. 天平

称量1000g,感量1g。

3. 鼓风烘箱

能使温度控制在(105±5)℃。

4. 其他仪器

摇筛机,浅盘和硬、软毛刷等。

(四)试样制备

按缩分法将试样缩分至约1100g,放在烘箱中于(105±5)℃下烘干至恒量,待冷却至室温后,筛除大于9.50mm的颗粒(并计算出其筛余百分率),分为大致相等的两份备用。

(五)试验步骤

(1)称取烘干试样500g(特细砂可称250g)。将试样倒入按孔径大小从上到下(大孔在上,小孔在下)组合的套筛(附筛底)上,然后进行筛分。

(2)将套筛置于摇筛机上,摇10min后取下套筛,按筛孔大小顺序再逐个用手筛,筛至每分钟通过量小于试样总量的0.1%为止。通过的试样并入下一号筛中,并和下一号筛中的试样一起过筛,这样顺序进行,直至各号筛全部筛完为止。

(3)称出各号筛的筛余量,精确至1g。试样在各号筛上的筛余量不得超过按式(12)计算出的量,超过时应按下列方法之一处理。

$$m_r = \frac{A \times \sqrt{d}}{300} \quad (12)$$

式中：G——某一个筛上的筛余量(g)；

A——筛面面积(mm^2)；

d——筛孔边长(mm)。

①将该粒级试样分成少于按上式计算出的量，分别筛分，并以筛余量之和作为该号筛的筛余量。

②将该粒级及以下各粒级的筛余混合均匀，称出其质量，精确至1g。再用四分法缩分为大致相等的两份，取其中一份，称出其质量，精确至1g，继续筛分。计算该粒级及以下各粒级的分计筛余量时应根据缩分比例进行修正。

(六) 结果计算与评定

(1) 计算分计筛余百分率：分计筛余百分率为各号筛的筛余量与试样总量之比，计算精确至0.1%。

(2) 计算累计筛余百分率：累计筛余百分率为该号筛的分计筛余百分率加上该号筛以上各筛的分计筛余百分率之和，计算精确至0.1%。筛分后，如每号筛的筛余量与筛底的剩余量之和同原试样质量之差超过1%时，需重新试验。

(3) 根据各筛的累计筛余百分率，评定颗粒级配。

(4) 砂的细度模数 M_f 按式(13)计算，精确至0.01：

$$M_f = \frac{(\beta_2 + \beta_3 + \beta_4 + \beta_5 + \beta_6) - 5\beta_1}{100 - \beta_1} \quad (13)$$

式中：β_1、β_2、β_3、β_4、β_5、β_6——分别为公称直径5.00mm、2.56mm、1.25mm、630μm、315μm、160μm方孔筛上的累计筛余百分率，代入公式计算时，A_i 不带%。

(5) 累计筛余百分率取两次试验结果的算术平均值，精确至1%。细度模数取两次试验结果的算术平均值，精确至0.1；如两次试验的细度模数之差超过0.20时，需重新试验。

二 砂的表观密度试验(标准法)

(一) 试验目的

测定砂的表观密度，为计算砂的空隙率和混凝土配合比设计提供依据。

(二) 试验原理

用天平测出砂的质量，通过排液体体积法测定砂的表观体积，按砂表观密度的计算公式即可得出。

(三) 主要仪器

(1) 天平，称量1kg，感量1.0g。

（2）容量瓶，500mL。

（3）鼓风烘箱，能使温度控制在（105 ±5）℃。

（4）干燥器、搪瓷盘、滴管、毛刷等。

（四）试样制备

将缩分至650g左右的试样在烘箱中于（105 ±5）℃下烘干至恒重，放在干燥器中冷却至室温后，分为大致相等的两份备用。

（五）试验步骤

（1）称取试样300g（m_0），精确至1g。将试样装入容量瓶，注入冷开水至接近500ml的刻度处，用手旋转摇动容量瓶，使砂样充分摇动，排除气泡，塞紧瓶盖，静置24h。然后用滴管小心加水至容量瓶500ml刻度处，塞紧瓶塞，擦干瓶外水分，称出其质量m_1，精确至1g。

（2）倒出瓶内水和试样，洗净容量瓶，再向容量瓶内注水至500ml刻度处，水温与上次水温相差不超过2℃，并在15～25℃范围内，塞紧瓶塞，擦干瓶外水分，称出其质量m_2，精确至1g。

（六）试验结果

（1）砂的表观密度ρ_0按式（14）计算，精确至10kg/m³：

$$\rho_0 = \left(\frac{m_0}{m_0 + m_2 - m_1} - \alpha_t\right) \times \rho_{水} \quad (14)$$

式中：$\rho_{水}$——水的密度，1000kg/m³；

m_0——烘干试样的质量（g）；

m_1——试样、水及容量瓶的总质量（g）；

m_2——水及容量瓶的总质量（g）；

α_t——水温对表观密度影响的修正系数。当温度是15℃、16℃、17℃、18℃、19℃、20℃、21℃、22℃、23℃、24℃、25℃时，对应的修正系数分别是0.002、0.003、0.003、0.004、0.004、0.005、0.005、0.006、0.006、0.007、0.008。

（2）表观密度取两次试验结果的算术平均值，精确至10kg/m³；如两次试验结果之差大于20kg/m³，需重新试验。

三 砂的堆积密度试验

（一）试验目的

测定砂的堆积密度，为计算砂的空隙率和混凝土配合比设计提供依据。

（二）试验原理

通过测定装满规定容量筒的砂的质量和体积（自然堆积状态下）计算堆积密度及空隙率。

(三)主要仪器

(1)鼓风烘箱,能使温度控制在(105 ±5)℃。

(2)秤,称量5kg,感量5g。

(3)容量筒,圆柱形金属筒,内径108mm,净高109mm,壁厚2mm,筒底厚约5mm,容积为1L。

(4)直尺、漏斗或料勺、搪瓷盘、毛刷、垫棒等。

(四)试样制备

按规定的取样方法取样,用搪瓷盘装取试样约3L,放在烘箱中于(105 ±5)℃下烘干至恒重,待冷却至室温后,筛除公称直径大于5.00mm的颗粒,分为大致相等的两份备用。

(五)试验步骤与试验结果

砂的堆积密度的测定包括松散堆积密度和紧密堆积密度的测定,其试验步骤与试验结果参考附录试验一建筑材料的基本性质试验中堆积密度试验。

四 砂的含水率试验

(一)试验目的

测定砂的含水率,为混凝土配合比设计提供依据。

(二)试验原理

通过测定湿砂和干砂的质量,计算出砂的含水率。

1.标准方法

1)主要仪器

(1)烘箱,能使温度控制在(105 ±5)℃。

(2)天平,称量1000g,感量0.1g。

(3)浅盘、烧杯等。

2)试验步骤

(1)将自然潮湿状态下的试样用四分法缩分至约1100g,拌匀后分为大致相等的两份备用。

(2)称取一份试样的质量为m_1,精确至0.1g。将试样倒入已知质量的烧杯中,放在烘箱中于(105 ±5)℃下烘干至恒质量。待冷却至室温后,再称出其质量m_2,精确至0.1g。

3)试验结果

(1)砂的含水率W_{wc}按式(15)计算,精确至0.1%:

$$W_{wc} = \frac{m_2 - m_3}{m_3 - m_1} \times 100\% \tag{15}$$

式中:m_1——炒盘质量(g);

m_2——未烘干的试样与炒盘总质量(g);

m_3——烘干后的试样与炒盘总质量(g)。

(2)以两次测定结果的算术平均值作为试验结果，精确至0.1%。

2. 快速方法

本方法对含泥量过大及有机杂质含量较高的砂不宜采用。

1)主要仪器

(1)天平，称量1000g，感量0.1g。

(2)电炉(或火炉)、炒盘(铁或铝制)、油灰铲、毛刷等。

2)试验步骤

(1)向已知质量为 m_1 的干净炒盘中加入约500g试样，称取试样与炒盘的总质量 m_2(g)。

(2)置炒盘于电炉(或火炉)上，用小铲不断地翻拌试样，到试样表面全部干燥后，切断电源(或移出火外)，再继续翻拌1min，稍予冷却(以免损坏天平)后，称量干燥试样与炒盘的总质量 m_3(g)。

3)试验结果

(1)砂的含水率 W_{wc} 按式(16)计算，精确至0.1%：

$$W_{wc} = \frac{m_2 - m_3}{m_3 - m_1} \times 100\% \tag{16}$$

式中：m_1——炒盘质量(g)；

m_2——未烘干的试样与炒盘总质量(g)；

m_3——烘干后的试样与炒盘总质量(g)。

(2)以两次测定结果的算术平均值作为试验结果。

五 石子的颗粒级配试验

(一)试验目的

测定碎石或卵石的颗粒级配。

(二)试验原理

称取规定的试样，经标准的石子套筛进行筛分，称取筛余量，计算各筛的分计筛余百分数和累计筛余百分数，与国家标准规定的各筛孔尺寸的累计筛余百分数进行比较，满足相应指标者即为级配合格。

(三)主要仪器

1. 方孔筛

应满足《金属丝编织网试验筛》(GB/T 6003.1—2012)、《金属穿孔板试验筛》(GB/T 6003.2—2012)中方孔筛的规定，筛孔公称直径为2.5mm、5.0mm、10.0mm、16.0mm、20.0mm、25.0mm、31.5mm、40.0mm、50.0mm、63.0mm、80.0mm及100mm的筛各一只，并附有筛底和筛盖。方孔筛的筛框内径为300mm。

2. 天平和秤

称量5kg，感量5g。

3. 烘箱

温度控制范围为(105 ±5)℃。

4. 浅盘

(四)试样制备

按缩分法将试样缩分至略大于附表4 规定的数量,烘干或风干后备用。

颗粒级配试验所需试样数量 附表4

公称粒径(mm)	10.0	16.0	20.0	25.0	31.5	40.0	63.0	80.0
最少试样质量(kg)	1.9	3.2	3.8	5.0	6.3	7.5	12.6	16.0

(五)试验步骤

(1)称取按附表4 规定数量的试样一份,精确到1g。将试样倒入按孔径大小从上到下组合的套筛(附筛底)上,然后进行筛分。

(2)将试样按筛孔大小顺序过筛,当每只筛上的筛余层厚度大于试样的最大粒径值时,应将该筛上的筛余试样分成两份,再次进行筛分,直至各筛每分钟的通过量不超过试样总量的0.1%为止。

(3)称出各号筛的筛余量,精确至试样总量的0.1%。各筛的分计筛余量和筛底剩余量的总和与筛分前测定的试样总量相比,其相差不得超过1%。

(六)结果计算与评定

(1)计算分计筛余百分率:分计筛余百分率为各号筛的筛余量与试样总质量之比,计算精确至0.1%。

(2)计算累计筛余百分率:累计筛余百分率为该号筛的分计筛余百分率加上该号筛以上各筛的分计筛余百分率之和,计算精确至1%。

(3)根据各号筛的累计筛余百分率,评定该试样的颗粒级配。

 碎石或卵石的表观密度试验

(一)试验目的

测定碎石或卵石的表观密度,为计算石子的空隙率和混凝土配合比设计提供依据。

(二)试验原理

利用排液体体积法测定石子的表观体积,计算石子的表观密度。

1. 液体比重天平法

1)主要仪器

(1)液体天平,称量5kg,感量5g,其型号及尺寸应能允许在臂上悬挂盛试样的吊篮,并能

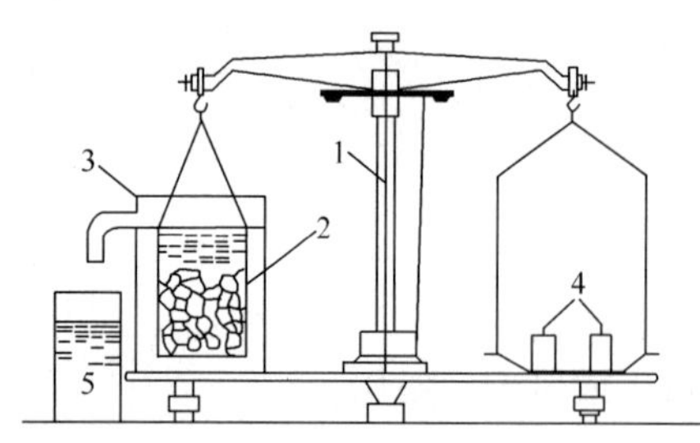

附图 17　液体天平

1-5kg 天平；2-吊篮；3-带有溢流孔的金属容器；4-砝码；5-容器

将吊篮放在水中称量，如附图 17。

（2）吊篮，直径和高度均为 150mm，由孔径为 1～2mm 的筛网或钻有 2～3mm 孔洞的耐锈蚀金属板制成。

（3）盛水容器，需带有溢流孔。

（4）烘箱，温度控制范围为（105±5）℃。

（5）方孔筛，筛孔公称直径为 5.00mm 的筛一只。

（6）温度计，0～100℃。

（7）带盖容器、浅盘、刷子、毛巾等。

2）试样制备

按缩分法将试样缩分至略大于附表 5 所规定的数量，风干后筛除小于4.75mm 的颗粒，刷洗干净后分成两份备用。

表观密度试验所需试样数量　　附表 5

最大公称粒径（mm）	10.0	16.0	20.0	25.0	31.5	40.0	63.0	80.0
试样最少质量（kg）	2.0	2.0	2.0	2.0	3.0	4.0	6.0	6.0

3）试验步骤

（1）取试样一份装入吊篮，并浸入盛水的容器中，水面至少高出试样表面 50mm。

（2）浸水 24h 后，移放到称量用的盛水容器中，并用上下升降吊篮的方法排除气泡（试样不得露出水面）。吊篮每升降一次约为 1s，升降高度为 30～50mm。

（3）测定水温后（此时吊篮应全浸在水中），准确称出吊篮及试样在水中的质量 m_2，精确至 5g。称量时盛水容器中水面的高度由容器的溢流孔控制。

（4）提起吊篮，将试样置于浅盘中，放入烘箱中于（105±5）℃下烘干至恒重。取出来放在带盖的容器中冷却至室温后，称其质量 m_0，精确至 5g。

（5）称量吊篮在同样温度的水中的质量 m_1，精确至 5g。称量时盛水容器的水面高度仍应由溢流孔控制。

注：试验的各项称量可以在 15～25℃的温度范围内进行，但从试样加水静止的 2h 起至试验结束，其温度变化不应超过 2℃。

4）试验结果

（1）表观密度 ρ_0 应按式（17）计算，精确至 10kg/m^3：

$$\rho_0 = \left(\frac{m_0}{m_0 + m_1 - m_2} - \alpha_t\right) \times \rho_{水} \tag{17}$$

式中：m_0——试样的干燥质量（g）；

m_1——吊篮在水中的质量（g）；

m_2——吊篮及试样在水中的质量（g）；

$\rho_{水}$——水的密度，1000kg/m^3；

α_t——不同水温下碎石或卵石的表观密度影响的修正系数。

(2)以两次测定结果的算术平均值作为测定值,精确至 10kg/m³。如两次结果之差大于 20kg/m³ 时,应重新取样进行试验。对颗粒材质不均匀的试样,如两次试验结果之差超过 20kg/m³,可取四次测定结果的算术平均值作为测定值。

2. 广口瓶法

本方法不宜用于测定公称粒径大于 40mm 的碎石或卵石的表观密度。

1)主要仪器

(1)鼓风烘箱,能使温度控制在(105 ±5)℃。

(2)秤,称量 20kg,感量 20g。

(3)广口瓶,1000ml,磨口,带玻璃片。

(4)方孔筛,孔径为 4.75mm 的筛一只。

(5)温度计、搪瓷盘、毛巾、刷子等。

2)试样制备

同液体比重天平法的试样制备方法。

3)试验步骤

(1)将试样浸水饱和,然后装入广口瓶中。装试样时,广口瓶应倾斜放置,注入饮用水,用玻璃片覆盖瓶口,用上下左右摇晃的方法排除气泡。

(2)气泡排尽后,向瓶中添加饮用水直至水面凸出瓶口边缘。然后用玻璃片沿瓶口迅速滑行,使其紧贴瓶口水面。擦干瓶外水分后,称取试样、水、瓶和玻璃片的总质量 m_1,精确至 1g。

(3)将瓶中试样倒入浅盘中,放在烘箱中于(105 ±5)℃下烘干至恒质量。取出来放在带盖的容器中,冷却至室温后称其质量 m_0,精确至 1g。

(4)将瓶洗净,重新注入饮用水,用玻璃片紧贴瓶口水面,擦干瓶外水分后称其质量 m_2,精确至 1g。

注:试验时各项称量可以在 15 ~25℃范围内进行,但从试样加水静止的 2h 起至试验结束,其温度变化不应超过 2℃。

4)试验结果

(1)表观密度 ρ_0 应按式(18)计算,精确至 10kg/m³:

$$\rho_0 = \left(\frac{m_0}{m_0 + m_2 - m_1} - \alpha_t\right) \times \rho_水 \tag{18}$$

式中:m_0——试样的干燥质量(g);

m_1——试样、水、瓶和玻璃片总质量(g);

.m_2——水、瓶和玻璃片总质量(g);

$\rho_水$——水的密度,1000kg/m³;

α_t——不同水温下碎石或卵石的表观密度影响的修正系数。

(2)以两次测定结果的算术平均值作为测定值,精确至 10kg/m³。两次结果之差应小于 20kg/m³,否则重新取样进行试验。对颗粒材质不均匀的试样,如两次测定结果之差超过 20kg/m³,可取四次测定结果的算术平均值作为测定值。

七 石子的堆积密度试验

（一）试验目的

测定石子的堆积密度，为计算石子的空隙率和混凝土配合比设计提供依据。

（二）试验原理

测定石子在自然堆积状态下的堆积体积，计算石子的堆积密度。

（三）主要仪器

（1）磅秤，称量50kg或100kg，感量50g。
（2）台秤，称量10kg，感量10g。
（3）容量筒，容量筒规格见附表6。
（4）垫棒，直径16mm、长600mm的圆钢。
（5）直尺、小铲等。

容量筒的规格要求 附表6

碎石或卵石的最大公称粒径（mm）	容量筒容积（L）	容量筒规格		
		内径（mm）	净高（mm）	壁厚（mm）
10.0、16.0、20.0、25.0	10	208	294	2
31.5、40.0	20	294	294	3
63.0、80.0	30	360	294	4

（四）试样制备

按规定的取样方法取样，烘干或风干后，拌匀分为大致相等的两份备用。

（五）试验步骤

1. 松散堆积密度

（1）称量容量筒的质量m_2（g）。

（2）取试样一份，用小铲将试样从容量筒口中心上方50mm处徐徐倒入，让试样自由落下，当容量筒上部试样呈锥体，且容量筒四周溢满时，即停止加料。除去凸出容量筒口表面的颗粒，并以合适的颗粒填入凹陷部分，使表面稍凸起部分和凹陷部分的体积大致相等（试验过程应防止触动容量筒），称取试样和容量筒的总质量m_1，精确至10g。

2. 紧密堆积密度

（1）称量容量筒的质量m_2（g）。

（2）取试样一份分三层装入容量筒。装完第一层后，在筒底垫放一根直径为25mm的圆钢，将筒按住，左右交替颠击地面各25次，再装入第二层，第二层装满后用同样方法颠实（但筒底所垫圆钢的方向与第一层时的方向垂直），然后装入第三层，如法颠实。再加试样直至超过筒口，用钢尺沿筒口边缘刮去高出的试样，并用合适的颗粒填平凹处，使表面稍凸起部分与凹陷部分的体积大致相等。称取试样和容量筒的总质量 m_1，精确至10g。

(六)试验结果

(1)松散堆积密度或紧密堆积密度 ρ_0' 按式(19)计算，精确至10kg/m³：

$$\rho_0' = \frac{m_1 - m_2}{V_0} \tag{19}$$

式中：m_1——容量筒和试样的总质量(g)；

m_2——容量筒质量(g)；

V_0——容量筒的容积(L)。

(2)堆积密度取两次试验结果的算术平均值，精确至10kg/m³。

八 针、片状颗粒含量

(一)试验目的

测定碎石或卵石中针片状颗粒的总含量。

(二)试验原理

粗骨料中针、片状颗粒应采用针状规准仪及片状规准仪逐粒测定，凡颗粒长度大于针状规准仪上相应间距者为针状颗粒；颗粒厚度小于片状规准仪上相应孔宽者，为片状颗粒。

(三)主要仪器

(1)针状规准仪与片状规准仪，如附图18所示。

(2)天平和秤，天平的称量2kg，感量2g；秤的称量20kg，感量20g。

(3)试验筛，筛孔公称直径分别为5.00mm、10.0mm、20.0mm、25.0mm、31.5mm、40mm、63.0mm及80.0mm的方孔筛各一个，根据需要选用。

附图18 针状规准仪与片状规准仪

(四)试验步骤

(1)按规定的取样方法取样，并将试样缩分至略大于附表7规定的数量，烘干或风干后备用。

针、片状颗粒含量试验所需试样数量　　附表7

最大公称粒径(mm)	10.0	16.0	20.0	25.0	31.5	≥40.0
最少试样质量(kg)	0.3	1.0	2.0	3.0	5.0	10.0

(2)称取按附表7规定数量的试样一份，精确到1g。然后按附表8规定的粒级按粗骨料颗粒级配筛分方法进行筛分。

针、片状颗粒含量试验的粒级划分及其相应的规准仪孔宽或间距　　附表 8

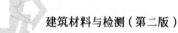

石子粒径(mm)	5.00～10.0	10.0～16.0	16.0～20.0	20.0～25.0	25.0～31.5	31.5～40.0
片状规准仪相对应孔宽(mm)	2.8	5.1	7.0	9.1	11.6	13.8
针状规准仪相对应间距(mm)	17.1	30.6	42.0	54.6	69.6	82.8

(3)按附表 8 规定的粒级分别用规准仪逐粒检验,凡颗粒长度大于针状规准仪上相应间距者,为针状颗粒;颗粒厚度小于片状规准仪上相应孔宽者,为片状颗粒。称出其总质量,精确至 1g。

(4)公称粒径大于 40.0mm 的可用卡尺鉴定其针片状颗粒,卡尺卡口的设定宽度应符合附表 9 的规定。

公称粒径大于 40.0mm 的可用卡尺卡口设定宽度　　附表 9

公称粒径(mm)	40.0～63.0	63.0～80.0
片状颗粒的卡口宽度(mm)	18.1	27.6
针状颗粒的卡口宽度(mm)	108.6	165.6

(五)结果计算

针、片状颗粒含量按式(20)计算(精确到 1%):

$$W_p = \frac{m_1}{m_0} \times 100\% \tag{20}$$

式中:W_p——针、片状颗粒含量(%);

m_1——试样的质量(g);

m_0——试样中所含针片状颗粒的总质量(g)。

【观察与思考】

(1)为什么要进行砂石的级配试验?若用级配不符合要求的砂、石子配制的混凝土有何缺点?

(2)砂的级配曲线为何越靠右下角,所对应的砂越粗?

试验四　普通混凝土试验

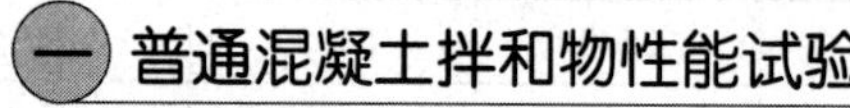

一　普通混凝土拌和物性能试验

(一)试验依据

《普通混凝土拌和物性能试验方法》(GB/T 50080—2002)。

(二)混凝土拌和物试样制备

1. 主要仪器

(1)搅拌机,容量 75 ~ 100L,转速为(18 ~ 22)r/min。

(2)磅秤,称量 50kg,感量 50g。

(3)拌板、拌铲、量筒、天平、容器等。

2. 材料备置

(1)在试验室制备混凝土拌和物时,拌和时试验室的温度应保持在(20 ± 5)℃,所用材料的温度应与试验室温度保持一致。

注:需要模拟施工条件下所用的混凝土时,所用原材料的温度宜与施工现场保持一致。

(2)拌和混凝土的材料用量应以质量计。称量精度:骨料为 ±1%,水、水泥、掺和料、外加剂均为 ±0.5%。

3. 拌和方法

1)人工拌和法

(1)按所定配合比备料,以全干状态为准。

(2)将拌板和拌铲用湿布润湿后,将砂倒在拌板上,然后加入水泥,用拌铲自拌板一端翻拌至另一端,然后再翻拌回来,如此反复,直至颜色混合均匀,再加上石子,翻拌至混合均匀为止。

(3)将干混合料堆成堆,在中间作一凹槽,将已称量好的水倒入一半左右在凹槽中(勿使水流出),然后仔细翻拌,并徐徐加入剩余的水,继续翻拌,每翻拌一次,用铲在混合料上铲切一次,直至拌和均匀为止。

(4)拌和时力求动作敏捷,拌和时间从加水时算起,应大致符合下列规定:

拌和物体积为 30L 以下时 4 ~ 5min;

拌和物体积为 30 ~ 50L 时 5 ~ 9min;

拌和物体积为 51 ~ 75L 时 9 ~ 12min。

(5)从试样制备完毕到开始做混凝土拌和物各项性能试验(不包括成型试件)不宜超过 5min。

2)机械搅拌法

(1)按所定配合比备料,以全干状态为准。

(2)预拌一次。即用按配合比的水泥、砂和水组成的砂浆及少量石子,在搅拌机中进行涮膛,然后倒出并刮去多余的砂浆,其目的是使水泥砂浆先黏附满搅拌机的筒壁,以免正式拌和时影响拌和物的配合比。

(3)开动搅拌机,向搅拌机内依次加入石子、砂和水泥,先干拌均匀,再将水徐徐加入,全部加料时间不超过 2min,水全部加入后,继续拌和 2min。

(4)将拌和物自搅拌机中卸出,倾倒在拌板上,再经人工拌和 1 ~ 2min,即可做混凝土拌和物各项性能试验。从试样制备完毕到开始做各项性能试验(不包括成型试件)不宜超过 5min。

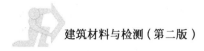

(三)混凝土拌和物和易性试验

1. 试验目的

检验所设计的混凝土配合比是否符合施工和易性要求,以作为调整混凝土配合比的依据。

2. 坍落度与坍落扩展度法

坍落度与坍落扩展度法适用于骨料最大粒径不大于40mm、坍落度值不小于10mm的混凝土拌和物的和易性测定。

1)试验原理

通过测定混凝土拌和物在自重作用下自由坍落的程度及外观现象(泌水、离析等),评定混凝土拌和物的和易性。

2)主要仪器

(1)坍落度筒,由薄钢板或其他金属制成,形状和尺寸如附图19a)所示,两侧焊把手,近下端两侧焊脚踏板。

(2)捣棒,如附图19b)所示。

(3)底板、钢尺、小铲等。

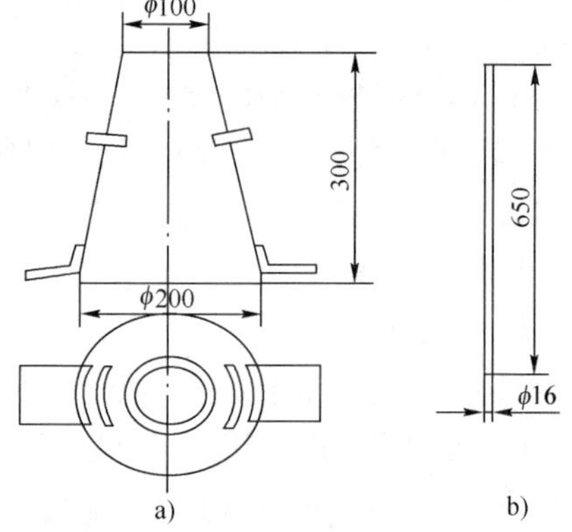

附图19 坍落度筒和捣棒(尺寸单位:mm)
a)坍落度筒;b)捣棒

3)试验步骤

(1)湿润坍落度筒及底板,在坍落度筒内壁和底板上应无明水。底板应放置在坚实的水平面上,并把筒放在底板中心。用脚踩住二边的脚踏板,使坍落度筒在装料时保持固定的位置。

(2)把按要求取得或制备的混凝土试样用小铲分三层均匀地装入筒内,使捣实后每层高度为筒高的三分之一左右。每层用捣棒插捣25次,插捣应沿螺旋方向由外向中心进行,各次插捣应在截面上均匀分布。插捣筒边混凝土时,捣棒可以稍稍倾斜。插捣底层时,捣棒应贯穿整个深度,插捣第二层和顶层时,捣棒应插透本层至下一层的表面;浇灌顶层时,混凝土应灌到高出筒口。插捣过程中,如混凝土沉落到低于筒口,则应随时添加。顶层插捣完后,刮去多余的混凝土,并用抹刀抹平。

(3)清除筒边底板上的混凝土后,垂直平稳地提起坍落度筒。坍落度筒的提离过程应在5~10s内完成。

从开始装料到提坍落度筒的整个过程应不间断地进行,并应在150s内完成。

(4)提起坍落度筒后,测量筒高与坍落后混凝土试体最高点之间的高度差,即为该混凝土拌和物的坍落度值。

坍落度筒提离后,如混凝土发生崩坍或一边剪坏现象,则应重新取样另行测定。如第二次试验仍出现上述现象,则表示该混凝土和易性不好,应予记录备查。

(5)当混凝土拌和物的坍落度大于220mm时,用钢尺测量混凝土扩展后最终的最大直径和最小直径,在这两个直径之差小于50mm的条件下,用其算术平均值作为坍落扩展度值,否则,此次试验无效。

4)试验结果评定

(1)坍落度小于等于220mm时,混凝土拌和物和易性的评定:

稠度:以坍落度值表示,测量精确至1mm,结果表达修约至5mm。

黏聚性:测定坍落度值后,用捣棒在已坍落的混凝土锥体侧面轻轻敲打,如锥体逐渐下沉,表示黏聚性良好;如锥体倒塌、部分崩裂或出现离析现象,则表示黏聚性不好。

保水性:提起坍落度筒后如底部有较多稀浆析出,锥体部分的混凝土也因失浆而骨料外露,表明保水性不好;如无稀浆或仅有少量稀浆自底部析出,则表明保水性良好。

(2)坍落度大于220mm时,混凝土拌和物和易性的评定:

稠度:以坍落扩展度值表示,测量精确至1mm,结果表达修约至5mm。

抗离析性:提起坍落度筒后,如果混凝土拌和物在扩展的过程中,始终保持其均匀性,不论是扩展的中心还是边缘,粗骨料的分布都是均匀的,也无浆体从边缘析出,表明混凝土拌和物抗离析性良好;如果发现粗骨料在中央集堆或边缘有水泥浆析出,则表明混凝土拌和物抗离析性不好。

3. 维勃稠度法

本方法适用于骨料最大粒径不大于40mm,维勃稠度在5~30s之间的混凝土拌和物的稠度测定。

1)试验原理

通过测定混凝土拌和物在振动作用下浆体布满圆盘所需要的时间,评定干硬性混凝土的流动性。

2)主要仪器

(1)维勃稠度仪,如附图20所示,其组成如下:

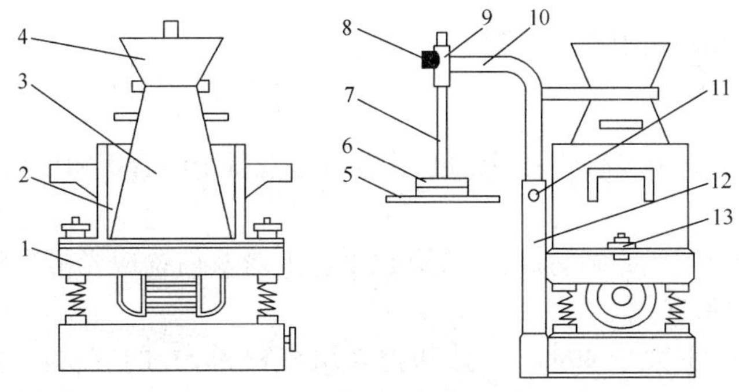

附图20　维勃稠度仪

1-振动台;2-容器;3-坍落度筒;4-喂料斗;5-透明圆盘;6-荷重;7、8-测杆螺丝;9-套筒;10-旋转架;11-定位螺丝;12-支柱;13-固定螺丝

①振动台,台面长380mm,宽260mm,支承在四个减振器上。台面底部安有频率为(50±3)Hz的振动器。装有空容器时台面的振幅应为(0.5±0.1)mm。

②容器,由钢板制成,内径为(240±5)mm,高为(200±2)mm,筒壁厚3mm,筒底厚7.5mm。

③坍落度筒,如附图19,但应去掉两侧的脚踏板。

④旋转架,与测杆及喂料斗相连。测杆下部安装有透明且水平的圆盘,并用测杆螺丝把测杆固定在套筒中。旋转架安装在支柱上,通过十字凹槽来固定方向,并用定位螺丝来固定其位置。就位后,测杆或喂料斗的轴线应与容器的轴线重合。

⑤透明圆盘，直径为(230 ±2)mm，厚度为(10 ±2)mm。荷重块直接固定在圆盘上。由测杆、圆盘及荷重块组成的滑动部分总质量应为(2750 ±50)g。

(2)捣棒、小铲、秒表(精度0.5s)等。

3)试验步骤

(1)把维勃稠度仪放置在坚实的水平面上，用湿布把容器、坍落度筒、喂料斗内壁及其他用具润湿。

(2)将喂料斗提到坍落度筒上方扣紧，校正容器位置，使其中心与喂料斗中心重合，然后拧紧固定螺丝。

(3)将混凝土拌和物试样用小铲经喂料斗分三层均匀地装入坍落度筒内，装料及插捣的方法同坍落度与坍落扩展度试验。

(4)把喂料斗转离，垂直地提起坍落度筒，此时应注意不使混凝土试体产生横向扭动。

(5)把透明圆盘转到混凝土圆台体顶面，放松测杆螺丝，降下圆盘，使其轻轻接触到混凝土顶面。拧紧定位螺丝，并检查测杆螺丝是否已完全放松。

(6)开启振动台，同时用秒表计时，当振动到透明圆盘的底面被水泥浆布满的瞬间停止计时，并关闭振动台。

4)试验结果

由秒表读出的时间即为该混凝土拌和物的维勃稠度值，精确至1s。如维勃稠度值小于5s或大于30s，则此种混凝土所具有的稠度已超出本仪器的适用范围。

注：坍落度不大于50mm或干硬性混凝土和维勃稠度大于30s的特干硬性混凝土拌和物的稠度可采用增实因数法来测定。

(四)混凝土拌和物表观密度试验

1. 试验目的

测定混凝土拌和物捣实后的表观密度，作为调整混凝土配合比的依据。

2. 主要仪器

(1)容量筒，金属制成的圆筒，两旁装有提手。上缘及内壁应光滑平整，顶面与底面应平行，并与圆柱体的轴垂直。

对骨料最大粒径不大于40mm的拌和物采用容积为5L的容量筒，其内径与内高均为(186 ±2)mm，筒壁厚为3mm；骨料最大粒径大于40mm时，容量筒的内径与内高均应大于骨料最大粒径的4倍。

(2)台秤，称量50kg，感量50g。

(3)振动台、捣棒。

3. 试验步骤

(1)用湿布把容量筒内外擦干净，称出筒的质量 m_1，精确至50g。

(2)混凝土拌和物的装料及捣实方法应根据拌和物的稠度而定。坍落度不大于70mm的混凝土，用振动台振实为宜；坍落度大于70mm的混凝土用捣棒捣实为宜。

采用振动台振实时，应一次将混凝土拌和物灌到高出容量筒口。装料时可用捣棒稍加插捣，振动过程中如混凝土沉落到低于筒口，则应随时添加混凝土，振动直至表面出浆为止。

采用捣棒捣实时,应根据容量筒的大小决定分层与插捣次数。用5L容量筒时,混凝土拌和物应分两层装入,每层插捣25次。用大于5L的容量筒时,每层混凝土的高度不应大于100mm,每层插捣次数应按每10000mm^{2}截面不小于12次计算。各次插捣应由边缘向中心均匀地插捣,插捣底层时捣棒应贯穿整个深度,以后插捣每层时,捣棒应插透本层至下一层的表面。每一层插捣完后用橡皮锤轻轻沿容器外壁敲打5~10次,进行振实,直至拌合物表面插捣孔消失并不见大气泡为止。

(3)用刮尺将筒口多余的混凝土拌和物刮去,表面如有凹陷应予填平。将容量筒外壁擦净,称出混凝土试样与容量筒总质量m_2,精确至50g。

4. 试验结果

混凝土拌和物表观密度ρ_{0h}按式(21)计算,精确至10kg/m^3:

$$\rho_{0h} = \frac{m_2 - m_1}{V_0} \times 1000 \tag{21}$$

式中:m_1——容量筒质量(kg);

m_2——容量筒及试样总质量(kg);

V_0——容量筒容积(L)。

二 普通混凝土力学性能试验

(一)试验依据

《普通混凝土力学性能试验方法》(GB/T 50081—2002)

(二)混凝土的取样

(1)混凝土的取样或试验室试样制备应符合《普通混凝土拌和物性能试验方法》(GB/T 50080—2002)中的有关规定。

(2)普通混凝土力学性能试验应以三个试件为一组,每组试件所用的拌和物应从同一盘混凝土(或同一车混凝土)中取样或在试验室制备。

(三)混凝土试件的制作与养护

1. 混凝土试件的尺寸和形状

混凝土试件的尺寸应根据混凝土中骨料的最大粒径按附表10选定。

混凝土试件尺寸选用表 附表10

试件尺寸(mm)	骨料最大粒径(mm)	
	立方体抗压强度试验	劈裂抗拉强度试验
100×100×100	31.5	20
150×150×150	40	40
200×200×200	63	—

边长为150mm的立方体试件是标准试件，边长为100mm和200mm的立方体试件是非标准试件。当施工涉外工程或必须用圆柱体试件来确定混凝土力学性能时，可采用ϕ150mm×300mm的圆柱体标准试件或ϕ100mm×200mm和ϕ200mm×400mm的圆柱体非标准试件。

2. 混凝土试件的制作

(1)成型前，应检查试模尺寸；试模内表面应涂一薄层矿物油或其他不与混凝土发生反应的脱模剂。

(2)取样或试验室拌制的混凝土应在拌制后尽可能短的时间内成型，一般不宜超过15min。成型前，应将混凝土拌和物至少用铁锹再来回拌和三次。

(3)试件成型方法根据混凝土拌和物的稠度而定。坍落度不大于70mm的混凝土宜采用振动台振实成型；坍落度大于70mm的混凝土宜采用捣棒人工捣实成型。

采用振动台成型时，将混凝土拌和物一次装入试模，装料时应用抹刀沿各试模壁插捣，并使混凝土拌和物高出试模口；振动时试模不得有任何跳动，振动应持续到混凝土表面出浆为止，不得过振。

人工插捣成型时，将混凝土拌和物分两层装入试模，每层插捣次数在每10000mm^{2}截面积内不得少于12次；插捣应按螺旋方向从边缘向中心均匀进行。在插捣底层混凝土时，捣棒应达到试模底部；插捣上层时，捣棒应贯穿上层后插入下层20～30mm；插捣时捣棒应保持垂直，不得倾斜。然后应用抹刀沿试模内壁插拔数次。插捣后应用橡皮锤轻轻敲击试模四周，直至插捣棒留下的空洞消失为止。

(4)刮除试模上口多余的混凝土，待混凝土临近初凝时，用抹刀抹平。

3. 混凝土试件的养护

(1)试件成型后应立即用不透水的薄膜覆盖表面，以防止水分蒸发。

(2)根据试验目的不同，试件可采用标准养护或与构件同条件养护。确定混凝土特征值、强度等级或进行材料性能研究时应采用标准养护；检验现浇混凝土工程或预制构件中混凝土强度时应采用同条件养护。

(3)采用标准养护的试件，应在温度为(20±5)℃的环境中静置一昼夜至二昼夜，然后编号、拆模。拆模后应立即放入温度为(20±2)℃，相对湿度为95%以上的标准养护室中养护，或在温度为(20±2)℃的不流动的$Ca(OH)_2$饱和溶液中养护。标准养护室内的试件应放在支架上，彼此间隔10～20mm，试件表面应保持潮湿，并不得被水直接冲淋。

(4)同条件养护试件的拆模时间可与实际构件的拆模时间相同，拆模后，试件仍需保持同条件养护。

(5)标准养护龄期为28d(从搅拌加水开始计时)。

(四)混凝土立方体抗压强度试验

1. 试验目的

测定混凝土立方体抗压强度，作为评定混凝土质量的主要依据。

2. 试验原理

将混凝土制成标准的立方体试件，经28d标准养护后，测其抗压破坏荷载，计算抗压强度。

3. 主要仪器

(1)压力试验机,应符合《液压式压力试验机》(GB/T 3722—1992)的规定。测量精度为±1%,其量程应能使试件的预期破坏荷载值大于全量程的20%,且小于全量程的80%。试验机应具有加荷速度指示装置或加荷速度控制装置,并应能均匀、连续地加荷;上、下压板之间可各垫以钢垫板,钢垫板的承压面均应机械加工。

(2)振动台,频率为(50±3)Hz,空载振幅约为0.5mm。

(3)试模,由铸铁或钢制成,应具有足够的刚度并拆装方便。

(4)捣棒、小铁铲、金属直尺、镘刀等。

4. 试验步骤

(1)试件自养护地点取出后应及时进行试验,以免试件内部的温度发生显著变化。将试件擦拭干净,检查其外观。

(2)将试件安放在试验机的下压板或钢垫板上,试件的承压面应与成型时的顶面垂直。试件的中心应与试验机下压板中心对准。开动试验机,当上压板与试件或钢垫板接近时,调整球座,使接触均衡。

(3)加荷应连续而均匀,加荷速度为:混凝土强度等级<C30时,取0.3~0.5MPa/s;混凝土强度等级≥C30且<C60时,取0.5~0.8MPa/s;混凝土强度等级≥C60时,取0.8~1.0MPa/s。当试件接近破坏而开始迅速变形时,应停止调整试验机油门,直至试件破坏。然后记录破坏荷载F(N)。

5. 试验结果

(1)混凝土立方体抗压强度f_{cu}按式(22)计算,精确至0.1MPa:

$$f_{cu} = \frac{F}{A} \tag{22}$$

式中:F——试件破坏荷载(N);

A——试件承压面积(mm^2)。

(2)以三个试件抗压强度测定值的算术平均值作为该组试件的抗压强度值。三个测定值中的最大值或最小值中如有一个与中间值的差值超过中间值的15%时,则取中间值作为该组试件的抗压强度值;如最大值和最小值与中间值的差值均超过中间值的15%,则该组试件的试验结果无效。

(3)混凝土抗压强度以150mm×150mm×150mm立方体试件的抗压强度为标准值。混凝土强度等级<C60时,用非标准试件测得的强度值均应乘以尺寸换算系数,其值为:对200mm×200mm×200mm试件为1.05;对100mm×100mm×100mm试件为0.95。当混凝土强度等级≥C60时,宜采用标准试件,采用非标准试件时,尺寸换算系数应由试验确定。

(五)混凝土劈裂抗拉强度试验

1. 试验目的

测定混凝土的劈裂抗拉强度,为确定混凝土的力学性能提供依据。

2. 试验原理

通过在试件的两个相对的表面中线上施加均匀分布的压力,则在外力作用的竖向平面内,产生均匀分布的拉应力，根据弹性理论计算得出该应力，即为劈裂抗拉强度。

3. 主要仪器

（1）压力试验机，要求同立方体抗压强度试验用压力试验机。

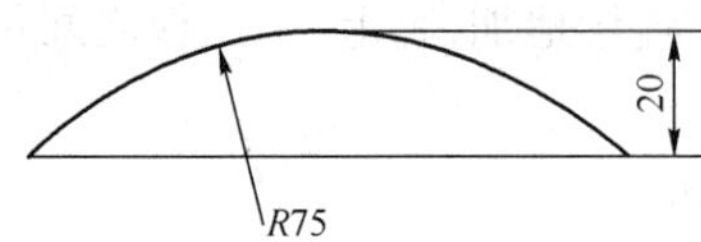

附图 21 垫块（尺寸单位：mm）

（2）垫块，半径为 75mm 的钢制弧形垫块，其横截面尺寸如附图 21，垫块的长度与试件相同。

（3）垫条，三层胶合板制成，宽度为 20mm，厚度为 3～4mm，长度不小于试件长度，垫条不得重复使用。

（4）钢支架，如附图 22 所示。

4. 试验步骤

（1）试件从养护地点取出后应及时进行试验，将试件表面与试验机上下承压板面擦干净。在试件上划线定出劈裂面的位置，劈裂面应与试件的成型面垂直。测量劈裂面的边长（精确至 1mm），计算出劈裂面面积 A（mm^2）。

（2）将试件放在试验机下压板的中心位置，劈裂承压面和劈裂面应与试件成型时的顶面垂直；在上、下压板与试件之间垫以圆弧形垫块及垫条各一条，垫块与垫条应与试件上、下面的中心线对准并与成型时的顶面垂直。宜把垫条及试件安装在定位架上使用，如附图 22 所示。

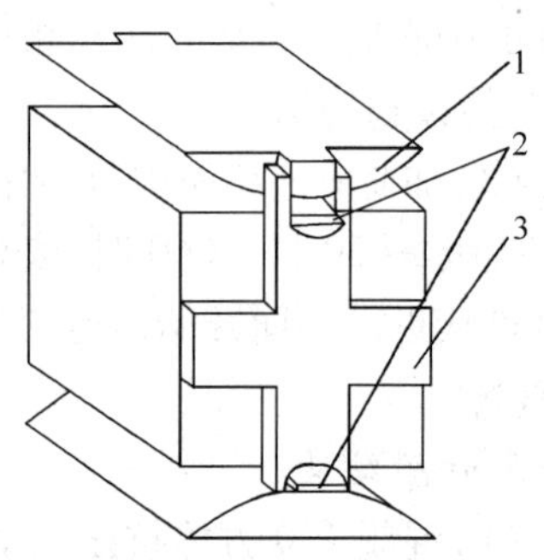

附图 22 支架示意图
1-垫块；2-垫条；3-支架

（3）开动试验机，当上压板与圆弧形垫块接近时，调整球座，使接触均衡。加荷应连续均匀，当混凝土强度等级＜C30 时，加荷速度取 0.02～0.05MPa/s；当混凝土强度等级≥C30 且＜C60 时，取 0.05～0.08 MPa/s；当混凝土强度等级≥C60 时，取 0.08～0.10MPa/s。至试件接近破坏时，应停止调整试验机油门，直至试件破坏，然后记录破坏荷载 F（N）。

5. 试验结果

（1）混凝土劈裂抗拉强度 f_{ts} 按式（23）计算，精确至 0.01MPa：

$$f_{ts}\frac{2F}{\pi A}=0.637\frac{F}{A} \tag{23}$$

式中：F——试件破坏荷载（N）；

A——试件劈裂面面积（mm^2）。

（2）以三个试件测定值的算术平均值作为该组试件的劈裂抗拉强度值，精确至 0.01MPa。三个测定值中的最大值或最小值中如有一个与中间值的差值超过中间值的 15% 时，则取中间值作为该组试件的劈裂抗拉强度值；如最大值和最小值与中间值的差值均超过中间值的 15%，则该组试件的试验结果无效。

（3）混凝土劈裂抗拉强度以 150mm×150mm×150mm 立方体试件的劈裂抗拉强度为标准值。采用 100mm×100mm×100mm 非标准试件测得的劈裂抗拉强度值，应乘以尺寸换算系数 0.85；当混凝土强度等级≥C60 时，宜采用标准试件；采用非标准试件时，尺寸换算系数应由试验确定。

【观察与思考】

(1)混凝土拌和物的和易性包括哪几个方面?如何判定?

(2)混凝土强度试验中为何要规定试件的尺寸条件、养护条件及加荷速度?

试验五　建筑砂浆试验

试验依据

《建筑砂浆基本性能试验方法标准》(JGJ/T 70—2009)

取样及试样制备

(一)取样

(1)建筑砂浆试验用料应从同一盘砂浆或同一车砂浆中取样。取样量应不少于试验所需量的4倍。

(2)施工中进行砂浆试验时,取样方法和原则应按相应的施工验收规范执行。一般在使用地点的砂浆槽、砂浆运送车或搅拌机出料口,至少从三个不同部位取样。

(3)从取样完毕到开始进行各项性能试验不宜超过15min。

(二)砂浆拌和物试验室制备方法

1.主要仪器

(1)砂浆搅拌机。

(2)磅秤,称量50kg,感量50g。

(3)台秤,称量10kg,感量5g。

(4)拌和铁板、拌铲、抹刀、量筒等。

2.一般要求

(1)试验室制备砂浆时,所用材料应提前24h运入室内,拌和时试验室温度应保持在(20±5)℃。

注:需要模拟施工条件下所用的砂浆时,所用原材料的温度宜与施工现场保持一致。

(2)试验用原材料应与现场使用材料一致。砂应以5mm筛过筛。

(3)称量时材料用量应以质量计。称量精度:水泥、外加剂、掺合料等为±0.5%;砂为±1%。

(4)用搅拌机搅拌时,搅拌用量宜为搅拌机容量的30%~70%,搅拌时间不应少于120s。掺有掺合料和外加剂的砂浆,搅拌时间不应小于180s。

3.机械搅拌法

(1)先拌适量砂浆(应与试验用砂浆配合比相同),使搅拌机内壁黏附一层砂浆,以保证正

式拌和时的砂浆配合比准确。

(2)称出各材料用量，将砂、水泥装入搅拌机内。

(3)开动搅拌机，将水缓缓加入(混合砂浆需将石灰膏等用水稀释成浆状加入)，搅拌约 3min。

(4)将砂浆拌和物倒在拌和铁板上，用拌铲翻拌约两次，使之均匀。

4.人工搅拌法

(1)将称量好的砂子倒在拌和板上，然后加入水泥，用拌铲拌和至混合物颜色均匀为止。

(2)将混合物堆成堆，在中间作一凹坑，将称好的石灰膏倒入凹坑(若为水泥砂浆，将称量好的水的一半倒入坑中)，再倒入适量的水将石灰膏等调稀，然后与水泥、砂共同拌和，逐次加水，仔细拌和均匀。每翻拌一次，需用铁铲将全部砂浆压切一次。一般需拌和 3 ~ 5min(从加水完毕时算起)，直至拌和物颜色均匀。

 砂浆稠度试验

(一)试验目的

本方法用于确定砂浆配合比或在施工过程中控制砂浆的稠度以达到控制用水量的目的。

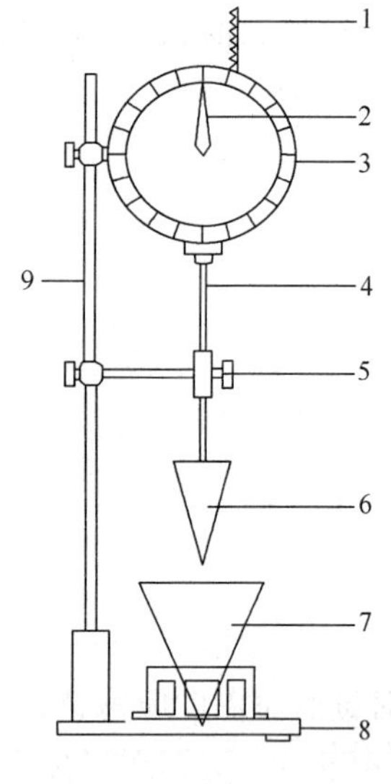

附图 23　砂浆稠度测定仪

1-齿条测杆;2-指针;3-刻度盘;4-滑杆;5-固定螺丝;6-试锥;7-圆锥筒;8-底座;9-支架

(二)主要仪器

(1)砂浆稠度测定仪，由试锥、容器和支座三部分组成，如附图 23 所示。试锥由钢材或铜材制成，其高度为 145mm，锥底直径为 75mm，试锥连同滑杆的质量应为(300 ± 2)g；圆锥筒由钢板制成，筒高为 180mm，锥底内径为 150mm；支座分底座、支架及稠度显示三个部分，由铸铁、钢及其他金属制成。

(2)捣棒、拌铲、抹刀、秒表等。

(三)试验步骤

(1)将圆锥筒和试锥表面用湿布擦干净，并用少量润滑油轻擦滑杆，然后将滑杆上多余的油用吸油纸擦净，使滑杆能自由滑动。

(2)将砂浆拌和物一次装入圆锥筒，使砂浆表面低于容器口约 10mm 左右，用捣棒自容器中心向边缘插捣 25 次，然后轻轻地将容器摇动或敲击 5 ~ 6 下，使砂浆表面平整，随后将圆锥筒置于稠度测定仪的底座上。

(3)拧开试锥滑杆的制动螺丝，向下移动滑杆，当试锥尖端与砂浆表面刚接触时，拧紧制动螺丝，使齿条测杆下端刚接触滑杆上端，读出刻度盘上的读数(精确至 1mm)。

(4)拧开制动螺丝，同时计时间，待 10s 立即固定螺丝，将齿条测杆下端接触滑杆上端，从

刻度盘上读出下沉深度，精确至 1mm，二次读数的差值即为砂浆的稠度值。

(5)圆锥筒内的砂浆，只允许测定一次稠度，重复测定时，应重新取样测定。

(四)试验结果

(1)砂浆稠度值取两次试验结果的算术平均值，计算精确至 1mm。

(2)两次试验值之差如大于 10mm，应重新取样测定。

四 密度试验

(一)试验目的

本方法用于测定砂浆拌和物捣实后的质量密度，以确定每立方米砂浆拌和物中各组成材料的实际用量。

(二)主要仪器

(1)容量筒：金属制成，内径 108mm，净高 109mm，筒壁厚 2mm，容积为 1L。

(2)托盘天平：称量 5kg，感量 5g。

(3)钢制捣棒：直径 10mm，长 350mm，端部磨圆。

(4)砂浆密度测定仪。

(5)振动台：振幅(0.5 ±0.05)mm，频率(50 ±3)Hz。

(6)秒表。

(三)试验步骤

(1)首先将拌好的砂浆按稠度试验方法测定稠度，当砂浆稠度大于 50mm 时，宜采用插捣法，当砂浆稠度不大于 50mm 时，宜采用振动法。

(2)试验前称出容量筒重，精确至 5g，然后将容量筒的漏斗套上(见附图 24)，将砂浆拌和物装满容量筒并略有富余，根据稠度选择试验方法。

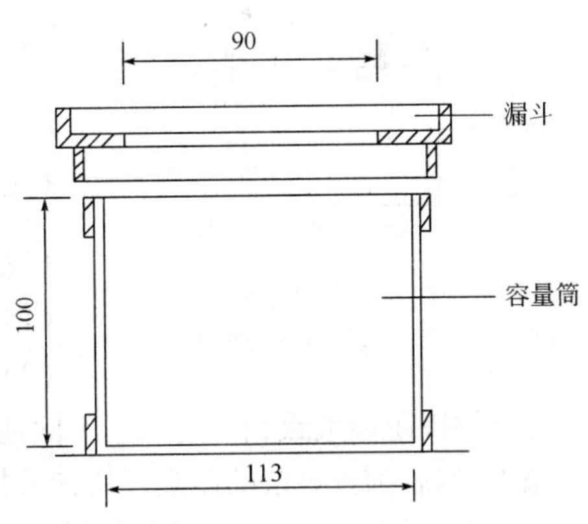

附图 24　砂浆密度测定仪(尺寸单位：mm)

采用插捣法时，将砂浆拌和物一次装满容量筒，使稍有富余，用捣棒均匀插捣 25 次，插捣过程中如砂浆沉落到低于筒口，则应随时添加砂浆再敲击 5 ~6下。

采用振动法时，将砂浆拌和物一次装满容量筒连同漏斗在振动台上振 10s，振动过程中如砂浆沉入到低于筒口则应随时添加砂浆。

(3)捣实或振动后，将筒口多余的砂浆拌和物刮去，使表面平整，然后将容量筒外壁擦净，称出砂浆与容量筒总重，精确至 5g。

（四）试验结果

（1）砂浆拌和物的质量密度按式（24）计算：

$$\rho = \frac{m_2 - m_1}{V} \times 1000 \tag{24}$$

式中：ρ——砂浆拌和物的质量密度（kg/m^3）；

m_1——容量筒质量（kg）；

m_2——容量筒及试样质量（kg）；

V——容量筒容积（L）。

（2）质量密度由二次试验结果的算术平均值确定，计算精确至 $10kg/m^3$。

五 砂浆分层度试验

（一）试验目的

测定砂浆拌和物在运输及停放时间内各组分的稳定性。

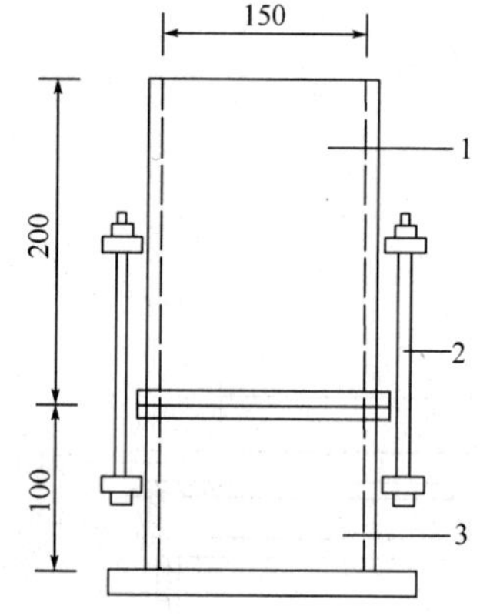

附图 25　砂浆分层度筒（尺寸单位：mm）
1-无底圆筒；2-连接螺栓；3-有底圆筒

（二）主要仪器

（1）砂浆分层度筒，如附图 25 所示，内径为 150mm，无底圆筒高度为 200mm、有底圆筒净高为 100mm，用金属板制成，上、下层连接处需加宽 3～5mm，并设有橡胶垫圈。

（2）振动台，振幅（0.5±0.05）mm，频率（50±3）Hz。

（3）砂浆稠度测定仪。

（4）捣棒、拌铲、抹刀、木锤等。

（三）试验步骤

1. 标准法

（1）将砂浆拌和物按稠度试验方法测定稠度。

（2）将砂浆拌和物一次装入分层度筒内，待装满后，用木锤在容器周围距离大致相等的四个不同地方轻轻敲击 1～2 下，如砂浆沉落到低于筒口，则应随时添加，然后刮去多余的砂浆并用抹刀抹平。

（3）静置 30min 后，去掉上节 200mm 砂浆，剩余的 100mm 砂浆倒出放在拌和锅内拌 2min，再按稠度试验方法测其稠度。前后测得的稠度之差即为该砂浆的分层度值。

2. 快速测定法

（1）将砂浆拌和物按稠度试验方法测定稠度。

（2）将分层度筒预先固定在振动台上，砂浆一次装入分层度筒内，振动 20s。

（3）去掉上节 200mm 砂浆，剩余 100mm 砂浆倒出放在拌和锅内拌 2min，再按稠度试验方法测其稠度，前后测得的稠度之差即为该砂浆的分层度值。

（4）有争议时，以标准法为准。

(四)试验结果

(1)取两次试验结果的算术平均值作为该砂浆的分层度值(单位:mm)。

(2)两次试验分层度值之差如大于 10mm,应重做试验。

六 保水性试验

(一)试验目的

测定砂浆保水性,以判定砂浆拌合物在运输及停放时内部组分的稳定性。

(二)主要仪器

(1)金属或硬塑料圆环试模:内径 100mm、内部高度 25mm。

(2)可密封的取样容器:应清洁、干燥。

(3)2kg 的重物。

(4)医用棉纱:尺寸为 110mm×110mm,宜选用纱线稀疏,厚度较薄的棉纱。

(5)超白滤纸:符合《化学分析滤纸》(GB/T 1914—2007)中速定性滤纸,直径 110mm,200g/m^2。

(6)2 片金属或玻璃方形或圆形不透水片,边长或直径大于 110mm。

(7)天平:量程 200g,感量 0.1g;量程 2000g,感量 1g。

(8)烘箱。

(三)试验步骤

(1)称量下不透水片与干燥试模质量 m_1 和 8 片中速定性滤纸质量 m_2。

(2)将砂浆拌合物一次性填入试模,并用抹刀插捣数次,当填充砂浆略高于试模边缘时,用抹刀以 45°角一次性将试模表面多余的砂浆刮去,然后再用抹刀以较平的角度在试模表面反方向将砂浆刮平。

(3)抹掉试模边的砂浆,称量试模、下不透水片与砂浆总质量 m_3。

(4)用 2 片医用棉纱覆盖在砂浆表面,再在棉纱表面放上 8 片滤纸,用不透水片盖在滤纸表面,以 2kg 的重物把不透水片压着。

(5)静止 2min 后移走重物及不透水片,取出滤纸(不包括棉纱),迅速称量滤纸质量 m_4。

(6)从砂浆的配比及加水量计算砂浆的含水率,若无法计算,可按规定测定砂浆的含水率。

(四)试验结果

砂浆保水性应按下式计算:

$$W = \left[1 - \frac{m_4 - m_2}{\alpha \times (m_3 - m_1)}\right] \times 100\%$$

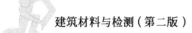

式中：W——保水性(%)；

m_1——下不透水片与干燥试模质量(g)；

m_2——8 片滤纸吸水前的质量(g)；

m_3——试模、下不透水片与砂浆总质量(g)；

m_4——8 片滤纸吸水后的质量(g)；

α——砂浆停水率(%)。

取再次试验结果的平均值作为结果，如两个测定值中有 1 个超出平均值的 5%，则此组试验结果无效。

(五)砂浆含水率测试方法

称取 100g 砂浆拌合物试样，置于一干燥并已称重的盘中，在(105 ±5)℃的烘箱中烘干至恒重，砂浆含水率应按下式计算：

$$\alpha = \frac{m_5}{m_6} \times 100\%$$

式中：α——砂浆含水率(%)；

m_5——烘干后砂浆样本损失的质量(g)；

m_6——砂浆样本的总质量(g)；

砂浆含水率值应精确至 0.1%。

七 砂浆立方体抗压强度试验

(一)试验目的

测定砂浆的强度，确定砂浆是否达到设计要求的强度等级。

(二)主要仪器

(1)试模，由铸铁或钢制成的立方体带底试模，内壁边长为 70.7mm，应具有足够的刚度并拆装方便。

(2)压力试验机，采用精度(示值的相对误差)不大于 1% 的试验机，其量程应能使试件的预期破坏荷载值不小于全量程的 20%，也不大于全量程的 80%。

(3)捣棒、刮刀等。

(三)试件制作及养护

(1)采用立方体试件，每组试件 3 个。

(2)应用黄油等密封材料涂抹试模的外接缝，试模内涂刷薄层机油或脱模剂，将拌制好的砂浆一次性装满砂浆试模，成型方法根据稠度而定。当稠度≥50mm 时采用人工振捣成型，当稠度 <50mm 时采用振动台振实成型。

①人工振捣：用捣棒均匀地由边缘向中心按螺旋方式插捣 25 次，插捣过程中如砂浆沉落

低于试模口，应随时添加砂浆，可用油灰刀插捣数次，并用手将试模一边抬高 5～10mm 各振动 5 次，使砂浆高出试模顶面 6～8mm。

②机械振动：将砂浆一次装满试模，放置到振动台上，振动时试模不得跳动，振动 5～10s 或持续到表面出浆为止；不得过振。

③待表面水分稍干后，将高出试模部分的砂浆沿试模顶面刮去并抹平。

④试件制作后应在室温为(20±5)℃的环境下静置(24±2)h，当气温较低时，可适当延长时间，但不应超过两昼夜，然后对试件进行编号、拆模并立即放入温度为(20±2)℃，相对湿度为 90% 以上的标准养护室中养护。养护期间，试件彼此间隔不小于 10mm，混合砂浆试件上面应覆盖以防有水滴在试件上。

(四)试验步骤

(1)试件从养护地点取出后，应尽快进行试验。试验前先将试件擦拭干净，测量尺寸，并检查其外观。尺寸测量精确至 1mm，并据此计算试件的承压面积 A(mm^2)。如实测尺寸与公称尺寸之差不超过 1mm，可按公称尺寸进行计算。

(2)将试件安放在试验机的下压板(或下垫板)上，其承压面应与成型时的顶面垂直，试件中心应与试验机下压板(或下垫板)中心对准。

(3)开动试验机，当上压板与试件接近时，调整球座，使接触面均衡受压。承压试验应连续而均匀地加荷，加荷速度应为 0.25～1.5kN/s(砂浆强度 5MPa 及 5MPa 以下时，取下限为宜，砂浆强度 5MPa 以上时，取上限为宜)。

(4)当试件接近破坏而开始迅速变形时，停止调整试验机油门，直至试件破坏，记录破坏荷载 N_u(N)。

(五)试验结果

(1)砂浆立方体抗压强度 $f_{m,cu}$ 按式(25)计算，精确至 0.1MPa：

$$f_{m,cu} = \frac{N_u}{A} \tag{25}$$

式中：N_u——试件极限破坏荷载(N)；

A——试件受压面积(mm^2)。

(2)以 3 个试件测值的算术平均值的 1.3 倍(f_2)作为该组试件的砂浆立方体试件抗压强度平均值(精确至 0.1MPa)。

当三个测值的最大值或最小值中如有一个与中间值的差值超过中间值的 15%，则把最大值及最小值一并舍除，取中间值作为该组试件的抗压强度值；如有两个测值与中间值的差值均超过中间值的 15% 时，则该组试件的试验结果无效。

【观察与思考】

砂浆分层度太大或太小分别说明什么？是不是越小越好？

试验六　烧结普通砖及蒸压加气混凝土砌块试验

一 烧结普通砖试验

烧结普通砖按3.5万~15万块为一批,不足3.5万块亦按一批计。

(一)尺寸偏差检测

1. 试验目的

测定烧结普通砖的尺寸偏差,作为评定质量等级的依据。

2. 试验原理

利用砖用卡尺的支脚和垂直尺之间的高差来测量。

3. 主要仪器

砖用卡尺(附图26),分度值为0.5mm。

4. 试验步骤

检验样品数为20块砖。在每块砖的两个大面中间处,分别测量两个长度尺寸和两个宽度尺寸,在两个条面的中间处分别测量两个高度尺寸,如附图27所示。当被测处有缺损或凸出时可在其旁边测量,应选择不利的一侧。每一尺寸测量不足0.5mm的按0.5mm计。

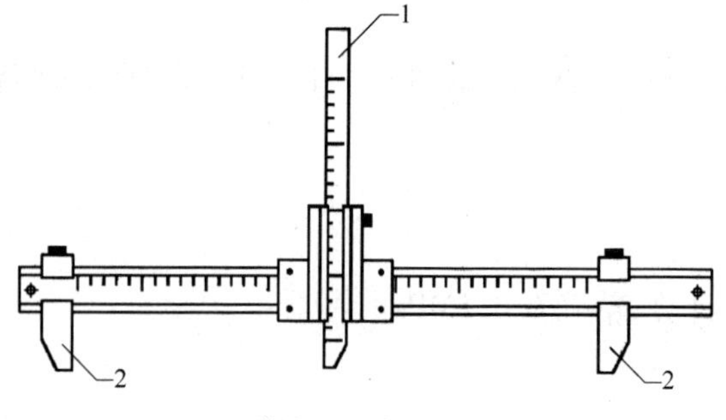

附图26　砖用卡尺

1-垂直尺;2-支脚

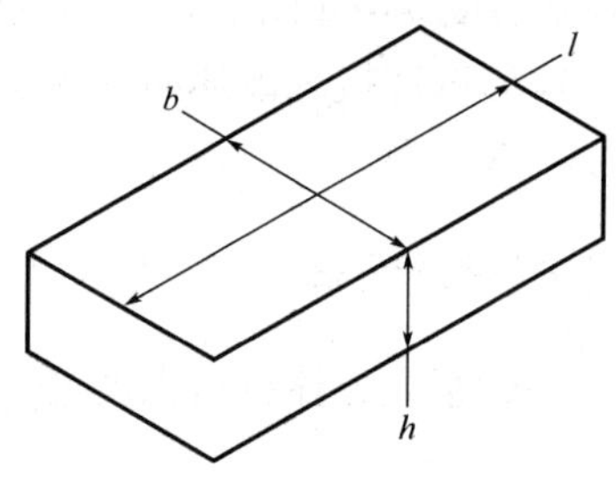

附图27　尺寸量法

l-长度;b-宽度;h-高度

5. 结果评定

每一方向尺寸以两个测量值的算术平均值表示,精确至1mm。计算样本平均偏差和样本极差。样本平均偏差是20块试样同一方向40个测量尺寸的算术平均值减去其公称尺寸的差值;样本极差是20块试样同一方向40个测量尺寸中最大值和最小值的差值。

(二)外观质量检查

1. 试验目的

进行烧结普通砖的外观质量检查,作为评定质量等级的依据。

2. 试验原理

利用砖用卡尺的支脚和垂直尺之间的高差来测量。

3. 主要仪器

砖用卡尺,分度值为 0.5mm;钢直尺,分度值为 1mm。

4. 试验步骤

检验样品数为 20 块砖。分别测量缺损、裂纹、弯曲、杂质凸出高度和颜色。

(1)缺损测量。缺棱掉角在砖上造成的缺损程度以缺损部分对长、宽、高三个棱边的投影尺寸来度量,称为破坏尺寸,如附图 28 所示。缺损造成的破坏面是指缺损部分对条、顶面的投影面积,如附图 29 所示。

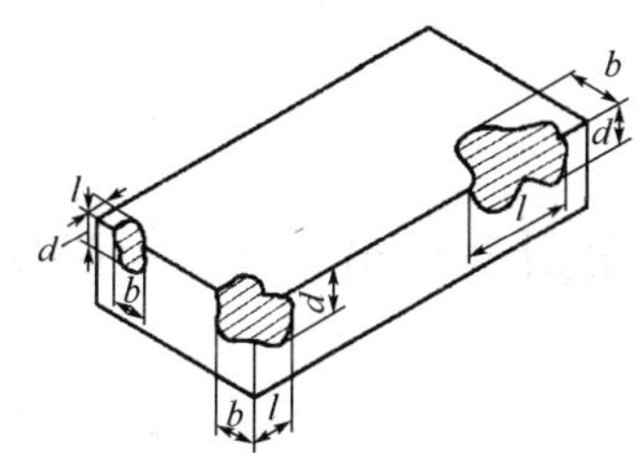

附图 28 缺棱掉角破坏尺寸测量方法

l、b、d 分别为长、宽、高方向投影

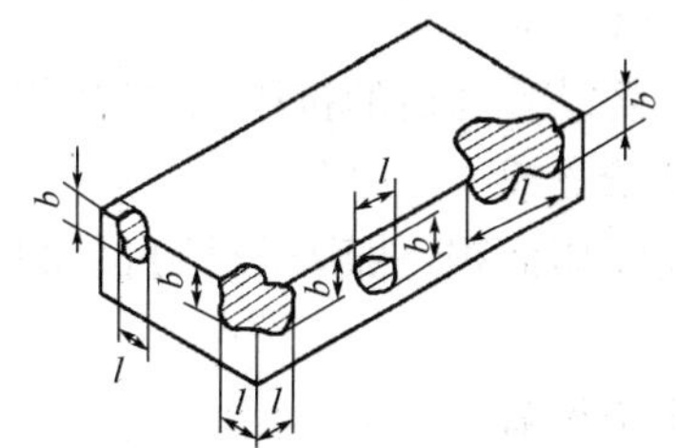

附图 29 缺损在条、顶面上造成破坏面测量方法

l、b 分别为长、宽方向投影

(2)裂纹测量。裂纹分为宽度、长度、水平方向三种,以被测方向的投影尺寸来表示,以 mm 计。如果裂纹从一个面延伸到其他面上时,则累计其延伸的投影长度,如附图 30 所示。

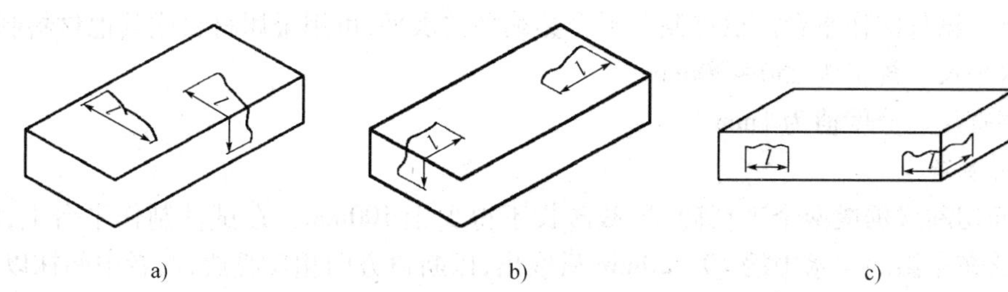

附图 30 裂纹测量方法示意图

a)宽度方向;b)长度方向;c)水平方向

(3)弯曲测量。分别在大面和条面上测量,测量时将砖用卡尺的两支脚沿棱边两端放置,选择弯曲最大处将垂直尺推至砖面,如附图 31 所示。以弯曲中测得的最大值作为测量结果,不应将因杂质或碰伤造成的凹处计算在内。

(4)杂质凸出高度测量。杂质在砖面上的凸出高度,以杂质距砖面的最大距离表示。测量时,将砖用卡尺的两支脚置于凸出两边的砖面上,以垂直尺测量,如附图 32 所示。

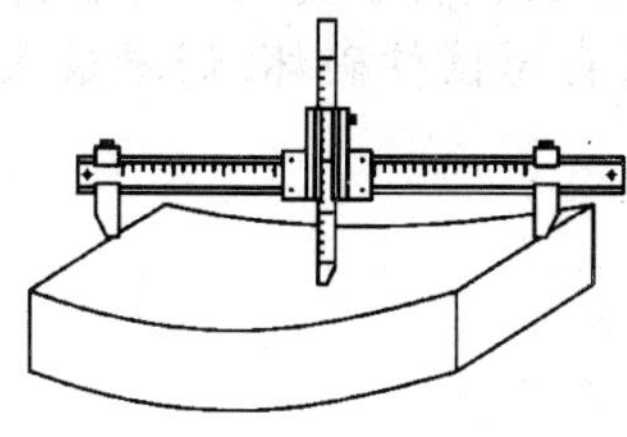

附图 31 砖的弯曲测量示意图

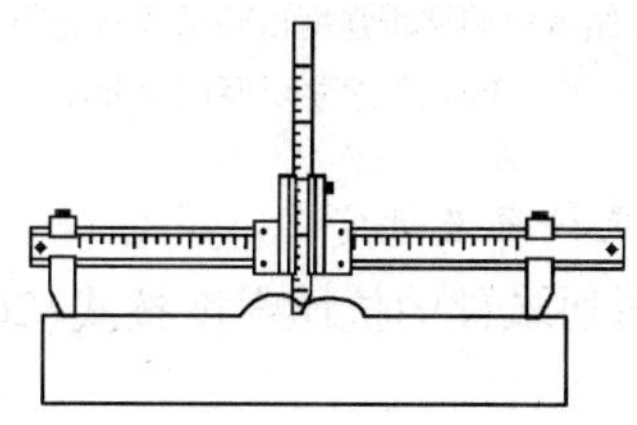

附图 32 砖的杂质凸出高度测量示意图

（5）颜色。将装饰面朝上随机分两排并列，在自然光下距离砖样 2m 处目测。

5. 结果处理

外观质量以毫米为单位，不足 1mm 者，按 1mm 计。

（三）抗压强度试验

用随机抽样法从外观质量和尺寸偏差检验合格的样品中抽取 15 块，其中 10 块做抗压强度检验，5 块备用。

1. 试验目的

测定烧结普通砖的抗压强度，用以评定砖的强度等级。

2. 试验原理

测定受压面积，然后用材料试验机测出最大荷载，通过计算得出单位面积荷载即抗压强度。

3. 主要仪器

（1）材料试验机。试验机的示值相对误差不大于 ±1%，其下加压板应为球铰支座，预期最大破坏荷载应在量程的 20% ~80% 之间。

（2）抗折夹具。抗折试验的加荷形式为三点加荷，其上压辊和下支辊的曲率半径为 15mm，下支辊应有一个为铰接固定。

（3）抗压试件制作平台。试件制备平台必须平整水平，可用金属材料或其他材料制作。

（4）水平尺。规格为 250 ~300mm。

（5）钢直尺。分度值为 1mm。

4. 试样制备

将砖样切断或锯成两个半截砖，半截砖长不得少于 100mm。在试件制作平台上，将制好的半截砖放在室温的净水中浸 10 ~20min 后取出，以断口方向相反叠放，两者中间抹以不超过 5mm 厚的水泥净浆，上下两面用不超过 3mm 的同种水泥净浆抹平，上、下两面必须相互平行，并垂直于侧面，如附图 33 所示。

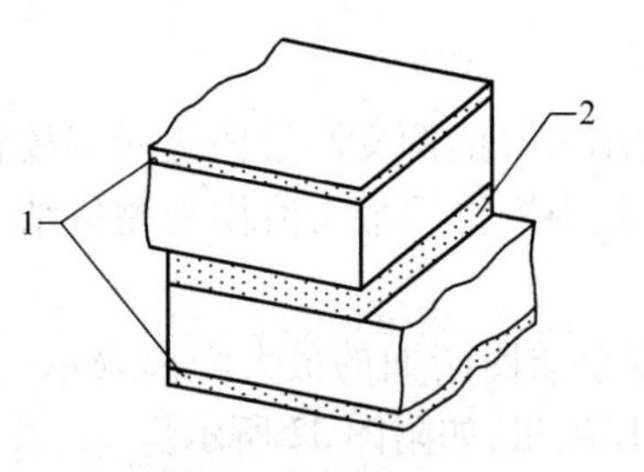

附图 33　烧结普通砖抗压强度试验试样示意图
1-净浆层厚度≤3mm；2-净浆层厚度≤5mm

将制好的试件置于不低于 10℃ 的不通风室内养护 3d 后进行抗压强度试验。

5. 试验步骤

测量每个试件的连接面或受压面的长度 L 和宽度 B 尺寸各两个，分别取其算术平均值，精确至 1mm；将试件平放在加压板的中央，垂直于受压面匀速加压，加荷速度以 4kN/s 为宜，直至试件破坏，记录最大破坏荷载 P。

6. 结果计算及评定

（1）每块试件的抗压强度按式（26）计算：

$$f_i = \frac{P}{LB} \tag{26}$$

式中：f_i——单块砖样抗压强度的测定值（MPa），精确至0.1MPa；

P——最大破坏荷载（N）；

L——受压面（连接面）长度（mm）；

B——受压面（连接面）宽度（mm）。

（2）结果评定：

按式（27）和式（28）计算出强度标准差 S 和变异系数 δ：

$$S=\sqrt{\frac{\sum_{i=1}^{n}f_i^2-n\bar{f}^2}{n-1}} \tag{27}$$

$$\delta=\frac{S}{\bar{f}} \tag{28}$$

式中：$\bar{f}$——10块砖试样抗压强度算术平均值（MPa）。

平均值—标准值方法评定：

变异系数 $\delta \leqslant 0.21$ 时，按抗压强度平均值 $\bar{f}$、强度标准值 f_K 指标评定砖的强度等级。样本量 $n=10$ 时的强度标准值按式（29）计算（精确至0.1MPa）。

$$f_K=\bar{f}-1.8S \tag{29}$$

平均值—最小值方法评定：

变异系数 $\delta>0.21$ 时，按抗压强度平均值 $\bar{f}$、单块最小抗压强度值 f_{min} 评定砖的强度等级。

二 蒸压加气混凝土砌块试验

蒸压加气混凝土砌块按同品种、同规格、同等级的砌块，以10000块为一批，不足10000块亦按一批计。用随机抽样法抽取50块砌块，进行尺寸偏差、外观质量检查。从外观质量和尺寸偏差检验合格的样品中随机抽取6块砌块制作试件，进行干密度和强度试验。

（一）尺寸偏差、外观质量检测

采用钢直尺、钢卷尺、深度游标卡尺（最小刻度为1mm）测量。

长度、高度、宽度分别在两个对应面的端部测量，各量两个尺寸，测量值大于规格尺寸的取最大值，测量值小于规格尺寸的取最小值。

目测缺棱掉角的个数；测量砌块破坏部分对砌块的长、宽、高三个方向的投影面积尺寸；目测裂纹条数，长度以所在面最大的投影尺寸为准，若裂纹从一面延伸至另一面，则以两个面上的投影尺寸之和为准；平面弯曲值为测量弯曲面的最大裂缝尺寸。

（二）干表观密度和抗压强度试验

1. 试件制备

采用机锯或刀锯，锯时不得将试件弄湿。沿试块发气方向中心部分上、中、下依次锯取一组，"上"块上表面距离制品顶面30mm，"中"块在制品正中处，"下"块下表面离制品底面

30mm。制品的高度不同，试件间隔略有不同。

2. 干表观密度试验

取试件一组3块，逐块量取长、宽、高三个方向的轴线尺寸，精确到1mm，计算试件的体积V；将试件放入电热鼓风干燥箱内，在(60 ±5)℃下保温24h，然后在(80 ±5)℃下保温24h，再在(105 ±5)℃下烘干至恒重M。干表观密度按式(30)计算：

$$\rho = \frac{M}{V} \tag{30}$$

式中：ρ——干表观密度(kg/m^3)。

3. 抗压强度试验

按照试件制备方法，制取100mm × 100mm × 100mm立方体试件一组3块，试件的质量含水率控制在25% ~45%。

测量试件的尺寸，精确至1mm，并计算试件的受压面积A_i。

将试件放在试验机的下压板的中心位置，试件的受力方向应垂直于制品的发气方向。开动试验机，以2.0 ±0.5kN/s的速度连续而均匀地加荷，直至试件破坏，记录破坏荷载P_i。单块抗压强度按式(31)计算：

$$f_{cc} = \frac{P_i}{A_i} \tag{31}$$

式中：f_{cc}——抗压强度(MPa)。

【观察与思考】

(1)烧结普通砖的强度等级是如何确定的？共分为几个等级？

(2)测定烧结普通砖强度时，为何要在砖的上、下表面及两块砖的结合面抹水泥净浆？

试验七　钢 筋 试 验

一 拉伸试验

(一)试验目的

测定钢筋的屈服强度、抗拉强度及伸长率，注意观察拉力与变形之间的关系，为检验和评定钢材的力学性能提供依据。

(二)试验依据

《金属材料室温拉伸试验方法》(GB/T 228—2010)。

(三)试验原理

试验系用拉力拉伸试样，一般拉至断裂，测定钢筋的一项或几项力学性能。试验一般在室温 10～35℃范围内进行，对温度有特殊要求的试验，试验温度应为(23 ±5)℃。

(四)试验设备

(1)试验机：应为Ⅰ级或优于Ⅰ级准确度。

(2)游标卡尺、千分尺等。

(五)试样制备

(1)通常，试样进行机加工。平行长度和夹持头部之间应以过度弧连接，过度弧半径应不小于0.75d。平行长度(L_c)的直径(d)一般不应小于3mm。平行长度应不小于 $L_0 + d/2$。机加工试样形状和尺寸如附图 34 所示。

(2)直径 $d \geqslant 4$mm 的钢筋试样可不进行机加工，根据钢筋直径(d)确定试样的原始标距(L_0)，一般取 $L_0 = 5d$ 或 $L_0 = 10d$。试样原始标距(L_0)的标记与最接近夹头间的距离不小于1.5d。可在平行长度方向标记一系列套叠的原始标距。不经机加工试样形状与尺寸如附图 35 所示。

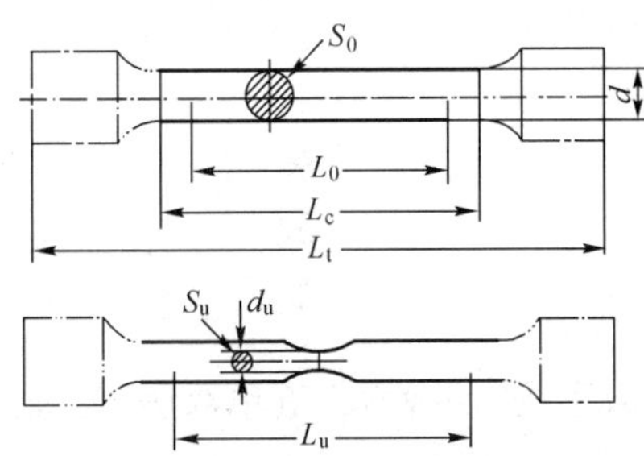

附图 34 机加工比例试样

S_0-原始横截面面积；S_u-断后最小横截面面积；d-平行长度的直径；d_u-断裂后缩颈处最小直径；L_0-原始标距；L_c-平行长度；L_t-试样总长度；L_u-断后标距

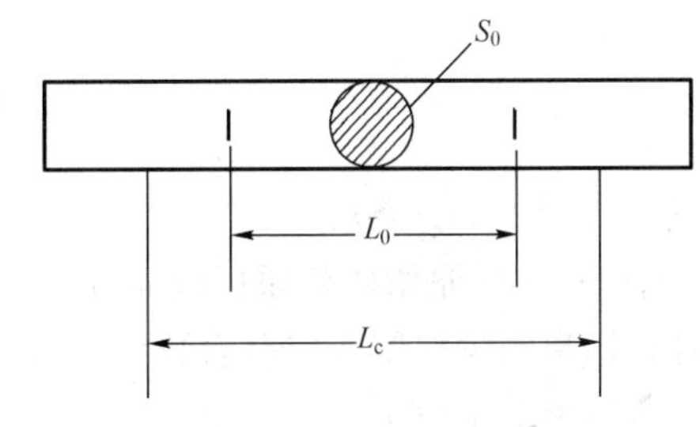

附图 35 不经机加工试样

(3)测量原始标距长度(L_0)，准确到 ±0.5%。

(4)原始横截面面积 S_0 的测定。应在标距的两端及中间三个相互垂直的方向测量直径(d)，取其算术平均值，取用三处测得的最小横截面积，按式(32)计算：

$$S_0 = \frac{1}{4}\pi d^2 \tag{32}$$

计算结果至少保留四位有效数字，所需位数以后的数字按“四舍六入五单双法”处理。

注：四舍六入五单双法：四舍六入五考虑，五后非零应进一，五后皆零视奇偶，五前为偶应舍去，五前为奇则进一。

(六)试验步骤

(1)调整试验机测力度盘的指针，使其对准零点，并拨动副指针，使其与主指针重叠。

(2)将试样固定在试验机夹头内，开动试验机加荷，应变速率不应超过0.008/s。

(3)加荷拉伸时，当试样发生屈服，首次下降前的最高应力就是上屈服强度(R_{eH})，当试验机刻度盘指针停止转动时的恒定荷载，就是下屈服强度（R_{eL}）。

（4）继续加荷至试样拉断，记录刻度盘指针的最大力（F_m）或抗拉强度（R_m）。

（5）将拉断试样在断裂处对齐，并保持在同一轴线上，使用分辨力优于0.1mm 的游标卡尺、千分尺等量具测定断后标距（L_u），准确到 ±0.25%。

（七）试验结果

1. 钢筋上屈服强度（R_{eH}）、下屈服强度（R_{eL}）与抗拉强度（R_m）

（1）直接读数方法

使用自动装置测定钢筋上屈服强度（R_{eH}）、下屈服强度（R_{eL}）和抗拉强度（R_m），单位为 MPa。

（2）指针方法

试验时，读取测力盘指针首次回转前指示的最大力和不计初始瞬时效应时屈服阶段中指示的最小力或首次停止转动指示的恒定力。将其分别除以试样原始横截面积（S_0）得到上屈服强度（R_{eH}）和下屈服强度（R_{eL}）。

读取测力盘上的最大力（F_m），按式（33）计算抗拉强（R_m）：

$$R_m = \frac{F_m}{S_0} \tag{33}$$

式中：F_m——最大力（N）；

S_0——试样原始横截面积（mm^2）。

计算结果至少保留四位有效数字，所需位数以后的数字按“四舍六入五单双法”处理。

2. 断后伸长率（A）

（1）若试样断裂处与最接近的标距标记的距离不小于 $L_0/3$ 时，或断后测得的伸长率大于或等于规定值时，按式（34）计算：

$$A = \frac{L_u - L_0}{L_0} \times 100\% \tag{34}$$

式中：L_0——试样原始标距（mm）；

L_u——试样断后标距（mm）。

（2）如试样断裂处与最接近的标距标记的距离小于 $L_0/3$ 时，应按移位法测定断后伸长率（A）。方法为：

试验前将原始标距（L_0）细分为 N 等分。试验后，以符号 X 表示断裂后试样短段的标距标记，以符号 Y 表示断裂试样长段的等分标记，此标记与断裂处的距离最接近于断裂处至标距标记 X 的距离。

如 X 与 Y 之间的分格数为 n，按如下测定断后伸长率：

①如 $N-n$ 为偶数，如附图 36a）所示，测量 X 与 Y 之间的距离和测量从 Y 至距离为（$N-n$）/2 个分格的 Z 标记之间的距离。断后伸长率（A）按式（35）计算：

$$A = \frac{XY + 2YZ - L_0}{L_0} \times 100 \tag{35}$$

②如 $N-n$ 为奇数，如附图 36b）所示，测量 X 与 Y 之间的距离和测量从 Y 至距离分别为 $(N-n-1)/2$ 和 $(N-n+1)/2$ 个分格的 Z' 和 Z'' 标记之间的距离。断后伸长率（A）按式（36）计算：

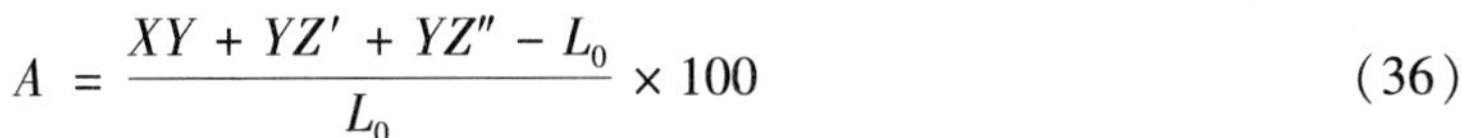

$$A = \frac{XY + YZ' + YZ'' - L_0}{L_0} \times 100 \tag{36}$$

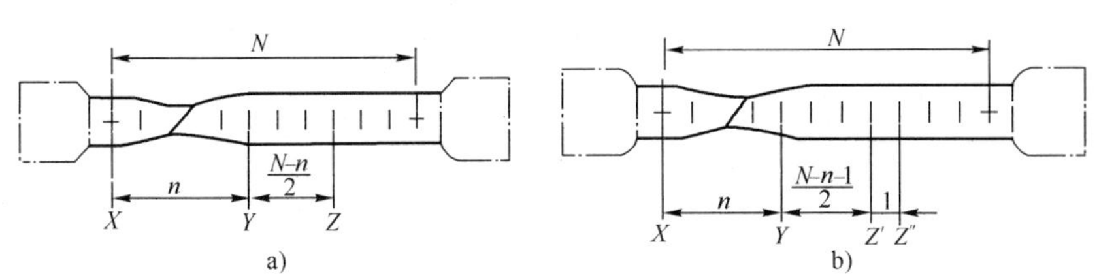

附图 36　移位法的图示说明

3. 试验出现下列情况之一其试验结果无效，应重做同样数量试样的试验

（1）试样断在标距外或断在机械刻划的标距标记上，而且断后伸长率小于规定最小值；

（2）试验期间设备发生故障，影响了试验结果。

4. 试样出现缺陷的情况

试验后试样出现两个或两个以上的缩颈以及显示出肉眼可见的冶金缺陷（如分层、气泡、夹渣、缩孔等），应在试验记录和报告中注明

二　冷弯试验

（一）试验目的

检验钢筋承受规定弯曲程度的弯曲塑性变形能力，从而评定其工艺性能。

（二）试验依据

《金属材料弯曲试验方法》（GB/T 232—2010）。

（三）试验原理

钢筋在弯曲装置上经受弯曲塑性变形，不改变加力方向，直至达到规定的弯曲角度。试验时，试样两臂的轴线保持在垂直于弯曲轴的平面内。如为弯曲 180°角的弯曲试验，按照相关产品标准的要求，将试样弯曲至两臂相距规定距离且相互平行或两臂直接接触。

试验一般在室温 10 ~ 35℃范围内进行，如有特殊要求，试验温度应为（23 ±5）℃。

（四）试验设备

（1）试验机或压力机。

（2）弯曲装置。

（3）游标卡尺等。

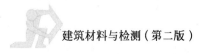

（五）试样制备

（1）试样应尽可能是平直的，必要时应对试样进行矫直。

（2）同时试样应通过机加工去除由于剪切或火焰切割等影响了材料性能的部分。

（3）试样长度（L）按式（37）计算：

$$L = 0.5\pi(d + \alpha) + 140 \tag{37}$$

式中：π——圆周率，其值取3.1；

d——弯心直径（mm）；

α——试样直径（mm）；

L——试样长度（mm）。

（六）试验步骤

（1）根据钢材等级选择弯心直径（d）和弯曲角度（α）。

（2）试样弯曲至规定角度的试验。

①根据试样直径选择压头和调整支辊间距，将试样放在试验机上，试样轴线应与弯曲压头轴线垂直，如附图37a）所示。

②开动试验机加荷，弯曲压头在两支座之间的中点处对试样连续施加力使其弯曲，直至达到规定的弯曲角度，如附图37b）所示。

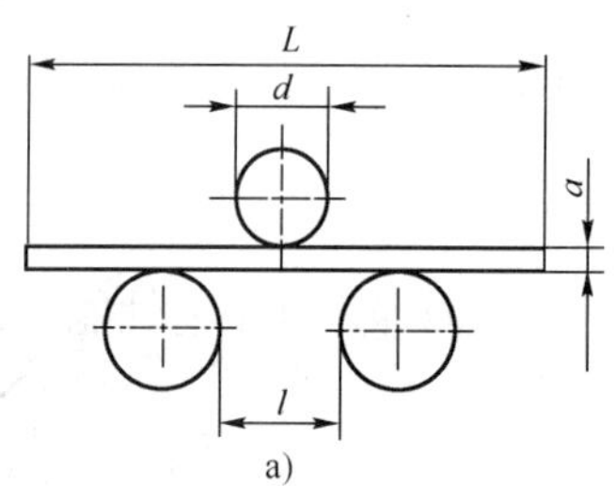

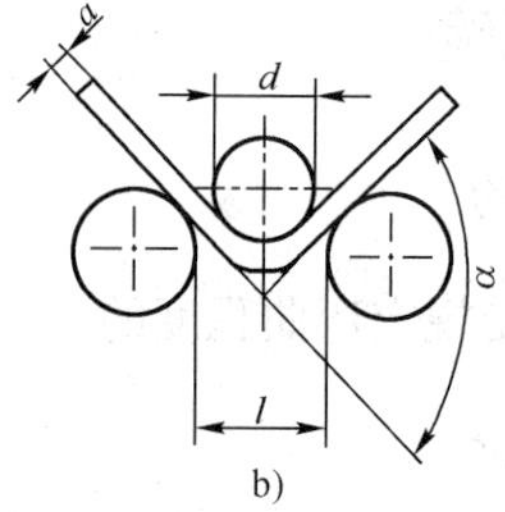

附图37　支辊式弯曲装置

③试样弯曲至180°角两臂相距规定距离且相互平行的试验。

a.首先对试样进行初步弯曲（弯曲角度应尽可能大），然后将试样置于两平行压板之间，如附图38a）所示；

b.然后将试样置于两平行压板之间连续施加力压其两端使进一步弯曲，直至两臂平行，如附图38b）、附图38c）所示。试验时可以加或不加垫块，除非产品标准中另有规定，垫块厚度等于规定的弯曲压头直径。

④试样弯曲至两臂直接接触的试验。

a.首先将试样进行初步弯曲（弯曲角度应尽可能大），如附图38a）所示；

b.然后将其置于两平行压板之间，连续施加力压其两端使进一步弯曲，直至两臂直接接触，如附图39所示。

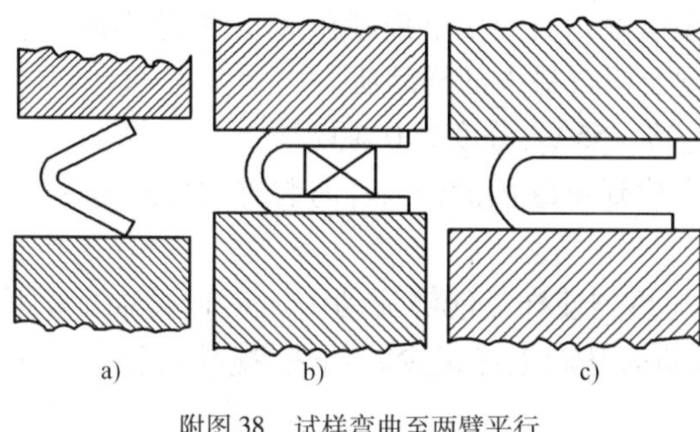

附图38　试样弯曲至两臂平行

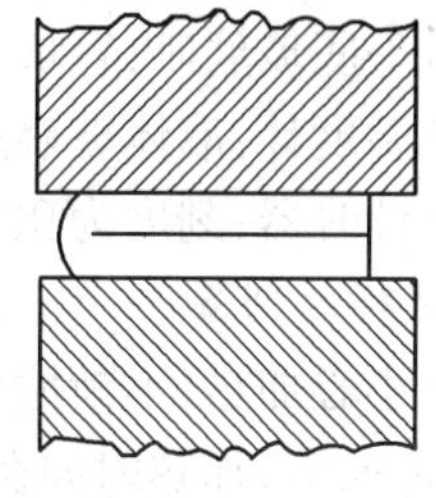
附图39　试样弯曲至两臂直接接触

(七)试验结果

(1)应按照相关产品规定标准的要求评定弯曲试验结果。如未规定具体要求,弯曲试验后试样弯曲外表面无肉眼可见裂纹应评定为冷弯合格。

(2)相关产品标准规定的弯曲角度认作最小值,规定的弯曲半径认作最大值。

【观察与思考】

(1)拉伸试验时加荷速度有何规定?加荷速度过快或过慢对试验结果有何影响?

(2)测定伸长率时拉断后的标距应如何测定?

试验八　石油沥青及防水卷材试验

一 石油沥青试验

(一)针入度试验

1. 试验目的与依据

通过测定沥青的针入度,了解沥青的黏稠程度。

本试验按《沥青针入度测定法》(GB/T 4509—2010)规定进行。

2. 试验原理

沥青的针入度以标准针在一定的载荷、时间及温度条件下垂直穿入沥青试样的深度表示,单位为1/10mm。除非另行规定,标准针、针连杆与附加砝码的总重量为(100±0.05)g,温度为25±0.1℃,时间为5s。

3. 主要仪器

(1)针入度仪:如附图40所示。

(2)标准针:应由硬化回火的不锈钢制造。

(3)试样皿:金属或玻璃的圆柱形平底皿。

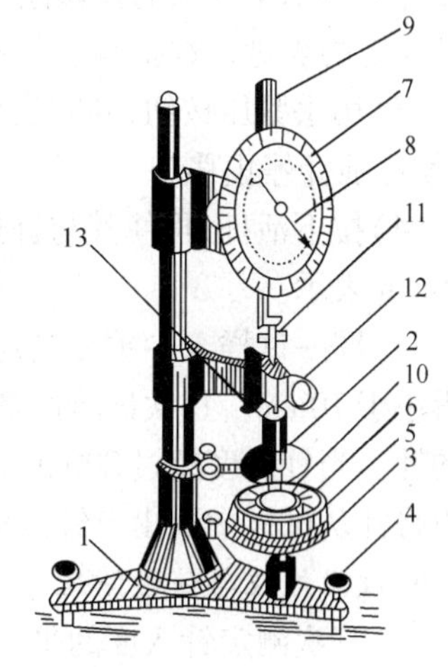

附图40　针入度仪

1-底座;2-小镜;3-圆形平台;4-调平螺丝;5-保温皿;6-试样;7-刻度盘;8-指针;9-活杆;10-标准针;11-连杆;12-按钮;13-砝码

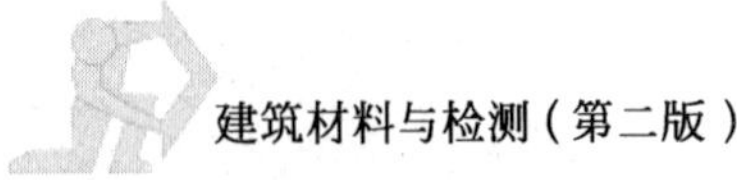

（4）恒温水浴：容量不小于10L，能保持温度在试验温度下控制在±0.1℃范围内。

（5）平底玻璃皿：容量不小于350ml，深度要没过最大的样品皿。

（6）温度计：液体玻璃温度计，刻度范围－8～55℃，分度为0.1℃。

（7）计时器：刻度为0.1s，60s内的准确度达到±1s内的任何计时装置均可。

4. 试样的制备

（1）小心加热，不断搅拌以防局部过热，加热到使样品能够流动。加热时石油沥青不超过软化点的90℃，加热时间在保证样品充分流动的基础上尽量少。加热、搅拌过程中避免试样中进入气泡。

（2）将试样倒入预先选好的试样皿中，试样深度应至少是预计锥入深度的120%。如果试样皿的直径小于65mm，而预期针入度高于200，每个实验条件都要倒三个样品。如果样品足够，浇注的样品要达到试样皿边缘。

（3）将试样皿松松地盖住以防灰尘落入。在15～30℃的室温下，小试样皿冷却45min～1.5h，中等试样皿冷却1～1.5h；较大试样皿冷却1.5～2.0h。冷却结束后将试样皿和平底玻璃皿一起放入测试温度下的水浴中，水面应没过试样表面10mm以上。在规定的试验温度下小试样皿恒温45min～1.5h；中等试样皿恒温1～1.5h；较大试样皿恒温1.5～2.0h。

5. 试验步骤

（1）调节针入度仪的水平，检查针连杆和导轨，确保上面没有水和其他物质。先用合适的溶剂将针擦干净，再用干净的布擦干，然后将针插入针连杆中固定。按试验条件放好砝码。

（2）如果测试时针入度仪在水浴中，则直接将试样皿放在浸在水中的支架上，使试样完全浸在水中。如果实验时针入度仪不在水浴中，将已恒温到试验温度的试样皿放在平底玻璃皿中的三角支架上，用与水浴同温的水完全覆盖样品，将平底玻璃皿旋转在针入度仪的平台上。慢慢放下针连杆，使针尖刚刚接触到试样的表面，必要时用放置在合适位置的光源观察针头位置使针尖与水中针头的投影刚刚接触为止。轻轻拉下活杆，使其与针连杆顶端相接触，调节针入度仪上的表盘计数指零或归零。

（3）用手紧压按钮，同时启动秒表，使标准针自由下落穿入沥青试样，到规定时间停压按钮，使标准针停止移动。

（4）拉下活杆，再使其与针连杆顶端相接触，此时表盘指针的读数即为试样的针入度，用1/10mm表示。

（5）同一试样至少重复测定三次。每一次试验点的距离和试验点与试样皿边缘的距离都不得小于10mm。每次试验前都应将试样和平底玻璃皿放入恒温水浴中，每次测定都要用干净的针。当针入度超过200时，至少用三根针，每次试验用的针留在试样中，直到三根针扎完时再将针从试样中取出。针入度小于200时可将针取下用合适的溶剂擦净后继续使用。

6. 数据处理与试验结果

（1）三次测定针入度的平均值，取至整数，作为试验结果。三次测定的针入度值相差不应大于附表11的规定数值。

（2）重复性：同一操作者同一样品利用同一台仪器测得的两次结果不超过平均值的4%。

（3）再现性：不同操作者同一样品利用同一类型仪器测得的两次结果不超过平均值的11%。

沥青针入度的最大差值　　附表 11

针入度值	0～49	50～149	150～249	250～350	350～500
最大差值	2	4	6	8	20

(4)如果误差超过了这一范围,利用上述样品制备中的第二个样品重复试验。

(5)如果结果再次超过允许值,则取消所有的试验结果,重新进行试验。

(二)延度试验

1. 试验目的与依据

通过测定沥青的延度和沥青材料拉伸性能,了解其塑性和抵抗变形的能力。

本试验按《沥青延度测定法》(GB/T 4508—2010)规定进行。

2. 试验原理

石油沥青的延度是用规定的试件在一定温度下以一定速度拉伸到断裂时的长度,以 cm 表示。非经特殊说明,试验温度为(25 ±0.5)℃,拉伸速度为(5 ±0.25)cm/min。

3. 主要仪器

(1)延度仪:配模具,如附图 41 所示。

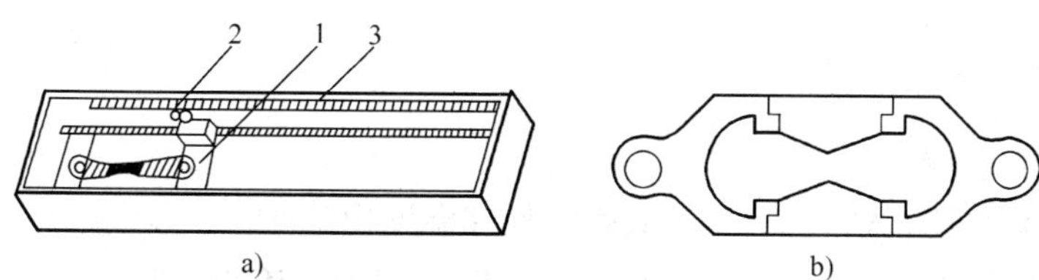

附图 41　沥青延度仪

a)延度仪;b)延度模具

1-滑板;2-指针;3-标尺

(2)水浴:容量至少为 10L,能保持试验温度变化不大于 0.1℃,试样浸入水中深度不得小于 10cm。

(3)温度计:0～50℃,分度 0.1℃和0.5℃各 1 支。

(4)筛孔为 0.3～0.5mm 的金属网。

(5)砂浴或可控制温度的密闭电炉。

(6)隔离剂:以重量计,由两份甘油和一份滑石粉调制而成。

(7)支撑板:金属板或玻璃板。

4. 试样的制备

(1)将模具组装在支撑板上,将隔离剂涂于支撑板表面和模具侧模的内表面。

(2)小心加热样品,以防局部过热,直至样品容易倾倒。石油沥青加热温度不超过预计软化点 90℃,加热时间尽量短。将熔化后的样品充分搅拌后呈细流状自模的一端至另一端往返倒入,使试样略高出模具,将试件在空气中冷却 30～40min,然后放在规定温度的水浴中保持 30min 取出,用热刀将高出模具的沥青刮出,使试样与模具齐平。

(3)恒温:将支撑板、模具和试件一起放入水浴中,并在试验温度下保持 85～95min,然后取下准备试验。

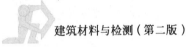

5. 试验步骤

(1)把试样移入延度仪中，将模具两端的孔分别套在实验仪器的柱上，然后以一定的速度拉伸，直到试件拉伸断裂。拉伸速度允许误差±5%，测量试件从拉伸到断裂所经过的距离，以cm表示。试验时，试件距水面和水底的距离不小于2.5cm，并且要使温度保持在规定温度的±0.5℃范围内。

(2)如果沥青浮于水面或沉入槽底时，则试验不正常。应使用乙醇或氯化钠调整水的密度，使沥青材料既不浮于水面，又不沉入槽底。

(3)正常的试验应将试样拉成锥形，直至在断裂时实际横截断面面积近于零。如果三次试验不能得到正常结果，则报告在该条件下延度无法测定。

6. 数据处理与试验结果

同一样品，同一操作者重复测定两次结果不超过平均值的10%。同一样品，在不同实验室测定的结果不超过平均值的20%。

若三个试件测定值在其平均值的5%内，取平行测定三个结果的平均值作为测定结果。若三个试件测定值不在其平均值的5%以内，但其中两个较高值在平均值的5%以内，则弃去最低测定值，取两个较高值的平均值作为测定结果，否则重新测定。

(三)软化点试验

1. 试验目的与依据

通过测定石油沥青的软化点，了解其耐热性和温度稳定性。

本试验按《沥青软化点测定法(环球法)》(GB/T 4507—1999)规定进行。

2. 试验原理

置于肩或锥状黄铜环中两块水平沥青圆片，在加热介质中以一定速度加热，每块沥青片上置有一只钢球。当试样软化到使两个放在沥青上的钢球下落25mm距离时，则此时的温度平均值(℃)作为石油沥青的软化点。

3. 主要仪器

(1)环：两只黄铜肩或锥环，其尺寸规格如附图42a)所示。

(2)支撑板：扁平光滑的黄铜板，其尺寸约为50mm×75mm。

(3)球：两只直径为9.5mm的钢球，每只质量为3.50±0.05g。

(4)钢球定位器：两只钢球定位器用于使钢球定位于试样中央，其一般形状和尺寸如附图42b)所示。

(5)浴槽：可以加热的玻璃容器，其内径不小于85mm，离加热底部的深度不小于120mm。

(6)环支撑架和支架：一只铜支撑架用于支撑两个水平位置的环，其形状和尺寸如附图42c)所示，其安装图形如附图42d)所示。支撑架上的肩环的底部距离下支撑板的上表面为25mm，下支撑板的下表面距离浴槽底部为(16±3)mm。

(7)温度计：测温范围在30~180℃，最小分度值为0.5℃的全浸式温度计。

(8)材料：甘油滑石粉隔离剂(以重量计甘油2份、滑石粉1份)、新煮沸过的蒸馏水、刀、筛孔为0.3~0.5mm的金属网。

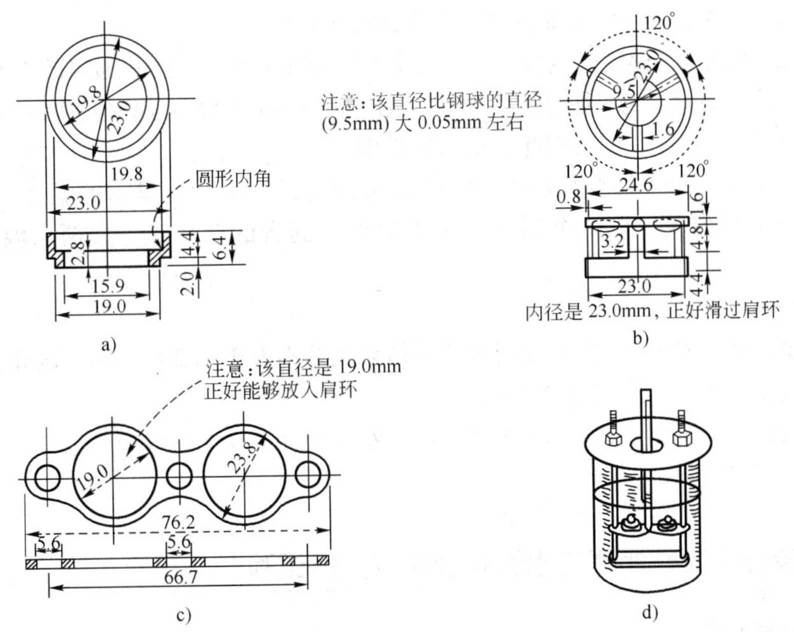

附图 42　环、钢球定位器、支架、组合装置图(尺寸单位:mm)

a)肩环;b)钢球定位器;c)支架;d)组合装置

4. 试样的制备

(1)将试样环置于涂有甘油滑石粉隔离剂的试样底板上。将预先脱水的试样加热熔化，不断搅拌,以防止局部过热,直到样品变得流动。石油沥青样品加热至倾倒温度的时间不超过 2h。

如估计软化点在 120℃以上时,应将黄铜环与支撑板预热至 80 ~ 100℃,然后将铜环放到涂有隔离剂的支撑板上。

(2)向每个环中倒入略过量的沥青试样,让试样在室温下至少冷却 30min。

(3)试样冷却后,用热刮刀刮除环面上多余的试样,使得每一个圆片饱满且和环的顶部齐平。

5. 试验步骤

(1)选择下列一种加热介质。

①新煮沸过的蒸馏水适于软化点为 30 ~ 80℃的沥青,起始加热介质温度应为(5 ± 1)℃。

②甘油适于软化点为 80 ~ 157℃的沥青,起始加热介质温度应为(30 ± 1)℃。

③为了进行比较,所有软化点低于 80℃的沥青应在水浴中测定,而高于 80℃的在甘油浴中测定。

(2)把仪器放在通风橱内并配置两个样品环、钢球定位器,并将温度计插入合适的位置,浴槽装满加热介质,并使各仪器处于适当位置。用镊子将钢球置于浴槽底部,使其同支架的其他部位达到相同的起始温度。

(3)如果有必要,将浴槽置于冰水中,或小心加热并维持适当的起始浴温达 15min,并使仪器处于适当位置,注意不要污染浴液。

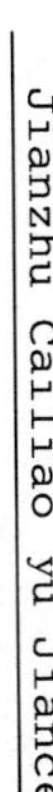

（4）再次用镊子从浴槽底部将钢球夹住并置于定位器中。

（5）从浴槽底部加热使温度以恒定的速率5℃/min上升。为防止通风的影响有必要时可用保护装置。试验期间不能取加热速率的平均值，但在3min后，升温速率应达到（5±0.5）℃/min，如温度上升速率超出此范围，则此次试验应重做。

（6）当两个试环的球刚触及下支撑板时，分别记录温度计所显示的温度。无需对温度计的浸没部分进行校正。取两个温度的平均值作为沥青的软化点。如两个温度的差值超过1℃，则重新试验。

6.数据处理与试验结果

同一操作者，对同一样品重复测定两个结果之差不大于1.2℃。同一试样，两个实验室各自提供的试验结果之差不超过2.0℃。

同一试样平行试验两次，当两次测定值的差值符合重复性试验精密度要求时，取其平均值作为软化点试验结果。

二 弹性体改性沥青防水卷材（SBS卷材）试验

（一）试验依据

《弹性体改性沥青防水卷材》（GB 18242—2008）；
《沥青防水卷材试验方法低温柔性》（GB/T 328.14—2007）；
《沥青防水卷材试验方法耐热性》（GB/T 328.11—2007）；

（二）取样方法

以同一类型、同一规格10000m^{2}为一批，不足10000m^{2}时亦可作为一批。在每批产品中随机抽取5卷进行单位面积质量、面积、厚度及外观检查。从单位面积质量、面积、厚度及外观合格的卷材中随机抽取1卷进行物理力学性能试验。

（三）试验条件

通常情况在常温下进行测量。有争议时，试验在（23±2）℃条件进行，并在该温度放置不少于20h。

（四）单位面积质量、面积、厚度及外观检查

1.单位面积质量

称量每卷卷材卷重，根据面积，计算单位面积质量（kg/m^2）。

2.面积

抽取成卷卷材放在平面上，小心展开卷材，保证与平面完全接触。长度测量整卷卷材宽度方向的两个1/3处，精确到10mm；宽度测量距卷材两端头各（1±0.01）m处，精确到1mm。以其平均值相乘得到卷材的面积。

3.厚度

（1）从试样上沿卷材整个宽度方向裁取至少100mm宽的一条试件。使用测量装置（测量

面平整，直径10mm，精确到0.01mm，施加在卷材表面的压力为20kPa。）在卷材宽度方向平均测量10点，取平均值，单位：mm。

（2）对于细砂面防水卷材，去除测量处表面的砂粒再测量卷材厚度；对矿物粒料防水卷材，在卷材留边处，距边缘60mm处，去除砂粒后在长度1m范围内测量卷材的厚度。

4. 外观

抽取成卷卷材放在平面上，小心的展开卷材，用肉眼检查整个卷材上、下表面有无气泡、裂纹、孔洞或裸露斑、疙瘩或任何其他能观察到的缺陷存在。

5. 试验结果

在抽取的5卷样品中，上述各项检查结果均符合规定时，判定其单位面积质量、面积、厚度与外观合格。若其中一项不符合规定，允许在该批产品中再随机抽取5卷样品，对不合格项进行复查，如全部达到标准规定时则判为合格；否则，则判该产品不合格。

（五）物理力学性能试验

1. 试件制作

将取样卷材切除距外层卷头2500mm后，取1m长的卷材，按规定方法均匀分布裁取试件，卷材性能试件的形状和数量按附表12裁取。

试件尺寸和数量表 附表12

序　号	试验项目	试件形状（纵向×横向）（mm）	数量（个）
1	拉力及延伸率	（250～320）×50	纵横向各5
2	不透水性	150×150	3
3	耐热性	125×100	纵向3
4	低温柔性	150×25	纵向10
5	撕裂强度	200×100	纵向5

2. 拉力及最大拉力时延伸率试验

1）试验原理

将试样两端置于夹具内并夹牢，然后在两端同时施加拉力，测定试件被拉断时能承受的最大拉力。

2）主要仪器

（1）拉力试验机，能同时测定拉力与延伸率，测力范围0～2000N，最小分度值不大于5N，伸长范围能使夹具间距（180mm）伸长1倍，夹具夹持宽度不小于50mm。

（2）切割刀等。

3）试件制备

（1）制备两组试件，一组纵向5个，一组横向5个。

（2）用模板（或裁刀）在试样距边缘100mm以上任意裁取，矩形试件宽50±0.5mm，长200±2×夹持长度。

4）试验步骤

（1）试件应在（23±2）℃，相对湿度30%～70%的条件下至少放置20h。

(2)校准试验机，拉伸速度 50mm/min，将试件夹持在夹具中心，不得歪扭，上下夹具之间距离为(200 ±2)mm。

(3)开动试验机使受拉试件被拉断为止，记录最大拉力及最大拉力时伸长值。

5)试验结果

(1)分别计算纵向或横向 5 个试件拉力的算术平均值作为卷材纵向或横向拉力，单位N/50mm，平均值达到标准规定的指标时判为合格。

(2)分别计算纵向或横向 5 个试件最大拉力时延伸率的算术平均值作为卷材纵向或横向延伸率，平均值达到标准规定的指标时判为合格。

3. 不透水性试验

1)试验原理

将试件置于不透水仪的不透水盘上，在一定时间内在一定压力作用下，观察有无渗漏现象。

2)主要仪器

不透水仪，具有三个透水盘的不透水仪，透水盘底座内径为 92mm，透水盘金属压盖上有 7 个均匀分布的直径 25mm 的透水孔。压力表测量范围为 0～0.6MPa，精度 2.5 级。

3)试验步骤

(1)卷材上表面作为迎水面，上表面为细砂、矿物粒料时，下表面作为迎水面。下表面材料为细砂时，在细砂面沿密封圈一圈去除表面浮砂，然后涂一圈 60～100 号热沥青，涂平待冷却 1h 后检测不透水性。

(2)不透水仪充水直到满出，彻底排出水管中空气。

(3)试件上表面朝下放置在透水盘上，盖上 7 孔圆盘，放上封盖，慢慢夹紧直到试件夹紧在盘上，用布或压缩空气干燥试件的非迎水面。

(4)加到规定的压力，保持(30 ±2)min。观察试件的不透水性(水压突然下降或试件的非迎水面有水)。

4)试验结果

所有试件在规定的时间不透水认为不透水性试验通过。

4. 耐热性试验

1)试验原理

从试样裁取的试件，在规定温度分别垂直悬挂在烘箱中。在规定的时间后测量试件两面涂盖层相对于胎体的位移及流淌、滴落。

2)主要仪器

鼓风烘箱：在试验范围内最大温度波动 ±2℃。当门打开 30s 后，恢复温度到工作温度的时间不超过 5min。

热电偶：连接到外面的电子温度计，在规定范围内能测量到 ±1℃。

悬挂装置：至少 100mm 宽，能夹住试件的整个宽度在一条张，并被悬挂在试验区域。

3)试件制备

试件均匀的在试样宽度方向裁取，长边是卷材的纵向。试件应距卷材边缘 150mm 以上，试件从卷材的一边开始连续编号，卷材上表面和下表面应标记。试件试验前至少放置在(23 ±2)℃的平面上 2h,相互之间不要接触或黏住,有必要时,将试件分别放在硅纸上防止黏结。

4)试验步骤

(1)烘箱预热到规定温度,将制备的一组三个试件露出的胎体用悬挂装置夹住,涂盖层不要夹到,用细铁丝或回形针穿挂好试件小孔,垂直悬挂试件在规定温度烘箱的相同高度,间隔至少 30mm。此时烘箱的温度不能下降太多,开关烘箱门放入试件的时间不超过 30s。

(2)放入试件后加热时间为 2h。加热结束后,试件从烘箱中取出,相互间不要接触,目测观察并记录试件表面的涂盖层有无滑动、流淌、滴落、集中性气泡。

5)结果评定

以 3 个试件分别达到标准规定的指标时判为该项合格。

5. 低温柔度试验

1)试验原理

将从试样裁取的试件,上表面和下表面分别绕浸在冷冻液中的机械弯曲装置上弯曲 180°。弯曲后检查试件涂盖层存在的裂纹。

2)仪器设备

试验装置的操作示意和方法见附图 43。该装置由两个直径 20mm 不旋转的圆筒,一个 30mm 的圆筒或半圆筒弯曲轴组成。该轴在两个圆筒中间,能向上移动。整个装置可以浸入在温度为 +20 ~ −40℃的冷冻液中。试验时,弯曲轴从下面顶着试件以 360mm/min 的速度升起,试件能弯曲 180°。

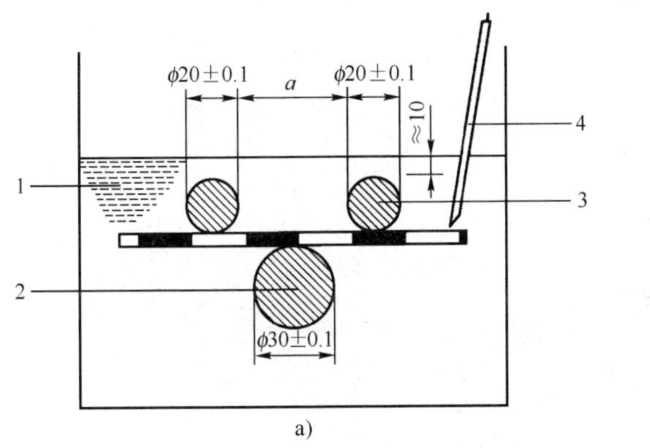

a)

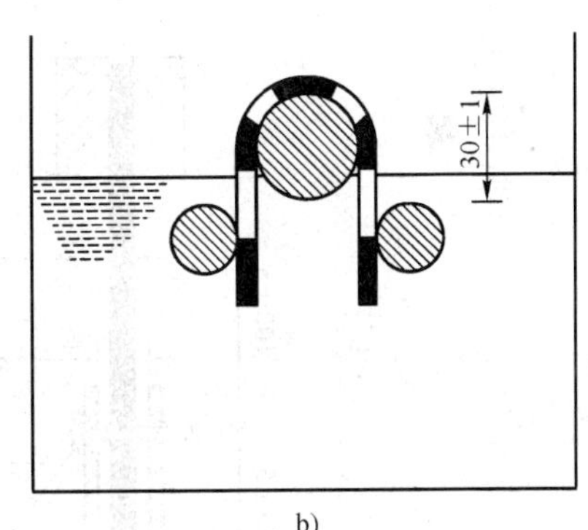

b)

附图 43　试验弯曲过程和原理(尺寸单位:mm)

a)开始弯曲;b)弯曲结束

1-冷冻液;2-弯曲轴;3-固定圆筒;4-半导体温度计(热敏探头)

3)试件制备

试件从试样宽度方向均匀裁取,长边在卷材的纵向,试件裁取时应距卷材边缘不少于 150mm,试件应从卷材的一边开始做连续的记号,同时标记卷材的上表面和下表面。

试验前,试件应在(23 ±2)℃的平板上放置至少 4h,并且相互间不能接触,也不能粘在板上。

两组各 5 个试件,全部试件在规定温度处理后,一组是上表面试验,另一组是下表面试验。

4）试验步骤

试件放在圆筒和弯曲轴之间，试验面朝上，设置弯曲轴以（360 ±40）mm/min 速度顶着试件向上移动，试件同时绕轴弯曲。轴移动的终点在圆筒上面（30 ±1）mm 处，见附图 43。试件的表面明显露出冷冻液，同时液面也因此下降。

在完成弯曲过程 10s 内，在适宜的光源下用肉眼检查试件有无裂纹，必要时，用辅助光学装置帮助。若有一条或更多的裂纹从涂盖层深入到胎体层，或完全贯穿无增强卷材，即存在裂缝。一组五个试件应分别试验检查。

5）试验结果

一个试验 5 个试件在规定温度至少 4 个无裂缝为通过，上表面和下表面的试验结果要分别记录。

6. 撕裂性能（钉杆法）

1）试验原理

通过用钉杆刺穿试件试验测量需要的力，用与钉杆成垂直的力进行撕裂。

2）主要仪器

（1）拉伸试验机应有连续记录力和对应距离的装置，有足够的荷载能力（至少 2000N）和足够的夹具分离距离，夹具拉伸速度为（100 ±10）mm/min，夹持宽度不少于 100mm。

（2）U 型装置一端通过连接件连在拉伸试验机夹具上，另一端有两个支撑试件，臂上有钉杆穿过的孔，其位置能满足试验要求，见附图 44。

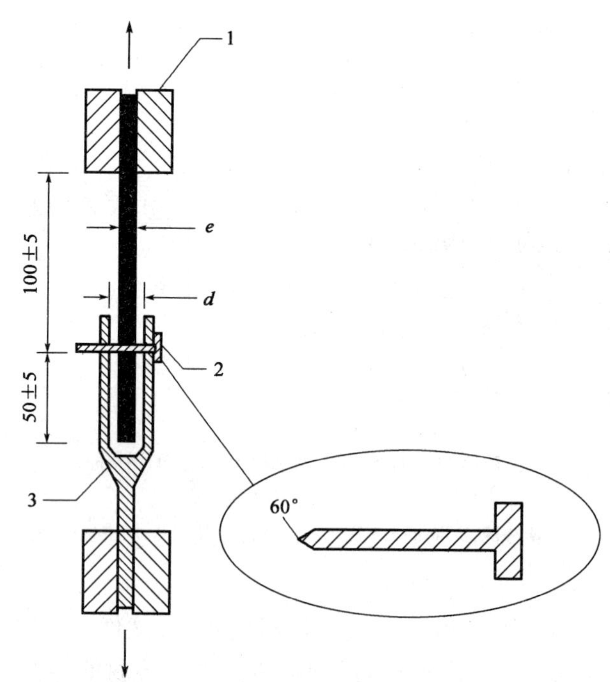

附图 44　钉杆撕裂试验（尺寸单位：mm）

1-夹具；2-钉杆（ϕ2.5 ±0.1）；3-U 型头；e-样品厚度；d-U 型头间隙（$e+1 \leqslant e+2$）

3）试件制备

试件距卷材边缘100mm以上，沿纵向裁取5个，试件宽（100±1）mm，长至少200mm，任何表面的非持久层应去除。

4）试验步骤

（1）试件放入打开的U型头的两臂中，用一直径（2.5±0.1）mm的尖钉穿过U型头的孔位置，同时钉杆位置在试件的中心线上，距U型头中的试件一端（50±5）mm，距上夹具（100±5）mm。

（2）把试件一端的夹具和另一端的U型头放入拉伸试验机，开动试验机使穿过材料面的钉杆直到材料的末端，拉伸速度（100±10）mm/min。

5）试验结果

记录试验的最大力，取纵向五个试件的平均值作为卷材的撕裂强度，单位N。平均值达到标准规定的指标时判为该项合格。

7. 物理力学性能试验结果判定

物理力学性能各项试验结果均符合标准规定时，判该批产品物理力学性能合格。若有一项指标不符合标准规定，允许在该批产品中再随机抽取5卷，并从中任取1卷对不合格项进行单项复验。达到标准规定时，则判该批产品合格。

（六）结果总评

单位面积质量、面积、厚度、外观与物理力学性能均符合标准规定的全部技术要求时，且包装、标志符合规定时，则判该批产品合格。

【观察与思考】

（1）制备沥青试样时，为什么在水浴中加热？

（2）进行沥青软化点试验时，温度的上升速度偏高或偏低会对试验结果产生什么影响，为什么？

（3）对屋面用的防水卷材的耐热度有什么要求？

参考文献

[1] 苏达根.土木工程材料[M].北京:高等教育出版社,2003.
[2] 王福川.新型建筑材料[M].北京:中国建筑工业出版社,2003.
[3] 赵方冉.土木工程材料[M].上海:同济大学出版社,2004.
[4] 柳俊哲.土木工程材料[M].北京:科学出版社,2005.
[5] 范文昭.建筑材料[M].北京:中国建筑工业出版社,2004.
[6] 吴慧敏.建筑材料[M].4版.北京:中国建筑工业出版社,1997.
[7] 赵方冉.土木工程材料[M].北京:中国建材工业出版社,2003.
[8] 葛新亚.建筑装饰材料[M].武汉:武汉理工大学出版社,2004.
[9] 刘祥顺.建筑材料[M].北京:中国建筑工业出版社,1997.
[10] 柯国军.建筑材料质量控制[M].北京:中国建筑工业出版社,2003.
[11] 魏鸿汉.建筑材料[M].北京:中国建筑工业出版社,2004.
[12] 杨静.建筑材料[M].北京:中国水利水电出版社,2004.
[13] 纪士斌.建筑材料[M].北京:清华大学出版社,2004.
[14] 张健.建筑材料与检测[M].北京:化学工业出版社,2003.
[15] 王秀花.建筑材料[M].北京:机械工业出版社,2004.

[16] 湖南大学,天津大学,同济大学等.土木工程材料[M].北京:中国建筑工业出版社,2004.
[17] 建设部人事教育司.试验工[M].北京:中国建筑工业出版社,2003.
[18] 建设部人事教育司.土木建筑职业技能岗位培训计划大纲[M].北京:中国建筑工业出版社,2003.
[19] 陈宝钰.建筑装饰材料[M].北京:中国建筑工业出版社,2003.
[20] 高琼英.建筑材料[M].武汉:武汉工业大学出版社,2000.
[21] 何平,严国云.材料检测[M].北京:高等教育出版社,2005.
[22] 王春阳.建筑材料[M].北京:高等教育出版社,2000.
[23] 王世芳.建筑材料自学辅导[M].武汉:武汉大学出版社,2002.
[24] 唐传森.建筑工程材料[M].重庆:重庆大学出版社,1995.
[25] 李业兰.建筑材料[M].北京:中国建筑工业出版社,1995.
[26] 卢经扬,赵建民.建筑材料[M].北京:煤炭工业出版社,2004.
[27] 高琼英.建筑材料[M].武汉:武汉理工大学出版社,2006.
[28] 汪绯.工程材料[M].北京:高等教育出版社,2003.
[29] 王春阳.建筑材料[M].北京:高等教育出版社,2006.